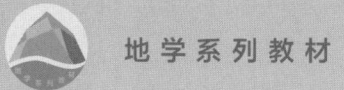 地学系列教材

遥感数字图像处理
——PIE 实践与操作

● 主 编　林文鹏　刘　睿
　　　　　朱文泉　施润和

中国教育出版传媒集团
高等教育出版社·北京

内容提要

本书面向遥感数字图像处理方法与实践技能的教学与业务应用,旨在搭建遥感数据获取与遥感应用之间的技术桥梁。立足国产高分系列数据,以国产遥感数字图像处理软件 PIE 为软件操作平台,实践应用为导向,从遥感数字图像处理流程及目标的角度出发,侧重遥感数字图像运算和变换基础方法,对遥感数字图像质量改善(辐射校正、几何校正、图像去噪声、图像增强)、空间目标及属性特征提取(感兴趣目标及对象提取、特征提取与选择)、信息提取与制图表达等的原理和操作方法,以及特色遥感数字图像(高光谱图像、SAR 图像和无人机图像)的处理方法进行介绍,最后以实践操作综合案例融汇各章节操作,使读者能举一反三,实现知识的迁移创新。

本书可作为高等学校地理、遥感、测绘、生态、环境、资源等专业本科生或研究生的教材或参考书,也可作为各专业领域从事相关科学研究与业务应用人员的参考书。

图书在版编目（CIP）数据

遥感数字图像处理：PIE 实践与操作／林文鹏等主编 . -- 北京 ：高等教育出版社，2025. 8. --（地学系列教材）. -- ISBN 978-7-04-064923-9

Ⅰ. TP751. 1

中国国家版本馆 CIP 数据核字第 2025B1B631 号

Yaogan Shuzi Tuxiang Chuli——PIE Shijian yu Caozuo

| 策划编辑 | 杨 博 | 责任编辑 | 杨 博 | 封面设计 | 张雨微 | 版式设计 | 曹鑫怡 |
| 责任绘图 | 于 博 | 责任校对 | 张 薇 | 责任印制 | 赵 佳 | | |

出版发行	高等教育出版社	网 址	http://www.hep.edu.cn
社 址	北京市西城区德外大街 4 号		http://www.hep.com.cn
邮政编码	100120	网上订购	http://www.hepmall.com.cn
印 刷	大厂回族自治县益利印刷有限公司		http://www.hepmall.com
开 本	787mm×1092mm 1/16		http://www.hepmall.cn
印 张	21.5		
字 数	530 千字	版 次	2025 年 8 月第 1 版
购书热线	010-58581118	印 次	2025 年 8 月第 1 次印刷
咨询电话	400-810-0598	定 价	42.90 元

本书如有缺页、倒页、脱页等质量问题,请到所购图书销售部门联系调换
版权所有 侵权必究
物 料 号 64923-00
审图号：沪 S（2025）016 号

前　言

随着《遥感数字图像处理》系列教材（《遥感数字图像处理——原理与方法》《遥感数字图像处理——实践与操作》《遥感数字图像处理——专题应用》）的相继出版，我们始终坚持理论与实践相结合的教学框架。本系列教材以遥感数字图像处理的流程及目标为主线，逐步引导读者由浅入深地掌握遥感数字图像处理的相关软件操作及应用。

在教学实践中，我们注意到市面上的遥感实践或实验类教程大多结合特定的遥感专业软件（如 ERDAS、ENVI 等），主要介绍国际主流的遥感数字图像处理软件。然而，这种方法并没有充分考虑到软件的普适性和通用性，实际上，国产遥感软件的实践与应用需求日益增长。伴随着中国高分辨率对地观测系统（高分专项工程）和《国家民用空间基础设施中长期发展规划（2015—2025 年）》等战略性工程的实施，国产高分遥感数据的丰富性为国产遥感软件带来了巨大的应用潜力。如何有效转换高分遥感数据，为实际应用服务，已成为提升国家信息安全、技术创新和社会发展的关键。在此背景下，大力推广国产遥感数字图像处理软件日益成为保障国家信息安全、增强技术创新和服务社会发展的迫切要求。因此，系列教材编写团队配合已出版的《遥感数字图像处理——原理与方法》（第二版）理论教材，计划根据不同层次和不同操作习惯的遥感应用读者编写实践操作教材：《遥感数字图像处理——PIE 实践与操作》《遥感数字图像处理——ENVI实践与操作》《遥感数字图像处理——Python 实践与操作》。本书特别针对初级层次且习惯于PIE 操作的遥感应用读者，结合目前广泛使用的 PIE 遥感软件，配套设置相应的实践操作章节，使读者掌握遥感数字图像处理的基本原理及操作过程。

本书将主要以高分二号、高分六号卫星数据为例，以国产遥感数字图像处理软件 PIE 为例进行数字图像处理流程的实践。知识结构面向遥感数字图像处理流程组织，立足国产高分系列数据，以国产遥感数字图像处理软件 PIE 为操作平台，实践应用为导向，从遥感数字图像处理流程及目标的角度出发，侧重遥感数字图像运算和变换基础方法，对遥感数字图像质量改善（辐射校正、几何校正、图像去噪声、图像增强）、空间目标及属性特征提取（感兴趣目标及对象提取、特征提取与选择）、信息提取与制图表达等的原理和操作方法，以及特色遥感数字图像（高光谱图像、SAR 图像和无人机图像）的处理方法进行介绍，最后以实践操作综合案例融汇各章节操作，使读者能举一反三，实现知识的迁移创新。区别于当前一些按遥感软件功能和应用专题来组织内容的书籍，本书侧重针对非遥感专业层次和实践层次教学需求，兼具读者的通用性和专业性需求。沿袭经典以设置遥感数字图像处理基础案例，把握学科前沿发展方向，介绍特色遥感数字图像处理方法和流程，辅以综合实践案例，使读者触类旁通，有利于知识迁移创新。

本书是编写团队根据多年教学和科研成果及相关文献资料编写而成。上海师范大学林文鹏筹划并负责本书大纲及编写思路的拟定、各知识点的确定、各章节内容的修订及第三、六、八、十一、十三章内容的编写，上海师范大学刘睿负责第二、四、十四、十五、十六章内容的编写；北京师范大学朱文泉负责第一、七、九、十章内容的编写，华东师范大学施润和负责第五、十二章内容的编写。多位研究生参与了本书基础资料收集、案例数据处理、文稿整理和插图绘制等工作。

　　本书适合地理、遥感、测绘、生态、环境、资源等相关专业的本科生和研究生使用，也适合从事相关科研和业务应用的专业人员参考。本书虽经过了多轮次的反复修改，但笔者深知本书还有许多待完善之处，因此书中若有不足之处恳请读者批评指正。

编者

2025 年 10 月

目　　录

1 绪 论

  遥感数字图像含有丰富的信息,对其进行处理则涵盖了多方面的内容(图1.1)。① 从应用的角度来看,遥感数字图像处理主要服务于两方面:一是信息提取,二是遥感制图。② 从数据的输入和输出过程来看,遥感数字图像处理可以被直观地认为是图像到图像或图像到信息这样两个过程。所谓图像到图像就是输入一幅遥感数字图像,经过加工处理后(如辐射校正、几何校正、去噪声、图像增强等)仍然输出为一幅数字图像;图像到信息即输入的是一幅数字图像,而输出结果则是一些经过加工处理后得到的信息(如图像分类并按行政区统计得到各类别的面积)。③ 从上述遥感数字图像处理过程的内容来看,遥感数字图像处理的知识点实际上可以被划分为三大部分,即质量改善、特征提取与选择、信息提取。质量改善包括对遥感数字图像的辐射质量、几何质量和视觉效果的改善,如辐射校正、几何校正、图像去噪声、图像增强等;特征提取与选择的目的是服务于后续的信息提取,它一方面涉及如何从遥感光谱数据中提取出一些派生出来的地物属性特征(如空间纹理),另一方面涉及如何从光谱及其他派生属性中选择出一些有利于目标信息提取的属性特征;信息提取即从遥感数字图像中提取出某些特定的地物信息,如对遥感数字图像进行分类得到各地物的空间分布和面积信息。④ 从数据处理方法的角度来看,遥感数字图像处理实际上是利用数字图像处理的一些通用的基本方法来服务于遥感应用,如数字图像处理中常用的傅里叶变换方法既可以用于遥感数字图像的去噪声处理,也可以用于遥感数字图像的增强处理,因此可以说遥感数字图像处理实际上是数字图像处理方法在遥感数字图像上的综合应用。

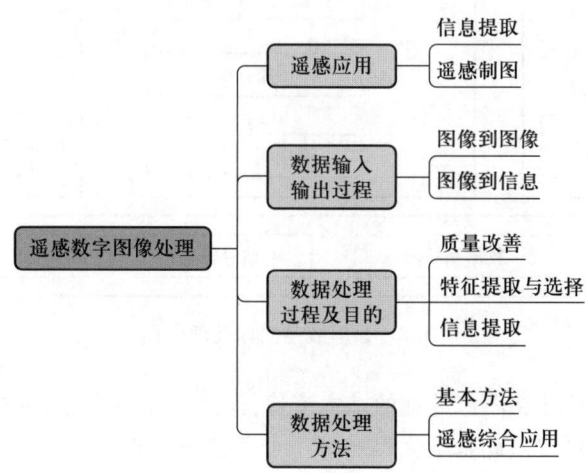

图1.1　遥感数字图像处理所涵盖的内容

1.1　遥感数字图像处理流程

在数字图像处理基本方法的支撑下,遥感数字图像处理的基本流程如图 1.2 所示。通常情况下,用户拿到的遥感数据都是经过系统级辐射和几何校正的数据产品,因此,后续还需根据应用要求对遥感数据做进一步的预处理,才能开展最后的遥感图像制图或信息提取等应用。此处需要强调一下遥感图像预处理的顺序问题,对于已经做过系统级几何校正的遥感图像来说,由于它已经具备了大致的地理位置信息,为了尽可能地保持图像的光谱信息,通常是先作辐射校正,然后再作几何精校正;又由于图像获取过程及后续的辐射校正和几何校正等处理过程可能给图像带来噪声(如分母为 0 的求比值运算会产生无意义的数值),因此需根据实际情况选择是否有必要进一步开展图像的去噪声处理。通常情况下,图像去噪声处理应该放在图像增强处理之前,因为一方面噪声会影响图像的增强处理(如噪声会影响图像线性拉伸增强时的最小值或最大值的确定),另一方面未去噪声之前就开展图像增强处理会同时增强噪声及图像信息。

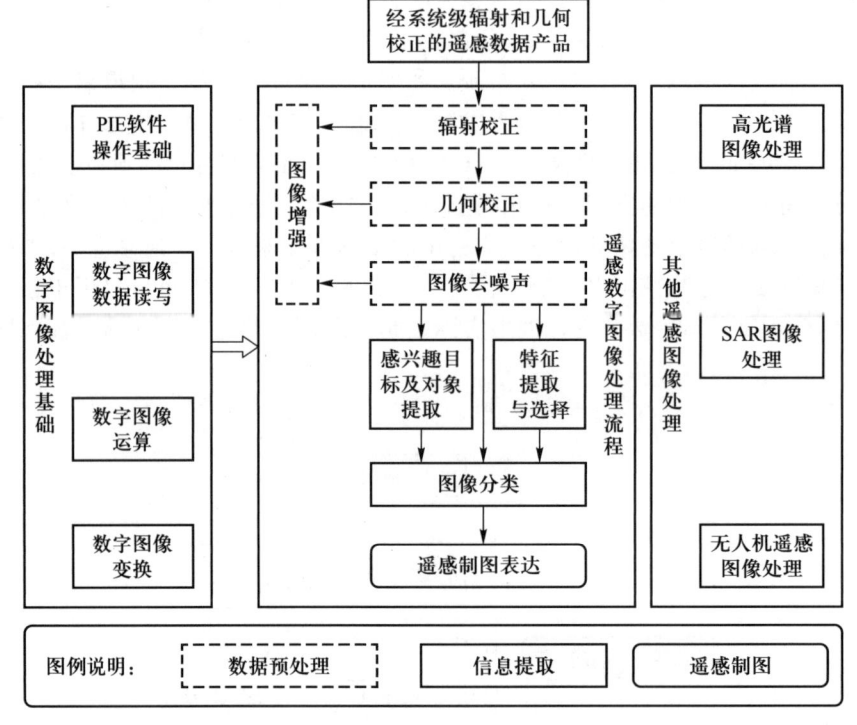

图 1.2　遥感数字图像处理流程

图 1.2 展示的是遥感数字图像处理的基本流程,但读者务必注意,并不是每一项遥感制图或信息提取任务都必须严格按照此基本流程对每一个环节进行操作,是否需要开展这些处理环节取决于遥感数字图像本身的质量及应用需求。例如,需要对某城市郊区开展土地覆盖变化监测,所监测的土地覆盖类型仅为不透水层、植被、水域、裸露地 4 类,刚好卫星遥感图像又是夏季某晴空下获取的,数据的辐射质量相对较好。通过查看原始遥感图像,发现这 4 类土地覆盖类型在原

始遥感图像上所反映的光谱信息具有非常明显的差异,也就是说,直接利用原始遥感图像的光谱信息就完全能区分这 4 类土地覆盖类型,此时就没必要开展辐射校正、图像去噪声、图像增强、特征提取等处理,所要做的就是对原始遥感图像先开展几何精校正,然后直接选择某些光谱波段进行遥感分类即可。

1.2 遥感数字图像处理基础

遥感数字图像是一类特殊的数字图像,与数码照片等常见的数字图像相比,它具有覆盖范围广、分辨率低、成像过程受大气干扰、波段数多、数据量大等特点。因此遥感数字图像处理既涉及一些遥感原理方面的专业知识,又包含了数字图像处理的基本内容。

1.2.1 常用商业遥感图像处理软件及其主要功能

1. 国际商业遥感图像处理软件发展

国际常见的商业遥感图像处理软件有 ENVI、ERDAS IMAGINE、PCI Geomatica 等。ENVI(environment for visualizing images)是美国 EXELIS Visual Information Solutions 公司(该公司已于 2015 年 5 月 29 日被美国 Harris 公司并购)的旗舰产品,它是由遥感领域的科学家采用交互式数据语言(interactive data language,IDL)开发的一个完整的遥感图像处理平台。1977 年,美国 RSI(Research System Incorporated)公司发布了 IDL 软件的早期版本;1994 年,RSI 公司基于 IDL 开发了一个先进的高光谱图像分析软件包,即 ENVI 早期版本;2007 年 6 月,发布 ArcGIS 地理信息系统平台的 Environmental Systems Research Institute Incorporated(ESRI)公司和 ITT Visual Information Solutions 公司宣布两者的商务合作计划,更多的新功能和算法加进到新版本中,ENVI 软件得到了迅猛发展。ERDAS IMAGINE 是美国 ERDAS 公司开发的一套遥感图像处理系统,ERDAS 公司作为一个遥感软件公司创建于 1978 年,2002 年得到美国 Leica 公司的资金支持并随之与 ESRI 公司开展战略合作,使 ERDAS IMAGINE 与 ArcGIS 完整集成,从而极大地拓展了 ERDAS IMAGINE 的应用领域和行业影响力。PCI Geomatica 是由加拿大 PCI 公司开发的一套遥感图像处理软件系统,它是 PCI 公司将其旗下原有的 4 个产品 PCI EASI/PACE、(PCI SPANS,PAM-APS)、ACE、ORTHOENGINE 集成到一个具有同一界面、同一使用规则、同一代码库、同一开发环境的新产品系列,从而产生了一个使用简单、灵巧的遥感图像处理平台。

上述三款商业遥感图像处理软件各具特色。① 从功能上来看,三款软件都支持众多的遥感数据格式读取与转换,都具备图像显示、图像增强、辐射校正、几何校正、图像裁剪与拼接、图像空间域与变换域处理及运算等基本功能;但各软件在某些功能方面又各具特色,如 ENVI 在图像分析、信息提取方面功能强大,PCI Geomatica 在正射校正、图像自动配准、图像制图方面具有明显优势,ERDAS IMAGINE 在数据融合、摄影测量方面具有优势。② 从软件结构及界面的友好程度来看,PCI Geomatica 和 ERDAS IMAGINE 是基于统一软件界面下的功能模块化产品集成,因此它们的软件界面更为友好,对于使用遥感图像处理软件的初级用户来说更容易上手;而 ENVI 早期的经典界面(ENVI 自 5.0 版本之后在保留原有经典界面的情况下推出了一个新的软件界面)则更倾向于数据处理流程的集成,因此软件功能上存在一定的重复和交叉,但这种基于数据处理流程的集成特别适合熟悉遥感图像处理流程的中、高级用户,ENVI 自 5.0 版本之后推出的新界面采用了类似于 ArcMap 的统一用户界面,各功能模块及流程化操作则被分门别类存放在工具箱中。③ 从软件的可扩展性和灵活性来看,ENVI 底层的 IDL 可以帮助用户轻松地添加、扩展 ENVI 的功能,甚至可以开发定制自己的专业遥感平台;PCI Geomatica 也拥有底层开发工具,它由 150 个 C 和 FORTRAN 源程序和库构成,具备完备的语法结构,用户可用它们编写应用系统、访问数据库和外设、显示图像和进行图像处理,同时该软件还提供了 PCI 用户界面编辑功能,使用户可以将新开发的功能和程序加入 PCI 的用户界面上;ERDAS IMAGINE 在可扩展性方面提供了三种解决方案:一是提供了一个面向目标的图形模型语言——空间建模分析(Spatial Modeler),使用户可以设计高级的空间模型功能,用户只需用其提供的工具在窗口中给出模型的流程图,同时指定流程图的意义、所用参数、矩阵等,即可完成模型的设计,二是提供了 EML(ERDAS macro language),使用户可以剪裁和定制软件用户界面,三是提供了 C 程序接口、ERDAS 函数库,并支持动态链接库(DLL)的体系结构。相比较而言,由于 IDL 具有强大的数据分析和图像化应用功能,且使用者可以迅速、方便地运用此软件将数据转换为图像,从而促进分析和理解,因此基于 IDL 开发的 ENVI 具有更高的灵活性和可扩展性,特别适合科研人员。④ 从应用领域来看,ERDAS IMAGINE 和 PCI Geomatica 多用于业务化的工程项目,而 ENVI 则多用于研究及教育领域。⑤ 从用户群体来看,ERDAS IMAGINE 特别适合刚上手学习遥感图像处理的新手或偶尔需要开展遥感图像处理的非遥感专业人员,因此其用户面较广;PCI Geomatica 的中国用户群体目前主要集中在地质、矿产、国土空间规划等领域的科研及业务人员,其用户数量相对较少;ENVI 在高校及科研院所的使用较为普及,尤其是自 2007 年 6 月 ITT Visual Information Solutions 公司与 ESRI 公司开展商务合作之后,ENVI 与 ArcGIS 无论是在用户界面还是在数据交换、功能互操作方面都实现了比较好的集成,使 ENVI 的用户群体迅猛增长。

除了上述遥感类的专业软件,还有一些非遥感类的软件也常被用于遥感图像处理,如数值矩阵运算软件 MATLAB、图像处理软件 Photoshop 等。MATLAB 拥有丰富的函数库,也经常能在网上找到一些新算法的源程序,因此对于遥感图像处理算法研究与测试非常实用,但 MATLAB 对大数据量的遥感图像处理效率较低。Photoshop 在图像局部区域选择、图像匀色等方面非常高效,遥感背景图的制作过程经常是先用 Photoshop 对原始遥感图像进行图像增强、匀色等处理,然后利用 ArcMap 制图,最后再在 Photoshop 中进行图像整饰。

2. 国产遥感图像处理软件发展

我国遥感图像处理软件经历了从萌芽期、追赶期到自主创新期的发展。1972—2000 年为国产遥感图像处理软件萌芽期,遥感数据源绝大部分是国外遥感卫星数据,我国仅 1999 年与巴西合作研制的中巴 1 号能够提供遥感数据,但空间分辨率只能达到 19 m。由于自主卫星不多,国外遥感数据及遥感图像处理软件基本垄断国内遥感应用市场,国内遥感图像处理软件的研制处于萌芽状态,仅表现为科研成果,未达到工程化应用程度。典型的遥感图像处理软件是美国的 ERDAS IMAGINE、ENVI(environment for visualizing images)和加拿大的 PCI Geomatica。受限于当时计算机技术的发展,软件形态主要是单机版,遥感图像处理功能主要包括影像加载显示、通用图像处理、像素级分类和目视解译等,主要用于资源环境宏观普查、土地覆盖/土地利用分类、植被覆盖度监测、农业资源调查/动态监测、农作物估产、水体信息提取、湿地及生态资源监测和地质矿产资源勘探等基本的遥感专题制图工作。

2001—2010 年为国产遥感图像处理软件的追赶期,国外新增了 QuickBird-2、WorldView-1/2、

GeoEye-1 和 RapidEye 等遥感卫星数据源,国外遥感图像处理软件继续发展,从人机交互解译发展为半自动化信息提取,图像分类在传统像素级分类基础上扩展为面向对象分类,软件形态由单机版软件逐步发展为多机协同、多机联动的集群版遥感影像处理系统。我国 2007 年发射了以 ZY1-02B 为代表的米级高分辨率遥感卫星,2008 年发射环境与灾害监测预报小卫星,HJ1-A 和 HJ1-B CCD(charge coupled device)影像空间分辨率达到 30 m。国产遥感数据开始在国内逐步试点应用,Titan Image、PIE、Virtuozo、JX4、Image Station 和 MapMatrix 等国产遥感图像处理软件崭露头角,能够提供一些基本的遥感图像处理功能,并且具备了初步工程化应用能力。PIE 3.0 的应用范围也从国土空间规划拓展到气象、海洋等不同领域。

2011 年至今为国产遥感图像处理软件的自主创新期。高分专项等国家重大战略性工程推动了国产遥感卫星自主创新性发展。ZY3、GF1、GF2、GF3、GF4、GF5、GF6 和 GF7 等国产遥感卫星相继发射,遥感卫星数据自主率和数据质量显著提高。国内卫星遥感能力的不断提升,带动国产遥感图像处理软件实现了跨越式发展。国产遥感图像处理系统从单机版转变为集群版,进而演化到遥感云服务平台。国产遥感图像处理软件图像解译方式由半自动化逐步发展到智能化。2015 年以来,随着人工智能技术的迅猛发展,遥感和深度学习等先进算法不断融合,从遥感图像中挖掘所需信息和知识更为实时与便捷。遥感应用商业形态逐步从单纯数据处理加工扩展到对各行业提供多样化的信息服务,国产遥感图像处理软件承担起了国内遥感产业化的重任。

PIE 遥感图像处理软件以激活数据价值、服务行业应用为研发目标,全面支持国产陆地观测、气象和海洋卫星等数据,深度结合国产卫星参数和数据特点,提供更精准高效的辐射和几何处理,支持地方坐标系,用户界面和交互方式更适合国内用户需求,支持多语言二次开发,可快速构建行业工程化应用解决方案。自 2008 年,PIE 已从 1.0 版本发展到 6.0 版本。PIE 6.0 由单一的通用软件插件式架构演变成将 3S(遥感(remote sensing,RS)、地理信息系统(geography information systems,GIS)和全球导航卫星系统(global navigation satellite systems,GNSS))技术集成一体化的多平台多载荷集群处理,从纯粹的卫星遥感图像处理发展为航天航空一体化平台,从单纯以光学载荷为主发展为光学、雷达和高光谱全谱段的应用模式,同时开启云服务平台应用,包括 PIE-Basic 遥感图像基础处理软件、PIE-Ortho 卫星影像测绘处理软件、PIE-SAR 雷达影像数据处理软件、PIE-Hyp 高光谱影像数据处理软件、PIE-UAV 无人机影像数据处理软件、PIE-SIAS 尺度集影像分析软件、PIE-AI 遥感图像智能处理软件、PIE-Map 地理信息系统软件,具有多源遥感载荷全方位支持、全谱段要素信息智能提取、多行业全业务链深度融合、海量遥感数据快速处理和自主产权程序完全可控等 5 大核心能力。2019 年中国测绘学会对 PIE 评审鉴定,认为 PIE 在基于相位一致性的异源影像匹配、区域网平差匀色技术方面达到国际领先水平。

需要强调的是,遥感图像处理的原理与方法是共性的,遥感图像处理软件只是实现图像处理的工具,选用何种软件来进行遥感图像处理主要取决于读者所处的学习或工作环境(如有些科研团队偏爱 ENVI,有些高校讲授 ERDAS IMAGINE 图像处理课程,有些高校越来越重视国产遥感图像处理软件的推广),以及自己的操作习惯。对于绝大多数用户来说,只要掌握或精通一种遥感图像处理软件就行,一旦你熟悉了遥感图像处理的原理与方法,其他类似的遥感图像处理软件只是在用户界面和操作习惯上存在差异,用户在熟悉一种软件的基础上也很快能对其他类似软件进行上手操作,因此掌握遥感图像处理的原理与方法以及遥感数据处理流程是学习的核心。

随着中国高分辨率对地观测系统重大专项(高分专项)和《国家民用空间基础设施中长期发

展规划(2015—2025年)》等重大战略性工程的实施,国产高分遥感数据日趋丰富。这些数据能否发挥价值以及发挥多大价值,取决于从高分遥感数据到有效信息和应用服务的转换能力。在此背景下,大力推广国产遥感图像处理软件日益成为保障国家信息安全、增强技术创新和服务社会发展的迫切要求。本教材将主要以高分二号、高分六号卫星数据为例,以国产遥感图像处理软件 PIE 为例进行数字图像处理流程的实践。

1.2.2 遥感图像数据读写

欲对遥感数字图像进行处理,首先需借助遥感图像处理软件在计算机上对遥感数字图像进行读取,从而将图像的部分或全部内容加载到计算机内存进行运算处理或通过显示器进行浏览操作。遥感数字图像读取是其写入的逆过程,因此要读取一幅遥感数字图像,必须先了解该图像是按何种规律存储的,即图像数据的存储结构及编码过程。

出于多方面原因(如各数据机构创建自己的数据格式、数据保密或限制性使用的需要、不同应用目的的需要等),目前的遥感数字图像存储格式多种多样,一旦图像采用了一种软件不支持的数据存储格式,该图像文件则很可能无法被该软件直接打开读取。

本书第 2 章的"PIE-Basic 操作基础"介绍了常见遥感数字图像存储格式的读取方法及操作流程,并进行了操作演示。

1.2.3 遥感数字图像处理的基本方法

遥感数字图像处理是数字图像处理的基本方法在遥感数字图像上的综合应用。数字图像处理的基本方法可以划分为空间域处理方法和变换域处理方法这两大类。空间域处理方法是根据图像像元数据的空间表示 $f(x,y)$ 进行处理;变换域处理方法是对图像像元数据的空间表示 $f(x,y)$ 先进行某种变换,然后针对变换数据进行处理。

本书第 3 章的"数字图像运算"介绍了数字图像空间域处理的数值运算、集合运算、逻辑运算和数学形态学操作;第 4 章"数字图像变换"介绍了数字图像变换域处理的主成分变换、最小噪声变换、缨帽变换、独立成分变换、傅里叶变换、小波变换和颜色空间变换操作。

1.3　遥感数字图像质量改善

遥感数字图像在成像过程中受到遥感平台、传感器、大气、地形、太阳位置(高度和方位)、地球自转等多因素的影响,从而导致图像畸变,因此在应用遥感数字图像处理软件进行制图或提取信息之前,需根据实际情况有选择地对其进行预处理,以改善图像的辐射质量、几何质量和视觉效果。

陆地观测卫星地面系统处理和生产的标准产品类型通常分为 6 级,它们分别对应了遥感图像质量改善的不同级别:0 级为原始数据产品,即分景后的卫星下传遥感数据;1 级为系统辐射校正产品,即经过了相对辐射定标以消除探测元件之间的辐射不均一性;2 级为系统几何校正产品,即在 1 级产品的基础上进行了系统几何校正,并将校正后的图像映射到指定的地图投影坐标;3 级为几何精校正产品,即在 2 级的基础上采用了地面控制点来改进产品的几何精度;4 级为高程校正产品,即在 3 级的基础上同时采用了数字高程模型(DEM)纠正了地势起伏造成的视差的产品数据;5 级为标准镶嵌图像产品。通常情况下,用户拿到的遥感数据都是 2 级或以上级别的产品,因此后续还需根据数据产品级别及应用要求对遥感数据做进一步的预处理。

本书第 5、6 章分别介绍了遥感数字图像辐射校正和几何校正的实践操作,旨在消除图像的辐射畸变和几何畸变,以服务于后续的图像信息提取;第 7、8 章进一步介绍了图像去噪声和图像增强的实践操作,旨在改善图像的视觉效果,以服务于遥感数字图像的目视判读及遥感制图。

1.4　遥感数字图像信息提取

遥感数字图像不但具有全覆盖的空间范围,而且包含了丰富的信息,然而大部分时候仅需要特定区域的特定信息,如何从全覆盖的庞杂信息中提取出感兴趣区的有效信息,这就涉及空间范围上的感兴趣目标及对象提取、属性特征的提取与选择,以及信息提取 3 方面的内容。

遥感数字图像中的感兴趣目标是指图像中用户最为关注的目标地物。感兴趣目标提取,不仅能够去除用户不感兴趣的冗余数据,突出图像的主要特征,还能提高图像特征处理和分析的速度并排除其他无关数据的干扰;对于高分辨率遥感数字图像来说,通过对感兴趣目标提取获得目标区域的封闭边界轮廓,则形成了目标对象,从而可以用于后续的面向对象分类。

遥感数字图像属性特征提取和选择是为遥感数字图像分类服务的,它的目的在于从众多属性中选出具有代表性的几个属性作为变量组合来区分遥感数字图像上的目标地物,从数据源上提高遥感数字图像分类的精度。对于遥感数字图像而言,可作为图像分类的属性很多,除了地物在遥感数字图像上直接呈现的光谱信息,还有把这些光谱信息进行某种线性或非线性组合而衍生出的一些综合光谱属性,另外也可对遥感数字图像进行局部统计从而得到局部区域所反映出来的纹理、形状、大小、空间关系等空间属性。为了提高分类器的分类效率,通常还需从已有的属性信息中选择具有代表性的属性作为分类特征参与分类。

遥感数字图像分类是遥感信息提取的重要内容,它是根据不同地物在图像上所体现的属性差异(如光谱属性、空间属性),按照一定的规则将其划分为若干具体的类别。目前的图像分类方法很多,然而,并不是每一种分类方法都适合任何遥感图像的分类问题,因此我们需根据研究区的背景状况、遥感数据源和分类目的选择最合适的方法。运用分类器对图像分类后,受图像质量和分类算法影响,其分类结果有可能还不能被直接应用,需对其进行分类后处理,以提高分类结果质量。分类完成后,我们还需对分类结果进行精度评价,其目的一方面在于为制图者提供一个评价分类方法的依据,另一方面也为用户提供一个分类结果可靠性参考。

本书第 9、10、11 章分别介绍了感兴趣目标及对象提取、特征提取与选择、图像分类的实践操作。

1.5　特色遥感数字图像

高光谱图像(hyperspectral image)是指光谱分辨率在 $10^{-2}\lambda$ 数量级范围内的光谱图像。高光谱遥感器能够同时获取目标区域的 2 维几何空间信息与 1 维光谱信息,因此高光谱数据具有"图像立方体"的形式和结构,体现出"图谱合一"的特点和优势。高光谱图像中的每个像元记录着瞬时视场角内几十甚至上百个连续波段的光谱信息,其光谱分辨率在 400~2 500 nm 波长范围内一般小于 10 nm。将这些光谱信息作为波长的函数可以绘制一条完整而连续的光谱曲线,反映出能够区分不同物质的诊断性光谱特征,使得本来在宽波段多光谱遥感图像中不可探测的地物在高光谱遥感中能够被探测。高光谱遥感技术的这种特质使得其在矿产勘探、环境监测、精准农林和国防军事等领域都产生了重要的应用价值(张兵,2016)。

SAR 图像(synthetic aperture radar image)是指合成孔径雷达图像。SAR 是一种主动式的微波成像传感器,即传感器本身向地面发射能量波束并接收其散射信号进行探测,而不依赖太阳的辐射能量,从而可以全天时地获取地球表面地物目标的数据。同时微波波段可以穿透云层、浓雾及大气烟雾,因此 SAR 以其具有全天候、全天时获取地表信息的特点成为对地观测技术领域不可或缺的遥感传感器。SAR 是真实孔径雷达的发展,SAR 作为一种主动成像系统,其主要特点有:① 成像不受气候、时间影响,可全天候、全天时成像;② 选择合适的雷达波长,能穿透一定的覆盖物(如植被)成像,因而可以发现隐藏的地物目标;③ 雷达图像的空间分辨率与波长、运载平台飞行高度、雷达作用距离无关;④ 成像带可以距离航迹较远;⑤ SAR 成像系统可以通过不同的频率与极化来获取目标地物不同的信息;⑥ SAR 成像系统对微纹理信息(平静的水面与波纹面比较敏感);⑦ 通过合成孔径雷达干涉技术可以获取很好的数字高程数据;⑧ 实现合成孔径雷达需依赖复杂的信号处理算法(如距离-多普勒算法)和专用硬件设备(如高速数字信号处理器);⑨ 与其他相干成像系统类似,SAR 也有其固有的缺点,如强斑点噪声、低信噪比等(于秋则,2005)。

无人驾驶飞行器简称无人机(unmanned aerial vehicle,UAV)是一种有动力、可控制、能携带多种任务设备、执行多种任务,并能重复使用的无人驾驶航空器(吕厚谊等,1998)。无人机与遥感技术的结合,即无人机遥感,是利用先进的无人驾驶飞行器技术、遥感传感器技术、遥测遥控技术、通信技术、GPS 差分定位技术和遥感应用技术,具有自动化、智能化、专题化快速获取国土、资源、环境等的空间遥感信息,完成遥感数据处理、建模和应用分析能力的应用技术。因低成本、低损耗、可重复使用且风险小等诸多优势,其应用领域从最初的侦察、早期预警等军事领域扩大到资源勘测、气象观测及处理突发事件等非军事领域。无人机遥感的高时效、高分辨率等性能,是传统卫星遥感所无法比拟的,越来越受到研究者和生产者的青睐,大大扩大了遥感的应用范围和用户群,具有广阔的应用前景。随着无人机的发展,无人机遥感越来越多地被用于影像获取,如在气象监测、资源调查与监测、测量、突发事件处理等方面(金伟等,2009)。

第12、13 和 14 章介绍了高光谱图像、SAR 图像和无人机遥感影像处理的实践操作,并在第16 章给出了一个无人机激光点云数据计算生物量的操作实例。

参 考 文 献

[1] 张兵. 高光谱图像处理与信息提取前沿[J]. 遥感学报,2016,20(05):1062-1090.

[2] 于秋则. 合成孔径雷达(SAR)图像匹配导航技术研究[D]. 武汉:华中科技大学,2005.

[3] 吕厚谊. 无人机发展与无人机技术[J]. 世界科技研究与发展,1998(6):113-116.

[4] 金伟,葛宏立,杜华强,等. 无人机遥感发展与应用概况[J]. 遥感信息,2009(01):88-92.

2 PIE-Basic 操作基础

🌸 **学习目标**

　　熟悉 PIE-Basic 6.3 界面,初步了解 PIE-Basic 所具有的各项功能。

🌸 **预备知识**

- 数字图像性质
- 数字图像种类

🌸 **参考资料**

　　朱文泉等编著的《遥感数字图像处理——原理与方法》(第二版)第 1 章"数字图像处理";
PIE-Basic 6.3 用户手册。

🌸 **学习要点**

- 了解 PIE-Basic 6.3 的操作界面
- 加载地图及数据
- 数据图层的显示控制
- MAP 及数据图层的管理
- 地图浏览、空间测量及要素的编辑
- 了解如何获得 PIE-Basic 使用帮助

🌸 **测试数据**

　　数据目录:附带光盘下的 .. \chapter02\data\

文件名	说明
GF6_polygon. tif	上海市某地影像(含四个波段),存储格式为 TIF,用于栅格数据演示
polygon. shp	上海市某地面状要素,存储格式为 .shp,用于矢量数据演示

🌸 **案例背景**

　　本章节简单介绍 PIE-Basic 的各功能模块,使读者快速地了解 PIE-Basic 的基本功能,方便读者对图像进行读取、浏览、编辑等。

2.1 PIE-Basic 界面说明

PIE-Basic 采用微软 Ribbon 风格,界面美观大方,具有良好的人机交互机制。界面主要由标题栏、工具栏、图层管理栏、常用工具栏、主视图区、视图切换按钮、工程日志和状态栏八部分组成(图 2.1)。

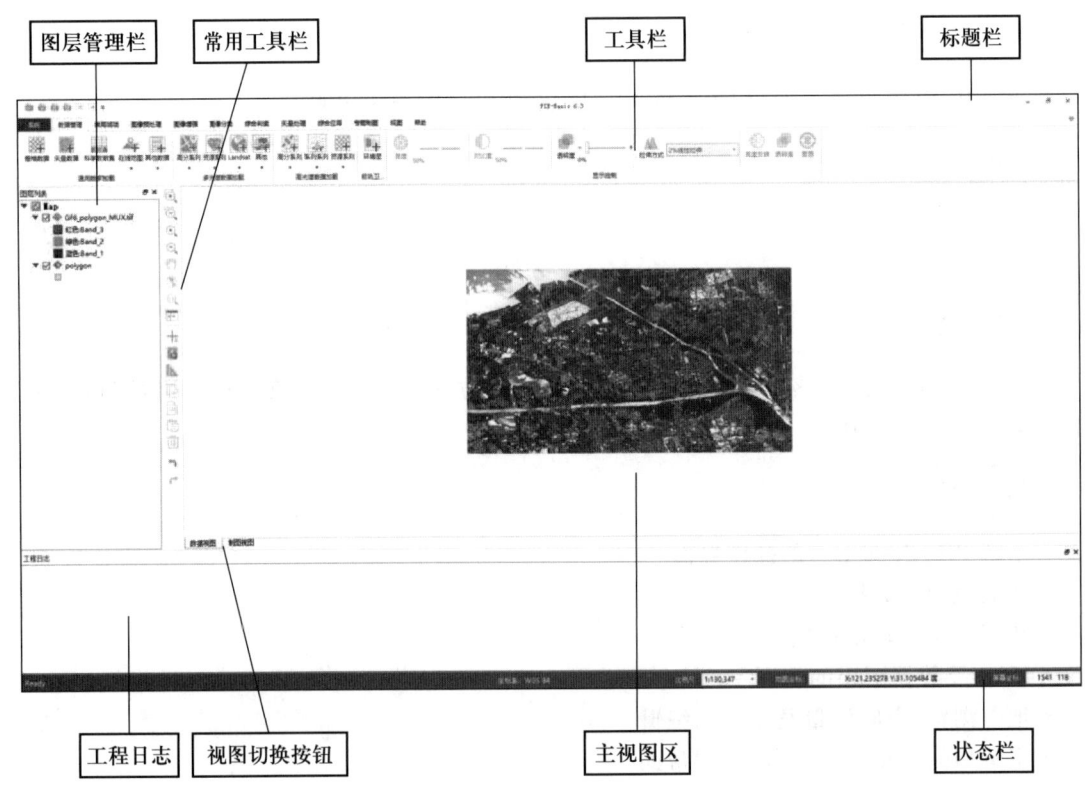

图 2.1　PIE-Basic 6.3 界面

1. 标题栏

显示软件的名称 PIE-Basic。

2. 工具栏

显示软件的功能模块。

3. 图层管理栏

对加载到软件中的各图层进行管理,包括地图的激活与删除,图层的加载、删除、显示控制和修改坐标系。

4. 常用工具栏

提供数据浏览常用的功能。

5. 主视图区

显示正在处理的数据、数据处理进度以及处理后的结果。

6. 视图切换

控制数据视图与制图视图之间的切换。

7. 工程日志

显示或者隐藏界面中的日志面板。

8. 状态栏

实时显示数据状态的参数信息,如坐标系类型、比例尺、地图坐标和主视图的屏幕坐标。

2.2　地图工具管理

工具栏中的"系统"模块可以对地图进行管理,包括新建地图、打开地图、保存地图、另存为、系统属性和系统退出功能。PIE-Basic 的地图文件扩展名为".pmd",文件中包含当前图框的坐标系、图层数据的路径、数据的显示方案等信息(图 2.2)。

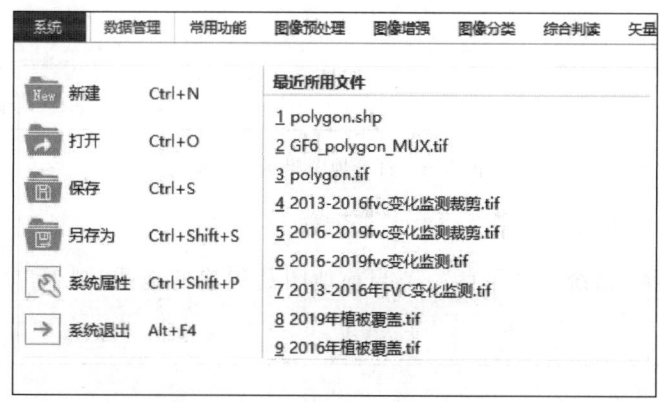

图 2.2　PIE-Basic 系统菜单

1. 新建地图

在工具栏中,选择"系统">"新建",即可新建一个空白地图;如果在新建地图前,软件中已存在一个地图且未保存,软件会弹出是否保存当前地图的提示信息(图 2.3)。

主要参数如下:

•点击"是"按钮,弹出保存地图对话框,设置保存当前地图的路径和名称;点击"保存"按钮,弹出地图保存成功提示,当前地图被保存;

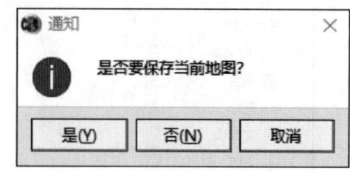

图 2.3　新建地图提示对话框

•点击"否"按钮,当前地图不被保存,并打开新建的空白地图;

•点击"取消"按钮,退出当前提示框。

注:启动 PIE-Basic 后,软件默认创建一个新的空白地图。

2. 打开地图

在工具栏中,选择"系统">"打开",弹出"打开"对话框,选择待打开的地图文件,点击"打开"按钮,选中的地图将加载到 PIE-Basic 中(图 2.4)。

图 2.4　打开地图提示对话框

3. 保存地图

在工具栏中,选择"系统">"保存",若当前地图是新建的地图,则弹出"保存文件"对话框(图 2.5)。

图 2.5　地图保存对话框

设置地图的保存路径及名称,点击"保存"按钮,当前地图被保存。

4. 另存为

在工具栏中,选择"系统">"另存为",弹出"另存为"对话框(图2.6)。

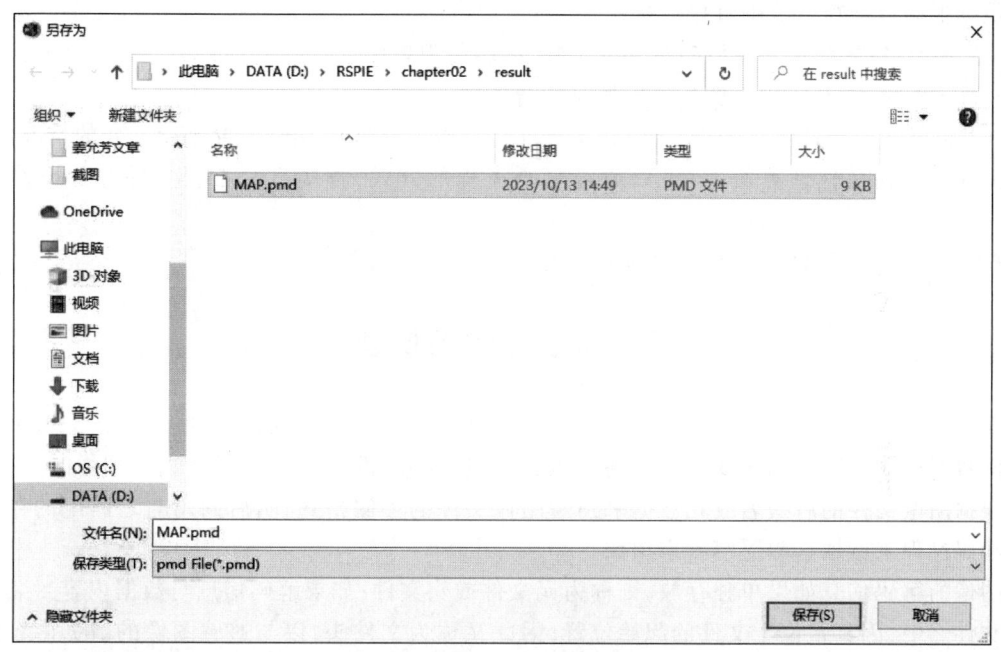

图2.6 地图另存为对话框

设置地图的保存路径及名称,点击"保存"按钮,当前地图被保存。

5. 系统属性

系统属性用来设置影像加载和浏览的策略,包括影像缓存模型、重采样类型、瓦片数量、滚轮速度等。在工具栏中,选择"系统">"系统属性",在"系统环境属性设置"对话框中可进行系统参数设置(图2.7)。

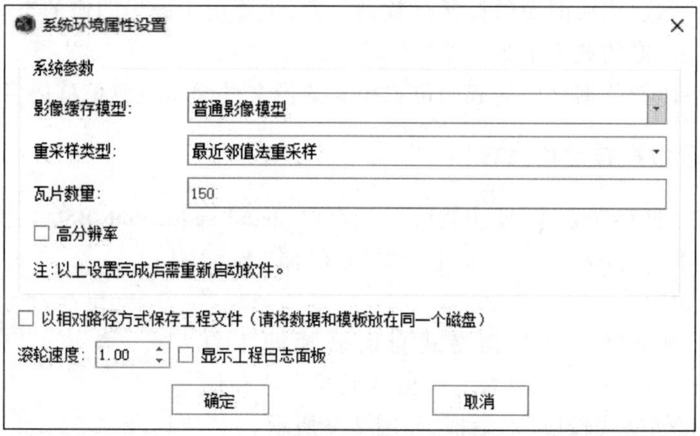

图2.7 系统属性对话框

主要参数如下：

• 影像缓存模型：包含影像瓦片模型和普通影像模型。影像瓦片模型使用瓦片缓存进行显示，栅格首先渲染到瓦片，瓦片再渲染到窗口，瓦片重复使用，提升渲染速度；普通影像模型是指栅格数据根据目前窗口范围直接渲染；

• 瓦片数量：影像瓦片模型的瓦片的个数，以图层为单位；

• 高分辨率：提升使用影像瓦片模型时的清晰度；

• 以相对路径方式保存工程文件：在工程文件与数据文件的存储位置保持不变的情况下，将这些文件拷贝到其他计算机上，可以通过打开工程的方式，直接打开工程文件并加载对应的数据。

• 滚轮速度：调整使用滚轮缩放时的速度。

2.3　遥感数字图像读取

遥感数字图像处理软件之所以能打开一些常见的数据格式，是因为这些软件已经封装了常见图像数据格式的存储结构及编码规则等信息。当这些软件打开一幅遥感数字图像时，它们首先会根据图像文件的后缀名或元数据来判断图像文件的存储格式，然后调用与之匹配的存储结构和编码过程来读取这幅遥感数字图像。

图像的解码信息如果单独存放，则称为元文件或头文件；如果解码信息与数据内容封装在同一个文件之中，因其常位于文件的起始位置，因此又称为文件头，以与遥感图像的数据内容区分开来。图像文件的头信息（即编码信息）通常包括数据类型、解码顺序、图像的行数和列数、图像的波段数、图像的偏移量等。

图像数据类型主要有：8 bit 字节型、16 bit 整型、16 blt 无符号整型、32 bit 长整型、32 bit 无符号长整型、32 bit 单精度浮点型、64 bit 双精度浮点型、64 bit 整型、64 bit 无符号整型、复数型和双精度复数型。

解码顺序：即字节序，对计算机存储的数据进行解码时，是从大端解码还是从小端解码，从大端解码表示大字节序，从小端解码表示小字节序。

图像的行数和列数：构成图像的像元行数和列数，主要用于确定图像的空间范围大小。

图像的波段数：图像的波段个数。

图像的偏移量：图像数据存储的起始位置距离图像文件起始位置偏移的字节数。

2.3.1　多波段数据存储格式转换

多波段数据有三种存储方式，即按波段顺序存储（band sequential，BSQ）、按波段像元交叉存储（band interleaved by pixel，BIP）和按行交叉存储（band interleaved by line，BIL）。

PIE 提供了三种栅格数据存储格式自由转换的工具（图 2.8），在主菜单中选择"常用功能">"格式转换">"存储格式转换"，弹出"存储格式转换"对话框，如图 2.9 所示。

以高分数据"GF6_polygon_MUX.tif"为例，主要参数如下：

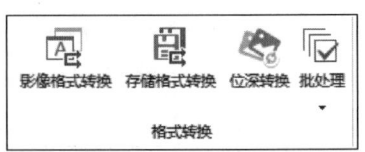

图 2.8　格式转换界面

- 输入文件:选择输入待处理的栅格影像;
- 输出格式:设置输出影像的存储格式,可选 BSQ、BIP、BIL,这里以 BIP 格式件为例;
- 输出文件:设置输出文件的保存路径及文件名。

所有参数设置完成后,点击"确定"按钮即可进行栅格图像的存储格式转换。值得注意的是,当输出数据为 TIFF 格式时,不支持将输出数据存储为 BIL 格式。

2.3.2 通用数据加载

通用数据加载包括栅格数据、矢量数据、科学数据集、在线地图、其他数据等的加载显示(图 2.10)。

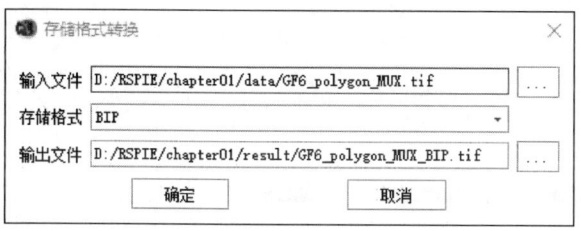

图 2.9　存储格式转换对话框

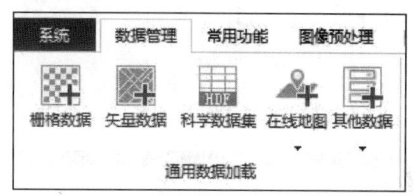

图 2.10　通用数据加载界面

1. 加载栅格数据

PIE-Basic 可读取多种格式的栅格数据,并能够在软件主视图上加载显示。加载栅格数据有以下三种方式:

(1)在工具栏中,选择"数据管理">"通用数据加载">"栅格数据",在"打开数据"对话框中,选择需要添加的栅格数据,可选择单个文件加载,或选择栅格文件存放目录批量加载,点击"打开"按钮即可完成栅格数据加载。

(2)在图层管理栏"Map"上单击鼠标右键,选择"加载栅格数据",在弹出的"打开"对话框中,选择"data"目录下的"GF6_polygon_MUX. tif"栅格数据,点击"打开"按钮或双击该文件,即可将其加载到软件中(图2.11)。

(3)在文件夹内选择需要加载的栅格数据,将其拖动到软件的视图范围内,也可以实现栅格数据的加载显示。

PIE-Basic 可以同时打开多个栅格数据,支持"Shift"连续选择和"Ctrl"多选。其支持的栅格文件类型包括:＊. tif、＊. tiff、＊. img、＊. bmp、＊. jpg、＊. ldf、＊. dat、＊. 1bd 和＊. 1b。

"GF6_polygon_MUX. tif"栅格数据最终在数据视图中显示,如图 2.12 所示。

2. 加载矢量数据

PIE-Basic 可读取多种格式的矢量数据,并能够在软件主视图上加载显示。加载矢量数据有以下三种方式:

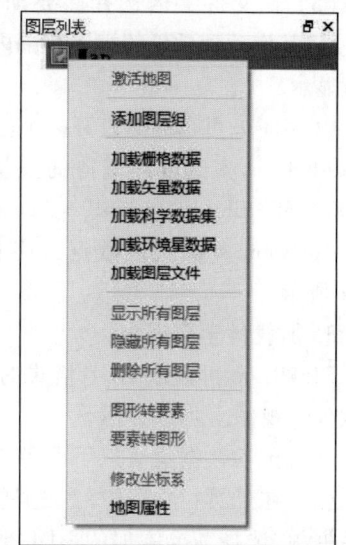

图 2.11　图层管理栏中加载栅格数据

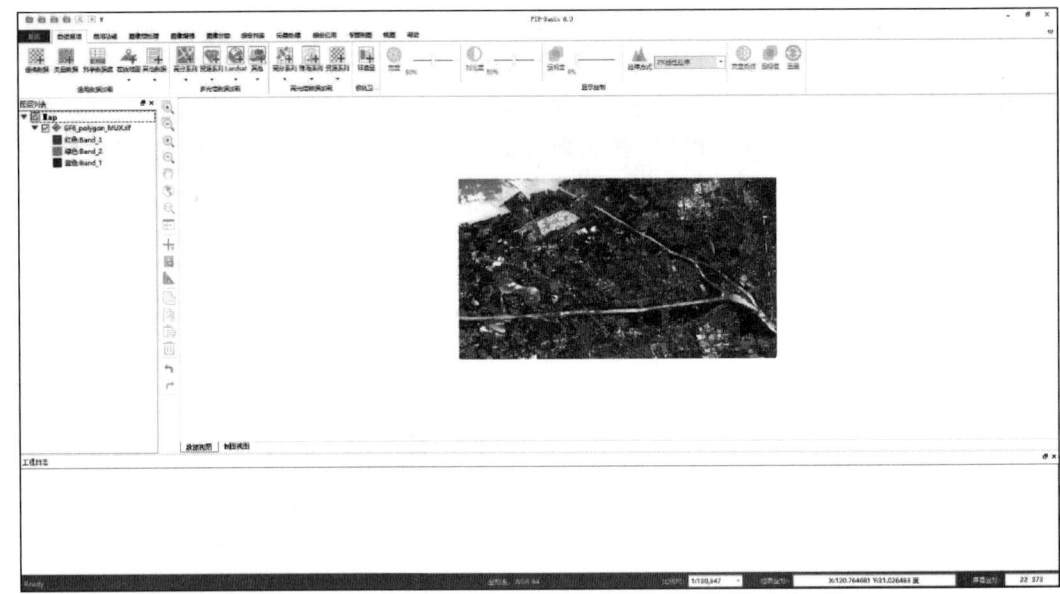

图 2.12　加载栅格数据结果

（1）在工具栏中,选择"数据管理">"通用数据加载">"矢量数据",在"打开矢量数据"对话框中,选择需要添加的矢量数据,可选择单个文件加载,或选择栅格文件存放目录批量加载,选择"data"目录中的"polygon. shp",点击"打开"按钮即可完成矢量数据加载。

（2）在数据管理栏当前活动地图上单击鼠标右键,选择"加载矢量数据"按钮;在弹出的"打开"对话框中,选中需要加载的矢量数据,点击"打开"按钮或双击该文件,即可将其加载到软件中(图 2.13)。

（3）在文件夹内选择需要加载的矢量数据"polygon. shp",将其拖动到软件的视图范围内,也可以实现矢量数据的加载显示。

PIE-Basic 可以同时打开多个栅格数据,支持"Shift"连续选择和"Ctrl"多选。其支持的矢量文件类型包括:∗. shp、∗.000(S57 files)、∗. kml、∗. kmz 等。

"polygon. shp"矢量数据最终在数据视图中显示,如图2.14 所示。

3. 加载科学数据集

PIE-Basic 可读取 HDF 格式的科学数据集数据,并能够在软件主视图上加载显示。

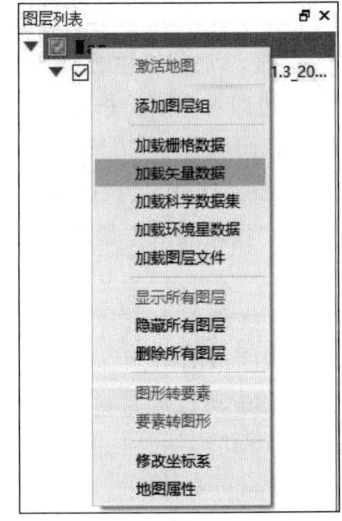

图 2.13　图层管理栏中加载矢量数据

加载科学数据集有以下两种方式:

（1）在工具栏中,选择"数据管理">"通用数据加载">"科学数据集",在"打开 HDF 数据"对话框中,选择需要添加的 HDF 数据,可选择单个文件加载,或选择科学数据集数据存放目录批量加载,点击"打开"按钮即可完成 HDF 数据加载。

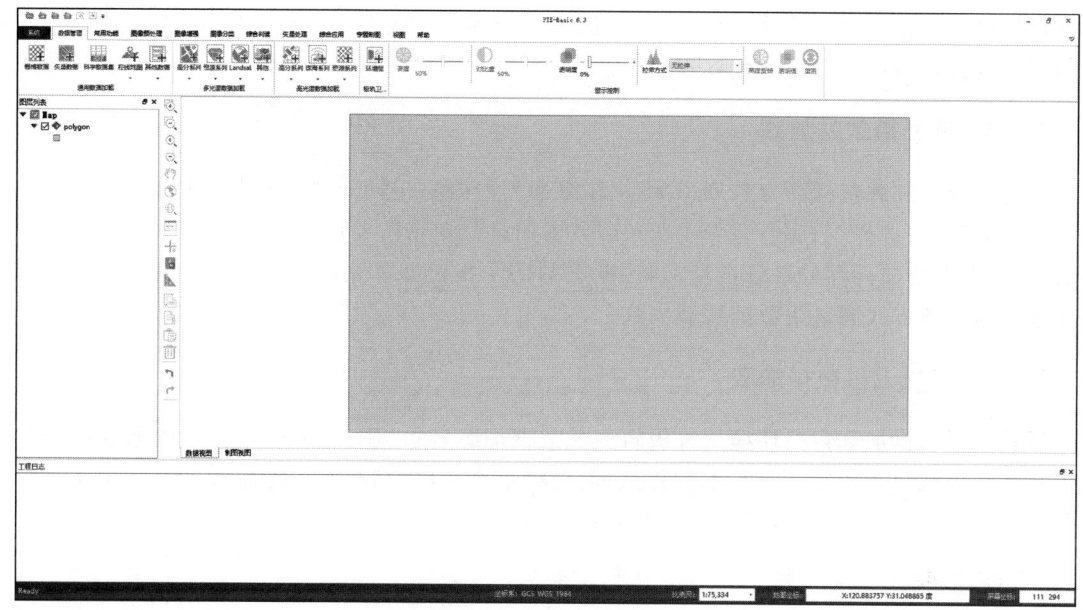

图 2.14　加载矢量数据结果

（2）在数据管理栏当前活动地图上单击鼠标右键,选择"加载科学数据集按钮";在弹出的"打开"对话框中,选中需要加载的科学数据集,点击"打开"按钮或双击该文件,即可将其加载到PIE-Basic 中。

PIE-Basic 可以同时打开多个科学数据集,支持"Shift"连续选择和"Ctrl"多选。其支持读取的科学数据集数据类型包括:HDF(∗. hdf、∗. h5、∗. nc）。

4. 在线地图

在工具栏中,选择"数据管理">"通用数据加载">"在线地图",选择待加载图层,有 ArcGISImage、天地图、谷歌路线图、谷歌卫星图、谷歌地形图、高德路线图、高德卫星图等可供选择,这些都是常见的公用地图服务,选中后点击即可加载到软件中（图 2.15）。

5. 其他数据

PIE-Basic 可读取 ROI 数据图层,但需要先添加待分类栅格图像,然后加载 ROI 图层即可。

2.3.3　多光谱数据加载

多光谱数据加载包括高分系列（GF1、GF2、GF6等）、资源系列（ZY3-01、ZY3-02）、Landsat（Landsat5、Landsat 7、Landsat 8）等多光谱数据加载显示。

在工具栏中,选择"数据管理">"多光谱数据加载",单击需要添加的数据系列,选择单个文件加载,

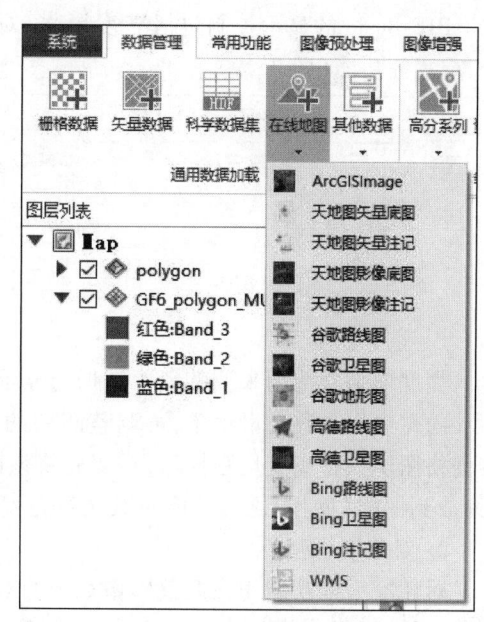

图 2.15　在线地图菜单

或选择栅格文件存放目录批量加载,点击"打开"按钮即可完成多光谱数据加载(图2.16)。多光谱数据加载方式同通用数据加载方式。

2.3.4　高光谱数据加载

高光谱数据加载包括高分系列(GF5)、珠海系列(珠海一号)等高光谱数据加载显示。

在工具栏中,选择"数据管理">"高光谱数据加载",单击需要添加的数据系列选择单个文件加载,或选择栅格文件存放目录批量加载,点击"打开"按钮即可完成高光谱数据加载(图2.17)。高光谱数据加载方式同通用数据加载方式。

2.3.5　极轨卫星数据加载

极轨卫星数据加载包括环境星等极轨卫星数据加载显示(图2.18)。选择"数据管理">"极轨卫星数据加载",单击需要添加的数据系列,选择单个文件加载,或选择栅格文件存放目录批量加载,点击"打开"按钮即可完成极轨卫星数据加载。

图2.16　多光谱数据加载界面　　图2.17　高光谱数据加载界面　　图2.18　极轨卫星加载界面

2.4　显　示　控　制

PIE-Basic的显示控制包括亮度增强、对比度增强、透明度增强、拉伸增强、亮度反转、透明值、重置等功能(图2.19)。

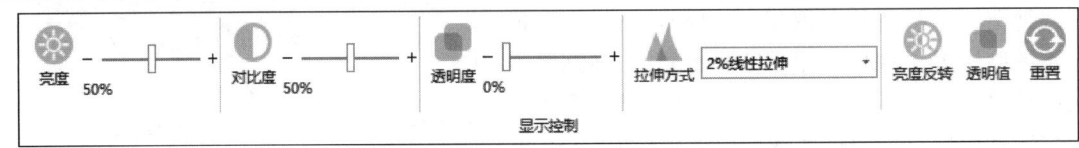

图2.19　显示控制界面

1. 亮度增强

亮度增强功能用来调整影像数据的显示亮度,界面如图2.20所示。

向左或向右移动滑动条,可调整图层的亮度;点击"亮度"按钮即可恢复默认值。如需要对某栅格图层执行亮度增强操作,需要先将该图层设置为当前图层(在图层上单击鼠标右键,执行"缩放到图层"操作)之后才能对其执行亮度增强操作。

2. 对比度增强

对比度增强功能用来调整影像显示的对比度,如果影像对比度偏低,就很难清楚地表现出影像中地物之间的差异,界面如图2.21所示。

向左或向右移动滑动条,可调整图层的对比度;点击"对比度"按钮即可恢复默认值。如需要对某栅格图层执行对比度增强操作,需要先将该图层设置为当前图层(在图层上单击鼠标右键,执行"缩放到图层"操作)之后才能对其执行对比度增强操作。

3. 透明度增强

透明度增强用来调整影像显示的透明程度,功能界面如图 2.22 所示。

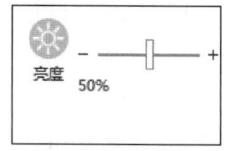

图 2.20　亮度增强界面

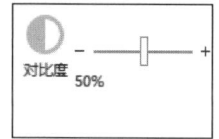

图 2.21　对比度增强界面

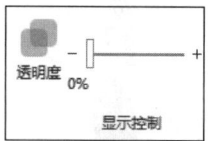

图 2.22　透明度增强界面

向左或向右移动滑动条,可调整图层的透明度;点击"透明度"按钮即可恢复默认值。如需要对某栅格图层执行透明度增强操作,需要先将该图层设置为当前图层(在图层上单击鼠标右键,执行"缩放到图层"操作)之后才能对其执行透明度增强操作。

4. 拉伸增强

拉伸增强功能用来改善图像对比度,突出感兴趣的地物信息,提高图像目视解译效果。界面如图 2.23 所示。

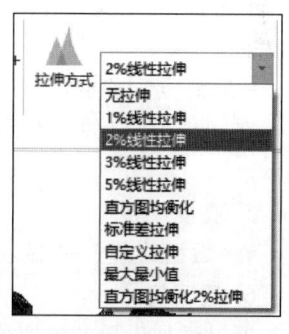

软件提供的拉伸方式包括线性拉伸(1%、2%、3%、5%)、直方图均衡化、标准差拉伸、自定义拉伸、最大最小值和直方图均衡化 2% 拉伸九种拉伸方式。其中线性拉伸(1%、2%、3%、5%)、直方图均衡化、标准差拉伸、最大最小值和直方图均衡化 2% 拉伸是自动拉伸方式。自定义拉伸需要用户手动进行拉伸,如果对拉伸结果不满意,可通过"无拉伸"操作恢复到无任何拉伸方式的状态。目前 PIE-Basic 在加载影像时都自动采用了 2% 线性拉伸。

图 2.23　拉伸增强界面

(1)自动拉伸

在"拉伸方式"的下拉列表中选择线性拉伸(1%、2%、3%、5%)、直方图均衡化、标准差拉伸、最大最小值和直方图均衡化 2% 拉伸,即可对当前图层进行相应的拉伸增强显示。

(2)自定义拉伸

在"拉伸方式"的下拉列表中选择"自定义拉伸",打开"自定义拉伸"对话框,如图 2.24 所示。
主要参数如下:
• 颜色通道:选择待拉伸的颜色通道,分为红、绿、蓝、RGB 四个通道。
• 直方图窗口:初始直方图为所选通道原始直方图,用户在直方图上单击即可添加节点,对直方图进行拉伸,也可通过右侧的节点值窗口自定义设置拉伸节点,对直方图进行拉伸。
• 拉伸节点值窗口:显示拉伸折线或曲线的节点值坐标,用户在直方图上单击添加节点时,窗口中实时显示节点值坐标;按钮 ┃＋┃ 可设置待添加的节点坐标,将该节点添加到拉伸的节点,同时直方图实时拉伸;选中节点值窗口中节点,点击按钮 ┃－┃ 可将选中的节点删除。
• 线形:设置自定义拉伸方式为折线型或曲线型。
• 保存:点击"保存"按钮,设置拉伸后直方图的保存路径与文件名,即可将拉伸后的直方图进行保存。

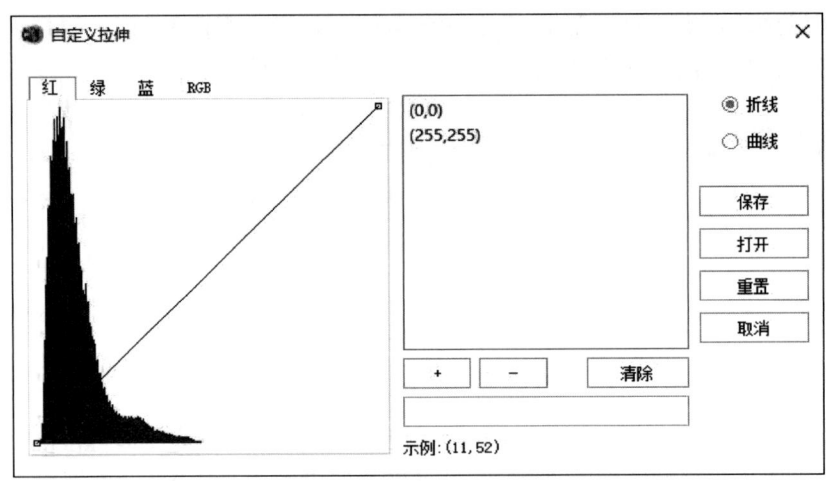

图 2.24　自定义拉伸对话框

● 重置:自定义拉伸效果不满意时,点击"重置"按钮,当前波段恢复到没有任何拉伸效果时的状态。

● 取消:点击"取消"按钮,即取消拉伸直方图操作。

在"自定义拉伸"对话框中调整拉伸的数据范围及拉伸方式,拉伸效果可在视图中实时显示。

5. 亮度反转

在"数据管理"—"显示控制"中选择"亮度反转"可对当前图层执行亮度反转操作。

6. 透明值

通过添加设置的透明值域对栅格影像的显示进行控制。在"数据管理"—"显示控制"中选择"透明值",打开"自定义透明度"对话框,如图 2.25 所示。

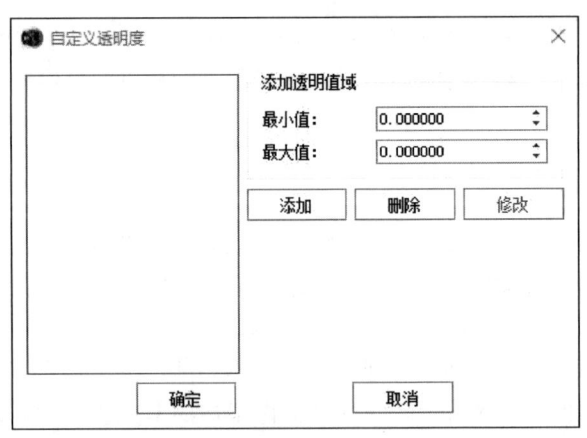

图 2.25　自定义透明度对话框

主要参数如下:

● 添加透明值域:输入透明值域的最大值和最小值。

• 添加：设置透明值域信息后，点击"添加"按钮，将透明值域加载到左侧列表中，可增加多组透明值域。

• 删除：选中左侧列表中的数值组，点击"删除"按钮，删除选中的信息。

• 修改：单击列表中添加的透明值范围，可在最大最小值输入框中重新输入值，点击"修改"按钮，即可对选中的透明值范围进行更改。

• 选中列表中的值域信息，点击"确定"按钮，对栅格数据的像素值在选中的值域范围内的进行透明显示，并且关闭图层属性对话框；点击"取消"按钮，不对栅格数据进行透明显示，并且关闭图层属性对话框。

7. 重置

在"数据管理">"显示控制"中选择"重置"可将当前图层恢复到原始状态。

2.5 Map 图层管理

图层管理是用来管理 Map 图层。鼠标光标放在"Map"上，单击鼠标右键弹出对话框，对 Map 图层进行操作，包括激活地图、添加图层组、加载栅格数据、加载矢量数据、加载科学数据集、加载环境星数据、显示所有图层、隐藏所有图层、删除所有图层、图形转要素、要素转图形、修改坐标系和地图属性（图 2.26）。

1. 激活地图

在图层列表中选中待激活的地图，单击鼠标右键，弹出右键快捷菜单，选择"激活地图"，选中的地图即被激活。

当制图视图内存在至少两个数据框时，每个数据框对应于一个 Map 图层，此时可通过"激活地图"功能来激活对应的 Map 图层。地图被激活后，它所对应的数据框和数据即可被操作。

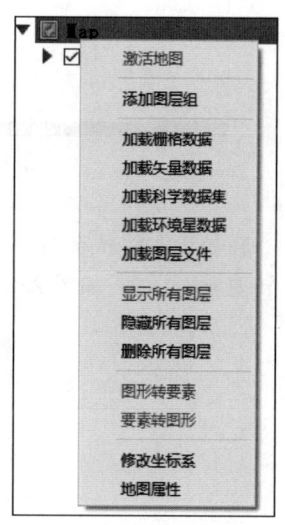

2. 添加图层组

图层组用来对图层进行分组管理。用户可以先添加图层组，然后在图层组上点击鼠标右键添加图层；也可以先在软件中添加图层，然后选中多个图层，点击鼠标右键选择"组合图层"实现分组。

3. 加载数据

在处于激活状态的"Map"上单击鼠标右键，弹出右键快捷菜单，选择"加载栅格数据""加载矢量数据""加载科学数据集"或"加载环境星数据"，会弹出打开框，选中对应的数据，点击"打开"按钮，即可打开数据。

图 2.26 图层管理对话框

4. 显示所有图层

在处于激活状态的"Map"上单击鼠标右键，弹出右键快捷菜单，选择"显示所有图层"，即可显示当前 Map 下所有图层。所有图层显示后此功能置灰。

5. 隐藏所有图层

在处于激活状态的"Map"上单击鼠标右键，弹出右键快捷菜单，选择"隐藏所有图层"，即可隐藏当前 Map 下所有图层。所有图层隐藏后此功能置灰。

6. 删除所有图层

在处于激活状态的"Map"上单击鼠标右键,弹出右键快捷菜单,选择"删除所有图层",即可删除当前 Map 下所有图层。

7. 图形转要素

图形转要素功能主要用于将标绘元素转换成矢量要素。

当前地图内存在标绘元素时,此功能被激活。在主菜单中,点击"综合判读">"标注标绘"即可绘制要素,以多边形要素为例,选择"多边形",在主视图中即可手绘一个多边形面状要素(图 2.27)。

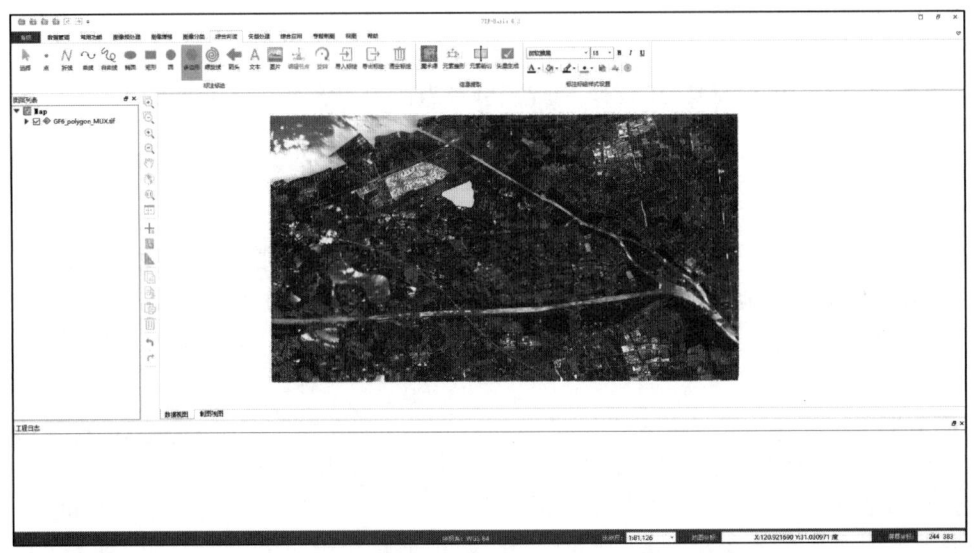

图 2.27　绘制多边形面状要素结果

在处于激活状态的"Map"上单击鼠标右键,弹出右键快捷菜单,选择"图形转要素",弹出图形转要素对话框,如图 2.28 所示。

图 2.28　图形转要素对话框

主要参数如下：

• 转换：选择要转换的图形类型（点图形/线图形/面图形）；

• 仅所选图形：勾选此选项即可对被选中的图形进行转换，软件默认不勾选此选项，即对所有图形进行转换；

• 选择坐标系：可以选择与数据框或图层相同的坐标系；

• 输出 ShapeFile：设置输出矢量数据的路径和名称；

• 转换后删除图形：勾选此选项，则转换完成后自动删除图形，否则不删除。

所有设置完成后点击"确定"按钮，弹出"是否添加到当前地图"对话框，选择"是"则将转换而成的矢量要素文件加载到图层上，选择"否"，则不加载。加载后图形转要素的结果如图 2.29 所示。

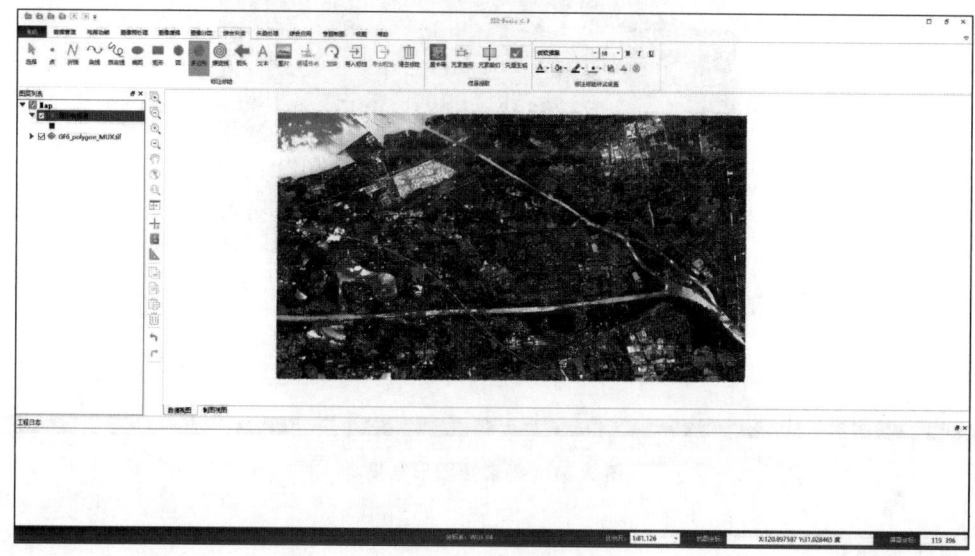

图 2.29　图形转要素结果

8. 要素转图形

要素转图形功能主要用于将矢量要素转换成标绘元素。当前地图内存在矢量要素时，此功能被激活。

以图形转要素的结果为例，在处于激活状态的"Map"上单击鼠标右键，弹出右键快捷菜单，选择"要素转图形"，弹出"要素转图形"对话框，如图 2.30 所示。

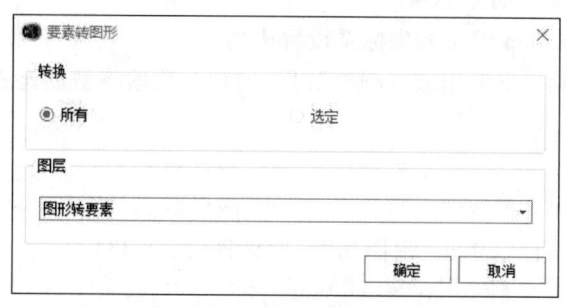

图 2.30　要素转图形对话框

主要参数如下：

• 转换：选择"所有"则将矢量图层的所有要素转换成图形，选择"选定"则对选中的要素转换成图形即标绘元素；

• 图层：在图层下拉列表中选择要转换的矢量图层。

最后点击"确定"按钮，即进行要素转图形处理，转换的图形自动显示在地图上（图2.31）。

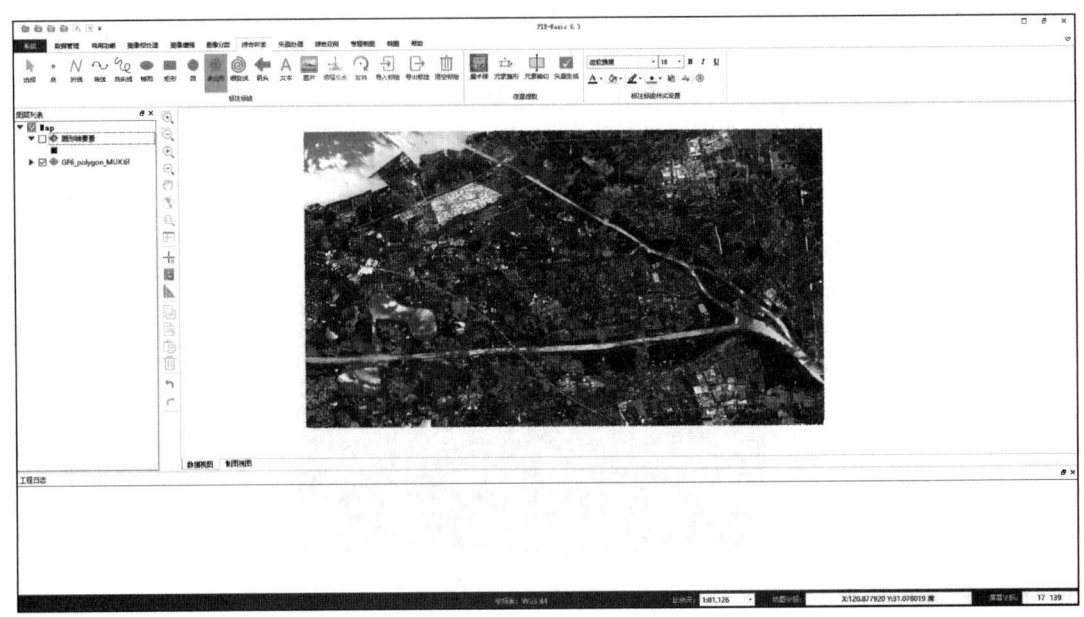

图2.31 要素转图形结果

9. 修改坐标系

在处于激活状态的"Map"上单击鼠标右键，弹出右键快捷菜单，选择"修改坐标系"，弹出"空间参考"对话框（图2.32）。

主要参数如下：

• 当前坐标系：显示Map当前的坐标系信息。

• 选择坐标系：从列表中选择目标坐标系。"定制的"列表下为软件中定制的常用坐标系，"预定义"列表下为软件中全部支持的坐标系列表，"图层"列表下可以选择软件中已加载的数据图层的坐标系作为当前Map的坐标系。

点击"确定"按钮，该Map图层的坐标系设置成功。

在PIE-Basic中，加载矢量数据或者栅格数据，加载的数据将被动态投影到Map图层的坐标系，并在主视图显示。

10. 地图属性

地图属性用来查看和设置地图的属性。在处于激活状态的"Map"上单击鼠标右键，弹出右键快捷菜单，选择"地图属性"，弹出"地图属性"对话框（图2.33）。

主要参数如下：

• 名称：显示当前地图的名称；

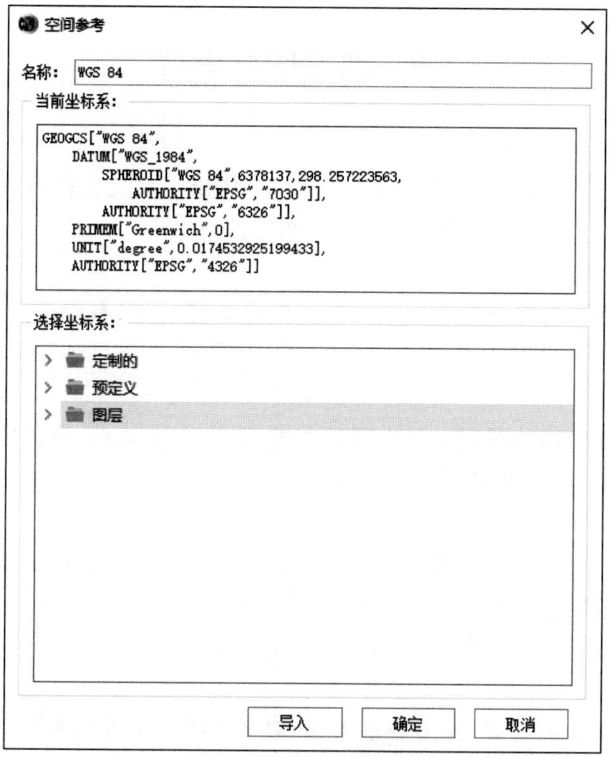

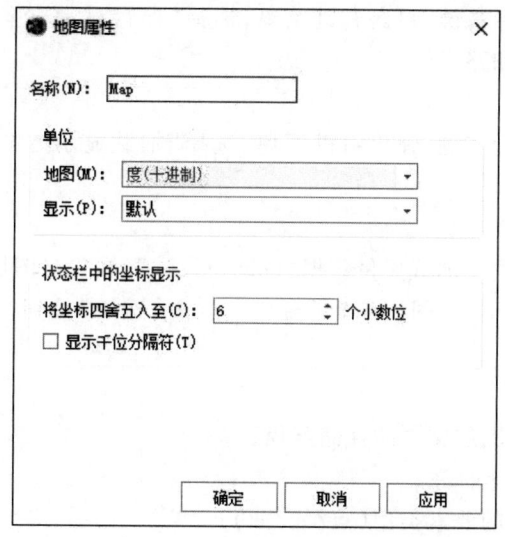

图 2.32　空间参考对话框

图 2.33　地图属性对话框

• 单位:设置地图显示的单位,可以设置为米、千米、度(十进制)、度(度分秒);

• 状态栏中的坐标显示:其中"将坐标四舍五入至"可设置状态栏坐标显示的小数位数,勾选"显示千位分隔符"可给坐标添加千位分隔符。

2.6　数据图层管理

1. 组合图层

在图层管理栏中，选中两个以上的图层，在选中的图层上单机鼠标右键，弹出右键菜单，选择"组合图层"，则被选中的图层就会被合并到一个图层组中。

2. 取消图层

在图层管理栏中待取消组合的图层组上单机鼠标右键，弹出右键菜单，选择"取消组合"，则该图层组就被拆分成单个的图层。

3. 删除图层

在图层管理栏中待删除的图层上单击鼠标右键，弹出右键菜单，选择"删除图层"（前提是图层所属 Map 处于激活状态）即可删除所选图层。

4. 缩放到图层

缩放到图层功能主要是将选中的图层在视图中以全图的方式进行显示。在图层上单击鼠标右键，弹出右键菜单，选择"缩放到图层"，即可将本图层以全图方式在视图中显示。

最后一次执行"缩放到图层"操作的图层为当前图层。

5. 打开文件位置

在选中图层上单击鼠标右键，弹出右键菜单，选择"打开文件位置"，弹出新的窗口，显示存放该数据的位置。

6. 保存显示方案

在选中图层上单击鼠标右键，弹出右键菜单，选择"保存显示方案"，弹出新的窗口，设置存储该图层显示方案的名称和路径。

7. 加载显示方案

在选中图层上单击鼠标右键，弹出右键菜单，选择"加载显示方案"，弹出新的窗口，选择待加载的显示方案文件。

8. 图层编辑

此功能仅用于矢量图层。加载矢量数据"polygon. shp"，在矢量图层上单击鼠标右键，弹出右键菜单，选择"图层编辑"，弹出"图层编辑"窗口。点击"添加"按钮，依次添加字段"NAME"和"AREA"（图 2.34）。

主要参数如下：

• 输出文件：显示矢量图层文件的存储路径；

• 坐标系：显示图层的坐标系；

• 要素类型：显示图层的要素类型（点/线/面）；

• 添加：点击"添加"按钮，字段列表中就增加一行，可依次填写字段信息，如字段名称、别名、类型等；

• 删除：先选中某一行字段信息，点击"删除"按钮，可删除该字段。

除此之外也可以直接对某一行字段属性进行修改。在设置完成后点击"确定"按钮，即可完成对图层的编辑操作。

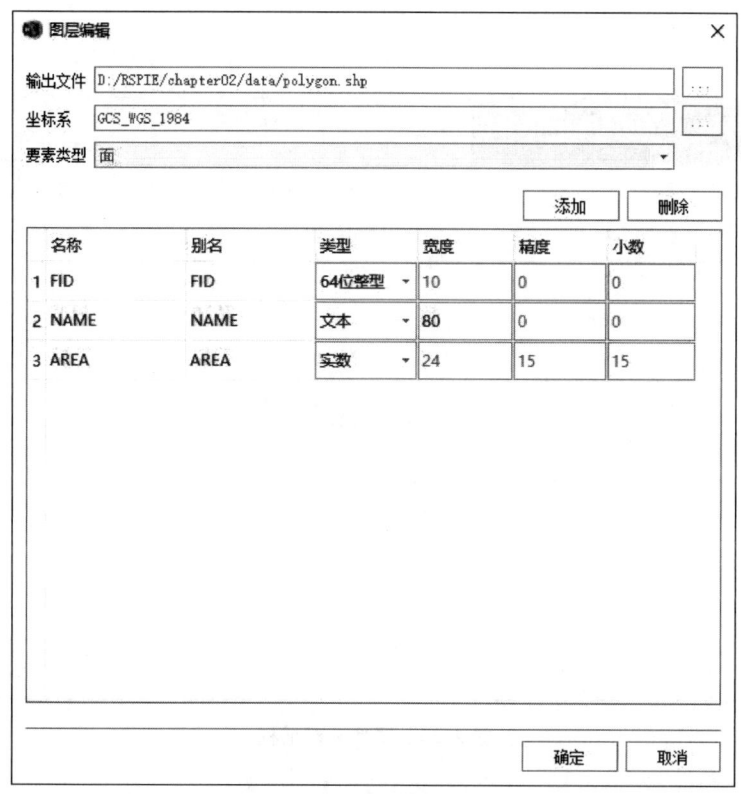

图 2.34　图层编辑对话框

9. 属性表

属性表功能仅用于矢量图层,可以对矢量属性信息进行查看和编辑。

加载矢量数据"polygon. shp",在矢量图层上单击鼠标右键,弹出右键菜单,选择"图层属性表",弹出"图层属性表"对话框。在"FID"字段输入"1",在"NAME"字段输入"实验区域",在"AREA"字段中单击右键弹出菜单,选择"导入面积数据","面积单位"选择"平方千米"(图 2.35)。

主要参数如下:

• 排序:鼠标点击某字段名,可根据这个字段属性信息进行排序,可正序、倒序切换;

• 选项:可以单独显示选择的数据和清除选择的数据;

• 属性编辑:在矢量编辑模块,点击"开始编辑"后,可以在属性表中直接修改属性信息;

• 升序排序:右键单击某字段名,可根据这个字段属性信息进行升序排序;

• 降序排序:右键单击某字段名,可根据这个字段属性信息进行降序排序;

• 高级排序:右键单击某字段名,可根据这个字段属性信息进行高级排序,通过设置多个字段的排序顺序与方式实现高级排序;

• 导入面积数据:针对字段属性为实数型的字段,计算面积并导入;

• 统计:针对字段值进行计数、最值、总和、平均值等参数的统计和展示,并以直方图形式直观展示数据分布;

• 删除字段:删除该字段和相关记录值。

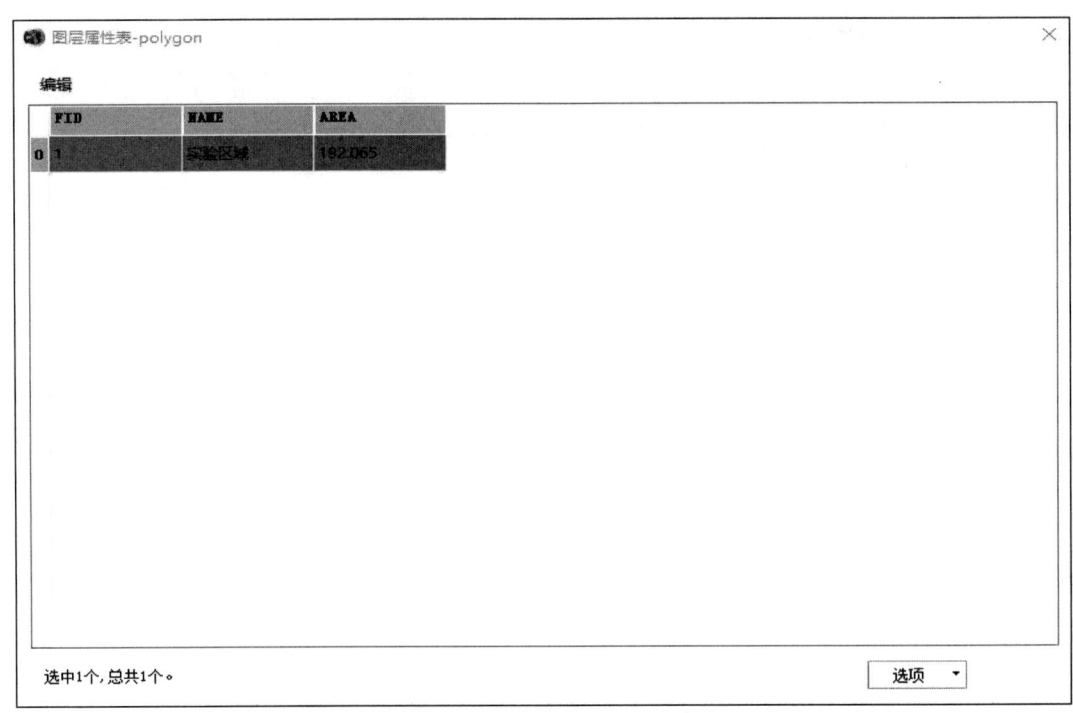

图 2.35　属性表对话框

10. 标注要素

此功能仅用于矢量图层,在矢量图层"polygon.shp"上单击鼠标右键,弹出右键菜单,选择"标注要素",则在主视图区将会显示要素的标注信息(图 2.36)。

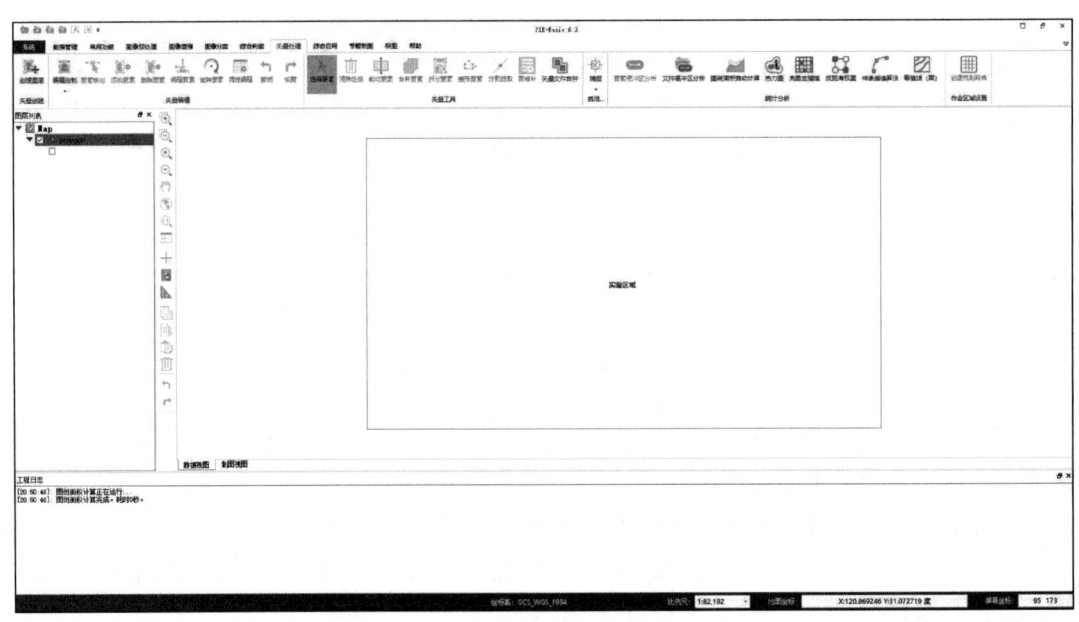

图 2.36　标注要素结果

　　　　　　　　　2　PIE-Basic 操作基础

注:可在"图层属性"界面"标注"中选择标注字段。

11. 置顶图层

在选中图层上单击鼠标右键,弹出右键菜单,选择"置顶图层",则该图层将会被上移到图层列表的顶层。

12. 置底图层

在选中图层上单击鼠标右键,弹出右键菜单,选择"置底图层",则该图层将会被下移到图层列表的底层。

13. 导出数据

导出数据功能用于将加载的数据导出保存。

(1)栅格数据导出

选中栅格图层"GF6_polygon_MUX.tif",单击鼠标右键,弹出右键菜单,选择"导出数据",弹出"栅格数据导出"对话框,如图 2.37 所示。

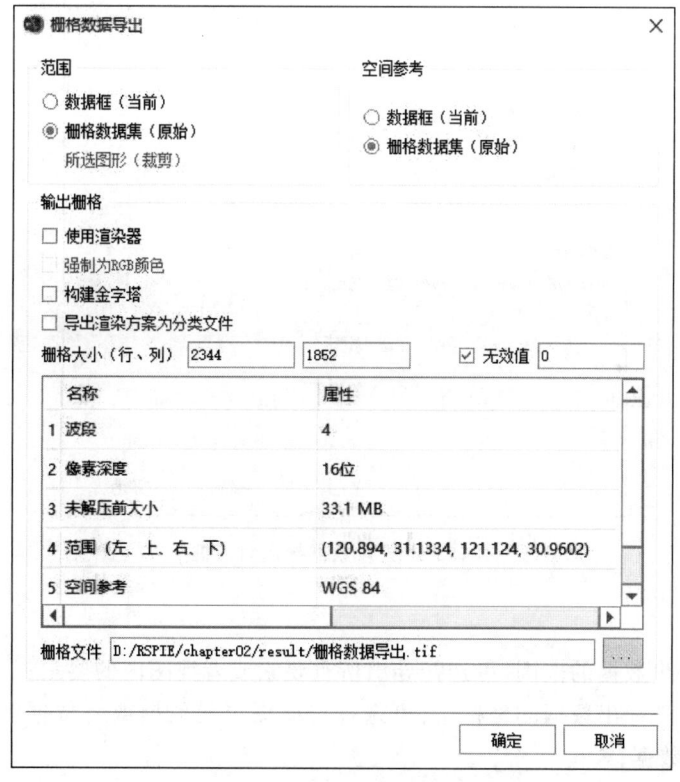

图 2.37 栅格数据导出对话框

主要参数如下:

• 范围:设置导出数据的范围,可选择当前数据框范围、原始栅格数据集范围及所选图形(裁剪)范围。当选择所选图形(裁剪)范围输出时,需要在影像上通过标注标绘功能采集元素图形,选中元素,按元素范围输出裁剪后的影像成果。

• 空间参考:选择导出数据的空间参考系,可选择当前数据框坐标系或者原始栅格数据集坐标系。

• 输出栅格：选择是否使用渲染器、是否强制为 RGB 颜色、设置输出栅格行列范围、选择是否输出无效值。若导出的原始影像大于 3 个波段，此时"强制为 RGB 颜色"参数处于置灰状态，勾选"使用渲染器"可将导出的数据转变为 3 波段 8 位的影像数据，若不勾选"使用渲染器"，导出的影像参数与原始影像相同。若原始影像波段数小于 3，如单波段数据，勾选"使用渲染器"，不勾选"强制为 RGB 颜色"，支持将影像输出为单波段，如果勾选"使用渲染器"和"强制为 RGB 颜色"，支持将影像输出为 3 波段 RGB 颜色影像数据。

• 栅格文件：设置导出数据的名称和存储路径。

所有参数设置完成后，点击"确定"按钮，即可导出栅格数据。

（2）矢量数据导出

选中矢量图层"polygon. shp"，单击鼠标右键，弹出右键菜单，选择"导出数据"，弹出"矢量数据导出"对话框，如图 2.38 所示。

图 2.38　矢量数据导出对话框

主要参数如下：

• 导出：设置导出数据的范围，可选择导出所有要素或者视图内的要素；

• 坐标系设置：选导出数据的坐标系，可选择与此图层元数据或者数据框保持一致，一般默认选择此图层的元数据；

• 输出要素类：设置导出数据的名称和存储路径。

所有参数设置完成后，点击"确定"按钮，即可导出矢量数据。

14. 属性

（1）栅格属性

选中栅格图层"GF6_polygon_MUX. tif"，单击鼠标右键，弹出右键菜单，选择"属性"，弹出图层属性窗口。

通用界面主要参数如下（图 2.39）：

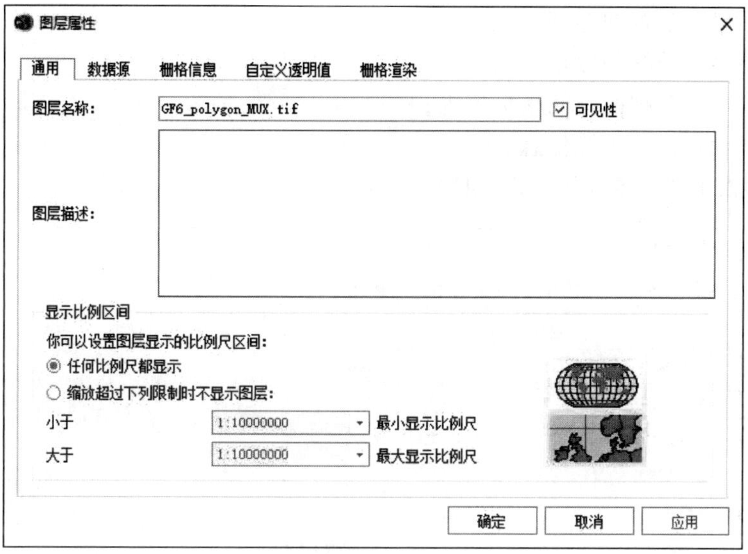

图 2.39 栅格图层属性对话框通用界面

• 图层名称:可对图层名称进行显示和修改;

• 可见性:用来显示或隐藏图层,勾选后则在主视图显示该图层,取消勾选则在主视图隐藏该图层;

• 图层描述:用来描述图层的详细信息;

• 显示比例区间设置:勾选"任何比例尺都显示"则该图层在主视图中任何比例尺下都显示,勾选"缩放超过下列限制时不显示图层",并设置"最小显示比例尺"和"最大显示比例尺",则图层只在这个比例尺区间内显示,超出这个比例尺区间就会被隐藏。

数据源界面主要参数如下(图 2.40):

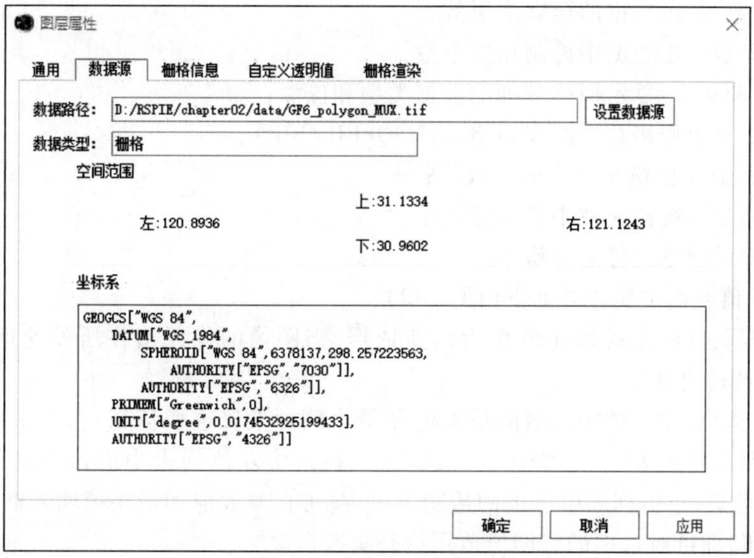

图 2.40 栅格图层属性对话框数据源界面

2.6 数据图层管理

- 数据路径:显示数据的存储路径;
- 数据类型:显示数据的数据类型;
- 空间范围:显示数据的空间坐标范围;
- 坐标系:显示数据的坐标信息。

栅格信息界面主要参数如下(图2.41):

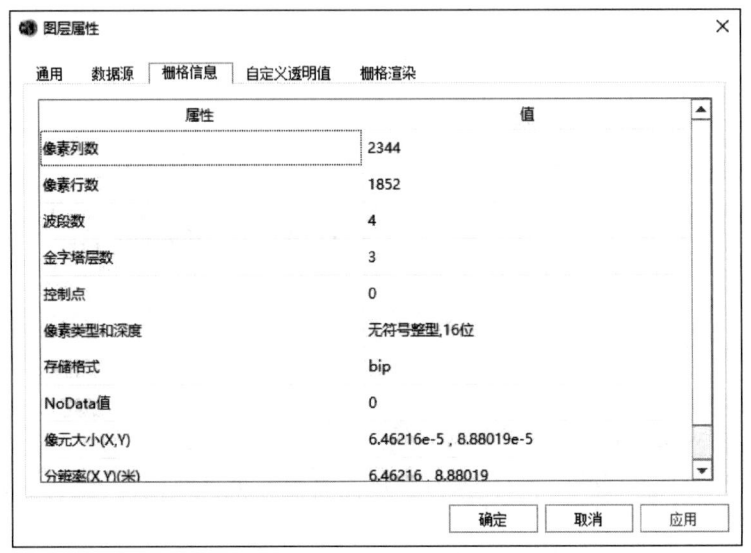

图2.41　栅格图层属性对话框栅格信息界面

- 像素列数:显示数据的像素列数值;
- 像素行数:显示数据的像素行数值;
- 波段数:显示数据的波段数值;
- 金字塔层数:显示数据的金字塔层数;
- 控制点:显示栅格数据中控制点的个数;
- 像素类型和深度:显示栅格数据的数据类型和位深;
- 存储格式:显示栅格数据的存储格式(BSQ/BIL/BIP);
- NoData 值:显示栅格文件中的无效值;
- 像元大小:显示栅格文件中的像元大小;
- 分辨率:显示栅格文件的分辨率。

自定义透明值界面主要参数如下(图2.42):

- 原始值透明:以图像的像元值作为判断依据,当图像的像元值在所设的透明值域范围内时,则该像元会被透明处理。

- 添加透明值域:输入透明值域的最大值和最小值。设置透明值域后,点击"添加"按钮,将透明值域加载到左侧列表中,可增加多组透明值域;选中左侧列表中的数值组,点击"删除"按钮,删除选中的信息;单击列表中添加的透明值范围,可在最大值和最小值输入框中重新输入值,点击"修改"按钮,即可对选中的透明值范围进行更改。

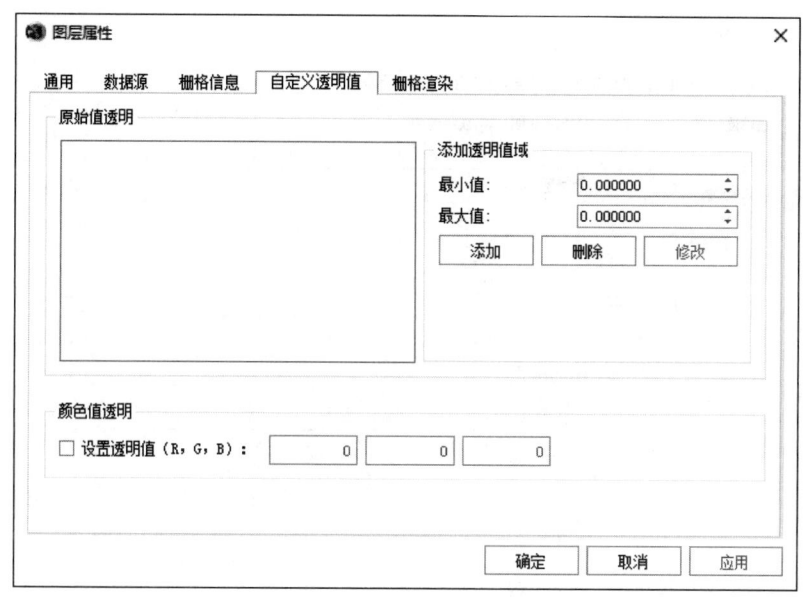

图 2.42　栅格图层属性对话框自定义透明值界面

• 颜色值透明:以图像的 RGB 显示值作为判断依据,当像元的显示 RGB 值与所设的 RGB 三个值均相同时,在显示的时候会将该像元进行透明处理。勾选"设置透明值(R,G,B)",可设置 RGB 对应的透明值,默认不勾选。

选中列表中的值域信息,点击"应用"按钮,执行透明处理,图层对话框不关闭;点击"确定"按钮,执行透明处理,并关闭图层属性对话框;点击"取消"按钮,不对栅格数据进行透明显示,并且关闭图层属性对话框。

针对栅格数据,可以多种不同的方式进行显示或渲染。栅格数据的渲染方式取决于它所包含的数据的类型及要显示的内容,并可对设置的渲染属性进行保存。某些栅格数据包含一个可自动用于显示栅格数据的预定义配色方案,即色彩映射表。而对于未包含预定义配色方案的栅格,也会选择一种合适的显示方法,且可根据需要对其进行调整。软件中针对栅格数据提供了拉伸、RGB 合成、已分类、唯一值渲染 4 种渲染方式(图 2.43)。

• 透明度:设置栅格图层的透明度,范围是 0~100,可以和以上几种渲染方式配合使用,也可单独使用。

(2)矢量属性

选中矢量图层"polygon.shp",单击鼠标右键,弹出右键菜单,选择"属性",弹出图层属性窗口。

通用界面主要参数如下(图 2.44):

• 图层名称:可显示和修改图层的名称。

• 可见性:用来显示或隐藏图层,勾选后在主视图显示该图层,取消勾选则在主视图隐藏该图层。

• 图层描述:可查看和编辑图层的详细信息。

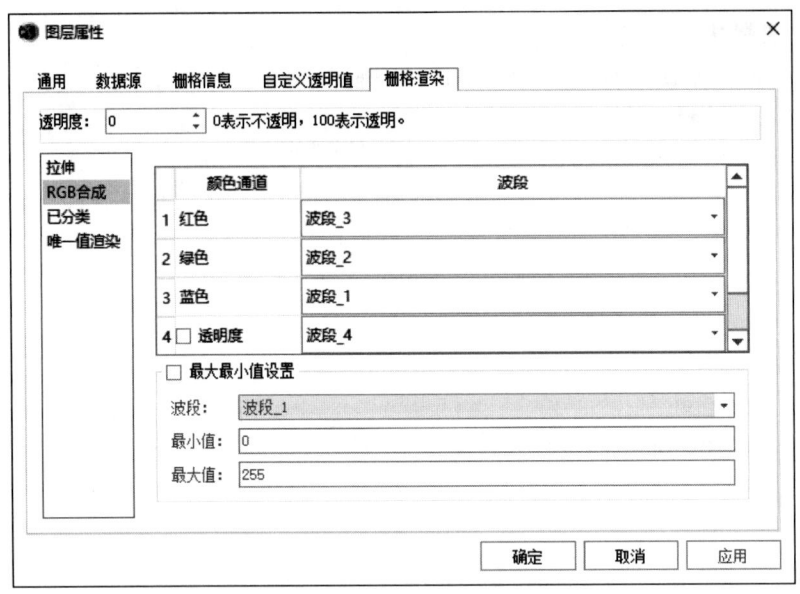

图 2.43 栅格图层属性对话框栅格渲染界面

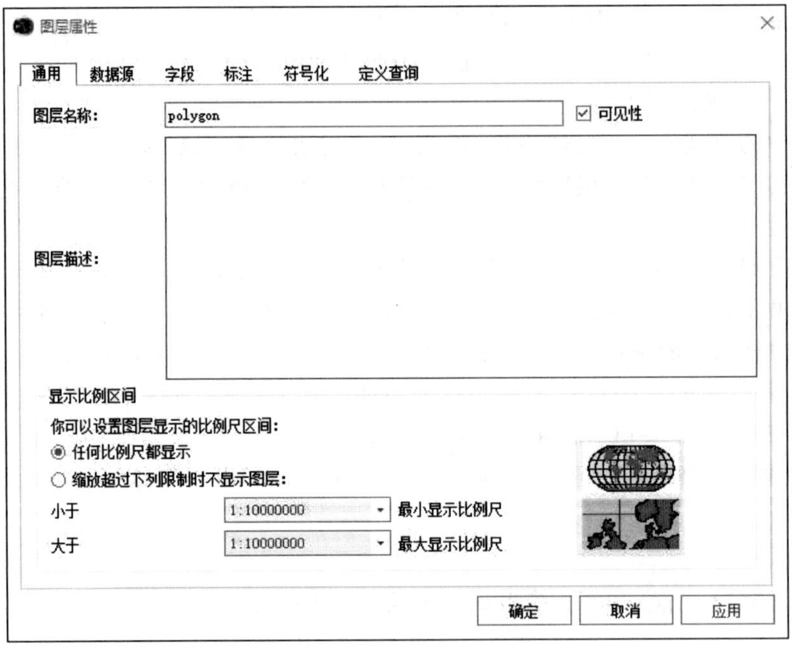

图 2.44 矢量图层属性对话框通用界面

• 显示比例区间设置:勾选"任何比例尺都显示"则该图层在主视图中任何比例尺下都显示;勾选"缩放超过下列限制时不显示图层",并设置"最小显示比例尺"和"最大显示比例尺",则图层只在这个比例尺区间内显示,超出这个比例尺区间就会被隐藏。

数据源界面主要参数如下(图 2.45):

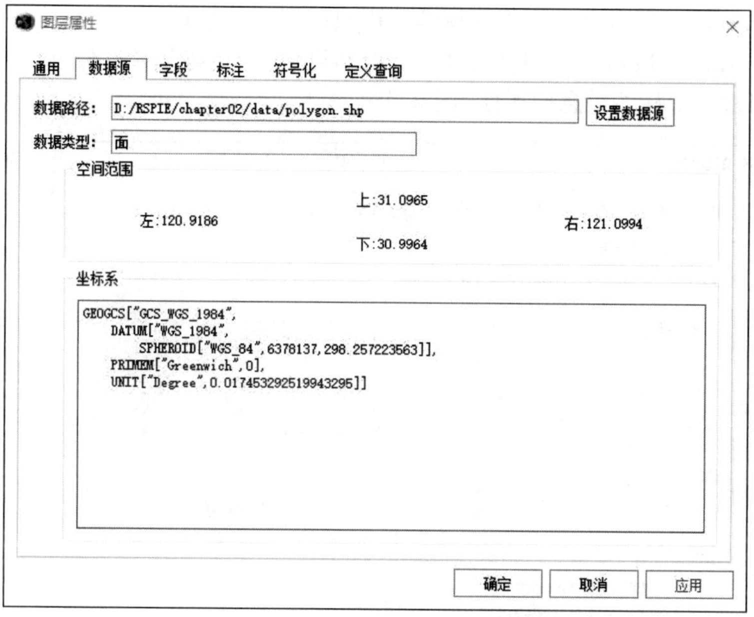

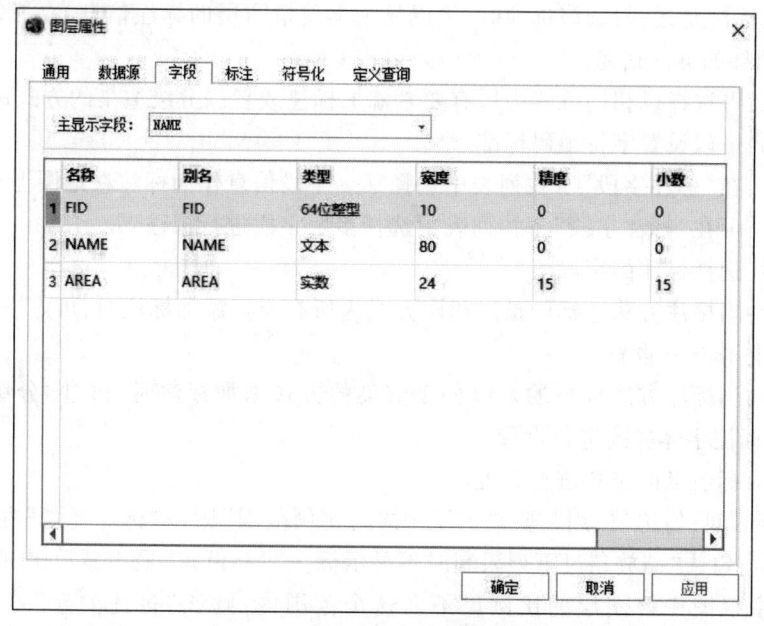

图 2.45　矢量图层属性对话框数据源界面

- 数据路径：显示数据的存储路径；
- 数据类型：显示数据的数据类型；
- 空间范围：显示数据的空间坐标范围；
- 坐标系：显示数据的坐标信息。

字段界面主要参数如下（图 2.46）：

图 2.46　矢量图层属性对话框字段界面

2.6　数据图层管理

- 主显示字段：可以通过下拉列表快速选取需要的字段信息；
- 字段列表：显示字段名称、别名、类型、宽度、精度、小数位数等属性信息。

标注界面用来设置标注信息的属性（图 2.47）。

图 2.47　矢量图层属性对话框标注界面

主要参数如下：
- 在该图层标注要素：勾选该选项时，可以显示本矢量图层的标注信息，取消勾选该选项，则不显示本矢量图层的标注信息。
- 标注方法：可选择以相同方式为所有要素添加标注或者以分级渲染的方式添加标注。
- 字符编码：可以设置字符编码标准。
- 单一标注：在"标注字段"下拉列表中选择某一字段信息作为标注在地图上显示。
- 混合标注：可在"标注字段"下拉列表中选择多个字段进行标注。
- 标注字段：选择标注的字段。
- 字体符号：当标注方法选择的是以相同方式为所有要素添加标注时，可点击"字体符号"按钮，对标注的字体作统一设置。
- 分级设置：当标注方法选择的是以分级渲染的方式添加标注时，通过"分级设置"设置分级，并对每一级标注字体样式进行设置。
- 点标注：对标注点的位置进行设置。
- 显示比例区间：勾选"使用与要素图层相同的比例范围"则该"标注要素"在主视图的任何比例尺下都显示；勾选"缩放超过下列限制时不显示标注"，并设置"最小显示比例尺"和"最大显示比例尺"，若主视图中该图层的比例尺不在这个范围内，则该"标注要素"在主视图中自动隐藏。

在矢量图层"polygon. shp"上单击鼠标右键,弹出右键菜单,选择"属性",弹出"图层属性"对话框。点击"符号化"按钮,切换到符号化界面(图 2.48),软件提供了根据矢量属性数据的要素、类别、数量对其进行渲染的方法(图 2.49)。

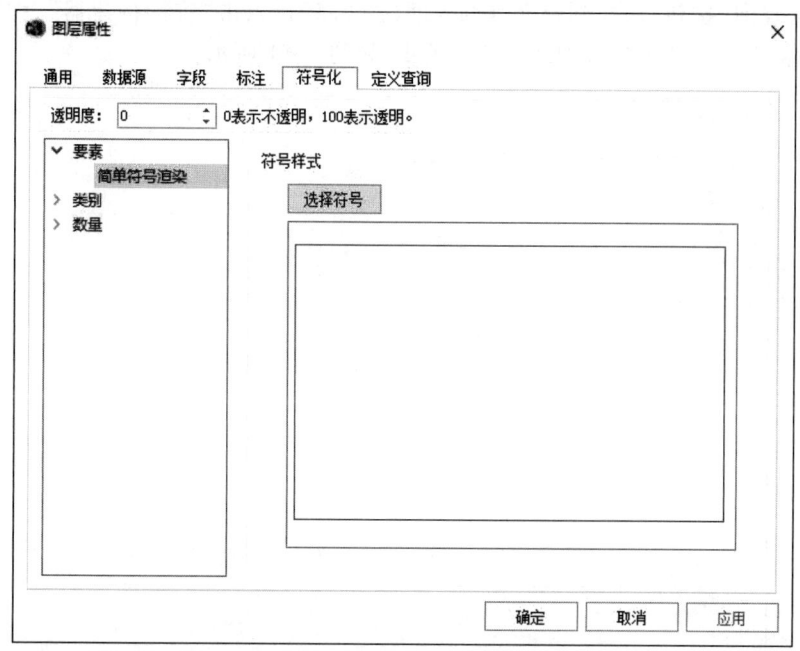

图 2.48　矢量图层属性对话框符号化界面

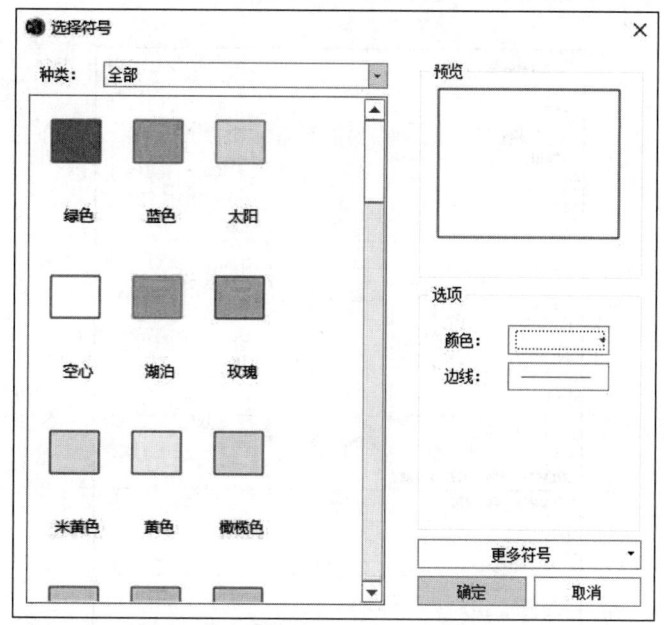

图 2.49　矢量图层属性对话框选择符号界面

PIE-Basic 提供了用 SQL 语句进行数据查询的功能,用来查询与查询条件匹配的要素。符合条件的要素会被显示在主视图区,不符合条件的要素会被隐藏。

在矢量图层"polygon. shp"单击鼠标右键,弹出右键菜单,选择"属性",弹出"图层属性"对话框。点击"定义查询"按钮,切换到定义查询界面(图 2.50),点击"查询构建器",弹出"查询构建器"窗口,如在表达式内输入" NAME" ='实验区域',如图 2.51 所示。

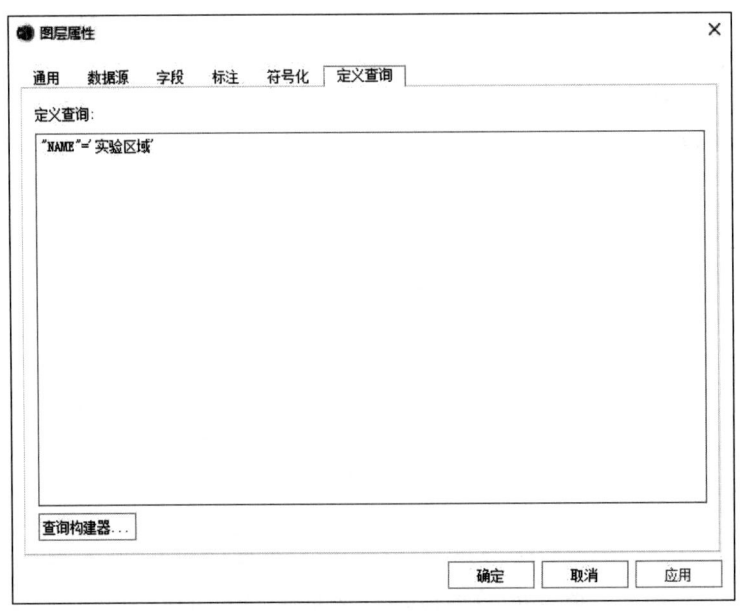

图 2.50 矢量图层属性对话框定义查询界面

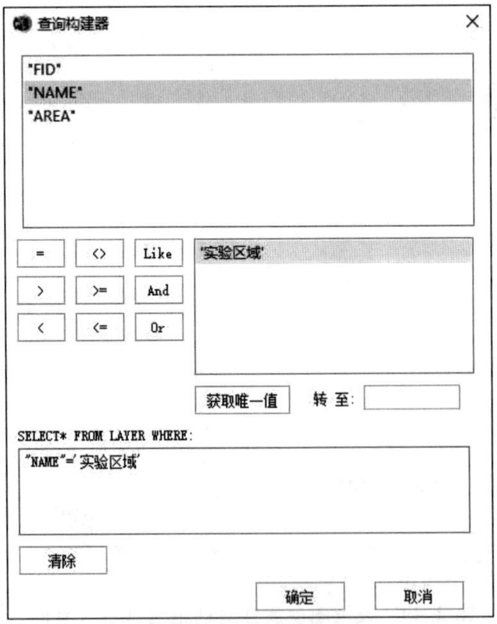

图 2.51 矢量图层属性对话框查询构建器界面

主要参数如下:

- 属性字段窗口:显示该图层的属性字段;
- 运算符:用于构建查询表达式;
- 获取唯一值:用于获取字段值;
- 转至:跳转到查询的属性值;
- 表达式显示窗口:显示构建的查询表达式;
- 清除:清除查询表达式。

表达式构建完成后,点击"确定"按钮,在定义查询界面中显示构建的表达式,点击"确定",即可执行查询表达式。

2.7 地 图 浏 览

地图浏览功能包括地图的放大缩小操作、平移操作、全图显示操作、1∶1显示操作和卷帘操作(图2.52)。

- 拉框放大:单击 按钮,在视图上按住鼠标左键拉框,即可对当前"Map"下的所有图层进行拉框放大操作;

- 拉框缩小:单击 按钮,在视图上按住鼠标左键拉框,即可对当前"Map"下的所有图层进行拉框缩小操作;

- 中心放大:单击 按钮,即可对当前"Map"下的所有图层进行中心放大操作;

- 中心缩小:单击 按钮,即可对当前"Map"下的所有图层进行中心缩小操作;

- 漫游:单击 按钮,在视图上按住鼠标左键拖动图层,即可对当前"Map"下的所有图层进行漫游操作;

图 2.52 地图浏览界面

- 全图显示:单击 按钮,即可将当前"Map"下的所有图层在视图中全部显示;

- 1∶1显示:单击 按钮,即可将当前图层以1∶1方式进行显示(屏幕的一个像素代表图层的1个像素);

- 卷帘:单击 按钮或者用"Ctrl+Q"快捷键,在视图中按住鼠标左键向上、向下、向左、向右移动,可实现上层影像的卷帘效果。

2.8 信 息 查 看

信息查看功能用以查看数据属性,包括探针工具和属性查询。

2.8.1 探针工具

探针工具主要用来查询栅格数据的像素信息,选择左侧常用工具栏,单击 ╋ 按钮,弹出"探针工具"界面。默认选择 RGB 波段,在视图范围内移动鼠标,即可查看鼠标所在位置的 RGB 值、地理坐标;选择"全部波段"则在探针工具界面显示当前鼠标点的 RGB 值、像素坐标、地理坐标、图层名称、数据值等内容。如图 2.53 所示。

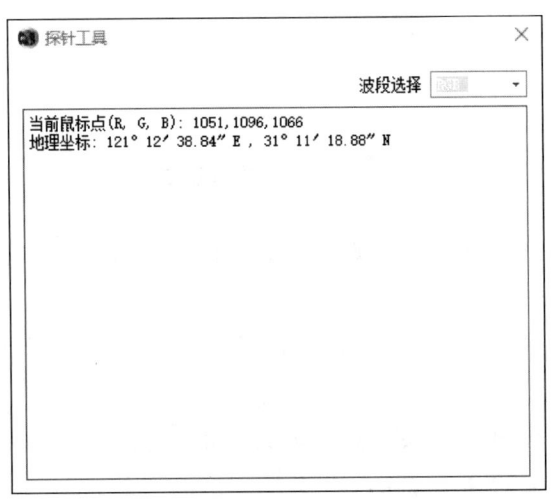

图 2.53 探针工具界面

探针工具仅对栅格图层可用。

2.8.2 属性查询

属性查询主要用来查询矢量数据的属性信息,选择左侧常用工具栏,单击 按钮,鼠标光标会增加带"i"号的形状,在矢量图层中点击鼠标左键,弹出"属性查询"界面,如图 2.54 所示。

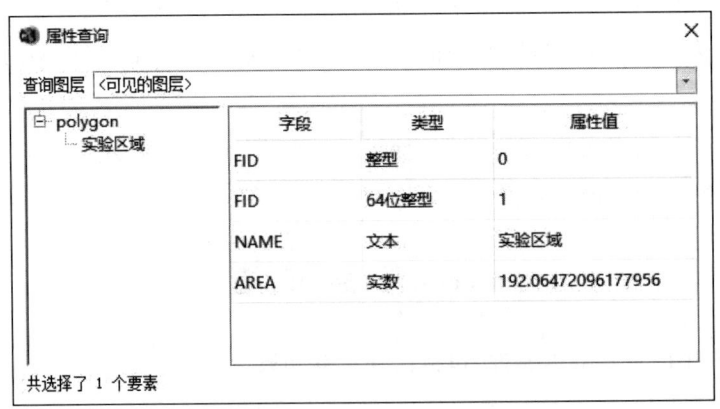

图 2.54 属性查询界面

从"查询图层"的下拉列表中选择待查询的矢量图层,然后在视图范围内单击左键,即可在"属性查询"界面中显示当前要素的属性信息。

属性信息界面中显示的内容包含矢量数据的所有字段信息及字段属性信息。

属性查询工具仅对矢量图层可用。

2.9　空　间　量　测

在左侧常用工具栏单击 按钮,弹出"空间量测"界面,如图 2.55 所示。

空间量测包括距离量测、面积量测、要素量测和元素量测,并可对测量单位进行设置。

● 距离量测:点击 按钮后,选取量测的起点和终点。

● 面积量测:点击 按钮后,绘制出量测的范围。

● 要素(矢量)量测:点击 按钮后,选取对象,如图 2.56 所示,显示所选要素的周长和面积信息。

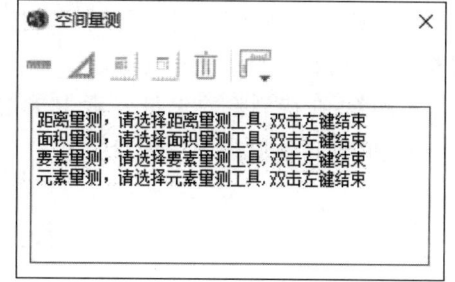

图 2.55　空间测量界面

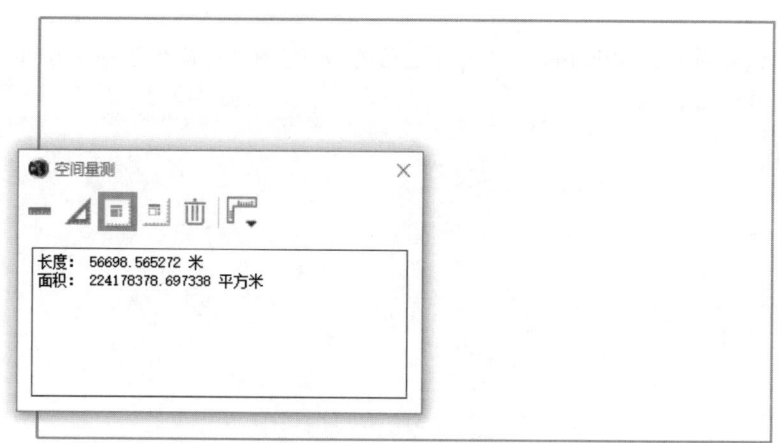

图 2.56　要素量测结果

● 元素(标注标绘信息)量测:点击 按钮后,选取标绘信息,显示所选元素的周长和面积信息。

● 量测单位:通过 功能可设置量测的长度单位和面积单位。

2.10　要　素　编　辑

编辑工具主要包括拷贝、裁剪、粘贴、删除四部分,主要用于对矢量要素进行相关操作(图 2.57)。

在 PIE-Basic 中加载需要编辑的矢量数据,在菜单栏中选择"矢量处理">"矢量编辑">"编辑控制">"开始编辑",则该矢量图层处于可编辑状态,即可对其进行相关编辑操作。

图 2.57 要素编辑界面

• 拷贝:在待拷贝的矢量要素上单击鼠标左键,该矢量要素被选中,点击左侧常用工具栏 按钮,即可拷贝选中的矢量要素;

• 剪切:在待剪切的矢量要素上单击鼠标左键,该矢量要素被选中,点击左侧常用工具栏 按钮,即可剪切选中的矢量要素;

• 粘贴:点击左侧常用工具栏 按钮,即可在矢量要素的原始位置粘贴、剪切或拷贝该矢量要素;

• 删除:在待删除的矢量要素上单击鼠标左键,该矢量要素被选中,点击左侧常用工具栏 按钮,即可删除选中的矢量要素。

2.11　获取帮助

在菜单栏中,选择"帮助">"用户手册",即可打开关于 PIE-Basic 的操作手册说明文档。

2.12　关闭 PIE-Basic

操作完毕后,通过单击 PIE-Basic 界面右上角的 ✕ 按钮,或者在菜单栏中单击"系统">"系统退出",退出 PIE-Basic 6.3。

3 数字图像运算

🌸 **案例背景**

空间域处理是指直接对数字图像进行的一些基本运算,包括数值运算、集合运算、逻辑运算和数学形态学操作等(图3.1)。数值运算包括对遥感数字图像波段内各个像元灰度值进行数学运算的点运算及对相邻像元灰度值进行数学运算的邻域运算,对波段间同名像元进行数学运算的代数运算,以及对波段某一剖面进行点运算或邻域运算的剖面运算;集合运算包括对一幅图像求子集的图像裁剪处理、对两幅以上图像求并集的图像镶嵌处理、与前两个操作相类似的波段间操作(波段提取和波段叠加处理);逻辑运算指对图像进行逻辑运算,包括针对单幅图像的求反运算和针对两幅图像的与运算、或运算和异或运算;数学形态学操作是以形态为基础对图像进行分析的数学工具,常用到的算子有膨胀运算、腐蚀运算、开运算和闭运算。

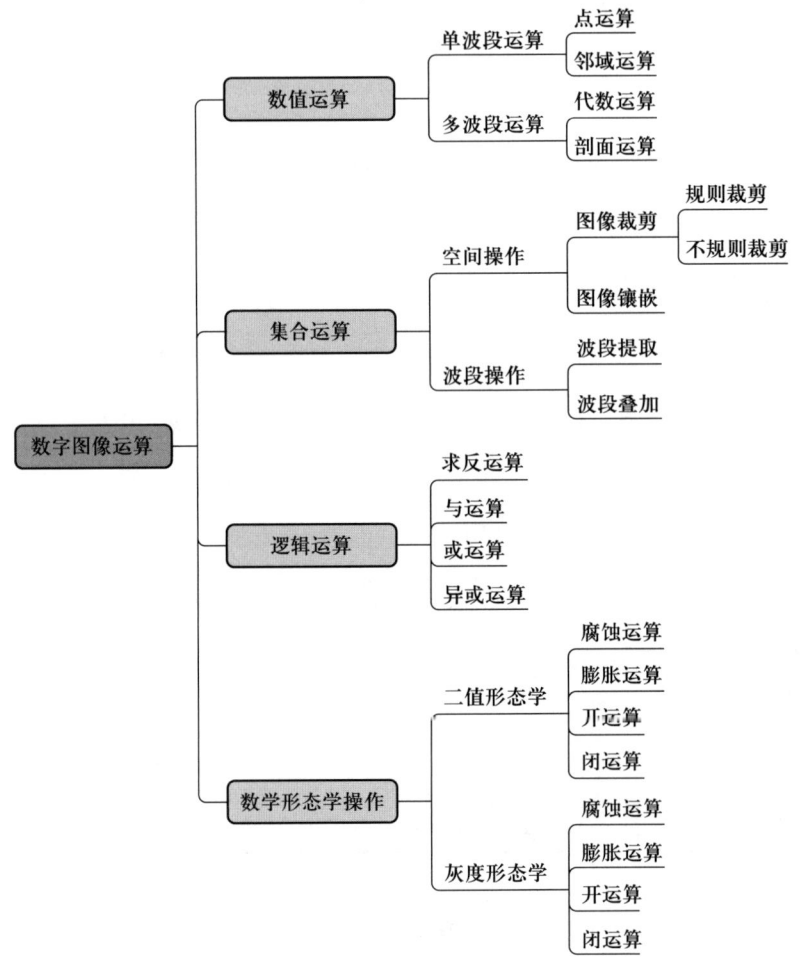

图 3.1　常见的数字图像运算方法

3.1　数　值　运　算

3.1.1　单波段运算

单波段运算是指对遥感图像某一波段内的各个像元灰度值进行的数学运算(点运算)或对相邻像元灰度值进行的数学运算(邻域运算)。

1. 点运算

点运算是对单幅图像像元进行的逐像元数值运算,它将输入图像映射为输出图像,输出图像每个像元的灰度值仅由对应的输入像元点的灰度值决定,它不会改变图像内像元之间的空间关系。点运算可以看作"从像元到像元"的映射操作。若输入图像为 $f(x,y)$,输出图像为 $g(x,y)$,则点运算可表示为:

$$g(x,y) = T[f(x,y)] \tag{3.1}$$

式中,T 为灰度变换函数,它描述了输入灰度级和输出灰度级之间的映射关系,可为任意函数。根据灰度变换函数的不同,点运算又可分为线性点运算、分段线性点运算和非线性点运算等类型。

本次实验以"GF6_polygon_MUX. tif"数据的第 3 波段(红光波段)为例,介绍对其进行 2% 去极线性拉伸至 0~255 字节型数据的图像增强过程。所谓 2% 去极线性拉伸就是将图像灰度值分布的中间部分(2%~98%,此处的"%"是指百分位数)线性拉伸至另一数据范围(如本案例的 0~255),原来的极大值部分(98%~100%)作为新数据范围的最大值,而原来的极小值部分(0%~2%)则作为新数据范围的最小值。因此对图像进行 2% 去极线性拉伸实际上包含两个操作步骤:一是对原图像进行 2% 去极操作处理,即先查找原图像中对应于 2% 和 98% 的像元灰度值,将图像中小于对应于 2% 的灰度值都赋值为该灰度值,同样将图像中大于对应于 98% 的灰度值都赋值为该灰度值;二是对 2% 去极操作处理的图像进行线性拉伸,拉伸公式为:

$$g(x,y) = \frac{f(x,y) - a_1}{a_2 - a_1} \times (b_2 - b_1) + b_1 \tag{3.2}$$

式中,$f(x,y)$ 为原图像,$[a_1,a_2]$ 为原图像的灰度值范围,$g(x,y)$ 为线性拉伸后的图像,$[b_1,b_2]$ 为线性拉伸后的图像灰度值范围。

(1)查看原图像

① 打开图像。在主界面菜单栏中,选择"系统">"通用数据加载">"栅格数据加载",选择"GF6_polygon_MUX. tif"文件,则成功加载图像(图 3.2)。

图 3.2　加载 RGB 数据

② 显示红光波段。右击图层列表中的"GF6_polygon_MUX. tif"图层,打开"图层属性"面板(图 3.3),在"栅格渲染">"拉伸">"波段"中选择"波段_3",点击"确定",随即在数据视图窗口中显示出了红光波段(图 3.4)。

图 3.3 图层属性面板

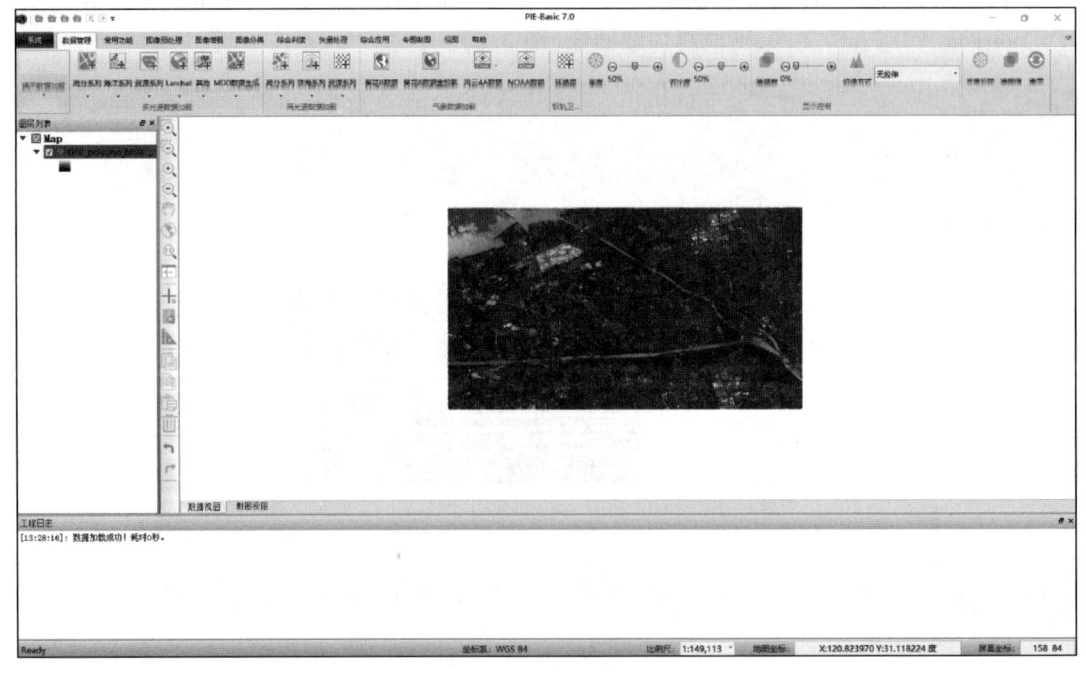

图 3.4 加载红光波段结果

3 数字图像运算

③ 统计并查看红光波段的灰度值分布。在主菜单界面中,选择"常用功能">"图像特征统计">"直方图统计",在"直方图统计"对话框中选择"GF6_polygon_MUX.tif"文件,通道选择为"Band 3 None Wavelength"(红光波段),点击"应用"查看统计基本信息(图3.5)。可以看出,该文件红光波段的最小值为408,最大值为4 094。因为我们要实现2%去极线性拉伸,因此需要找到2%和98%所对应的灰度值,分别为502与1 760。因此接下来我们要做的就是先将图像中小于502的像元灰度值均赋值为502,大于1 760的像元灰度值均赋值为1 760,最后再将数据范围[408,4 094]线性拉伸至[502,1 760]。

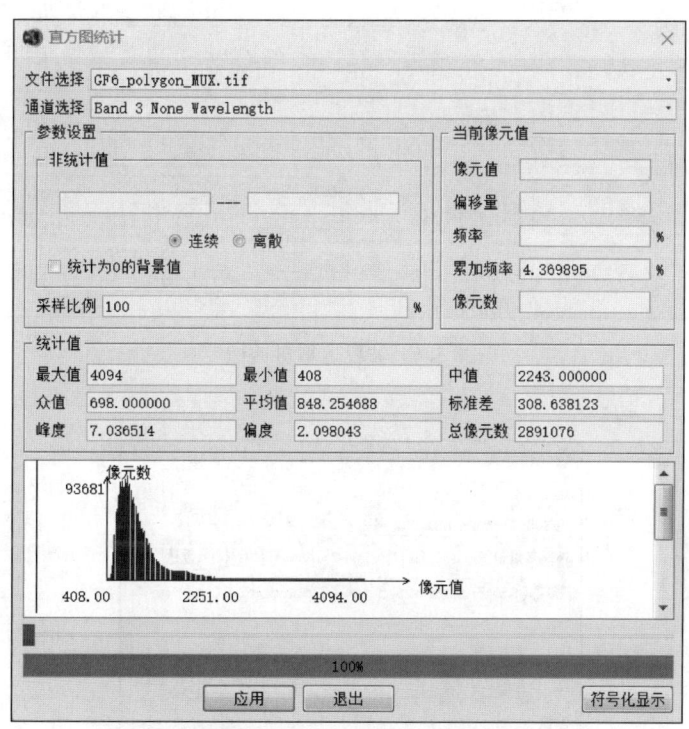

图3.5 直方图统计对话框

(2)去极处理

采用波段运算工具可以实现去极处理:

① 极小值处理:在菜单栏中选择"常用功能">"图像运算">"波段运算"工具(图3.6),输入表达式:"(b3<502)*502+(b3>=502)*b3",点击"确定",设置波段变量,将"b3"变量对应的波段设置为红光波段"波段--3",并保存输出文件位置(图3.7)。

② 极大值处理:将极小值处理结果再一次用Band Math工具进行极大值处理,输入表达式为:"(b3<=1 760)*b3+(b3>1 760)*1 760",其余操作同上。

(3)线性拉伸

在菜单栏中选择"常用功能">"图像运算">"波段运算"工具(图3.8),根据线性拉伸公式3.2,我们可以构建本案例的波段运算表达式为:"(b3-502)/(1 760-502)*(255-0)+0",其中的"b3"对应于去极处理结果。将最终的去极2%线性拉伸结果保存为.tif格式文件"GF-red-linar-2%.tif"。红光波段线性拉伸结果如图3.9。

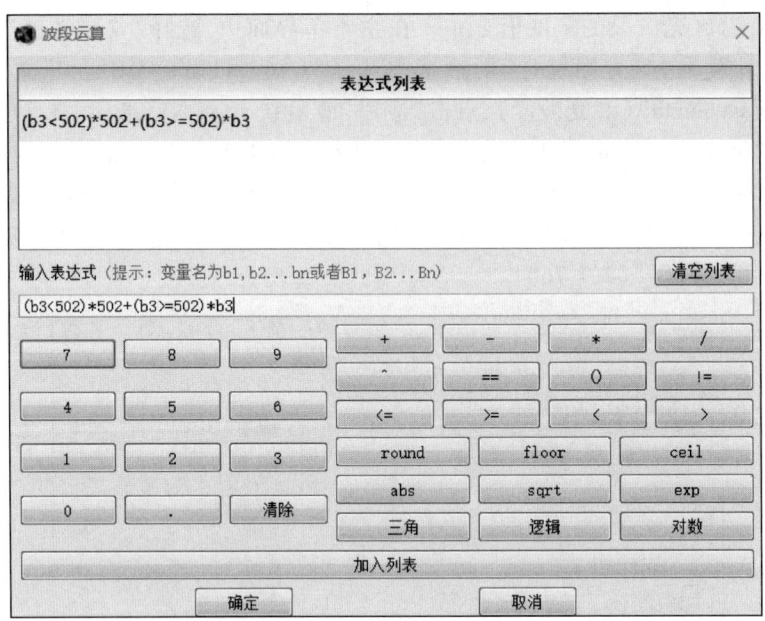

图 3.6 波段运算对话框

图 3.7 波段变量设置对话框

（4）结果直方图查看

统计并查看红光波段拉伸后的灰度值分布。在主菜单界面中，选择"常用功能">"图像特征统计">"直方图统计"，在"直方图统计"对话框中选择"GF-red-linear-2%.tif"文件，通道选择为"Band 1 None Wavelength"，点击"应用"查看统计基本信息（图 3.10）。可以看出红光波段线性拉伸后的图像最小值为 0，最大值为 255。

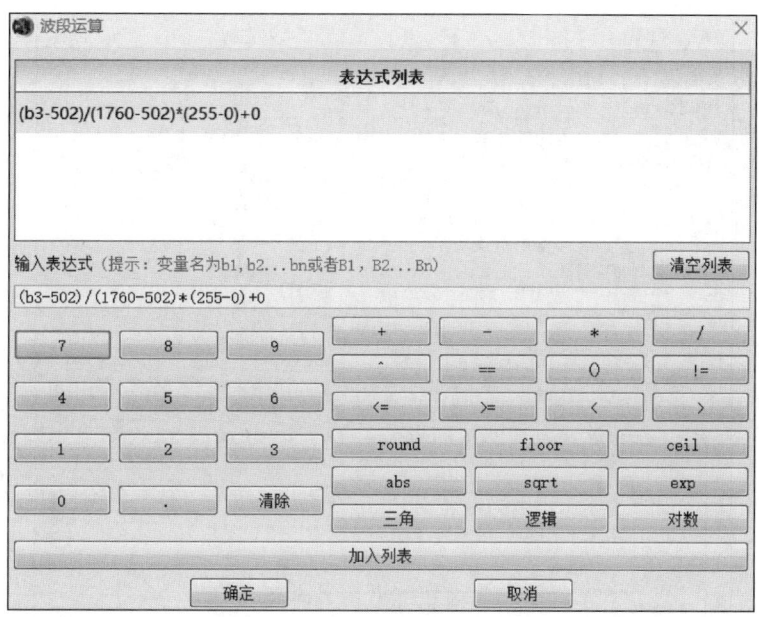

图 3.8　波段运算对话框

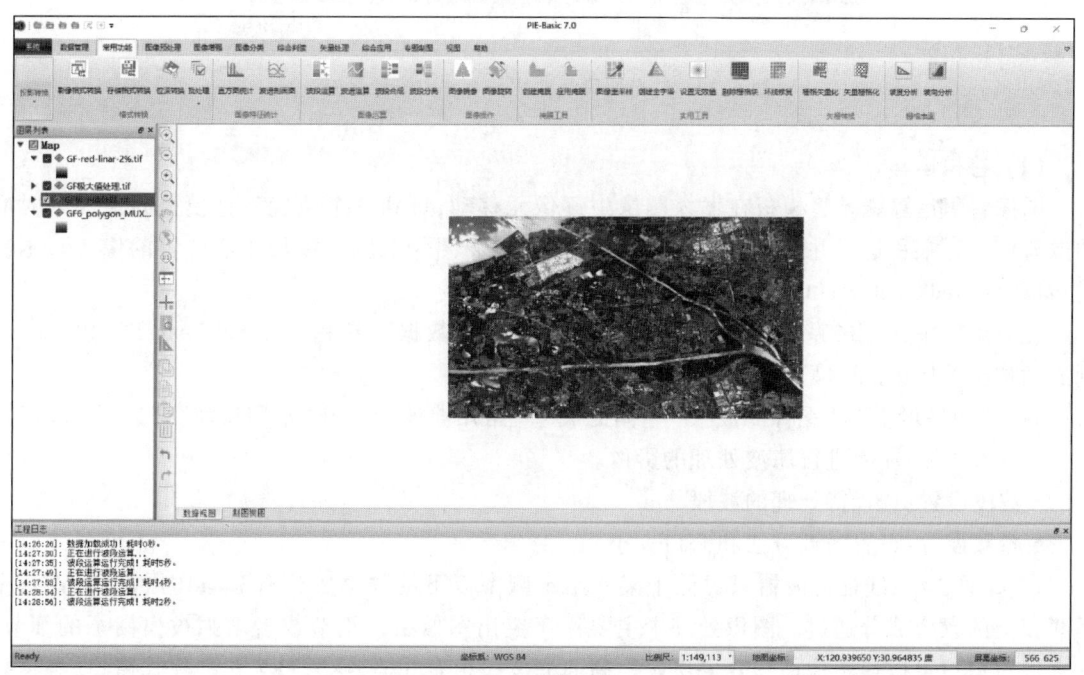

图 3.9　红光波段线性拉伸结果

2. 邻域运算

邻域运算是指输出图像中每个像元的灰度值由对应的输入像元及其邻域内的像元灰度值共同决定的图像运算,主要分为卷积运算和邻域统计两个方面。

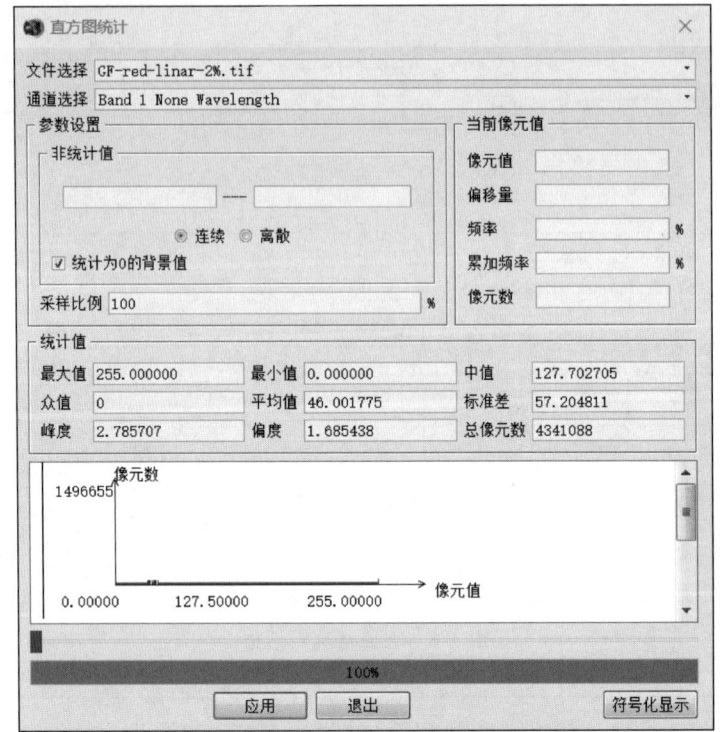

图 3.10　红光波段线性拉伸直方图统计界面

（1）卷积运算

图像卷积运算就是将模板在输入图像中逐像元移动,每到一个位置就把模板的值与其对应的像元值进行乘积运算并求和,将计算结果赋值给输出图像对应于模板中心位置的像元。本次实验以"GF-red-linar-2%. tif"为例,其具体操作步骤如下:

在菜单栏中,单击"系统">"通用数据加载">"栅格数据",选择"GF-red-linar-2%. tif"文件,则成功加载图像(图 3.11)。

单击"图像增强">"图像滤波">"空间滤波">"常用滤波",打开"常用滤波"窗口(图 3.12)。

• 输入文件:输入进行滤波处理的影像。

• 波段设置:选择待处理的波段。

• 参数设置:设置滤波方法和窗口大小。

① 高通滤波:线性滤波器只对低于某一给定频率以下的频率成分有衰减作用,而允许这个截频以上的频率成分通过。图像处理中主要用于突出图像中的细节或者增强被模糊了的细节,加大滤波窗口可以使图像增强效果更好。高通滤波模板有 3×3、5×5、7×7 三种模式窗口,各窗口模板在选项下有显示。

② 低通滤波:线性滤波器只高于某一给定频率以上的频率成分有阻碍、衰减作用,而允许这个截频以下的频率成分通过。邻域可以有不同的选取方法。邻域越大平滑效果越好,但会使边缘信息损失变大,加大滤波窗口可以使图像增强效果更好。模板有 3×3、5×5、7×7 三种模式窗口,各窗口模板在选项下有显示。

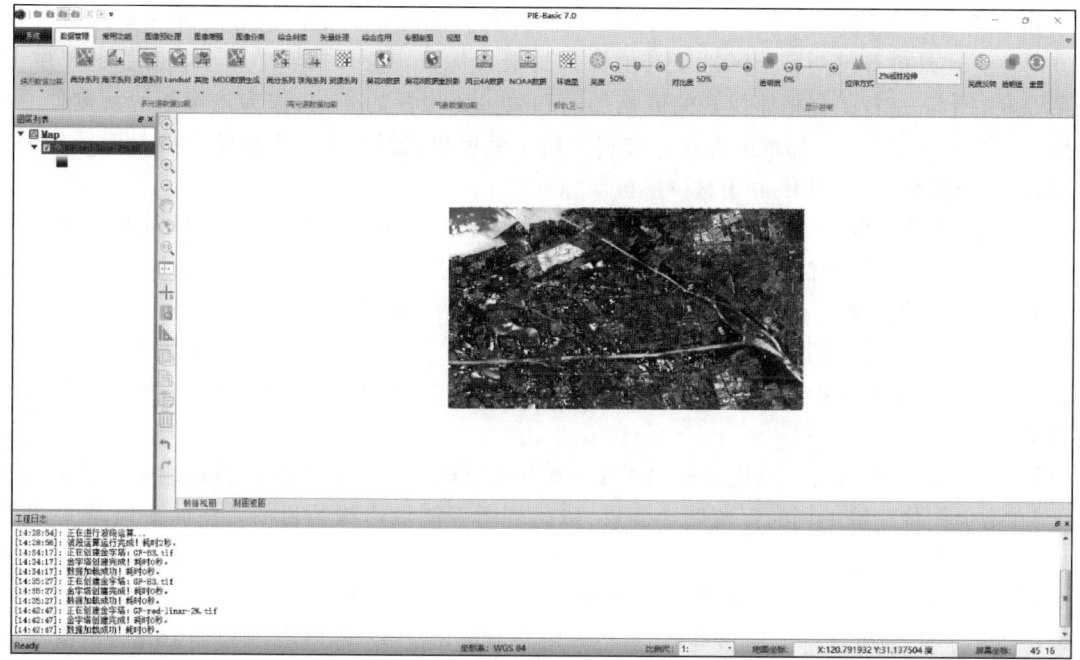

图 3.11　加载"GF-red-linar-2%. tif"图像

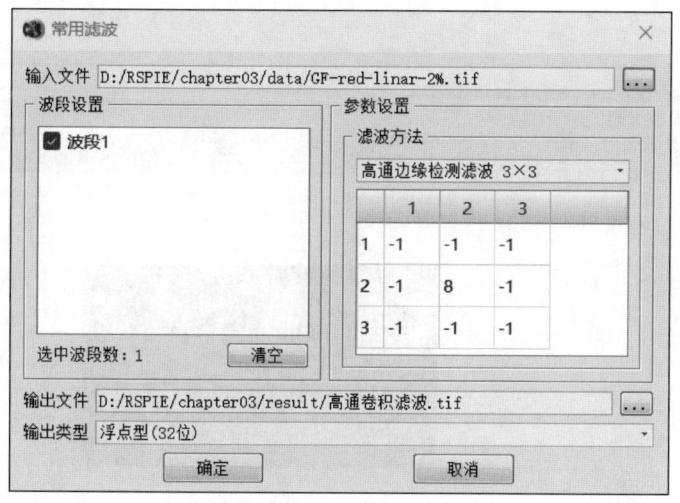

图 3.12　常用滤波窗口

③ 水平滤波:设 f_i 为相应的图像区域各像元值,g_i 为方向模板元素值,且有 m 个元素,k 为可输出的方向滤波值,则定向滤波计算为:$K=f_1g_1+f_2g_2+\cdots\cdots+f_mg_m$。

④ 垂直滤波:设 f_i 为相应的图像区域各像元值,g_i 为方向模板元素值,且有 m 个元素,k 为可输出的方向滤波值,则定向滤波计算为:$K=f_1g_1+f_2g_2+\cdots\cdots+f_mg_m$。

⑤ 快速滤波器:矩阵之和大于1,输出图像亮度变亮,增强边缘效果。模板有 3×3、5×5、7×7 三种模式窗口,各窗口模板在选项下有显示。

⑥ 拉普拉斯滤波:是一种二阶导数算子,各向同性,能对任何走向的界线和线条进行锐化,无方向性。这是拉普拉斯算子区别于其他算法的最大优点。拉普拉斯1算子,使用4-邻域,即取某像素的上下左右4个相邻像素的值相加的和减去该像素的4倍,作为该像素的灰度值。拉普拉斯2算子,是一个8-邻域的算子。拉普拉斯1模板和拉普拉斯2模板都主要是对图像进行锐化,强调图像细节,都只有3×3窗口模板。

⑦ 高通边缘检测:主要用于增强图像的边缘。滤波窗口越大,边缘检测效果越好,图像中的边缘、细节越突出。图像的边缘是指图像局部区域亮度变化显著的部分,该区域的灰度剖面一般可以看作一个阶跃,即从一个灰度值在很小的缓冲区域内急剧变化到另一个灰度相差较大的灰度值。边缘检测主要是图像的灰度变化的度量、检测和定位,图像边缘检测的步骤为滤波、增强、检测和定位。高通边缘检测滤波模板有3×3、5×5、7×7三种模式窗口,加大滤波窗口使图像增强效果更好。

⑧ 高通边缘增强:与高通边缘检测类似,即在确定边缘位置、方向后,将边缘叠加到原始影像上,在增强图像边缘的同时保留图像信息,以达到增强图像边缘的目的。滤波窗口越大,图像中的边缘、细节越突出。

• 输出文件:设置处理结果的保存路径及文件名。

• 输出类型:设置文件的输出类型,支持输出字节型8位、整型/无符号整型16位、长整型/无符号长整型/浮点型32位、双精度浮点型64位多种位深类型。

所有参数设置完成后,点击"确定"按钮即可进行滤波处理,高通卷积滤波结果如图3.13所示。

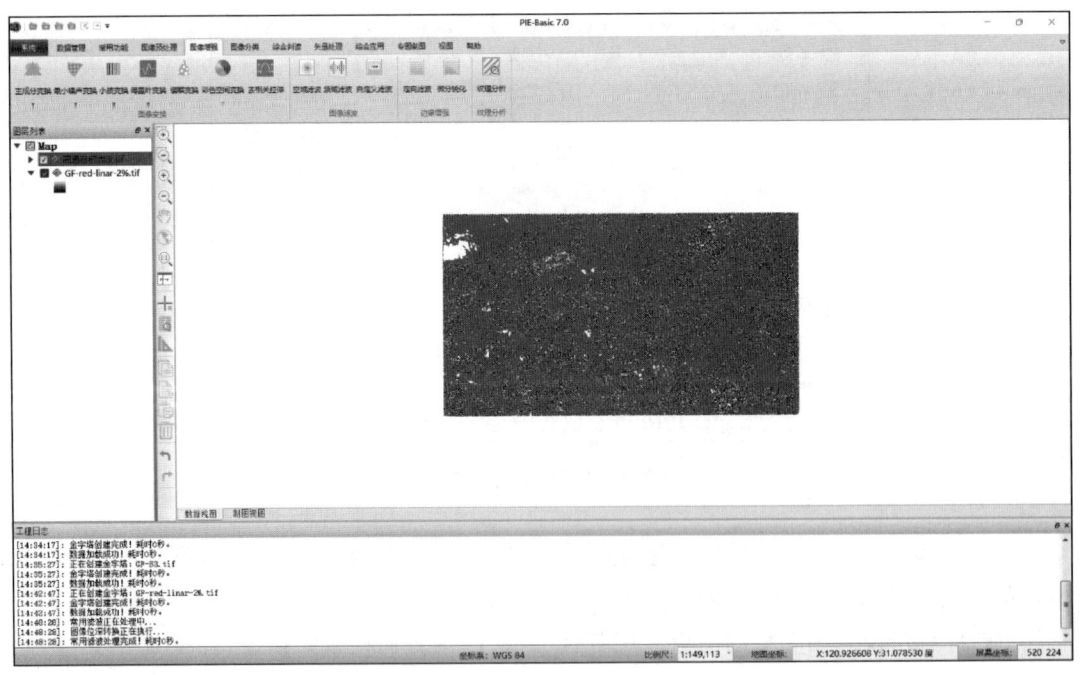

图 3.13　高通卷积滤波结果

（2）邻域统计

邻域统计常用的指标有多样性（diversity）、密度（density）、众数（majority）、少数（minority）、求和（sum）、均值（mean）、标准差（standard deviation）、最大值（maximum）、最小值（minimum）和秩（rank）等 10 个指标（指标含义详见朱文泉等编著的《遥感数字图像处理——原理与方法》（第二版）第 3 章 3.1.1 节中的邻域统计部分）。

3.1.2 多波段运算

多波段运算是指对波段间同名像元进行数学运算的代数运算及对波段间某一剖面进行点运算或邻域运算的剖面运算。

1. 代数运算

图像的代数运算是指对多幅（两幅或两幅以上）输入图像进行的像元对像元的数学运算。

本次实验以"GF6_polygon_MUX. tif"数据的红光波段和近红外波段为例，介绍归一化植被指数（NDVI）的计算过程。NDVI 的数学表达式为近红外波段与红光波段的反射率之差除以二者之和，因此计算 NDVI 时涉及两个波段在同名像元上的加、减和除法运算。

在菜单栏中，单击"常用功能">"图像运算">"波段运算"，打开"波段运算"窗口（图 3.14）。波段间的代数运算可以采用波段运算工具来实现，对于 NDVI 的计算来说，波段运算表达式为："(b4−b3)/(b4+b3)"。单击"确定"进入下一步。

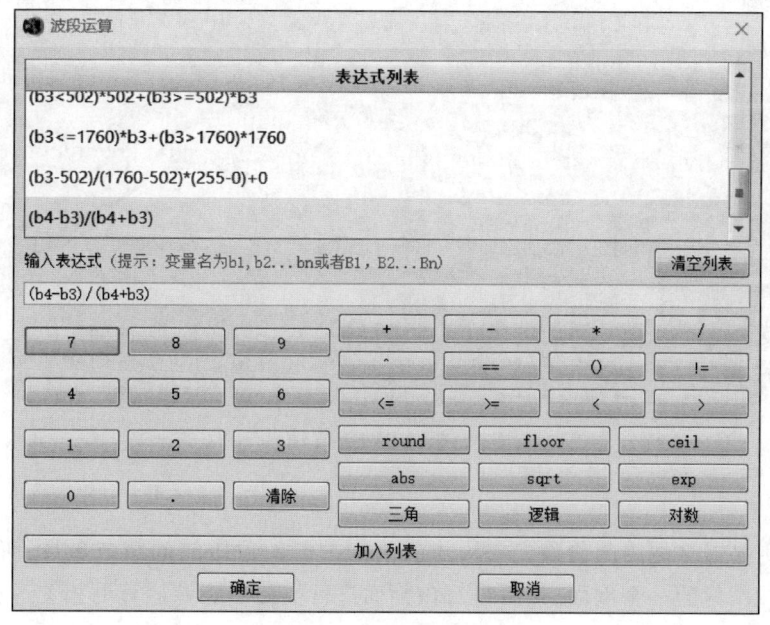

图 3.14　波段运算对话框

在波段变量设置中（图 3.15），将"b4"波段设置对应为图像的近红外波段（波段 4），"b3"波段设置对应为图像的红光波段（波段 3），设置输出文件路径，点击"确定"得到 NDVI 计算结果（图 3.16）。

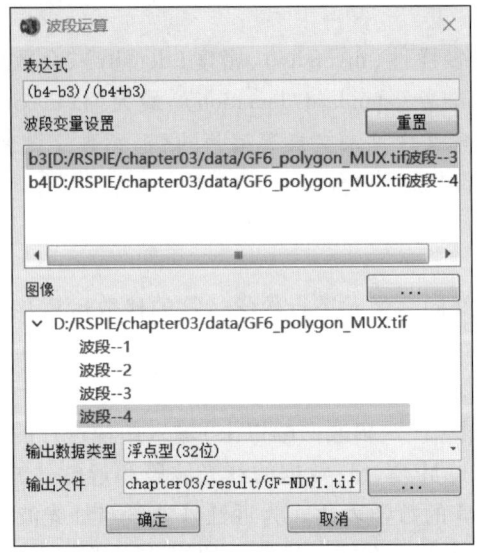

图 3.15　波段变量设置对话框

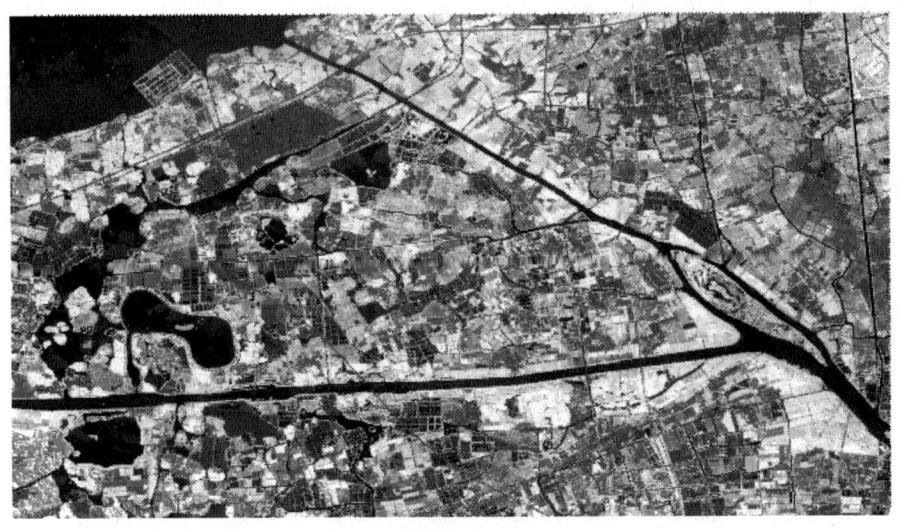

图 3.16　NDVI 计算结果

2. 剖面运算

剖面运算则是对多波段图像像元所构成的剖面进行的波段间的数值运算,所以剖面运算首先是提取多波段图像的一个剖面,然后再对该剖面进行类似于邻域运算的相关运算。

3.2　集　合　运　算

集合运算在空间操作上包括对一幅图像求子集的图像裁剪处理、对两幅以上图像求并集的图像镶嵌处理,在波段操作上包括从多波段数据文件中提取一个或多个波段的波段提取处理、将不同数据文件的全部或部分波段合并到一个数据文件中的波段叠加处理。

3.2.1 空间操作

1. 图像裁剪

图像裁剪就是保留图像中需要研究的部分,将研究区之外的部分去除。常见的裁剪方式有利用多边形(如行政区边界或者自然区划边界)进行裁剪,或者将基础数据进行标准分幅裁剪。在 PIE-Basic 中,图像裁剪工具提供像素范围裁剪、文件裁剪、几何图元裁剪和指定区域裁剪四种方式。

(1)像素范围裁剪

像素范围裁剪是基于像素坐标获取矩形裁剪区域的裁剪方式。

① 打开图像。在菜单栏中,单击"系统">"通用数据加载">"栅格数据",选择"GF6_polygon_MUX.tif"文件。

② 在菜单栏中,选择"图像预处理">"图像裁剪",弹出"图像裁剪"对话框,在"裁剪方式"中勾选"像素范围"选项(图 3.17)。勾选"像素范围"后,设置裁剪结果数据的四角坐标为"X":"500""1 000";"Y":"500""1 000",设置输出结果的保存路径及文件名,点击"确定"按钮,按像素范围裁剪结果如图 3.18 所示。

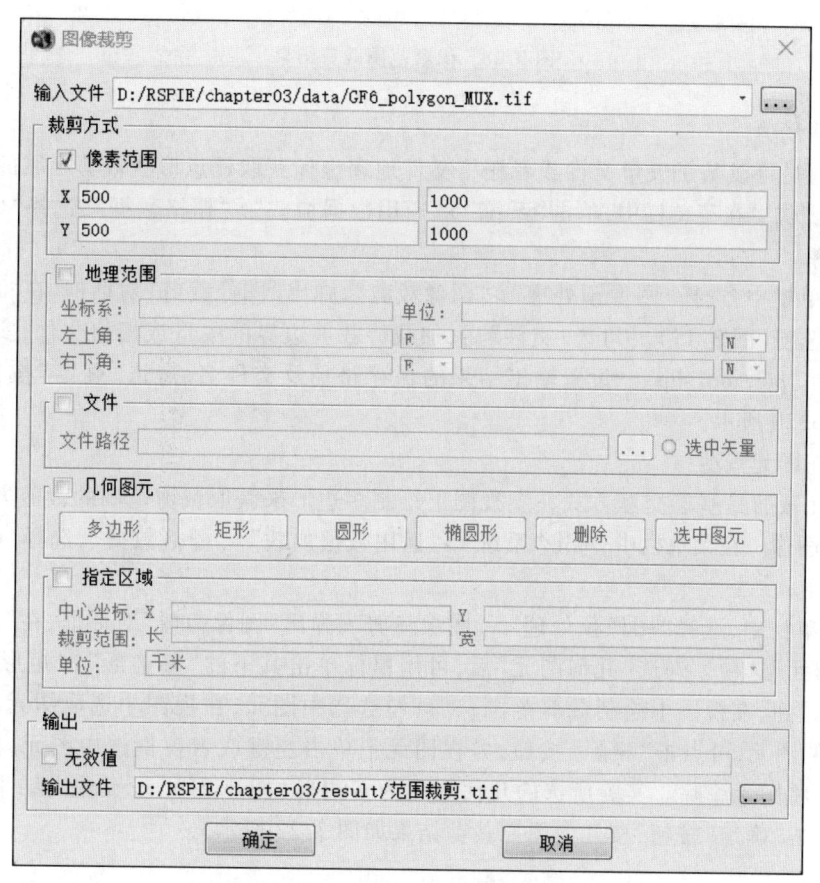

图 3.17 像素范围裁剪对话框

图 3.18　像素范围裁剪结果

（2）文件裁剪

文件裁剪是可以基于矢量文件或者栅格文件地理坐标获取任意形状裁剪区域的裁剪方式。

① 打开图像。在菜单栏中，单击"系统"＞"通用数据加载"＞"栅格数据"，选择"GF6_polygon_MUX. tif"文件。

② 在菜单栏中，选择"图像预处理"＞"图像裁剪"，弹出"图像裁剪"对话框，在"裁剪方式"中勾选"文件"选项（图 3.19）。勾选"文件"后，加载待裁剪边界的矢量或栅格文件，实验所选的文件为矢量文件"polygon. shp"。设置输出结果的保存路径及文件名，点击"确定"按钮，按文件裁剪结果如图 3.20 所示。

（3）几何图元裁剪

几何图元裁剪是基于交互方式在主视图上绘制多边形来获取裁剪范围的裁剪方式。

① 打开图像。在菜单栏中，单击"系统"＞"通用数据加载"＞"栅格数据"，选择"GF6_polygon_MUX. tif"文件。

② 在菜单栏中，选择"图像预处理"＞"图像裁剪"，弹出"图像裁剪"对话框，在"裁剪方式"中勾选"几何图元"选项。勾选"几何图元"后，可用鼠标单击其下的"多边形"、"矩形"、"圆形"或者"椭圆形"按钮，在视图中绘制裁剪范围；也可勾选选中图元，在视图中选取图元裁剪范围；若想删除所画的图元，可点击"删除"按钮，并在图元上单击左键或者拉框选中图元，再次点击"删除"按钮即可将图元删除。实验所选的几何图元为多边形（图 3.21），设置输出结果的保存路径及文件名，点击"确定"按钮，按几何图原裁剪结果如图 3.22 所示。

图 3.19　文件裁剪对话框

图 3.20　文件裁剪结果

3.2　集　合　运　算

57

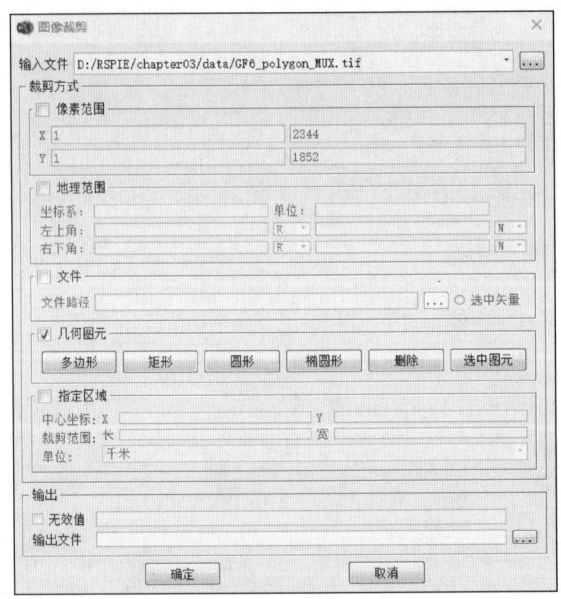

图 3.21　几何图元裁剪对话框

图 3.22　几何图元裁剪结果

（4）指定区域裁剪

指定区域裁剪是以指定的点为中心，再以指定的长和宽为步长形成一个矩形裁剪区域进行裁剪的方式。

①打开图像。在菜单栏中，单击"系统">"通用数据加载">"栅格数据"，选择"GF6_polygon_MUX. tif"文件。

②在菜单栏中，选择"图像预处理">"图像裁剪"，弹出"图像裁剪"对话框，在"裁剪方式"中勾选"指定区域"选项。勾选"指定区域"后，可在被裁剪的影像上刺点，然后设置裁剪长宽，软件会以该点为中心，裁剪出一个矩形区域，裁剪单位可以设置米或千米。实验所选的指定区域如图 3.23，设置输出结果的保存路径及文件名，点击"确定"按钮，按指定区域裁剪结果如图 3.24 所示。

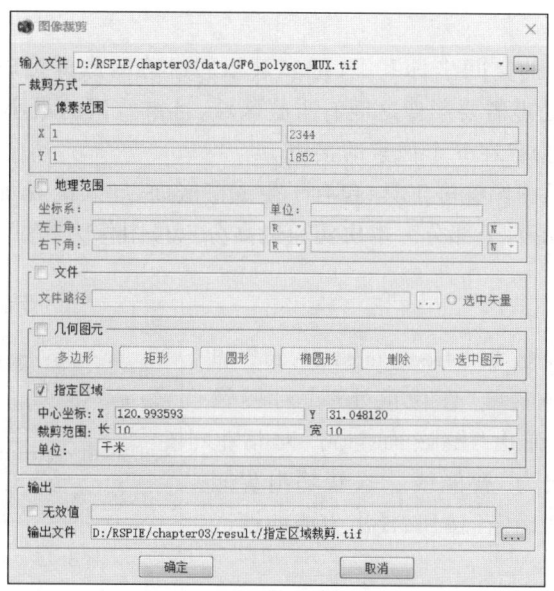

图 3.23　指定区域裁剪对话框

图 3.24　指定区域裁剪结果

2. 图像镶嵌

图像镶嵌是指在统一的空间坐标系下,把多景相邻遥感图像拼接成一幅大范围、无缝的图像。PIE-Basic 图像镶嵌处理需要影像之间有重叠区域,且重叠区的最小要求是当影像行列数为 1 000×1 000 时影像间至少存在 5 个像素的接边。

PIE-Basic 6.3 提供了图像镶嵌工具,包含了生成镶嵌面、导入镶嵌面、镶嵌线编辑工具、保存编辑、参数设置和输出成图六个部分。本次实验以高分六号图像为测试数据("Geo_mosaic1. tif"和"Geo_mosaic2. tif")。

(1)生成镶嵌面

打开待镶嵌的影像数据"Geo_mosaic1. tif"和 "Geo_mosaic2. tif",选择主菜单"图像预处理">"图像镶嵌">"生成镶嵌面",弹出"镶嵌面生成"对话框 (图 3.25),设置生成方式为"智能线",设置输出智能线的文件名及路径,点击"确定"按钮,导出生成的镶嵌面(图 3.26)。

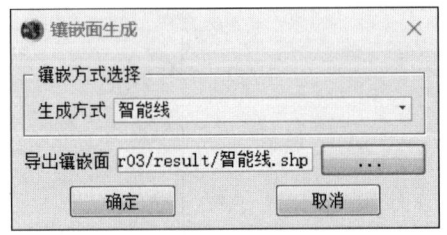

图 3.25　镶嵌面生成对话框

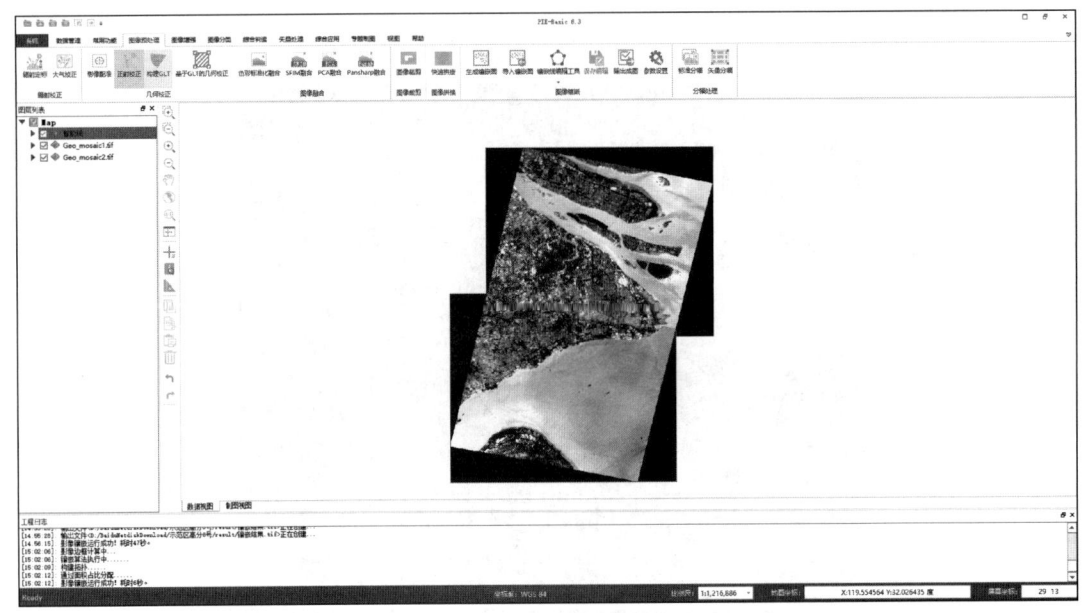

图 3.26　智能线生成结果

• 生成方式:选取生成镶嵌面的方式,有简单线、优化线、智能线可供选择,智能线镶嵌效果最好,但时间较长,适用于镶嵌接边复杂的图像,简单线用时最短,适用于接边简单的图像,优化线处于简单线和智能线之间,一般推荐智能线;

• 导出镶嵌面:点击导出镶嵌面的"…"按钮,弹出另存为对话框,设置保存路径及名称。

(2)导入镶嵌面

导入镶嵌面是把已有的镶嵌面文件直接导入使用,在菜单栏"图像预处理">"图像镶嵌">"导入镶嵌面"中选择读取镶嵌面文件,要求是矢量 .shp 格式。

（3）镶嵌线编辑工具

镶嵌线编辑工具包含面编辑、折线编辑、套索编辑三种镶嵌线编辑方法,可对需要修改的镶嵌线进行编辑。

• 面编辑:在需要修改的镶嵌线上绘制多边形,多边形与镶嵌线第一个交点和最后一个交点之间的那一段镶嵌线会被多边形的边界替换。

• 折线编辑:在需要修改的镶嵌线上绘制折线,折线与镶嵌线第一个交点和最后一个交点之间的那一段镶嵌线会被新绘制的折线替换。

• 套索编辑:在需要修改的镶嵌线上绘制套索,套索与镶嵌线第一个交点和最后一个交点之间的那一段镶嵌线会被新绘制的套索边界替换。

（4）保存编辑

对编辑的镶嵌线进行保存。

（5）参数设置

点击菜单栏"图像预处理">"图像镶嵌">"参数设置",弹出"参数设置"对话框,可对镶嵌面进行羽化设置,实验选择默认的常规羽化,羽化范围3像素（图3.27）。

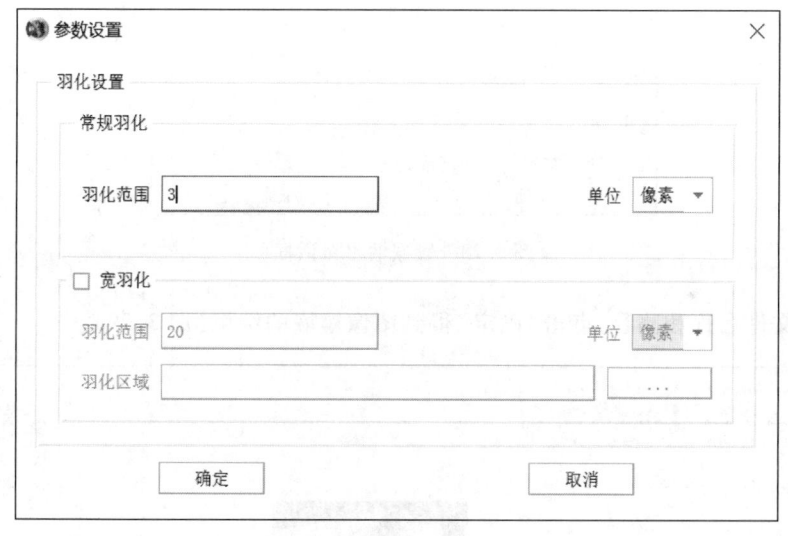

图 3.27 参数设置对话框

（6）输出成图

在菜单栏中选择"图像预处理">"图像镶嵌">"输出成图",弹出"镶嵌输出"设置参数对话框,实验参数设置如图3.28,参数含义如下:

• 输出分辨率:设置输出影像的空间分辨率,可以自定义,也可以设置为系统默认的分辨率;

• 输出范围:系统自动显示输出影像的范围;

• 整幅输出:设置输出类型,3通道8位或者原始数据格式,设置输出路径及名称,点击"确定"按钮,输出整幅镶嵌结果数据;

• 分幅输出:设置输出比例,勾选待输出的图幅信息,设置输出路径,点击"确定"按钮,输出勾选的分幅后的镶嵌结果数据。

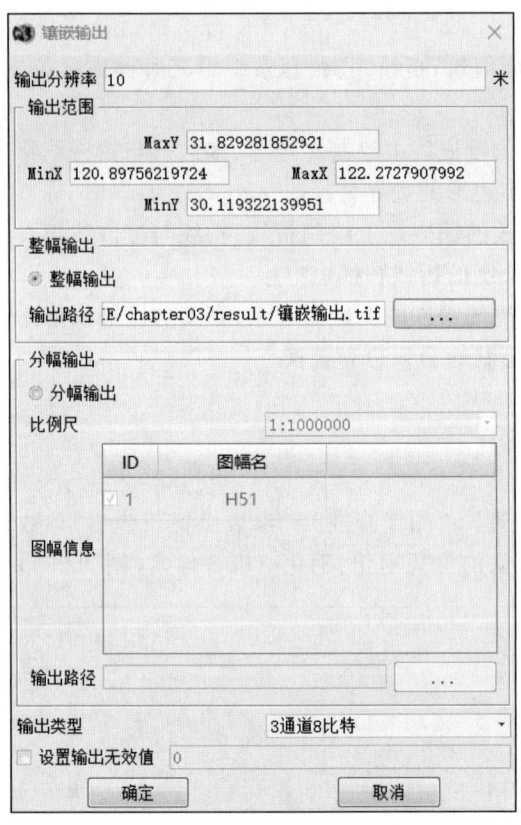

图 3.28　镶嵌输出对话框

设置输出文件名称和路径,点击"确定"得到图像镶嵌的结果(图 3.29)。

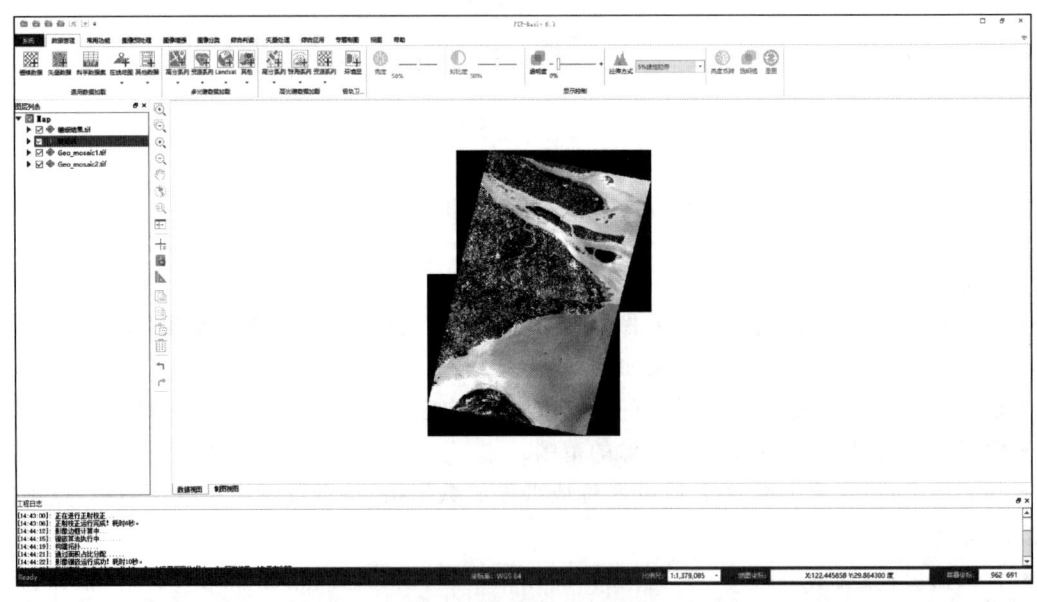

图 3.29　图像镶嵌后结果

　　　　　　　　　　　3　数字图像运算

3.2.2　波段操作

波段操作包括波段提取和波段叠加。波段提取是指从一个多波段的图像文件中提取某一个特定波段作为一个独立的文件,波段叠加是指将同一地理范围不同波段的文件合并为一个多波段文件。

1. 波段提取

本次实验以"GF6_polygon_MUX"数据为对象,介绍波段提取过程,并导出其红光波段。

① 打开图像。在主界面菜单栏中,选择"系统">"通用数据加载">"栅格数据加载",选择"GF6_polygon_MUX"文件。

② 查看波段。右击图层列表中的"GF6_polygon_MUX"图层,打开"图层属性"面板(图3.30),在"栅格渲染">"拉伸">"波段"中可以看到共有四个波段,红光波段为"波段_3"。

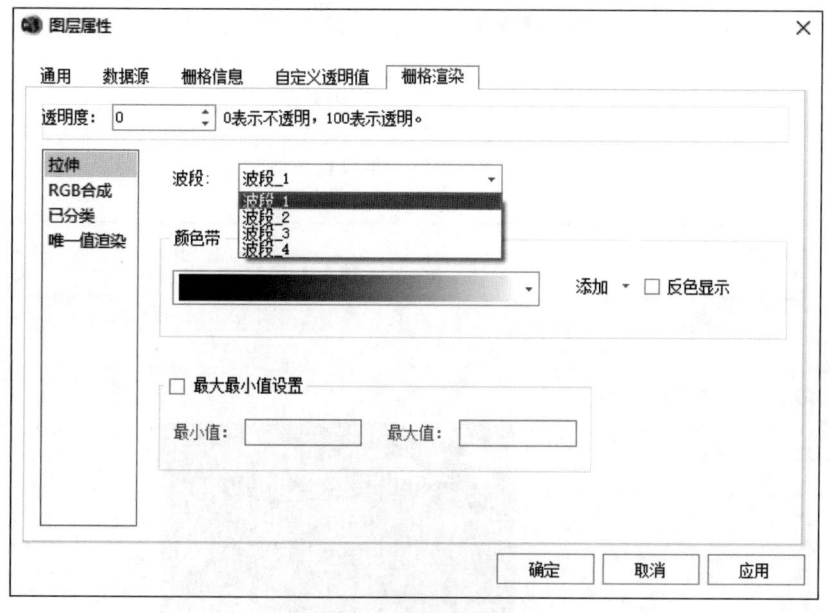

图 3.30　图层属性对话框

③ 在菜单栏中选择"常用功能">"图像运算">"波段运算"工具,输入表达式:"b1 * 0+b2 * 0+b3 * 1+b4 * 0",可导出"b3"波段,即为红光波段。

④ 将表达式中的变量与波段一一对应设置(图3.31),设置输出文件名及路径,点击"确定",输出红光波段提取结果(图3.32)。

2. 波段叠加

本次实验以"GF6_polygon_MUX"数据的第1和第2波段及波段提取实验获得的红光波段为对象,介绍波段叠加过程。

① 打开图像。在主界面菜单栏中,选择"系统">"通用数据加载">"栅格数据加载",选择"GF6_polygon_MUX"文件。

② 在菜单栏中选择"常用功能">"图像运算">"波段运算"工具,输入表达式:"b1+b2+b3"。

图 3.31　波段提取变量设置对话框

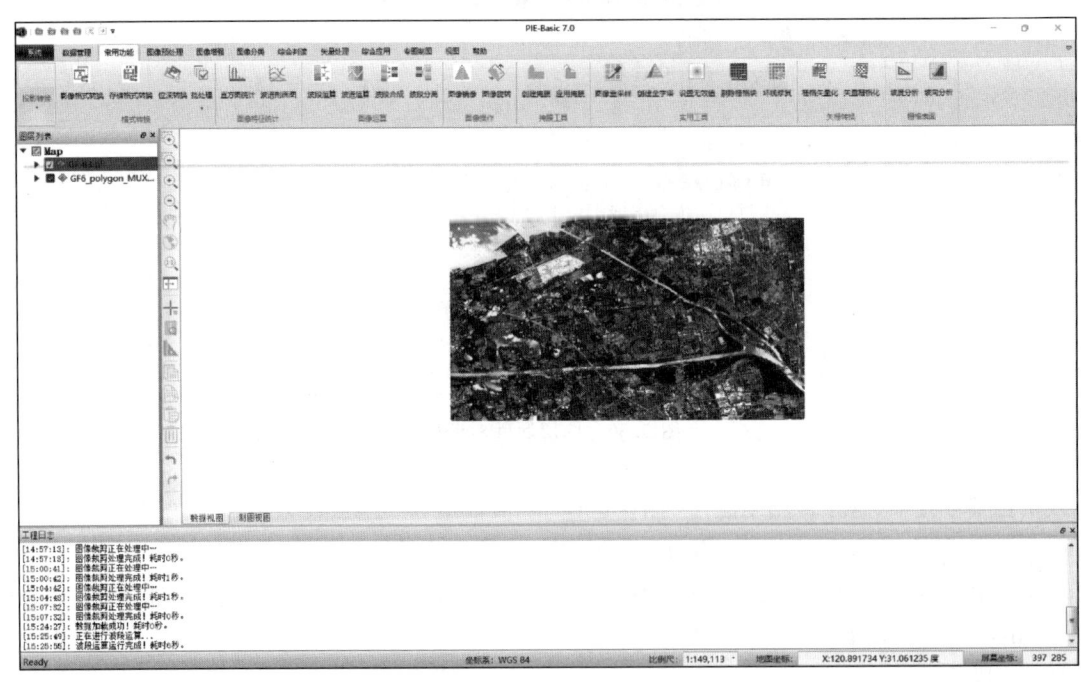

图 3.32　波段提取结果

③ 将表达式中的变量与波段一一对应设置(图 3.33),设置输出文件名及路径,点击"确定",输出不同影像波段叠加结果(图 3.34)。

　　　　　　　　　3　数字图像运算

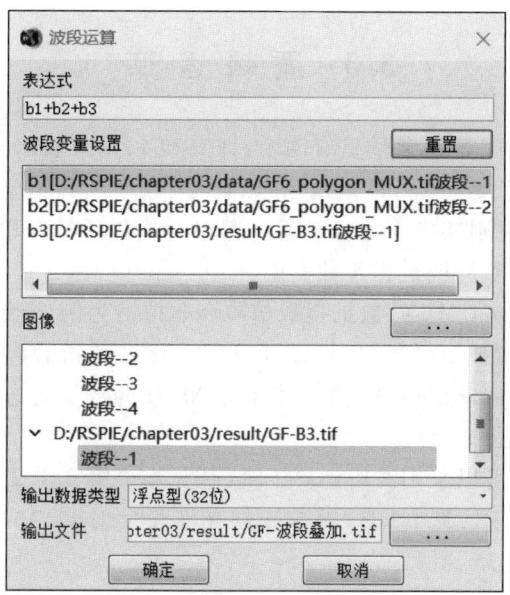

图 3.33　波段叠加变量设置对话框

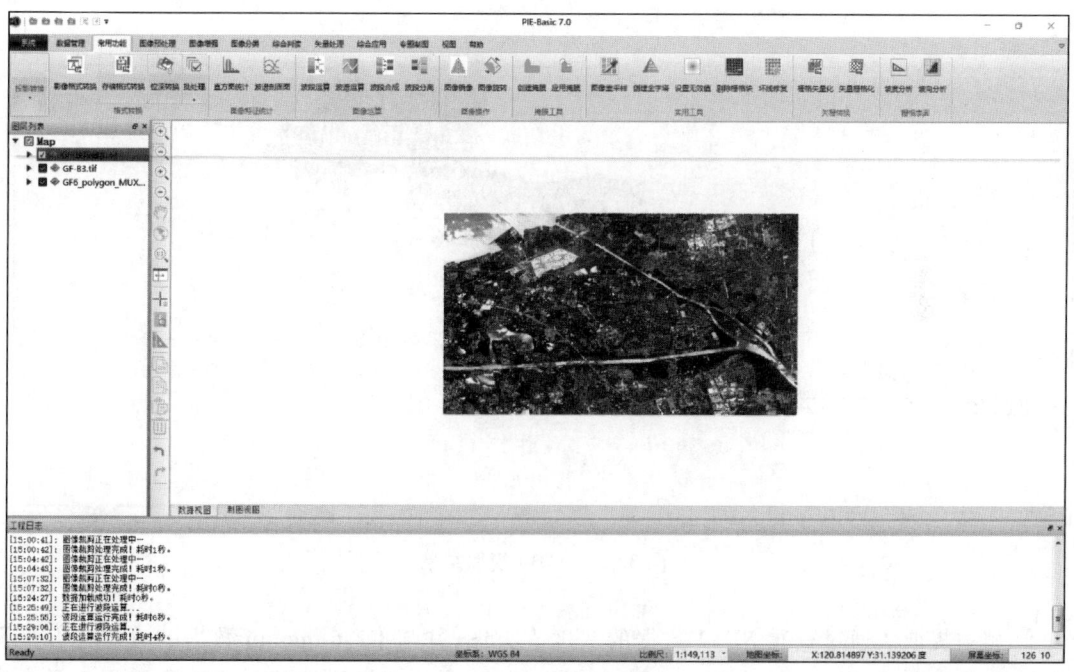

图 3.34　波段叠加结果

3.3 逻辑运算

逻辑运算又称布尔运算,逻辑常量只有两个,即 0 和 1,用来表示两个对立的逻辑状态"假"和"真"。逻辑变量与普通代数一样,可以用字母、符号、数字及其组合来表示,当进行逻辑运算时逻辑变量需先通过某种规则转换为逻辑常量。逻辑运算包括针对单幅图像的求反运算,针对两幅图像的与运算、或运算和异或运算 4 种类型。

本次实验以"GF6_polygon_MUX"数据提取植被和非植被为例,介绍逻辑运算中的求反运算。欲从高分六号数据中提取植被,我们首先可以计算归一化植被指数(NDVI),然后基于 NDVI 采用阈值法提取植被,最后采用求反运算提取非植被。NDVI 的数学表达式为红光波段与近红外波段的反射率之差除以二者之和。

① NDVI 计算。NDVI 可以采用波段运算工具(详见本书第 3.1.2 节)来实现,其波段运算表达式为:"(b3-b4)/(b3+b4)",其中"b3"对应于红光波段反射率,"b4"对应于近红外波段反射率。NDVI 计算结果见图 3.35。

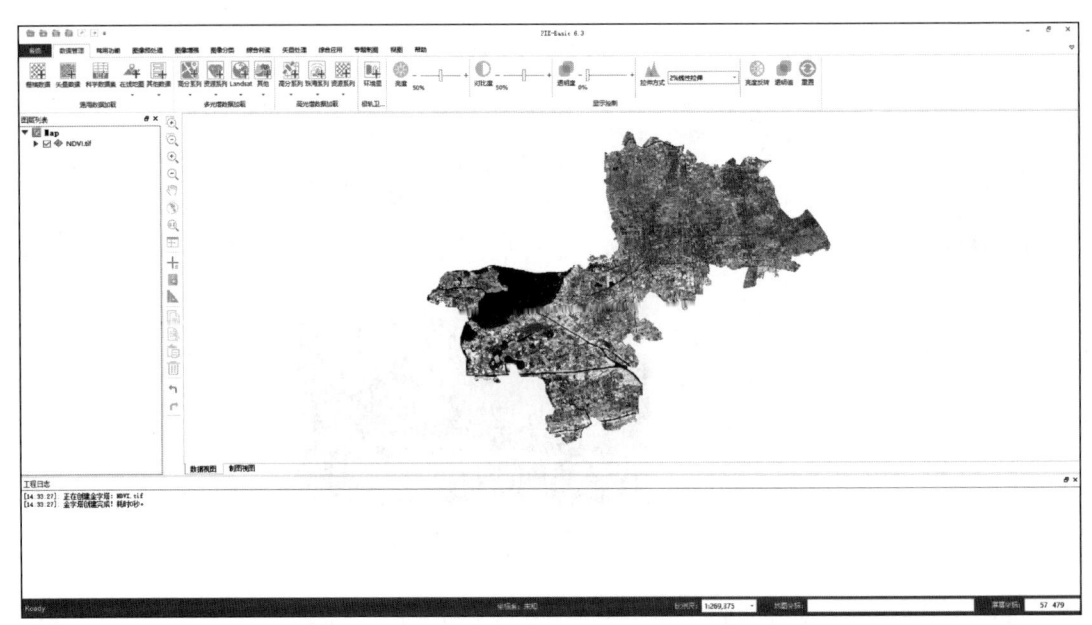

图 3.35　NDVI 提取结果

② 植被提取。通过查看 NDVI 数据的灰度直方图,并与 GF-6-qpq.tif 数据的真彩色合成图像进行目视比对,发现 NDVI 大于 0.6 时全部为植被,因此植被提取仍采用波段运算工具来实现,其波段运算表达式为:"b1>0.6",其中"b1"对应于 NDVI,即将 NDVI 图像中小于 0.1 的像元赋值为 1,其余像元赋值为 0。此步操作相当于将逻辑变量 NDVI 转换成了只具有 0 和 1 的逻辑常量。植被提取结果见图 3.36(a)。

③ 非植被提取。非植被区域刚好是植被区域的补图像,因此可以对植被图像采用求反运算得到,其波段运算表达式为:"NOT(b1>0.6)","b1"对应于植被图像,"NOT"表示求反运算。非

植被提取结果见图 3.36(b)。

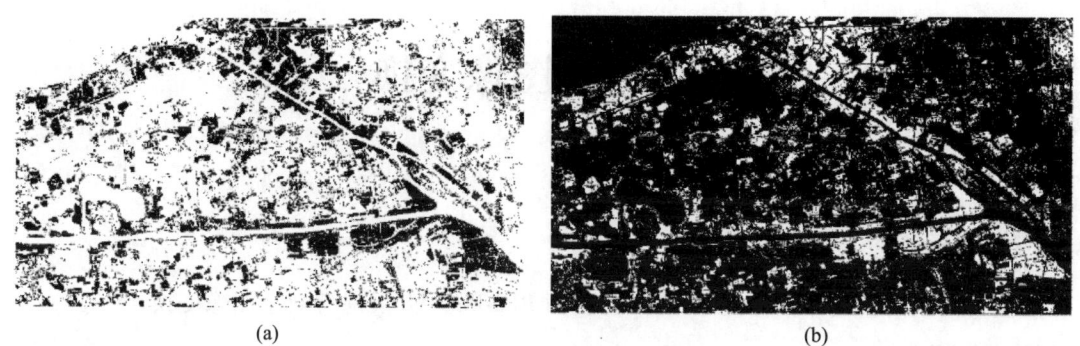

(a)   (b)

图 3.36　植被与非植被提取结果

(a)植被;(b)非植被

3.4　数学形态学操作

数学形态学是以形态为基础对图像进行分析的数学工具,其基本思想就是采用结构元素(structure element)来对图像进行逻辑判断进而对图像进行各种运算,其基本运算包括腐蚀、膨胀、开运算和闭运算[基本原理详见朱文泉等编著的《遥感数字图像处理——原理与方法》(第二版)第 3 章的第 3.4 节]。

4 数字图像变换

🌸 **学习目标**

通过对案例的实践操作,初步了解如何利用 PIE-Basic 开展遥感数字图像变换。

🌸 **预备知识**

• 遥感数字图像变换

🌸 **参考资料**

朱文泉等编著的《遥感数字图像处理——原理与方法》(第二版)第 4 章"数字图像变换";
PIE-Basic 6.3 用户手册 3.5.1 图像变换。

🌸 **学习要点**

• 主成分变换
• 最小噪声分离变换
• 缨帽变换
• 傅里叶变换
• 小波变换
• 颜色空间变换

🌸 **测试数据**

数据目录:附带光盘下的 .. \chapter04\data\

文件名	说明
GF6_polygon_MUX. tiff	某地高分六号卫星影像

🌸 **案例背景**

图像变换结果实质上是同一图像在不同基向量下的表现形式,图像变换处理方法是对图像像元数据的空间表示 $f(x,y)$ 先进行某种变换,然后针对变换数据进行处理。常用的图像变换算法主要包括 3 大类(图 4.1):一是基于特征分析的变换,主要有主成分变换、最小噪声分离变换、缨帽变换;二是频率域变换,常见的有傅里叶变换和小波变换;三是颜色空间变换。

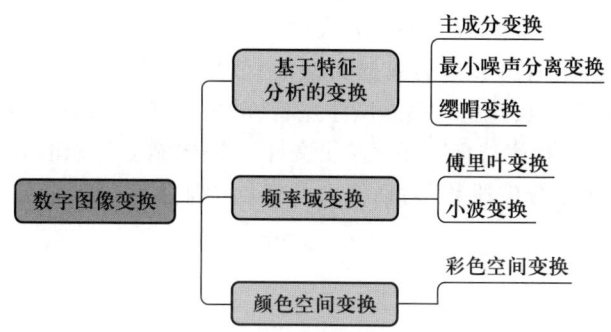

图 4.1 常见的数字图像变换方法及软件实现

4.1 主成分变换

主成分分析(principal component analysis,PCA)是通过正交变换将一组可能相关的变量转换为一组线性不相关的变量(称为主成分)的统计分析过程。主要应用于探索性资料分析和建立预测模型,这一技术对于增强信息含量、隔离噪声、减少数据维数非常有用,简单来说是一种通用的降维工具。主成分分析在遥感中的应用目的是去除波段之间的多余信息,把原来多波段图像中的有用信息集中到数目尽可能少的新的主成分图像中,并使这些主成分图像之间互不相关,各个主成分包含的信息内容不重叠,从而大大减少总的数据量,并使图像信息得到增强,即主成分变换。一般情况下,第一主成分包含所有波段中80%以上的方差信息,前三个主成分包含了95%以上的信息量。主成分分析在遥感图像处理中主要用于图像压缩、图像去噪声、图像增强、图像融合、特征提取等环节。

主成分变换通常包括3个步骤:主成分正变换、对变换成分进行处理、对处理的结果进行主成分逆变换。对变换成分的处理通常为保留前几个信息量占90%以上的主成分,再进行逆变换,这里就该操作利用 PIE-Basic 进行演示。

4.1.1 主成分正变换

(1)选择主界面菜单栏"图像增强">"图像变换">"主成分正变换",打开"主成分正变换",在"主成分正变换"对话框中设置参数(图 4.2)。

(2)在输入文件处,选择"GF6_polygon_MUX"文件,在统计时使用处勾选"协方差矩阵",在主成分波段选择处勾选"根据特征值排序选择",并设置统计文件和结果文件的输入路径和结果名称。

• 输入文件:设置待处理的影像。

• 根据特征值排序选择:当勾选"根据特征值排序选择"选项时,可以选择是根据协方差矩阵还是根据相关系数矩阵计算主成分波段,一般说来,计算主成分时,选择使用协方差矩阵,当波段之间数据范围差异较大时,选择相关系数矩阵,并且需要标准化;当不勾选"根据特征值排序选择"选项时,需要确定输出的主成分波段数。

• 统计文件:设置输出统计文件的保存路径和名称,统计信息将被计算,并列出每个波段和其相应的特征值,同时也列出每个主成分波段中包含的数据方差的累积百分比。

- 结果文件:设置输出影像的保存路径和文件名。
- 输出数据类型:设置输出影像的数据类型,字节型(8位)、无符号整型(16位)、整型(16位)、无符号长整型(32位)、长整型(32位)、浮点型(32位)、双精度浮点型(64位)可供选择。

(3)勾选"根据特征值排序选择",保存输出文件。点击"确定"按钮即可进行主成分正变换。

(4)在"选择输出主成分波段数"对话框中可查看特征值和累计百分比,选择合适的波段数进行输出(图4.3)。

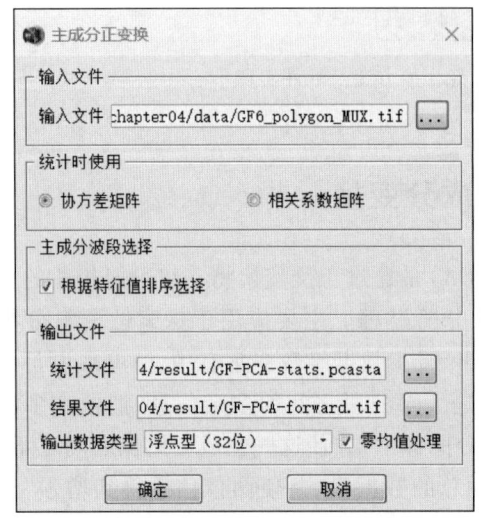

图4.2　主成分正变换对话框　　　　　图4.3　选择输出主成分波段数对话框

(5)处理完毕后,数据视图查看波段1主成分正变换的结果(图4.4)。

图4.4　主成分正变换结果

4.1.2 主成分逆变换

（1）选择主界面菜单栏"图像增强">"图像变换">"主成分逆变换"，打开"主成分逆变换"对话框，在"主成分逆变换"对话框中设置参数（图4.5）。

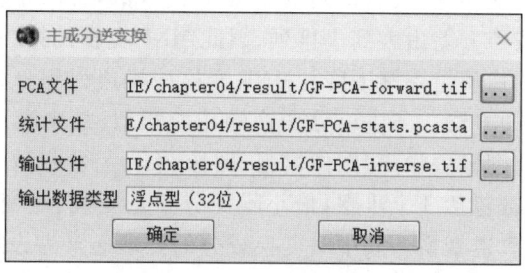

图4.5 主成分逆变换对话框

（2）输入正变换中保存的 PCA、统计和输出文件，点击"确定"按钮即可进行主成分逆变换。
- PCA 文件：输入主成分正变换后的影像；
- 统计文件：选择与待处理影像对应的统计文件（一般由主成分正变换生成）；
- 输出文件：设置输出结果的保存路径及文件名；
- 输出数据类型：设置输出影像的数据类型，字节型（8 位）、无符号整型（16 位）、整型（16 位）、无符号长整型（32 位）、长整型（32 位）、浮点型（32 位）、双精度浮点型（64 位）可供选择。

（3）处理完毕后，在数据视图中查看主成分逆变换结果（图4.6）。

图4.6 主成分逆变换结果

4.2 最小噪声分离变换

最小噪声分离(minimum noise fraction,MNF)变换是主成分变换的一个改进,它具有主成分变换的性质,也是一种正交变换,变换后得到的各分量互不相关,各分量按照信噪比从大到小排列,而非主成分变换那样按照方差由大到小排列,因此 MNF 变换的第一分量集中了大量的信息,随着维数的增加,分量的图像质量逐渐下降。MNF 变换使噪声得到分离,且分量间不相关,所以是比主成分变换更加优越的方法。与主成分变换的功能相似,最小噪声分离变换在遥感图像处理中也主要用于图像压缩、图像去噪声、图像增强、图像融合、特征提取等环节。

最小噪声分离变换通常包括 3 个步骤:最小噪声分离正变换、对变换成分进行处理、对处理后的结果进行最小噪声分离逆变换。其中对变换成分的处理通常为去除噪声。

4.2.1 最小噪声分离正变换

(1)选择主界面菜单栏"图像增强">"图像变换">"最小噪声正变换",打开"最小噪声正变换"对话框,在"最小噪声正变换"对话框中设置参数(图 4.7)。

(2)在输入文件处,选择"GF6_polygon_MUX"文件,设置输出的统计文件和输出文件的路径和文件名,点击"确定"按钮即可进行最小噪声分离正变换。

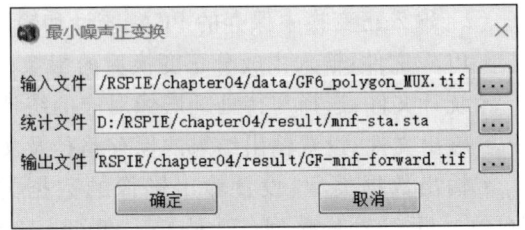

图 4.7 最小噪声正变换对话框

- 输入文件:输入待处理的影像;
- 统计文件:设置输出统计文件的保存路径及文件名;
- 输出文件:设置输出结果的保存路径及文件名。

(3)处理完毕后,在数据视图中查看波段 1 最小噪声分离正变换的结果(图 4.8)。

图 4.8 最小噪声分离正变换结果

4.2.2 最小噪声分离逆变换

（1）选择主界面菜单栏"图像增强">"图像变换">"最小噪声逆变换"，打开"最小噪声逆变换"对话框，在"最小噪声逆变换"对话框中设置参数（图4.9）。

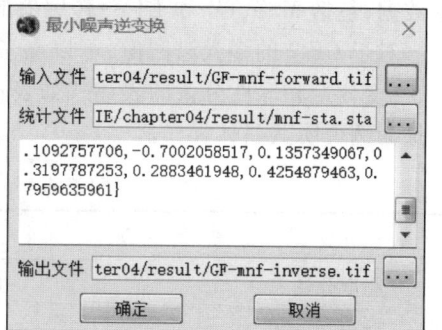

（2）输入正变换中保存的统计和输出文件，点击"确定"按钮即可进行最小噪声分离逆变换。

• 输入文件：输入最小噪声分离正变换后的影像；

• 统计文件：输入与待处理影像对应的统计文件（一般由最小噪声分离正变换生成）；

• 输出文件：设置输出结果的保存路径及文件名。

（3）处理完毕后，在数据视图中查看最小噪声分离逆变换结果（图4.10）。

图 4.9　最小噪声逆变换对话框

图 4.10　最小噪声分离逆变换结果

4.3 缨帽变换

缨帽变换（tasseled cap transformation）是一种基于图像物理特征的固定转换。缨帽变换实际上是一种特殊的主成分变换，但与主成分变换不同，缨帽变换后的坐标轴不是指向主成分方向，而是指向与地面景物有密切关系的方向，特别是与植物生长过程和土壤有关，因此缨帽变换主要用于特征提取。另外，它也可用于图像压缩、图像增强和图像融合。缨帽变换对于同一传感器的遥感数据，它的转换系数是固定的，因此它独立于单幅图像，不同图像产生的结果可以进行比较（例如，同一传感器不同图像产生的土壤亮度和绿度可以相互比较）。

缨帽变换是根据多光谱遥感中土壤、植被等信息在多维光谱空间中的分布结构对图像作的经验性线性正交变换。PIE 支持对 Landsat MSS、Landsat 5 TM、Landsat 7 ETM 数据进行变换。缨帽变换既可以实现信息压缩,又可以帮助解译分析农作物特征。这个变换主要用于陆地资源卫星数据,包括 MSS、TM 和 ETM+传感器的图像。

对于 GF-2 的多光谱图像,可以参考 GF-2 缨帽变换参数,利用波段运算的方法进行缨帽变换,亮度分量和绿度分量的表达式如表 4.1 所示。由于各分量操作步骤类似,此处仅以提取亮度分量为例说明其具体操作。

表 4.1　GF-2 缨帽变换各分量表达式

分量	表达式
亮度分量	$-0.051 * b2 + 0.336 * b3 + 0.692 * b4 + 0.637 * b5$
绿度分量	$-0.073 * b2 - 0.498 * b3 - 0.5424 * b4 + 0.7276 * b5$

(1) 选择主界面菜单栏"常用功能">"图像运算">"波段运算",打开"波段运算"对话框,参照表 4.2 中亮度分量表达式输入表达式"$-0.051 * b2 + 0.336 * b3 + 0.692 * b4 + 0.637 * b5$",点击"确定"(图 4.11)。

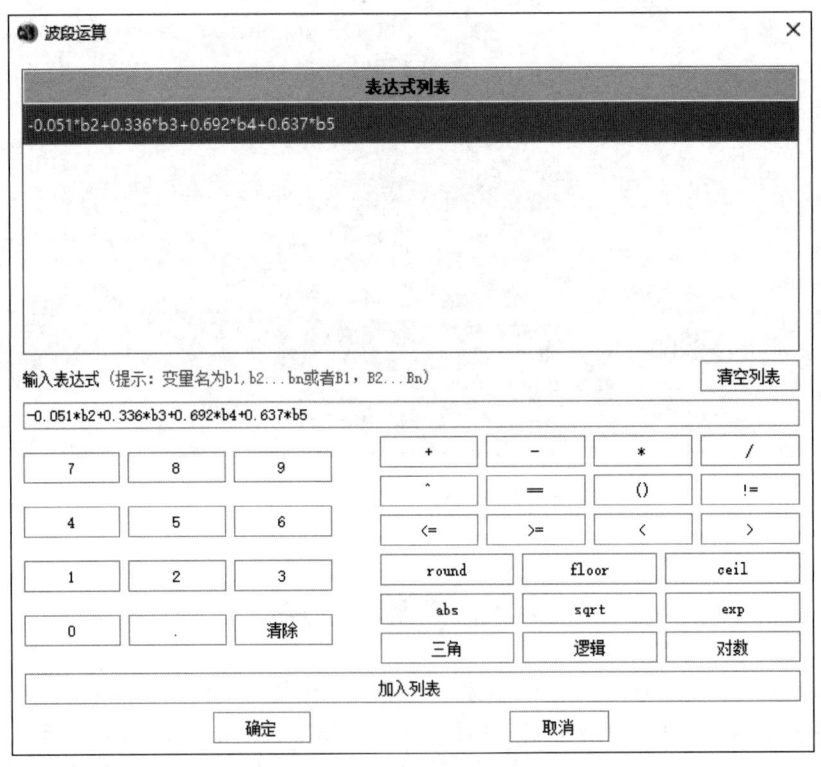

图 4.11　波段运算对话框

(2) 对波段变量进行设置,"b2"对应"波段--1","b3"对应"波段--2","b4"对应"波段--3","b5"对应"波段--4"(图 4.12)。

图 4.12 波段运算对话框

（3）处理完毕后，在数据视图中查看缨帽变换结果（图 4.13）。

图 4.13 缨帽变换结果

4.4 傅里叶变换

傅里叶变换实质上是将图像的灰度分布函数变换为图像的频率分布函数，而傅里叶逆变换则是将图像的频率分布函数变换为图像的灰度分布函数。傅里叶变换之后，中心化频谱图的中心为原始图像的平均亮度值,其频率为0,从频谱图中心往外,频率增高,频谱图中的高亮度表明该处的频率特征明显。此外,中心化的频谱图中,高亮的频率变化方向与原始图像中的地物主要分布方向垂直。傅里叶变换是先将图像从空间域转换到频率域,然后在频率域对频谱图像进行滤波、掩膜等操作,以减少或消除部分高频或低频成分,最后再通过傅里叶逆变换将频率域的频谱图像转换到空间域图像。傅里叶变换在遥感数字图像处理中主要用于图像去噪声、图像增强、特征提取等环节。

PIE-Basic 中傅里叶变换包括傅里叶正变换和傅里叶逆变换两部分。

4.4.1 傅里叶正变换

(1)选择主界面菜单栏"图像增强">"图像变换">"傅里叶正变换",打开"傅里叶正变换"对话框,在"傅里叶正变换"对话框中设置参数(图4.14)。

(2)在输入文件处,选择"GF6_polygon.tif"文件,勾选波段1、2、3,设置输出文件的路径和文件名,点击"确定"按钮即可进行傅里叶正变换。

- 输入文件:输入待处理的影像;
- 波段设置:在列表中选择要处理的波段;
- 输出文件:设置输出结果的保存路径及文件名。

(3)处理完毕后,在数据视图中查看傅里叶正变换结果(图4.15)。

图 4.14　傅里叶正变换对话框

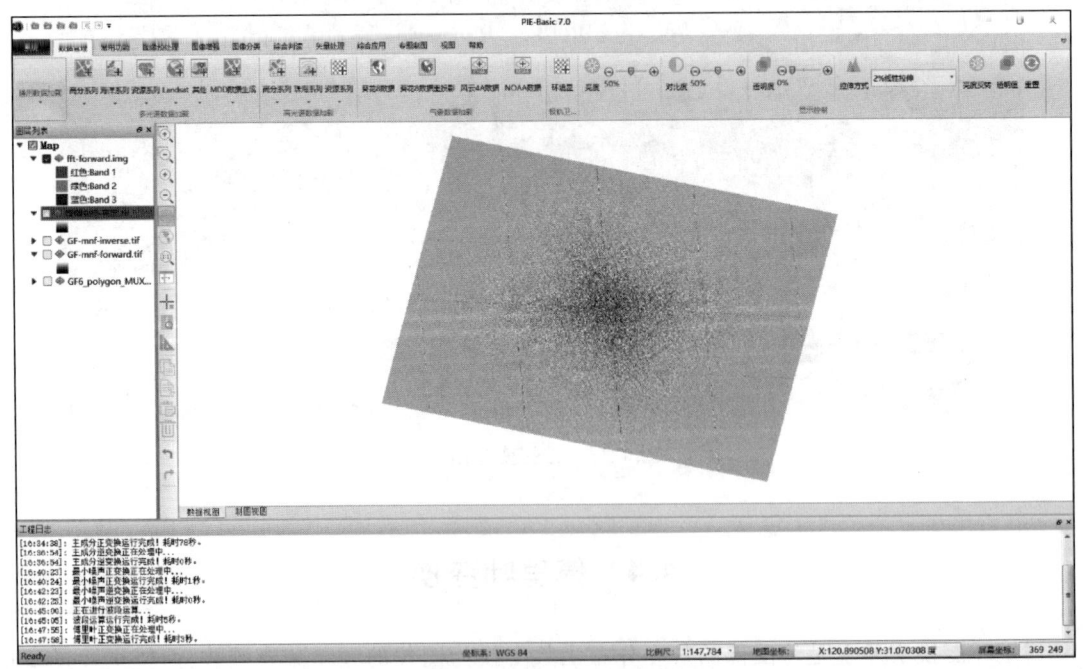

图 4.15　傅里叶正变换结果

4.4.2 傅里叶逆变换

（1）选择主界面菜单栏"图像增强"＞"图像变换"＞"傅里叶逆变换"，打开"傅里叶逆变换"对话框，在"傅里叶逆变换"对话框中设置参数（图 4.16）。

（2）输入正变换中保存的输出文件，点击"确定"按钮即可进行傅里叶逆变换。

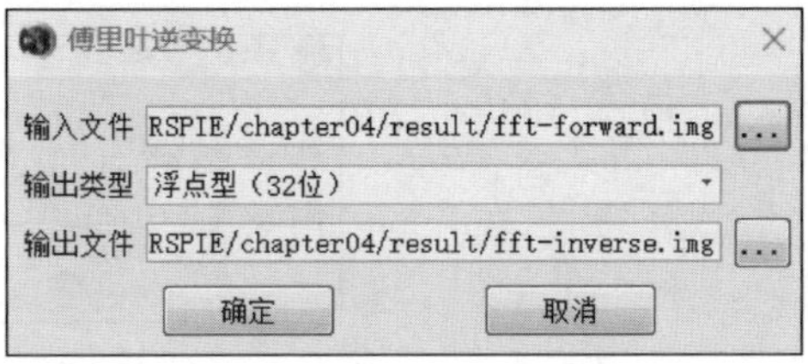

- 输入文件：输入傅里叶正变换后的影像；
- 输出类型：输出的图像数据类型共有 7 种可供选择，包括字节型（8 位）、无符号整型（16 位）、整型（16 位）、无符号长整型（32 位）、长整型（32 位）、浮点型（32 位）和双精度浮点型（64 位）；

图 4.16　傅里叶逆变换对话框

- 输出文件：设置输出结果的保存路径及文件名。

（3）处理完毕后，在数据视图中查看傅里叶逆变换结果（图 4.17）。

图 4.17　傅里叶逆变换结果

4.5　小波变换

与傅里叶变换类似，小波变换是先将图像变换成对应于不同频率的小波系数，然后对小波系数进行滤波、掩膜等操作，最后再通过小波逆变换将处理后的小波系数转换到空间域图像。PIE-Basic提供了小波正变换和小波逆变换两种操作。

4.5.1 小波正变换

（1）选择主界面菜单栏"图像增强">"图像变换">"小波正变换"，打开"小波正变换"对话框，在"小波正变换"对话框中设置参数（图4.18）。

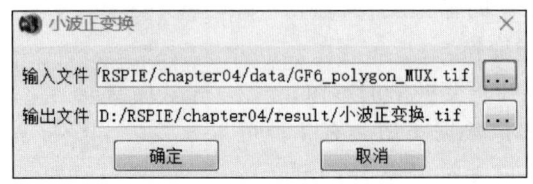

图 4.18　小波正变换对话框

（2）在输入文件处，选择"GF6_polygon_MUX"文件，设置输出的统计文件和输出文件的路径和文件名，点击"确定"按钮即可进行小波正变换。

- 输入文件：输入待处理的影像；
- 输出文件：设置输出结果的保存路径及文件名。

（3）处理完毕后，在数据视图中查看小波正变换结果（图4.19）。

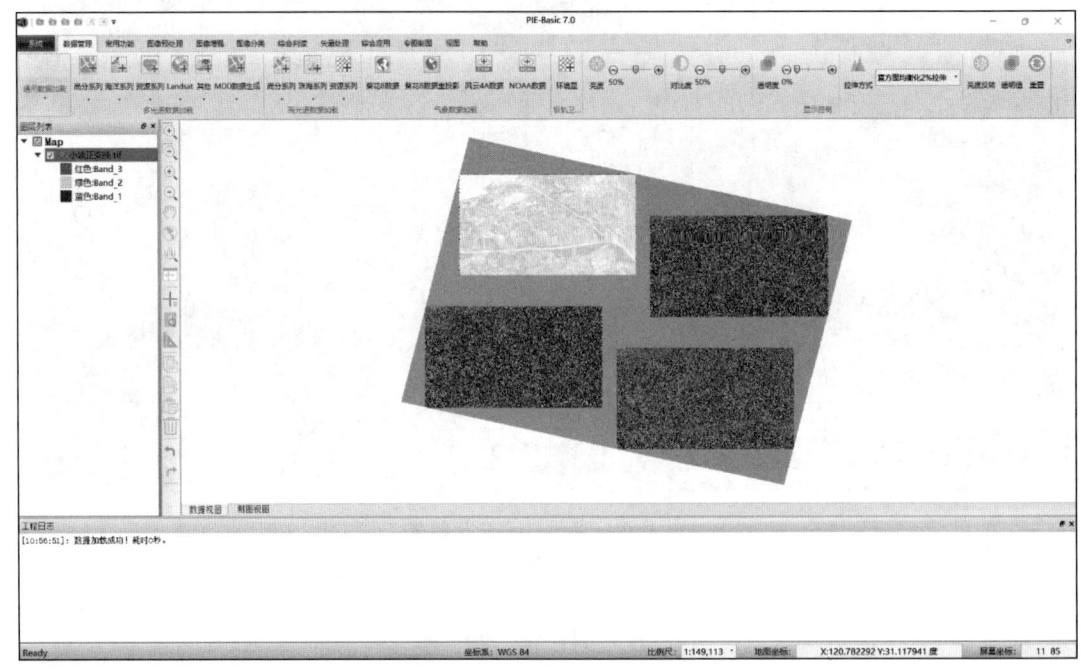

图 4.19　小波正变换结果

4.5.2 小波逆变换

（1）选择主界面菜单栏"图像增强">"图像变换">"小波逆变换"，打开"小波逆变换"对话框，在"小波逆变换"对话框中设置参数（图4.20）。

　　　　　　　　　　4　数字图像变换

图 4.20　小波逆变换对话框

（2）输入正变换中保存的统计和输出文件，点击"确定"按钮即可进行小波逆变换。

• 输入文件：输入小波正变换后的影像；

• 输出文件：设置输出结果的保存路径及文件名。

（3）处理完毕后，在数据视图查看小波逆变换结果（图 4.21）。

图 4.21　小波逆变换结果

4.6　颜色空间变换

颜色空间是用一种数学方法来形象化地表示颜色。对于人的视觉系统来说，我们可以通过色调（hue）、饱和度（saturation）和亮度（intensity）来定义颜色；对于显示设备来说，我们使用红（red）、绿（green）、蓝（blue）荧光体的发光来表示颜色；对于打印设备来说，我们使用青色（cyan）、品红色（magenta）、黄色（yellow）和黑色（black）的反射来产生指定颜色。颜色空间中的颜色通常用代表 3 个参数的三维坐标来描述，其颜色要取决于所使用的坐标。大部分遥感数据都采用 RGB 颜色空间来描述，但对图像进行一些可视分析时，也会使用其他颜色空间。例如，利用 HIS 颜色空间可以对图像进行色调、饱和度和强度分析，单独对强度分量进行处理则可以使图像变暗或变亮。颜色空间变换在遥感数字图像处理中主要用于图像增强、特征提取等环节。

遥感数字图像处理所涉及的颜色空间通常有 RGB、CMY/CMYK 和 HSI 颜色空间。各颜色空间具有不同的特性，为了满足不同的应用需求，有时需要对不同颜色空间进行相互转换。

PIE-Basic 使用彩色空间变换工具将三波段红、绿、蓝图像变换到一个特定的彩色空间，并且能从所选彩色空间变换回 RGB。两次变换之间，通过对比度拉伸，可以生成一个色彩增强的彩色合成图像。PIE-Basic 提供了彩色空间正变换和彩色空间逆变换两部分。

4.6.1　彩色空间正变换

使用彩色空间正变换功能可以将 RGB 图像变换到 HIS(色调、亮度、饱和度)颜色空间。色调(hue,范围为 0°~360°,0°对应红色、120°对应绿色、240°对应蓝色)、亮度(intensity)和饱和度(saturation)为归一化浮点值，取值范围均为[0,1]。运行该功能前，必须先打开一个至少包含 3 个波段的输入文件，或一个彩色显示图像。输入的 RGB 值必须是字节型数据，其范围为 0 到 255。

(1) 选择主界面菜单栏"图像增强">"图像变换">"彩色空间正变换"，打开"彩色空间正变换"对话框，在"彩色空间正变换"对话框中设置参数(图 4.22)。

(2) 在输入文件处，选择"GF6_ polygon. tif"文件，将 RGB 通道分别设置为波段 3、2、1，设置输出的统计文件和输出文件的路径和文件名，点击"确定"按钮即可进行彩色空间正变换。

注:若进行正变换的影像不是字节型数据，即 DN 值范围不是 0~255，输入文件时会出现提示，则需要先进行位深转换。

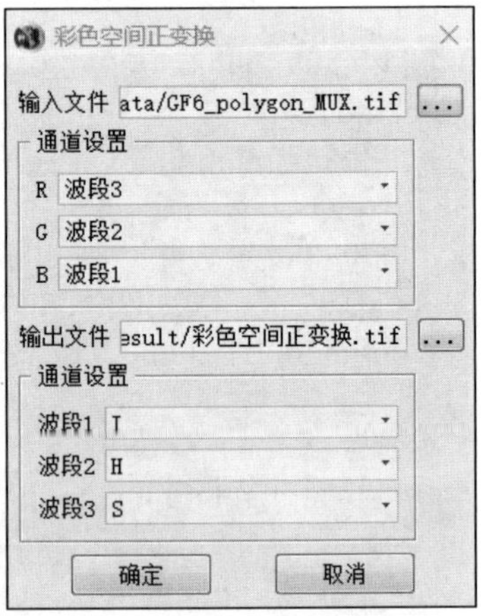

图 4.22　彩色空间正变换对话框

- 输入文件:输入待变换的影像文件。
- 通道设置:

通道 R:选择进行变换的波段序号;

通道 G:选择进行变换的波段序号;

通道 B:选择进行变换的波段序号。

- 输出文件:设置输出结果的保存路径及文件名。
- 设置变换通道:

波段 1:设置波段 1 对应的变换结果;

波段 2:设置波段 2 对应的变换结果;

波段 3:设置波段 3 对应的变换结果。

(3) 处理完毕后，在数据视图查看彩色空间正变换结果(图 4.23)。

4.6.2　彩色空间逆变换

使用彩色空间逆变换功能可以将一幅 HIS(色调、亮度、饱和度)图像变换回 RGB 彩色空间。输入的色调、亮度、饱和度波段必须为以下数据范围:色调变化范围为 0°~360°(0°为红,120°为绿,240°为蓝)、亮度和饱和度的范围为 0~1(浮点型)。生成的 RGB 值是字节型数据，范围为 0~255。

(1) 选择主界面菜单栏"图像增强">"图像变换">"彩色空间逆变换"，打开"彩色空间逆变换"对话框，在"彩色空间逆变换"对话框中设置参数(图 4.24)。

图 4.23　彩色空间正变换结果

（2）输入正变换中保存的输出文件,点击"确定"按钮即可进行彩色空间逆变换。

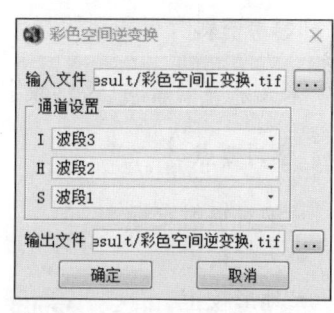

图 4.24　彩色空间逆变换对话框

• 输入文件:输入彩色空间正变换后的影像。

• 通道设置:

通道 I:选择待处理影像中的 I 波段;

通道 H:选择待处理影像中的 H 波段;

通道 S:选择待处理影像中的 S 波段。

• 输出文件:设置输出结果的保存路径及文件名。

（3）处理完毕后,在数据视图查看彩色空间逆变换结果(图 4.25)。

图 4.25　彩色空间逆变换结果

5 辐 射 校 正

学习目标

通过对案例的实践操作,掌握辐射校正的操作流程,并能运用 PIE-Basic 对遥感数字图像进行辐射校正。

预备知识

• 遥感数字图像辐射校正

参考资料

朱文泉等编著的《遥感数字图像处理——原理与方法》(第二版)第 5 章"辐射校正"。

学习要点

• 绝对辐射定标
• 大气校正
• 地形校正
• 太阳高度角校正

测试数据

数据目录:附带光盘下的 .. \chapter05\data\

文件名	说明
GF6_PMS_MUX.tif	某地区高分六号多光谱影像
GF6_PMS_MUX.xml	GF6_PMS_MUX.tif 对应的元数据文件

案例背景

遥感传感器观测目标物辐射或反射的电磁能量时,仪器本身的光电系统特征、太阳高度、地形及大气条件等都会引起光谱亮度的失真。消除图像数据中依附在辐射亮度里的各种失真的过程即为辐射校正。

辐射校正处理流程包括辐射定标、大气校正、太阳高度角校正和地形校正等处理。辐射定标是为了消除传感器本身所带来的辐射误差,并将传感器记录的无量纲的 DN 值转换成具有实际物理意义的大气顶层辐射亮度或反射率。大气校正是为了消除大气散射、吸收对太阳辐射的影响,将大气顶层的辐射亮度(或反射率)转化为地表辐射亮度(或地表反射率)。另外,对于丘陵地带和山区,地形坡度、坡向和太阳光照几何条件等对遥感图像的辐射亮度影响非常显著,因此需要进行地形校正,目的是消除由地形引起的辐射亮度误差,使坡度不同但反射性质相同的地物在图像中具有相同的亮度值。对于不同地方、不同季节或不同时期获取的多幅图像,如果需要开展图像之间的相互比较,就有必要对它们进行太阳高度角校正,以消除由太阳位置变化引起的多幅图像之间的辐射差异。

本案例以高分六号 PMS 影像为例,演示 PMS 多光谱影像辐射校正处理流程,包括多光谱影像的辐射定标、大气校正、地形校正和太阳高度角校正(图 5.1)。该处理过程同样适用于高分一、二号 PMS 影像等的辐射校正,只是要注意大气校正时卫星高度、分辨率等的不同。

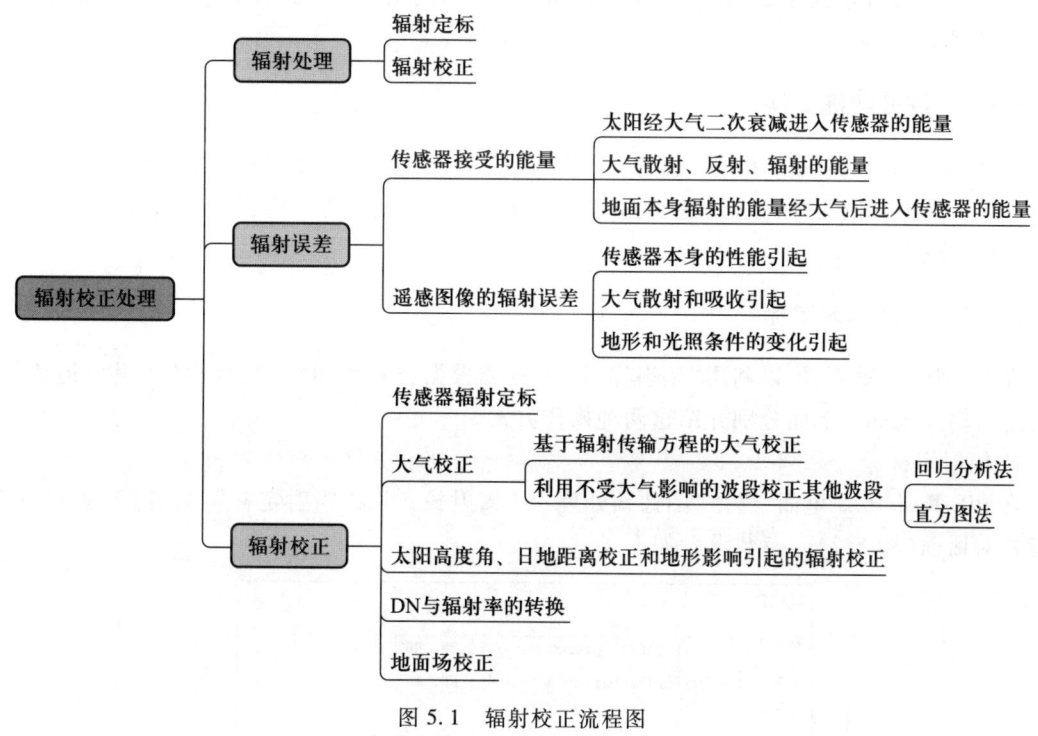

图 5.1　辐射校正流程图

5.1　辐　射　定　标

辐射定标包括相对辐射定标和绝对辐射定标两种类型。相对辐射定标是为了校正探测元器件的不均性,消除探测元器件响应的不一致性,对原始亮度值进行归一化处理,使得入射辐射量一致的像元对应的输出像元值也一致。相对辐射定标得到的结果仍然是无量纲的 DN 值。绝对辐射定标是通过各种标准辐射源,在不同波谱段建立成像光谱仪入瞳处的光谱辐射亮度值与成像光谱仪输出的数字量化值 DN 之间的定量数学关系,以消除传感器本身产生的误差。绝对辐射定标是在相对辐射定标之后进行的,通常情况下,用户获取的遥感数据都已经做过相对辐射定标,只需对其进行绝对辐射定标。

利用以下公式可将卫星各载荷的通道观测值计数值 DN 转换为卫星载荷入瞳处等效表观辐亮度数据：

$$L_e(\lambda_e) = \text{Gain} \cdot \text{DN} + \text{Bias} \tag{5.1}$$

其中：$L(\lambda)$ 为地物地物在大气顶部的辐射能量值；Gain 为增益；DN 为卫星载荷观测值；Bias 为偏移。

有了表观辐亮度，可根据以下公式计算表观反射率：

$$\rho = \frac{\Pi \cdot L_\lambda \cdot d^2}{\text{ESUN}_\lambda \cdot \cos\theta} \tag{5.2}$$

其中：ESUN 为太阳光谱辐射量；d 为日地距离参数；θ 为太阳天顶角。

PIE Basic 辐射定标功能可以支持 HJCCD、GF1、GF2、GF6、ZY02C、ZY3、TH01、Landsat5/7/8、VRSS 等数据的处理。

5.1.1　打开数据文件

在 PIE-Basic 主界面菜单栏，选择"高分系列">"GF6"，打开对话框，选择"GF6_PMS_MUX.tif"多光谱影像文件，弹出"是否创建金字塔"窗口，选择"是"，将影像在软件中展示，默认采用 2% 线性拉伸显示。

5.1.2　绝对辐射定标

在 PIE-Basic 里面，可以利用"辐射定标"工具或根据公式使用"波段计算"工具对遥感数据进行绝对辐射定标。下面分别介绍这两种操作方式。

1. 辐射定标

在 PIE Basic 6.3 里面，选择"图像预处理">"辐射校正">"辐射定标"，打开"辐射定标"参数设置对话框（图 5.2）。参数设置如下：

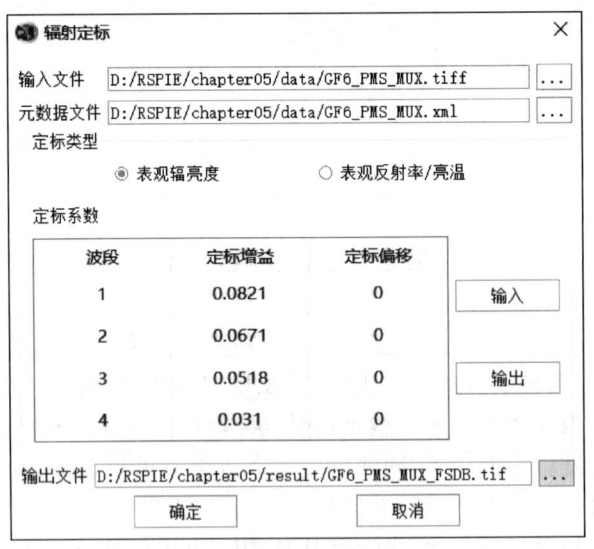

图 5.2　"辐射定标"对话框

- 输入文件:用于选择待辐射定标文件,这里选择"GF6_PMS_MUX.tif"。
- 元数据文件:用于选择待辐射定标影像对应的元数据文件。在输入文件时会自动读取到相应的元数据文件,这里为"GF6_PMS_MUX.xml"。
- 定标类型:用于选择合适的定标类型,有"表观辐亮度"和"表观反射率/亮温"两种选项。这里选择"表观辐亮度"。
- 定标系数:在输入元数据文件时,会自动捕捉获取到影像的增益/偏移值。若表格中没有显示,则需要从元数据文件中查看得到各个波段的增益和偏移值,逐个输入表格中。
- 输出文件:设置输出结果保存路径及文件名。本案例将文件命名为"GF6_PMS_MUX_FSDB.tif"。

点击"确定",等待运行结束,即得到了辐射定标后的影像结果(图5.3)。

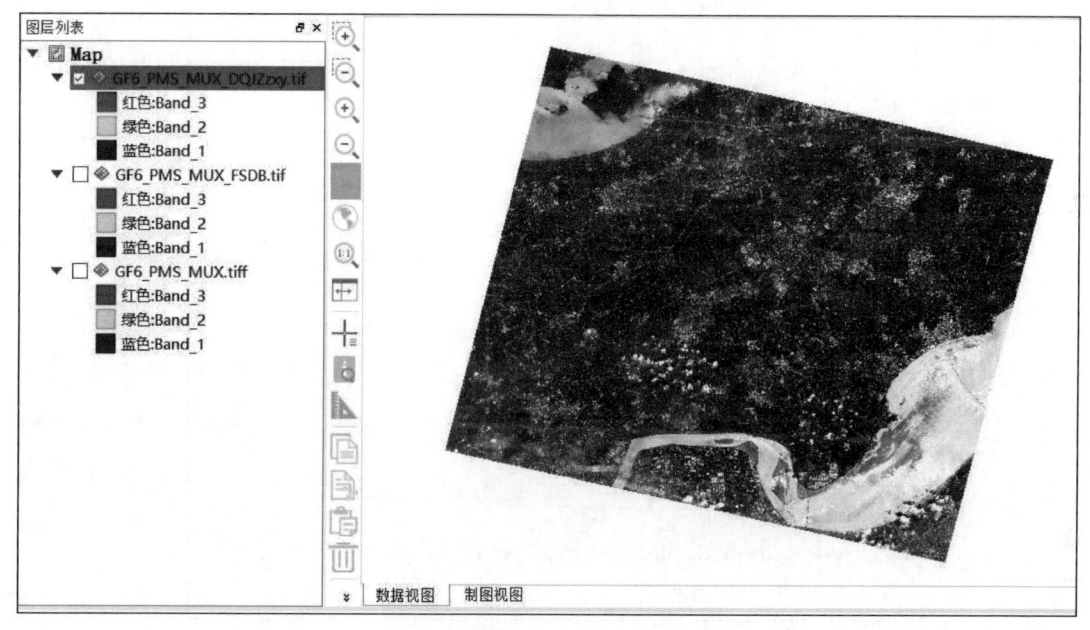

图 5.3　表观辐亮度定标影像结果

2. 波段运算

由于每个波段的定标系数都不一样,所以利用"波段运算"工具进行绝对辐射定标需要对每个波段分别进行,比较烦琐。一般使用软件自带的辐射定标方法即可。本案例只演示对"GF6_PMS_MUX.tif"的第一波段("波段--1")进行辐射定标,其他波段的辐射定标方法相同。

在 PIE-Basic 主界面菜单栏中选择"常用功能">"图像运算">"波段运算",启动波段运算工具,设置参数:
- 表达式列表:用于显示系统自带的或以前的波段计算表达式。
- 输入表达式:用于输入数学表达式。由于"波段--1"的增益值和偏移值分别是 0.0821 和 0(从中国资源卫星应用中心查找到影像对应的定标系数),故在文本框中输入表达式"b1 * 0.0821",之后点击"确定",弹出参数设置对话框。

在弹出的对话框中,参数说明及设置如下(图5.4):

- 表达式:显示波段计算表达式。
- 波段变量设置:用于显示和选择表达式中的变量,这里选择"GF6_PMS_MUX.tif"的"波段--1"。
- 图像:选择"GF6_PMS_MUX.tif"。
- 输出数据类型:根据需要选择。这里选择默认的"浮点型(32位)"。
- 输出文件:将定标结果输出到文件。本案例设置输出文件名为"GF6_PMS_MUX_Band1FSDB.tif"。

图 5.4　波段运算参数设置

设置完成后,点击"确定",输出辐射定标结果。读者可进一步按此方法分别对其他 3 个波段进行辐射定标,然后选择 PIE-Basic 中"图像运算">"波段合成"工具将 4 个波段合成一个文件。

5.1.3　对比校正前后的光谱曲线变化

PIE-Hyp 中可以查看影像数据的波谱剖面图,可以对比"GF6_PMS_MUX.tif"多光谱影像绝对辐射定标前后的区别。具体操作如下:

在 PIE-Hyp 主界面菜单栏中,选择"数据管理">"加载栅格数据",分别加载原始多光谱影像"GF6_PMS_MUX.tif"和经过辐射定标后的影像"GF6_PMS_MUX_FSDB.tif"。在菜单栏中选择"信息查看">"波谱剖面图"(图 5.5)。

分别将像素位置定位在植被、水体、土壤地物上,选择"光谱信息">"导出图像",即可得到绝对辐射定标前后的光谱曲线图。图 5.6、图 5.7 和图 5.8 分别代表列行号(949,7736)植被像元、列行号(676,7516)水体像元和列行号(1209,4797)土壤像元进行绝对辐射定标前后的光谱曲线。从中,可以看出绝对辐射定标前后图像的光谱曲线形状、光谱值域均有一些变化,这主要是由 DN 值变化所引起的。

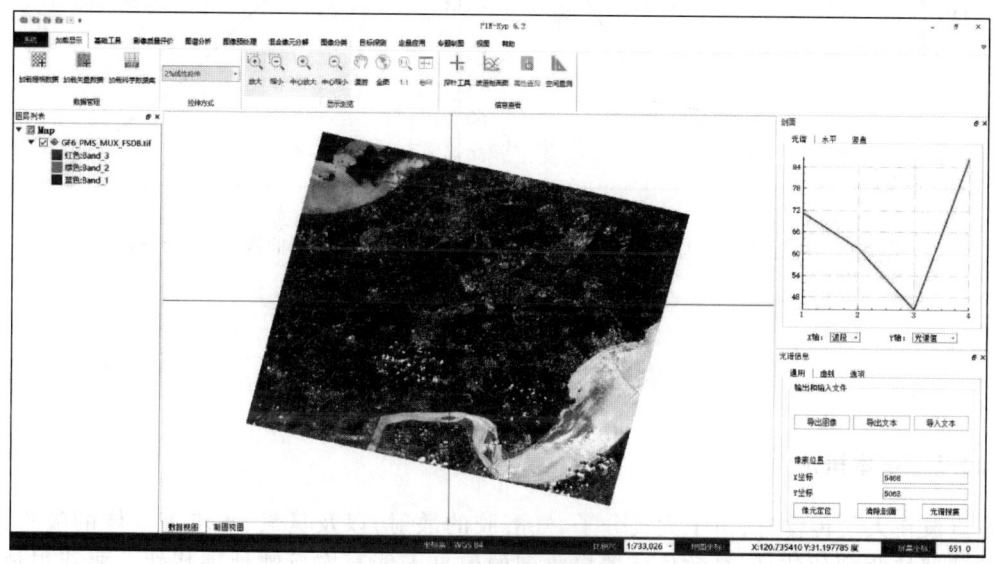

图 5.5　波谱剖面图窗口

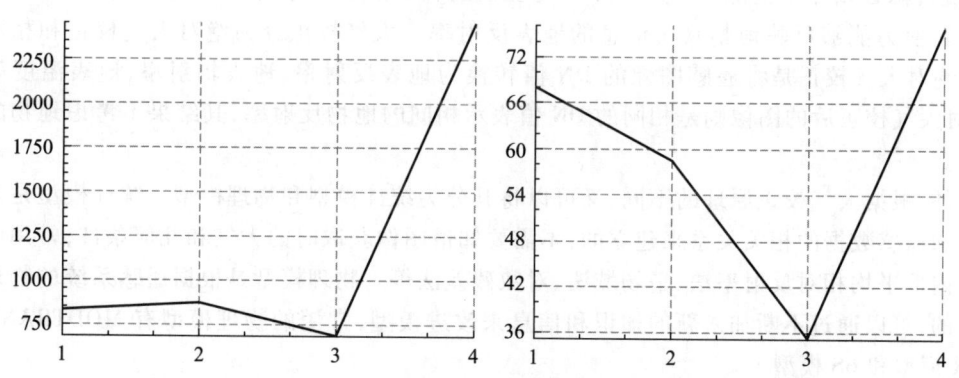

图 5.6　列行号(949,7736)植被像元绝对辐射定标前后光谱曲线对比

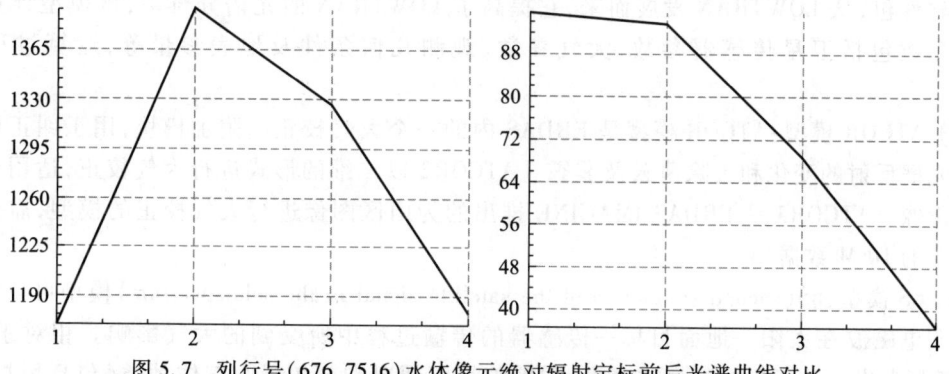

图 5.7　列行号(676,7516)水体像元绝对辐射定标前后光谱曲线对比

5.1　辐射定标

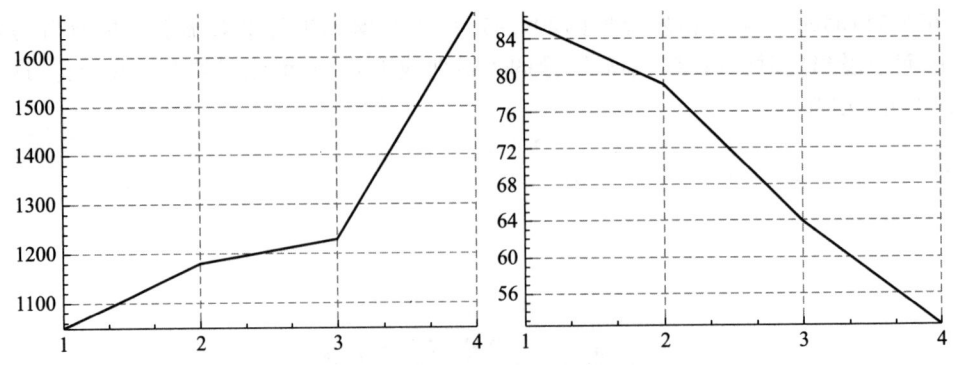

图 5.8　列行号(1209,4797)土壤像元绝对辐射定标前后光谱曲线对比大气校正

5.2　大　气　校　正

5.2.1　基本概念

电磁波在大气传输时,由于大气分子、气溶胶的散射,以及臭氧、水汽等气体的吸收,均会影响传感器接收到的信号,导致传感器接收到的信息不能真实反映地表特性。要获得地表的准确信息,就必须尽量消除大气影响,大气校正的目的就是将获取的遥感数据定标后的表观反射率转换为能够反映地物真实信息的地表反射率。大气校正分为绝对大气校正和相对大气校正。绝对大气校正是将遥感图像的 DN 值转换为地表反射率、地表辐射率、地表温度等的方法;相对大气校正后的图像则是相同的 DN 值表示相同的地物反射率,其结果不考虑地物的实际反射率。

另外,根据大气校正原理的不同,又可以将其分为统计模型和物理模型。统计模型是基于地表变量和遥感数据的相关关系来建立的,不需要知道图像获取时的大气和几何条件,常用的统计模型有内部平均相对反射率法、平场域法、对数残差法等。物理模型是根据遥感系统的物理规律来建立的,可以通过不断加入新的知识和信息来改进模型,常用的物理模型有 MODTRAN 模型、ATCOR 模型和 6S 模型。

(1) MODTRAN 模型:MODTRAN 是由美国空军地球物理实验室开发的计算大气透过率及辐射的软件包,从 LOWTRAN 发展而来,它提高了 LOWTRAN 的光谱分辨率,该模型计算需要输入的参数包括卫星传感器参数、大气参数、观测几何条件及地表参量等,运算过程比较复杂。

(2) ATCOR 模型:ATCOR 模型是 ERDAS 内的一个大气校正的附加模块,用于纠正地球表面地物光谱反射的变化和去除薄云及雾霾。ATCOR2 以二维的形式进行大气校正,适用于平坦地图的影像。ATCOR3 是 ERDAS IMAGINE 推出的为山区图像进行大气校正的模型,需要图像区域对应的 DEM 数据。

(3) 6S 模型:6S(second simulation of the satellite signal in the solarspectrum)模型可以很好地模拟太阳电磁波在太阳—地面目标—传感器的传输过程中所受到的大气影响。相对于 5S 模型,6S 模型考虑了地面目标的海拔高度、非朗伯平面情况和新的吸收气体种类(包括甲烷、二氧化氮、一氧化碳等),6S 模型吸收了最新的散射计算方法,使太阳光谱波段的散射计算精度比 5S 有了提高。

通常情况下,大气校正都是在绝对辐射定标的基础上进行的,对于内部平均相对反射率法、平场域法、对数残差法等相对大气校正方法,如果无法获取绝对定标参数,也可以直接对原始的遥感数据 DN 值进行相对大气校正,但对于绝对大气校正来说,则必须首先对遥感图像进行绝对辐射定标。

理想情况下,不同的地物应该具有不同的光谱曲线特征。因此,我们可以选取一些常见地物,通过观察大气校正后的地物光谱曲线,判断其是否与标准光谱曲线相似来检验大气校正的效果。通常选取的地物有植被、土壤、水体等,其标准光谱曲线如图 5.9(a)所示:植被的光谱曲线较为曲折,在蓝(0.43~0.47 μm)、红(0.62~0.78 μm)波段成吸收谷,绿(0.50~0.53 μm)、近红外(0.70~0.80 μm)波段成反射峰;水体的反射率在可见光波段反射率低(一般不超过 10%),在 0.75 μm 之后几乎全被吸收;土壤的反射率在各波段都比较高,并且随波长增长反射率增大,在 1.6 μm 之后趋于不变。由于遥感图像的波段数量有限,各波段对应的光谱区间有限,遥感图像表达出来的光谱曲线没有图 5.9(a)那么平滑,通常选择各波段的中心波长连接成折线显示。本案例将选取大气校正后的植被、土壤、水体的光谱曲线同图 5.9(b)中的对应的标准光谱曲线进行对比,以检验大气校正效果。在对比辐射定标前后 DN 值变化时,我们已经选取了相应的植被

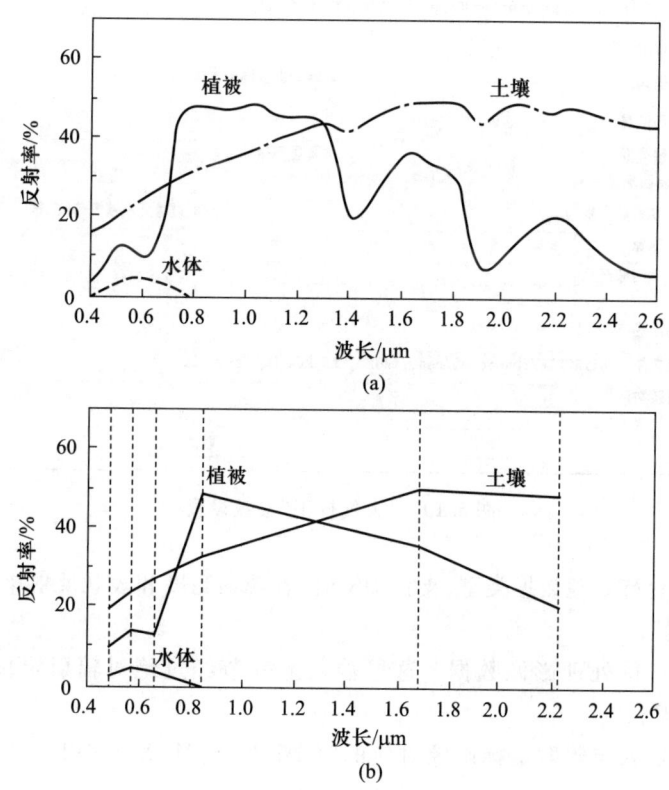

(a)

(b)

图 5.9 典型地物光谱曲线

(a)典型地物的标准光谱曲线;(b)典型地物在多光谱影像各波段上所呈现的理论光谱曲线

［列行号（949，7736）］、水体［列行号（676，7516）］、土壤［列行号（1209，4797）］像元（以下植被、水体和土壤像元均指选取的对应像元），在接下来检验大气校正效果的过程中，我们也以这些像元为例。

5.2.2　PIE-Basic 大气校正操作

PIE-Basic 的大气校正功能基于 6S 大气辐射传输模型，可以实现针对 VRSS-1、GF-6、TH-01、HJ-1A/B、ZY3 等数据的大气校正。需要注意的是，在实际应用中，由于大气校正模型不支持对全色数据进行处理，对全色数据暂时不做大气校正处理。在接下来的大气校正中，也只会对"GF6_PMS_MUX.tif"多光谱影像大气校正操作步骤进行演示。

在 PIE-Basic 主界面菜单栏，选择"图像预处理"＞"辐射校正"＞"大气校正"工具，弹出对话框（图 5.10）。参数设置如下：

图 5.10　"大气校正"参数设置

• 数据类型：设置待处理数据类型，支持 DN 值、表观辐亮度和表观反射率三种数据类型。这里选择"表观幅亮度"。

• 输入文件：输入待处理影像数据。这里输入上一节经过绝对辐射定标后的影像："GF6_PMS_MUX_FSDB.tif"。

• 元数据文件：输入与辐射定标影像对应的"GF6_PMS_MUX_FSDB.xml"文件，软件可自动读取。

• 大气模式：选择大气模式，支持系统自动选择和手动选择两种方式。这里选择"系统自动选择大气模式"（表 5.1）。

表 5.1　不同时间、不同纬度大气模式选择参考

纬度/°N	1月	3月	5月	7月	9月	11月
80	副极地冬季	副极地冬季	副极地冬季	中纬度冬季	中纬度冬季	副极地冬季
70	副极地冬季	副极地冬季	中纬度冬季	中纬度冬季	中纬度冬季	副极地冬季
60	中纬度冬季	中纬度冬季	中纬度冬季	副极地夏季	副极地夏季	中纬度冬季
50	中纬度冬季	中纬度冬季	副极地夏季	副极地夏季	副极地夏季	副极地夏季
40	副极地夏季	副极地夏季	副极地夏季	中纬度夏季	中纬度夏季	副极地夏季
30	中纬度夏季	中纬度夏季	中纬度夏季	热带	热带	中纬度夏季
20	热带	热带	热带	热带	热带	热带
10	热带	热带	热带	热带	热带	热带
0	热带	热带	热带	热带	热带	热带
-10	热带	热带	热带	热带	热带	热带
-20	热带	热带	热带	中纬度夏季	中纬度夏季	热带
-30	中纬度夏季	中纬度夏季	中纬度夏季	中纬度夏季	中纬度夏季	中纬度夏季
-40	副极地夏季	副极地夏季	副极地夏季	副极地夏季	副极地夏季	副极地夏季
-50	副极地夏季	副极地夏季	副极地夏季	中纬度冬季	中纬度冬季	副极地夏季
-60	中纬度冬季	中纬度冬季	中纬度冬季	中纬度冬季	中纬度冬季	中纬度冬季
-70	中纬度冬季	中纬度冬季	中纬度冬季	中纬度冬季	中纬度冬季	中纬度冬季
-80	中纬度冬季	中纬度冬季	中纬度冬季	副极地冬季	中纬度冬季	中纬度冬季

- 气溶胶类型：选择气溶胶类型。PIE-Basic 目前提供六种常规的气溶胶类型,包括大陆型气溶胶、海洋型气溶胶、城市型气溶胶、沙尘型气溶胶、煤烟型气溶胶、平流层型气溶胶。这里选择"大陆型气溶胶"。
- 初始能见度：输入文件时会自动识别能见度值(表 5.2)。

表 5.2　天气条件与估算能见度

天气状况	能见度/km
晴朗	40~100
中度污染	20~30
重度污染	15 以下

• 逐像元反演气溶胶:PIE-Basic 内置了反演气溶胶光学厚度的程序。选择"是",表示进行气溶胶光学厚度的反演处理;选择"否",则不反演气溶胶,而是直接使用初始能见度转换的 AOD 值赋给影像的每个像元,作为每个像元的初始气溶胶光学厚度。这里选择"是"。

• 输出设置:输出大气校正影像文件和气溶胶文件名字及位置。本案例将输出大气校正影像文件命名为"GF6_PMS_MUX_DQJZzxy.tif",气溶胶文件不输出。

点击"确定",输出文件,大气校正后的影像文件如图 5.11 所示。

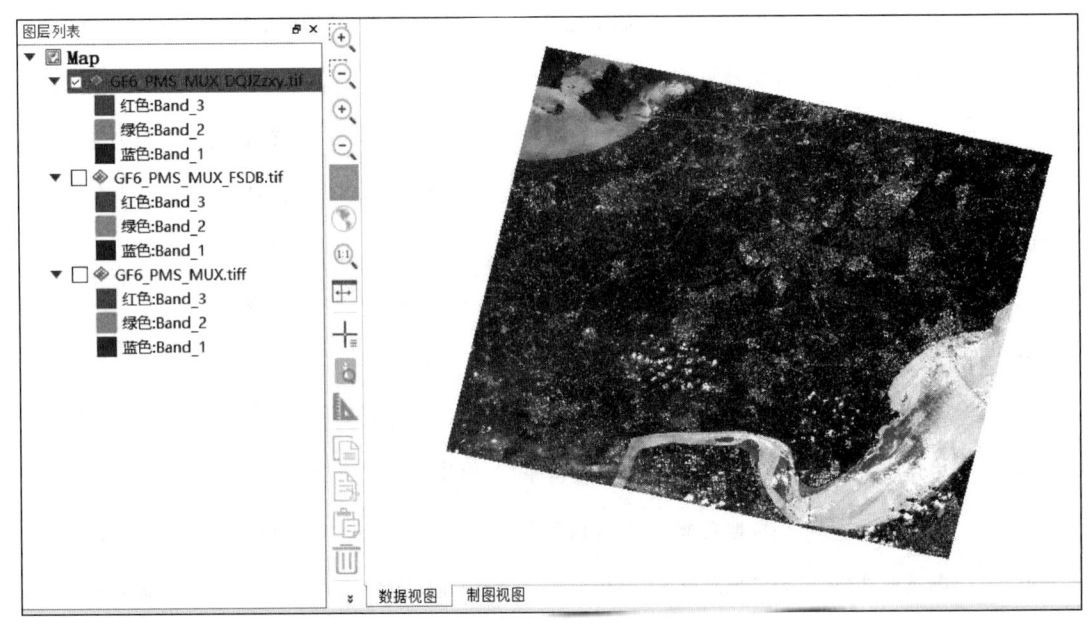

图 5.11 "大气校正"结果

5.2.3 对比校正前后的光谱曲线变化

1. 逐像元反演气溶胶模式下大气校正结果光谱曲线

在 PIE-Hyp 中,选择"信息查看">"波谱剖面图",得到像元反演气溶胶模式下大气校正后的各地物的光谱曲线图(图 5.12)。各参考点的光谱曲线形状都较为符合其对应的典型光谱曲线。

2. 比较是否逐像元反演气溶胶模式下得到的大气校正结果的区别

在 PIE-Hyp 中,选择"信息查看">"波谱剖面图",得到逐像元反演气溶胶模式和非逐像元反演气溶胶模式大气校正后的各地物的光谱曲线图(图 5.13、图 5.14 和图 5.15)。逐像元反演气溶胶模式下得到的大气校正结果和非逐像元反演气溶胶模式下得到的大气校正结果的光谱曲线形状完全一致,光谱数值有极其微小的差异。

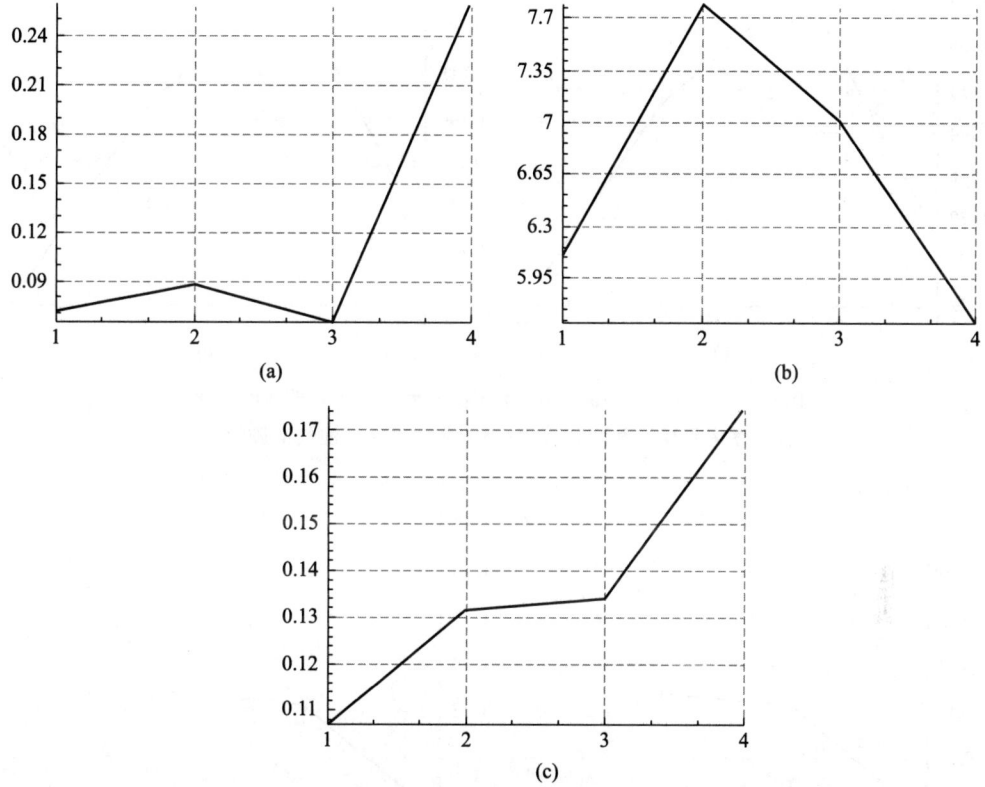

图 5.12　典型地物逐像元反演气溶胶模式大气校正后的光谱曲线

（a）植被像元；（b）水体像元；（c）土壤像元

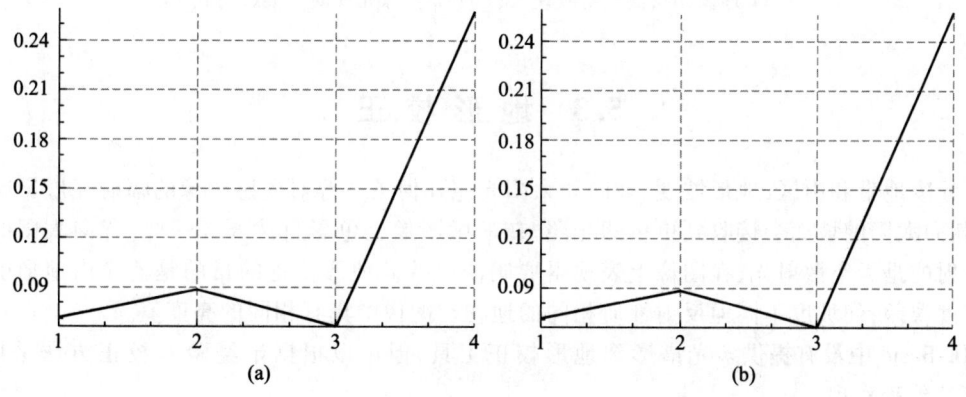

图 5.13　列行号(949,7736)植被像元大气校正光谱曲线对比

（a）逐像元反演气溶胶模式；（b）非逐像元反演气溶胶模式

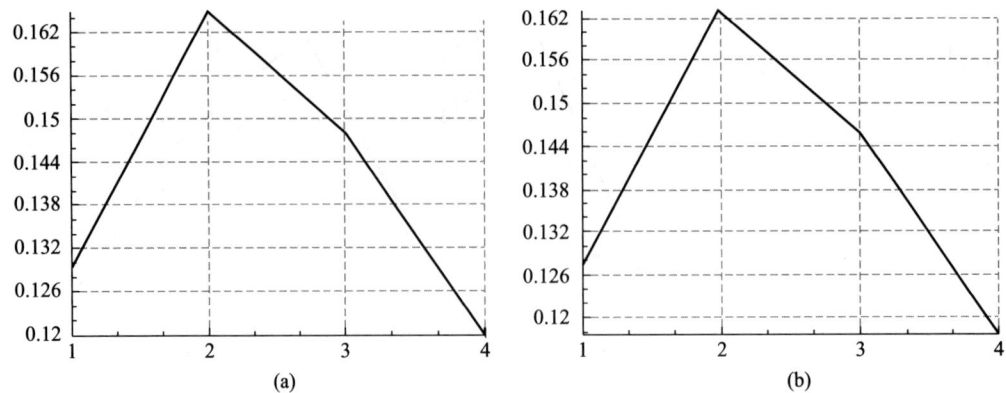

图 5.14　列行号(676,7516)水体像元大气校正光谱曲线对比
(a)逐像元反演气溶胶模式;(b)非逐像元反演气溶胶模式

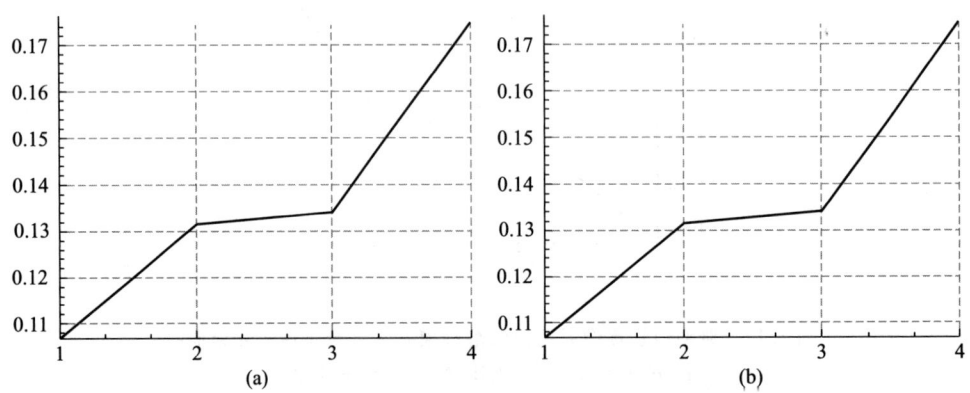

图 5.15　列行号(1209,4797)土壤像元大气校正光谱曲线对比
(a)逐像元反演气溶胶模式;(b)非逐像元反演气溶胶模式

5.3　地 形 校 正

在丘陵地带和山区,地形坡度、坡向和太阳光照几何条件等对遥感图像的辐射亮度影响非常显著,朝向太阳的坡面会接收到更多的光照,在遥感图像上色彩自然要亮一些,背向太阳的阴面由于反射的是天空散射光,在图像上表现得要暗淡一些。地形校正的目的是消除由地形引起的辐射亮度误差,使坡度不同但反射性质相同的地物在图像中具有相同的亮度值。

PIE-Basic 中没有提供多光谱影像地形校正工具,但可以根据半经验 C 校正方法采用 PIE SDK 算法编程实现。

5.4　太阳高度角校正

太阳位置的变化会使不同地表位置接收到的太阳辐射不相同,从而使不同地方、不同季节、不同时期获取的遥感图像之间存在辐射差异。太阳高度角校正的目的是通过将太阳光线倾斜照射时获取的图像校正为太阳光线垂直照射时获取的图像,以消除太阳高度角的影响。太阳高度角校正时需要太阳高度角或者太阳天顶角作为输入参数,校正公式为:

$$DN' = DN/\sin\theta \tag{5.3}$$

或

$$DN' = DN/\cos i \tag{5.4}$$

式中:DN' 为校正后的亮度值;DN 为原始亮度值;θ 为太阳高度角;i 为太阳天顶角。

本案例使用逐像元反演气溶胶模式下大气校正得到的"GF6_PMS_MUX_DQJZzxy.tif"作为测试数据。

1. 读取太阳高度角信息

打开"GF6_PMS_MUX_DQJZzxy.tif"的元数据文件"GF6_PMS_MUX_DQJZzxy.xml",获取其太阳高度角信息。若元数据文件中没有找到太阳高度角信息,则可以在 PIE-Hyp 中,选择"图像预处理">"太阳方位计算"工具,输入影像的地理空间位置、日期等基础信息,点击"计算",也可以得到太阳高度角信息,如图 5.16 所示,本案例影像太阳高度角为 69.524 5°。

2. 基于波段运算进行太阳高度角校正

在 PIE-Basic 工具箱中启动"波段运算"工具,在"输入表达式"中输入数学表达式:"b1/sin(69.524 5 * (3.141 592 6/180))",如图 5.17 所示。注意 sin 函数要求输入的单位是弧度而不是度,此处将 69.524 5°转换成弧度,公式为:角度×($\pi/180°$)。

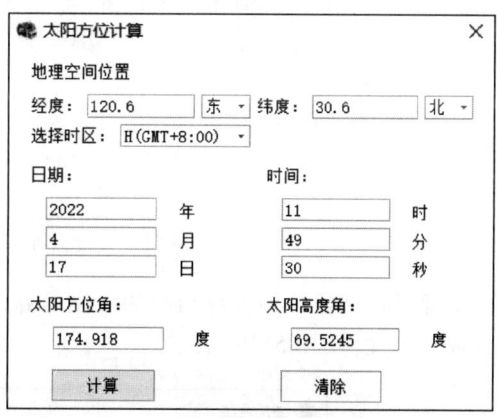

图 5.16　太阳方位计算

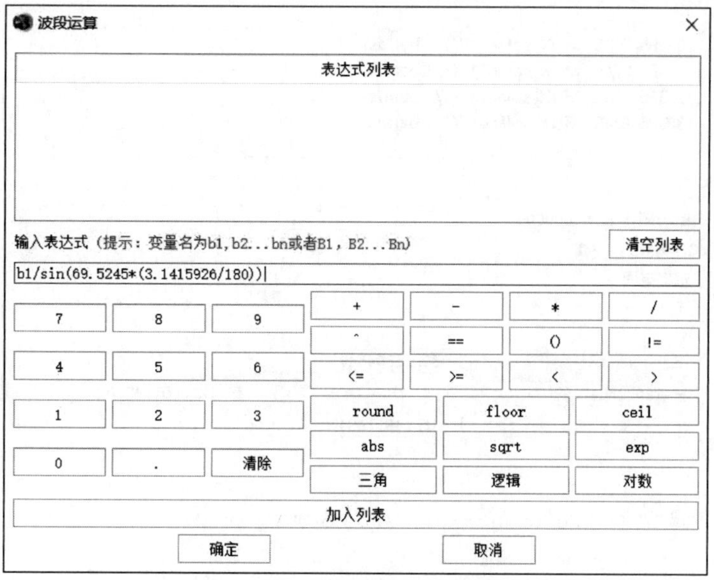

图 5.17　波段运算—太阳高度角校正

点击"确定",在"波段变量设置"中选择"波段--1",设置将校正结果输出到文件,设置输出文件名为"GF6_PMS_ MUX_solar1.tif",点击"确定"输出结果(图5.18)。

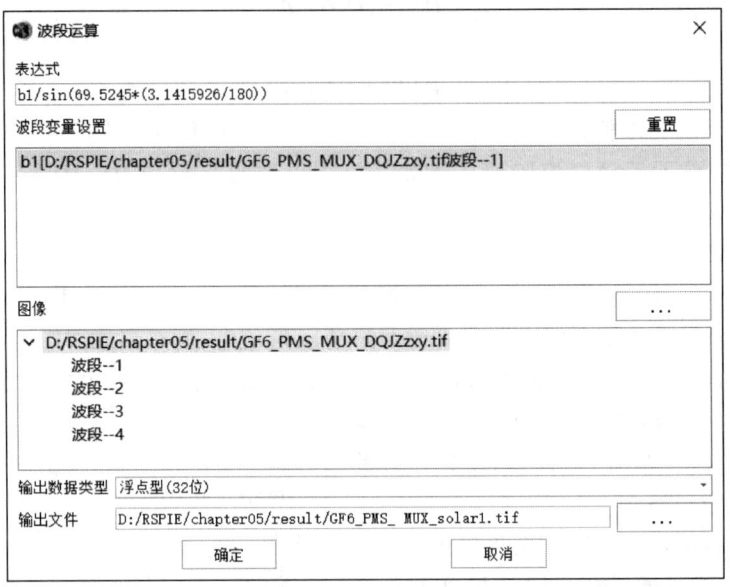

图5.18　波段运算—太阳高度角校正—输入波段

影像其他波段分别进行相同的波段运算,然后采用"图像运算">"波段合成"工具将4个波段合成一个文件(图5.19)。

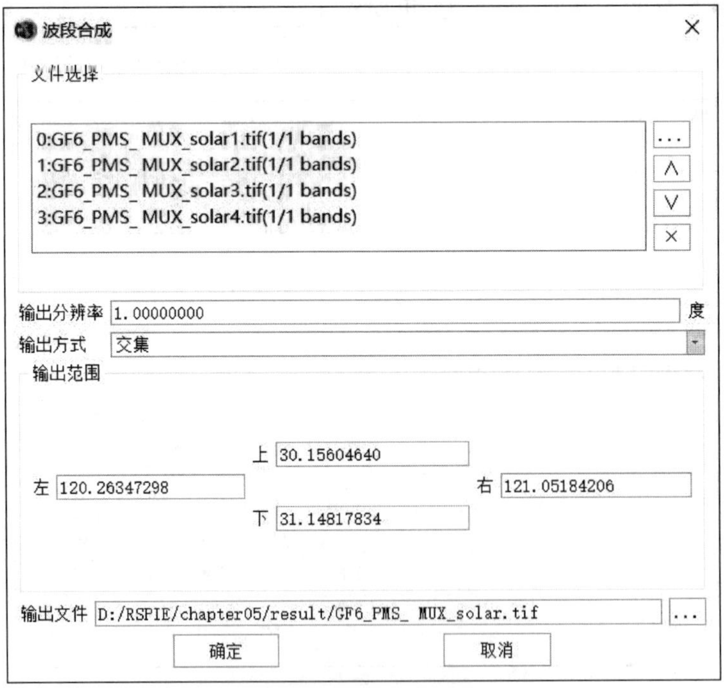

图5.19　太阳高度角校正—波段合成

　　　　　　　　5　辐射校正

3. 对比校正前后的光谱曲线变化

在 PIE-Hyp 中,选择"信息查看">"波谱剖面图",得到太阳高度角校正前后各地物的光谱曲线图(图 5.20、图 5.21 和图 5.22)。太阳高度角校正前后影像结果的光谱曲线形状一致,但是太阳高度角校正后的图像各波段的光谱值都要明显大于校正前的图像。

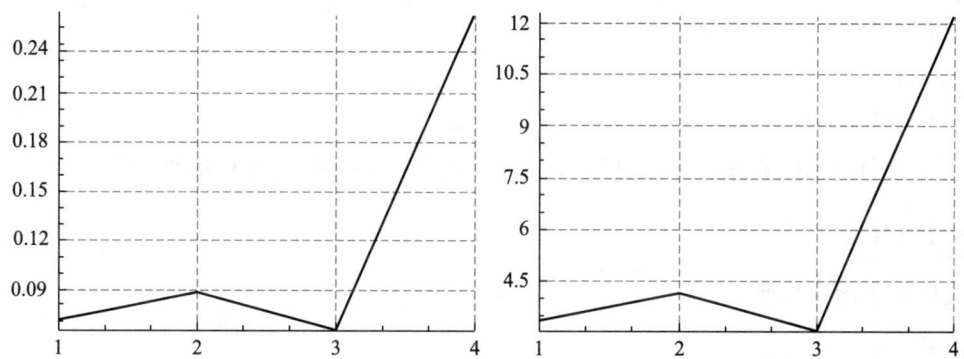

图 5.20　列行号(949,7736)植被像元太阳高度角校正前后的光谱曲线

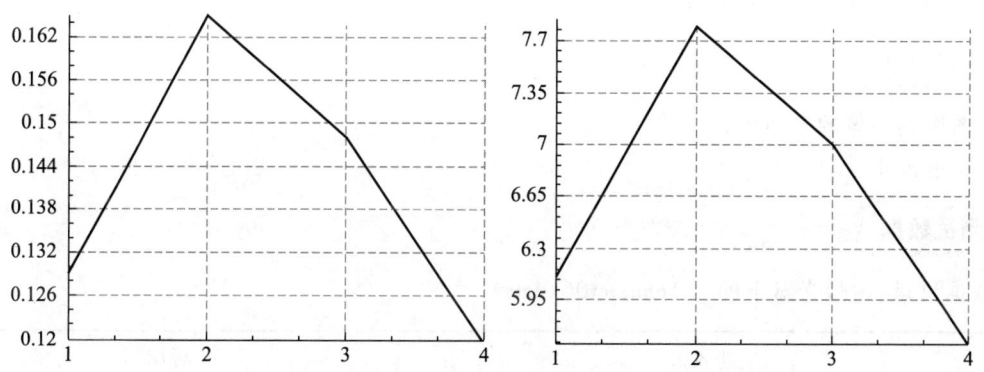

图 5.21　列行号(676,7516)水体像元太阳高度角校正前后的光谱曲线

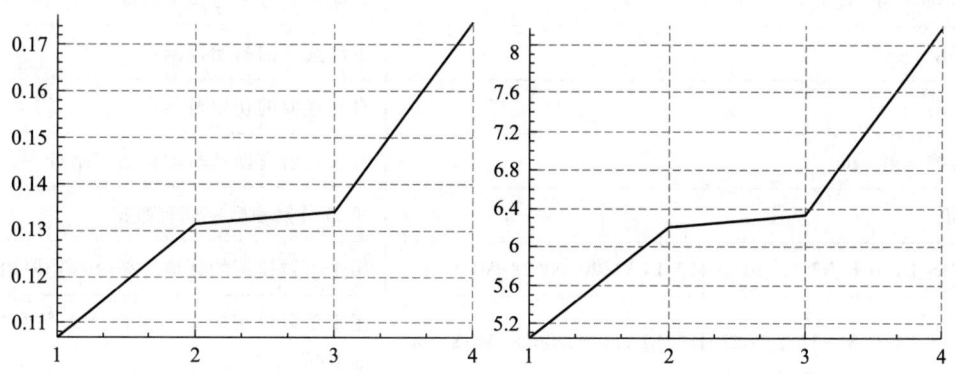

图 5.22　列行号(1209,4797)土壤像元太阳高度角校正前后的光谱曲线

6 几何校正

🌸 **学习目标**

通过对案例的实践操作,掌握运用 PIE 对遥感数字图像进行几何校正的方法。

🌸 **预备知识**

- 遥感数字图像几何校正

🌸 **参考资料**

朱文泉等编著的《遥感数字图像处理——原理与方法》(第二版)第 6 章"几何校正";PIE-Basic6.3 用户手册 3.4.2 几何校正。

🌸 **学习要点**

- 图像到图像的几何校正
- 正射校正

🌸 **测试数据**

数据目录:附带光盘下的 ..\chapter06\data\

文件名	说明
GF1_WFV4_E121.7_N30.1_20230812_L1A13091543001.tif	某地区高分一号待校正原始影像
GF6_polygon_MUX.tif	某地区高分六号基准影像
gcps_手动.gcp	手动选取的初始控制点
gcps_自动.gcp	自动选取的初始控制点
gcps_有控正射.gcp	有控正射自动选取的初始控制点
DEM.tif	30 m 分辨率数字高程数据
GF6_PMS_E120.8_N31.3_20220417_L1A1120200628-MUX.tif	用于正射校正的某地区高分六号原始影像
GF6_PMS_E120.8_N31.3_20220417_L1A1120200628-MUX.rpb	用于正射校正的某地区高分六号原始影像的 RPC 文件

在遥感成像过程中,传感器生成的图像像元相对于地面目标物的实际位置发生了挤压、扭曲、拉伸和偏移等几何畸变,几何畸变会给基于遥感图像的定量分析、变化检测、图像融合、地图测量或更新等处理带来很大的误差,所以需要针对图像的几何畸变进行几何校正。几何畸变可以分为系统性畸变(内部)和随机性畸变(外部)。系统性畸变是指遥感系统造成的畸变,有一定规律性,其畸变程度事先能够预测;随机性畸变是指由于遥感平台的时空变化特性引起的几何畸变,如数据采集时传感器的随机运动,通常包括高度变化和姿态变化(如翻滚、俯仰和偏航)。遥感数字图像几何校正可以分为几何粗校正和几何精校正。几何粗校正指地面站根据测定的与传感器有关的各种校正参数对接收到的遥感数据所作的校正处理,能够消除传感器内部畸变。在进行几何粗校正时需要传感器的校准数据、卫星运行姿态参数、传感器的位置等参数,用户获取的遥感数字图像一般都已经做过了几何粗校正处理。经过几何粗校正之后的遥感数字图像还存在着随机误差和某些未知的系统误差,这就需要进行几何精校正。几何精校正是指消除图像中的几何变形,产生一幅符合某种地图投影或图形表达要求的新图像。几何精校正回避了成像的空间几何过程,并且认为遥感数字图像的总体几何畸变是挤压、扭曲、缩放、偏移及其他变形综合作用的结果。几何精校正不考虑引起畸变的原因,直接利用地面控制点建立起像元坐标与目标物地理坐标之间的数学模型,实现不同坐标系统中像元位置的变换。

常规的几何校正对于消除遥感数字图像因遥感平台和传感器本身、地球曲率等因素造成的几何畸变具有较好效果,而且对图像进行了地理参考定位,但是不能消除地形引起的几何畸变,尤其是在地形起伏较大的地区。正射校正是对图像空间和几何畸变进行校正生成多中心投影平面正射图像的处理过程。它除了能纠正一般系统因素产生的几何畸变外,还可以消除地形引起的几何畸变。

几何校正的目的是纠正系统和非系统性因素引起的图像形变。PIE-Basic 中"几何校正"模块包括"影像配准""正射校正""构建 GLT"和"基于 GLT 的几何校正",支持 HJ CCD、GF1、GF2、GF6、ZY02C、ZY3 等数据的处理。PIE-SIAS 中的"图像处理"标签下,也具备"影像配准"和"正射校正"功能,其实现与 PIE-Basic 相同。

本章主要介绍在 PIE-Basic 中,图像到图像的几何校正和正射校正两个案例的实现过程(图 6.1)。在进行图像到图像的几何校正实验时,采用的基准图像为某地区高分六号影像(GF6_polygon_MUX. tif),待校正图像为某地区高分一号原始影像(GF1_WFV4_E121.7_N30.1_20230812_L1A13091543001. tif)。在进行正射校正实验时,采用某地区高分六号原始影像(GF6_PMS_E120.8_N31.3_20220417_L1A1120200628-MUX. tif)。

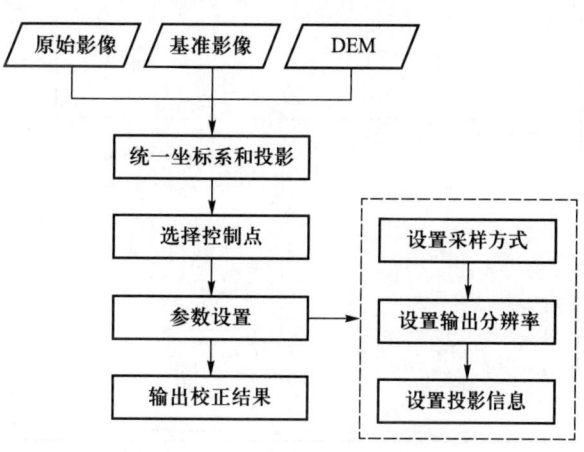

图 6.1　几何校正操作流程

6.1　图像到图像的几何校正

影像配准是指使用同一区域的一景影像或多景影像(基准影像)对另一幅影像的校准,以使两幅影像中的同名像元配准。通过利用具有已知地理信息的基准影像进行控制点选取,在基准影像和畸变影像上选取相同目标物,建立起基准影像与畸变影像之间的影像坐标转换关系,再利用基准影像的实际坐标投影信息对畸变影像进行几何校正。

随着遥感数据日益丰富,基于基准影像的自动几何校正已经逐步代替人工选取地面控制点(GCP)的工作模式。此外,畸变数据经几何校正后,可以通过 PIE Basic 中卷帘功能,通过查看校正后的影像与基准影像的套合情况来检验精度;在 PIE Ortho 中,质检模块可以自动化质检。

6.1.1　图像匹配

图像匹配就是将不同时间、不同传感器(成像设备)或不同条件下(天候、照度、摄像位置和角度等)获取的两幅或多幅图像进行匹配、叠加的过程。在 PIE-Basic 主界面菜单栏中,"图像预处理"标签下的"几何校正"模块包括"影像配准""正射校正""构建GLT"和"基于 GLT 的几何校正"四个功能(图 6.2)。

通过图像匹配处理可以根据基准影像的几何坐标对其他影像进行地理坐标定位。在 PIE-Basic 主界面菜单栏中,选择"图像预处理">"几何校正">"影像配准",打开"影像配准"界面(图 6.3)。

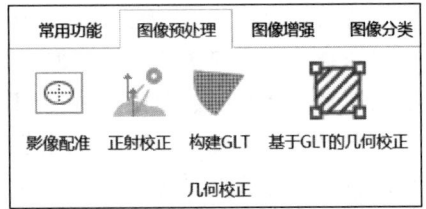

图 6.2　图像预处理的几何校正模块

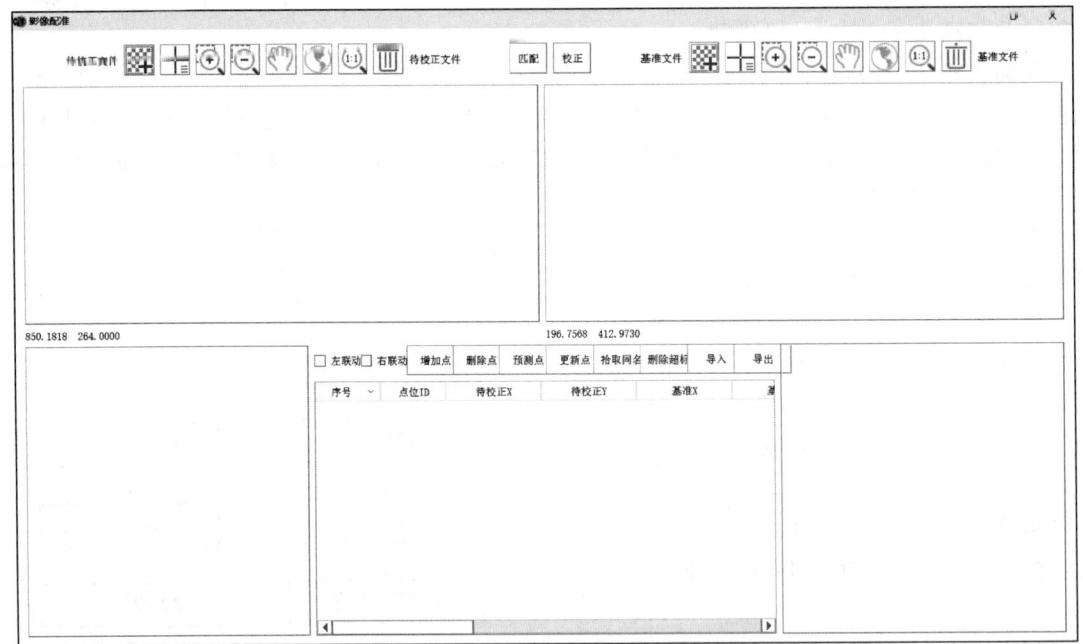

图 6.3　影像配准界面

设置待配准影像和基准数据：

- **待配准影像**：在左侧视图点击 ▨ 按钮，添加待配准影像；
- **基准数据**：在右侧视图点击 ▨ 按钮，添加基准影像。

视图相关操作：

- **选点**：点击视图工具栏上的 ➕ 按钮，即可对视图中的图像进行选点操作；
- **放大**：点击视图工具栏上的 🔍 按钮，即可对视图中的图像进行放大操作；
- **缩小**：点击视图工具栏上的 🔍 按钮，即可对视图中的图像进行缩小操作；
- **漫游**：点击视图工具栏上的 ✋ 按钮，即可对视图中的图像进行漫游操作；
- **全图**：点击视图工具栏上的 🌐 按钮，即可在视图中全图显示图像；
- **1∶1 显示**：点击视图工具栏上的 ⒒ 按钮，即可在视图中 1∶1 显示图像；
- **删除**：点击视图工具栏上的 🗑 按钮，即可删除视图中的图像；
- **左联动**：选中"左联动"按钮前的复选框时，在待配准影像中点击鼠标左键，基准影像中鼠标中心会自动定位到相应的位置；
- **右联动**：选中"右联动"按钮前的复选框时，在基准影像中点击鼠标左键，待配准影像中鼠标中心会自动定位到相应的位置；
- **波段组合**：在打开的影像上单击鼠标右键，点击"波段组合"按钮，调整影像的波段顺序；
- **影像拉伸**：在打开的影像上单击鼠标右键，可选择直方图均衡化拉伸、线性 2% 拉伸、标准差拉伸；
- **输入实测点**：选点后可输入实测点的投影与"X""Y""Z"坐标。
- 在左侧和右侧视图分别点击 ▨ 按钮，添加待配准影像和基准影像（图 6.4），根据界面功能进行相关操作。

图 6.4　设置待配准影像和基准影像

6.1.2 选取控制点

在缺乏基准影像的前提下,PIE 支持手动选取外业实测控制点。在左侧待配准影像工具栏中点击"添加控制点"按钮,将十字丝的中心对准视图中的相应位置,然后鼠标右键选择输入实测点,选择对应的实测点投影坐标系,输入实测点"X""Y""Z"坐标。

在有基准影像的前提下,PIE 提供了自动选取控制点和手动选取控制点两种控制点选取方式。本案例中,我们分别采用两种控制点选取方式进行校正。

1. 自动选取控制点

(1)控制点选取

PIE 通过专业的控制点匹配方法自动选取控制点,还可通过读取待配准影像的 RPC 文件、DEM 文件提高影像之间的匹配精度。点击图像配准界面上的"匹配"按钮,弹出"匹配"对话框(图 6.5)。

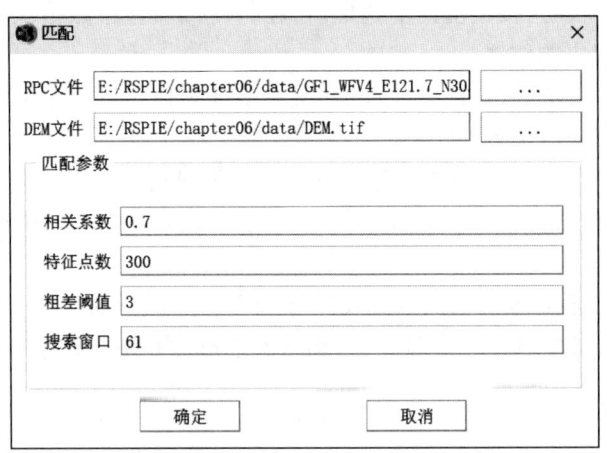

图 6.5 控制点匹配参数设置

• RPC 文件:自动读取待校正影像的 RPC 文件。对于没有 RPC 文件的影像数据,PIE 支持自动匹配控制点作几何精校正。

• DEM 文件:输入该区域的 DEM 数据。DEM 数据要求覆盖待校正影像的全部区域,目前使用的 DEM 数据是全球公开的 30 m 或 90 m 数据,这个数据可以在地理信息数据云等相关网站上下载。这里输入的 DEM 数据为地理空间数据云提供的 ASTER GDEM 30M 数字高程数据。

• 相关系数:自动匹配控制点时控制点相关系数的阈值。当自动匹配的控制点数较少时,可适当调低该阈值(但一般不低于 0.65),当自动匹配的控制点数较多时,可适当调高该阈值。这里我们设置为默认值 0.7。

• 特征点数:设置自动匹配控制点的个数,该参数只起参考作用,最终匹配的控制点个数在该值附近。这里我们设置为 300。

• 粗差阈值:粗差自动剔除时的阈值。当匹配的控制点误差大于这个值时,就会被剔除。对于匹配控制点数较少的影像,可以增大粗差剔除阈值,多保留一些匹配控制点。这里我们设置为默认值 3。

• 搜索窗口：设置基于控制点的密集匹配搜索窗口的像素大小，默认最小值为 30 个像素，值越大计算量越大。这里我们设置为 61。

设置相关的匹配参数后，点击"确定"按钮，即可实现从待配准影像和基准影像中自动选取控制点(图 6.6)。向右拉界面下方对话框滑动条，可显示控制点误差(图 6.7)，分别点击"X 误差""Y 误差""XY 误差"时，可按照最大、最小值的顺序进行排序。

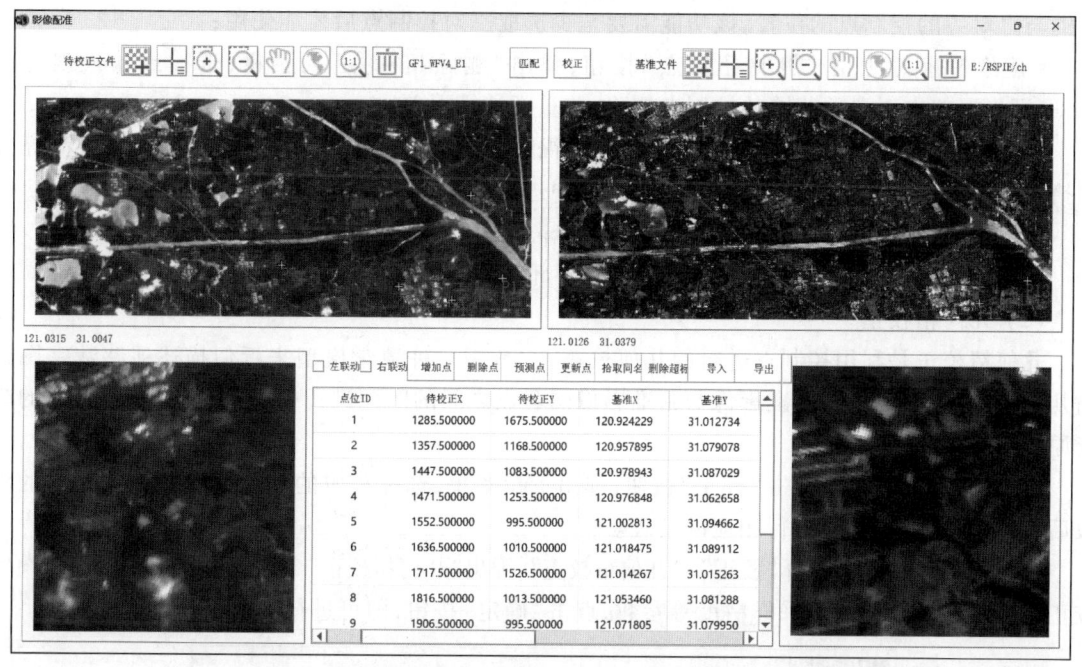

图 6.6　在待配准影像和基准影像中自动选取控制点

X误差	Y误差	XY误差	点类型	误差
-0.14715	0.0301388	0.150205	控制点	控制点中误差: 0.488
-0.601974	-0.0688902	0.605903	控制点	
0.285634	-0.666459	0.725089	控制点	
-0.0900877	0.614627	0.621194	控制点	
0.398364	-0.216291	0.453295	控制点	
-0.0972868	0.20211	0.224306	控制点	
0.839514	0.0580622	0.841519	控制点	
-0.20153	0.0219906	0.202726	控制点	
0.215113	0.388142	0.443765	控制点	

图 6.7　自动选取控制点误差

控制点相关操作：

• 增加点：从待配准影像和基准影像中选取一对控制点，点击"增加点"按钮，该对控制点即被加到控制点列表中；

• 删除点：在控制点列表中选中待删除的控制点对，点击"删除点"按钮，即可删除该对控制点；

• 更新点：在控制点列表中选中待更新的控制点对，在视图中调整控制点的位置，调整完毕后点击"更新点"按钮，即更新该对控制点；

• 预测点：在待配准影像上选取一个控制点，点击"预测点"按钮，在基准影像上便会显示预测的与之对应的控制点的位置，该功能需要至少选取三对控制点后才能使用；

• 删除超标点：点击"删除超标点"按钮，弹出"删除超标点"对话框，选择或输入误差范围，即可将误差大于误差范围的控制点删除，并重新计算误差；

• 拾取同名点：选择同名点拾取功能，点击视图上的控制点，可自动在控制点列表中高亮显示拾取同名点信息，获取的同名点在匹配视窗中进行关联显示；

• 导入：导入外部的控制点文件，要求为 .gcp 文件；

• 导出：将控制点列表中的控制点导出到外部文件中。

（2）几何精校正

几何精校正是利用控制点进行的几何校正，它是用一种数学模型来近似描述遥感数字图像的几何畸变过程，并利用基准影像与基准影像同名点之间的匹配进行校正，不考虑影像具体的畸变原因。

控制点选取完毕后，点击"校正"按钮，弹出下拉菜单，选择相应的功能菜单并设置相应的参数后，即可对待配准影像进行相应的处理。

控制点选取完毕后，选择"校正">"几何精校正"，弹出"几何精校正"参数设置界面（图 6.8），设置校正模式、重采样方式、重采样精度等参数，点击"确定"按钮，即可进行几何精校正处理。

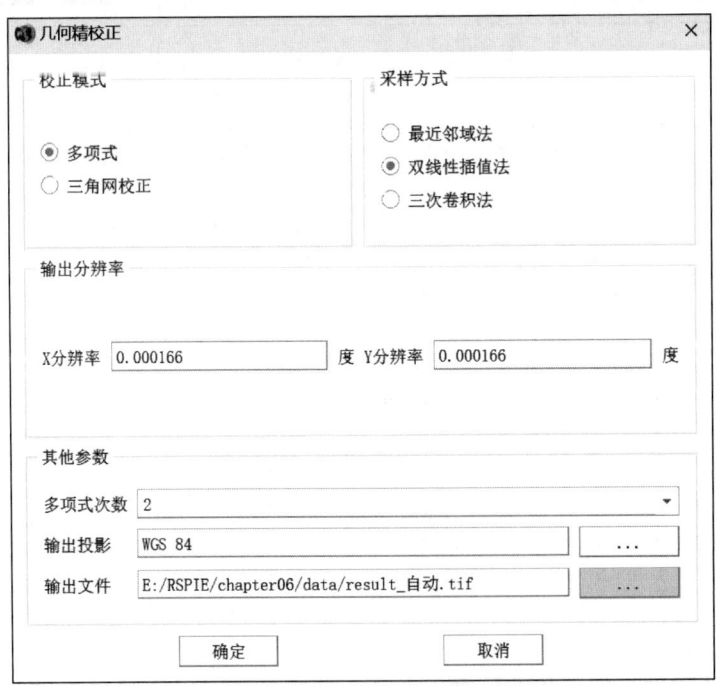

图 6.8　自动选取控制点的几何精校正参数设置

几何精校正参数设置：

• 校正模式：校正模式分为多项式模式和三角网校正模式，三角网校正模式适合于控制点（GCP）分布不规则的情况。这里我们选择多项式模式进行校正。

• 采样方式：

① 最近邻域法：直接将与某像元位置最邻近的像元值作为该像元的新值。该方法的优点是方法简单、处理速度快，且不会改变原始栅格值，但该种方法最大会产生半个像元大小的位移。适用于表示分类或某种专题的离散数据，如土地利用、植被类型等。

② 双线性插值法：取采样点到周围 4 邻域像元的距离加权计算栅格值。先在 Y 方向进行内插（或 X 方向），再在 X 方向（或 Y 方向）内插一次，得到该像元的栅格值。使用该方法的重采样结果会比最近邻域法的结果更光滑，但会改变原来的栅格值，丢失一些微小的特征。适用于表示某种现象分布、地形表面的连续数据，如 DEM、气温、降雨量、坡度等，这些数据本来就是通过采样点内插得到的连续表面。

③ 三次卷积法：是一种精度较高的方法，通过增加参与计算的邻近像元的数目达到最佳的重采样结果。使用采样点到周围 16 邻域像元距离加权计算栅格值，方法与双线性插值相似，先在 Y 方向（或 X 方向）内插四次，再在 X 方向（或 Y 方向）内插四次，最终得到该像元的栅格值。该方法会加强栅格的细节表现，但是算法复杂，计算量大，同样会改变原来的栅格值，且有可能会超出输入栅格的值域范围。适用于航片和遥感影像的重采样。

对于上述三种重采样方法，最近邻域法对光谱没有损失，但处理结果会不连续，如果处理结果是用于后续的信息提取，一般用最近邻域法；三次卷积法对光谱损失较大，但处理结果较为平滑，视觉效果较好，如果处理结果是用于最终的制图，建议选此方法；双线性插值法的处理效果介于最近邻域法和三次卷积法之间。这里我们选择双线性插值法进行采样。

• 输出分辨率：设置输出影像的"X 分辨率"和"Y 分辨率"。这里"X 分辨率"和"Y 分辨率"均为 0.000 166°。

• 其他参数：

① 多项式次数：设置多项式的次数，目前多项式次数仅支持 1 次和 2 次（当纠正模式设置为三角网校正模式时不需要设置此参数）。这里我们选择多项式的次数为 2 次。

② 输出投影：设置输出文件的投影信息。这里我们设置投影为 WGS 84。

③ 输出文件：选择输出结果的保存路径和名称。

（3）校正效果

设置完成后，点击"确定"按钮，即可得到几何精校正结果。加载校正后影像和基准影像，并采用 2%拉伸，使用菜单栏"常用功能">"卷帘"，以卷帘的方式查看几何精校正效果（图 6.9）。可以看出，校正后影像与基准影像在重叠处的道路、农田、城镇用地都非常吻合。

2. 手动选取控制点

（1）控制点选取

分别在待配准影像和基准影像的工具栏中点击"添加控制点"按钮，将十字丝的中心对准视图中的相应位置，然后点击"增加点"按钮即可在视图中增加一对控制点。

为保证手动选取控制点的精度，控制点应选取图像上易分辨且较精细的特征点，这很容易通过目视方法辨别，如道路交叉点、河流弯曲或分叉处、海岸线弯曲处、湖泊边缘、飞机场、城廓边缘等;特征变化大的地区应多选些;图像边缘部分一定要选取控制点,以避免外推;此外,尽可能满幅均匀选取,特征实在不明显的大面积区域(如沙漠),可用求延长线交点的办法来弥补,但应尽可能避免这样做,以避免造成人为的误差。这里我们手动选取了 6 对控制点(图 6.10),在"影像配准"对话框中控制点相关信息界面中,可以看到每个控制点的"X 误差""Y 误差""XY 误差"(图 6.11)。

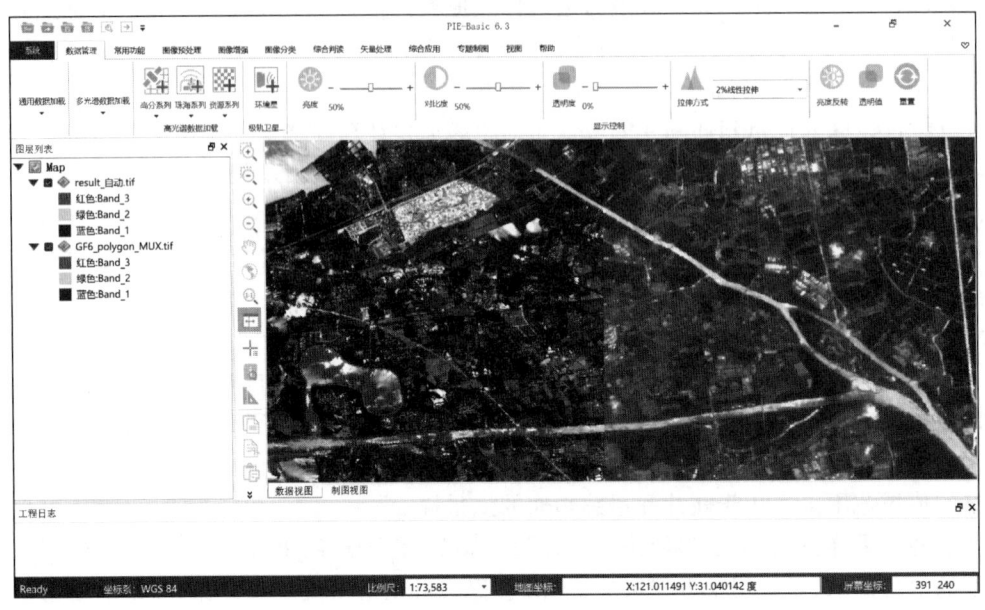

图 6.9　自动选取控制点几何精校正效果

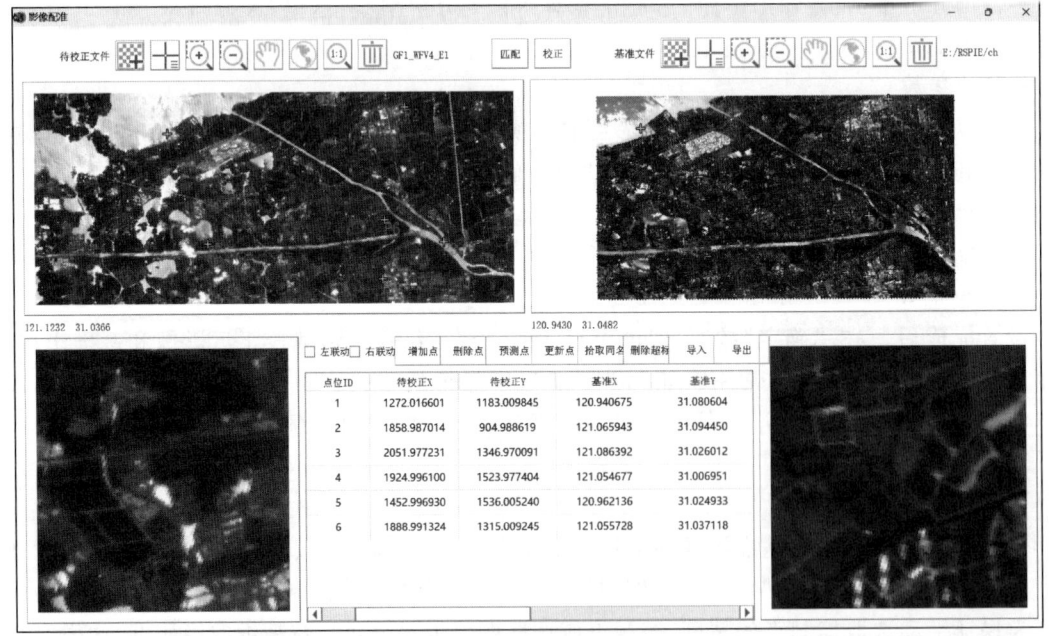

图 6.10　在待配准影像和基准影像中手动选取控制点

　　　　　　　6　几何校正

左联动 □ 右联动	增加点	删除点	预测点	更新点	拾取同名	删除超标	导入	导出
X误差	Y误差	XY误差	点类型	误差
0.0572272	0.175108	0.184222	控制点	控制点中误差：0.312
0.0607525	-0.0151259	0.0626072	控制点	
-0.07216	-0.308983	0.317297	控制点	
0.26099	0.467849	0.535722	控制点	
-0.090275	-0.323208	0.335578	控制点	
-0.216535	0.00435948	0.216579	控制点	

图 6.11　手动选取控制点误差

（2）几何精校正

手动选取控制点的几何精校正方法与上一部分自动选取控制点的校正方法相同。控制点选取完毕后，选择"校正">"几何精校正"，弹出几何精校正参数设置界面，设置校正模式、重采样方式、重采样精度等参数，点击"确定"按钮，即可进行几何精校正处理。相关参数设置如图 6.12。

图 6.12　手动选取控制点的几何精校正参数设置

（3）校正效果

设置完成后，点击"确定"按钮，即可得到几何精校正结果。加载校正后影像和基准影像，并采用 2%拉伸，使用菜单栏"常用功能">"卷帘"，以卷帘的方式查看几何精校正效果（图 6.13）。可以看出，校正后影像与基准影像在重叠处的道路、农田、城镇用地都非常吻合。

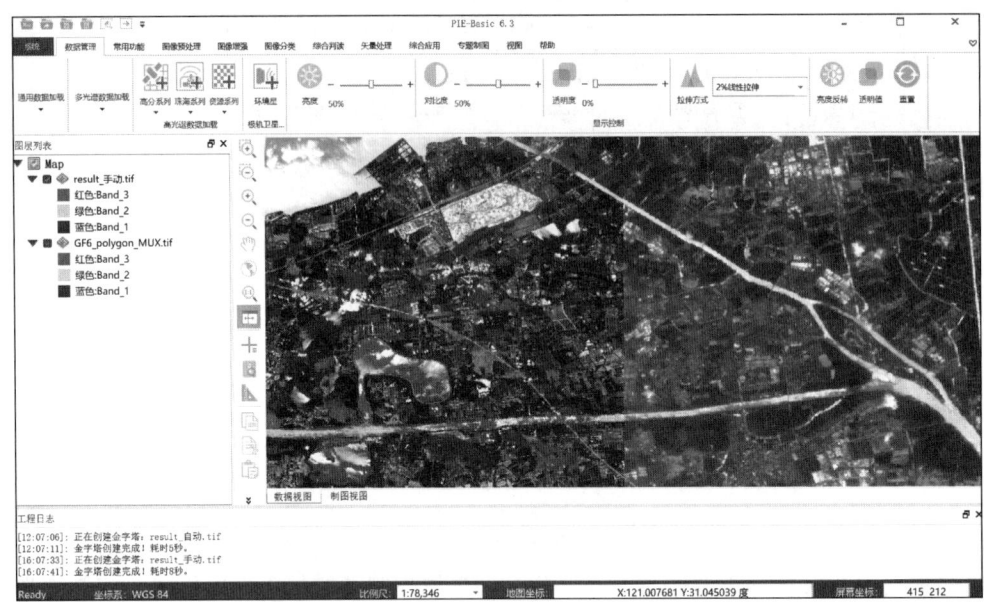

图 6.13　手动选取控制点几何精校正效果

6.2　正 射 校 正

正射校正是对影像空间和几何畸变进行校正生成多中心投影平面正射图像的处理过程,除了能纠正一般系统因素产生的几何畸变外,还可以消除地形引起的几何畸变。正射校正是几何校正的一种高级形式,由于其在校正的过程中加入了高程信息,所以对地形引起的几何畸变具有很好的校正效果。同样,正射校正也趋向于自动化处理。

正射校正要求图像带有 RPC 信息,同时需要 DEM 文件,另外还可以选用地面控制点(GCP)文件来提高校正精度。通过 RPC 系数构建的有理函数能够将地面坐标转换到图像文件坐标。各常见遥感数据类型带有的 RPC 文件格式如表 6.1 所示。

从实现过程看,正射校正是指采用星历参数、适当数量的控制点及 DEM,通过严格物理模型或有理多项式模型,对原始图像进行几何校正以消除相机外方位元素和地形起伏引起的变形。正射校正的应用场景包括:图像具有较高精度,可满足遥感测图与底图更新的需要;保证同一地物在不同传感器、不同光谱范围及不同成像时间的各种图像数据上地理位置的准确性,能够进行计算机自动分类、地物特征的变化监测等应用处理;对图像信息进行分析,制作满足测量和定位要求的各类遥感专题图等。

正射校正主要方法有两种:基于共线方程原理和基于多项式原理。基于共线方程原理需要用到的数据为影像、GCP(XYZ)和 DEM,基于卫星轨道、摄影测量、测地学和地图学理论。模型反映了影像获取时的几何物理状态,用来纠正由于卫星、传感器、地球和地图投影引起的变形,需较少控制点,精度高。基于多项式原理需要用到的数据为影像、GCP(XYZ)、DEM 和 RPC,采用多项式转换系数。RPC 是相机物理模型的模拟表示,用来描述像方空间和物方空间的关系,同时考虑了地面的高程信息,可用于正射校正。需适量控制点,通常用此模型纠正卫星影像。

表 6.1　常见遥感数据类型的 RPC 文件

遥感数据类型	RPC 文件
ALOS/PRISM	RPC 文件(. RPC)
CARTOSAT-1	RPC 文件(PRODUCT_RPC. TXT)
FORMOSAT-2	标准元数据文件(METADATA. DIM)
GeoEye-1	RPC 文件(. pv1)
IKONOS	RPC 文件(_rpc. txt)
KOMPSAT-2	RPC 文件(. RPC)
OrbView-3	RPC 文件(-metadata. pv1)
QuickBird	RPC 文件(. rpb)
RapidEye	标准元数据文件(_metadata. xml 或相关的元数据文件)
WorldView-1 和-2	RPC 文件(. rpb)
SPOT Level1A 和 1B	标准元数据文件(METADATA. DIM)
ENVI 标准格式	头文件(. hdr)。当头文件中同时含有标准地图信息和 RPC INFO 时,正射校正需移除标准地图信息
NIFF	标准元数据文件
Pleiades	标准元数据文件(METADATA. DIM)
高分一号	RPC 文件(. rpb)
高分二号	RPC 文件(. rpb)
高分六号	RPC 文件(. rpb)
资源三号	RPC 文件(. rpb)
天绘一号	RPC 文件(. rpc)
高景一号	RPC 文件(. rpb)
北京二号	RPC 文件(_rpc. txt)

在原始影像成像质量良好且 RPC 参数正常的情况下,正射校正后山区误差可控制在 2~3 个像素之内,平原误差可控制在 1 个像素之内。如果自动匹配误差无法满足用户需求,PIE 还提供了控制点、连接点编辑等工具,可人工交互进一步提高匹配精度。本案例中,我们分别采用有控正射和无控正射两种校正类型。

6.2.1　有控正射

有控正射是利用已有控制点或根据基准影像选取的控制点,以及影像的 RPC 参数文件和 DEM 数据进行正射校正。校正精度更高,精度与控制点精度、DEM 精度、影像分辨率有关。

如果畸变影像没有做过配准,得先进行配准,再进行校正;如果已经有了控制点文件就可以跳过配准,选择"图像预处理">"正射校正",输入控制点作正射处理。正射校正自动选取控制点详细步骤可以参考上节内容中"6.1.2 选取控制点"部分,此处我们采用自动选取控制点的方法进行影像配准。

1. 控制点选取

在 PIE-Basic 主界面菜单栏中,选择"图像预处理">"几何校正">"影像配准",打开"影像配准"对话框,添加正射校正待配准影像和基准影像(图 6.14)。

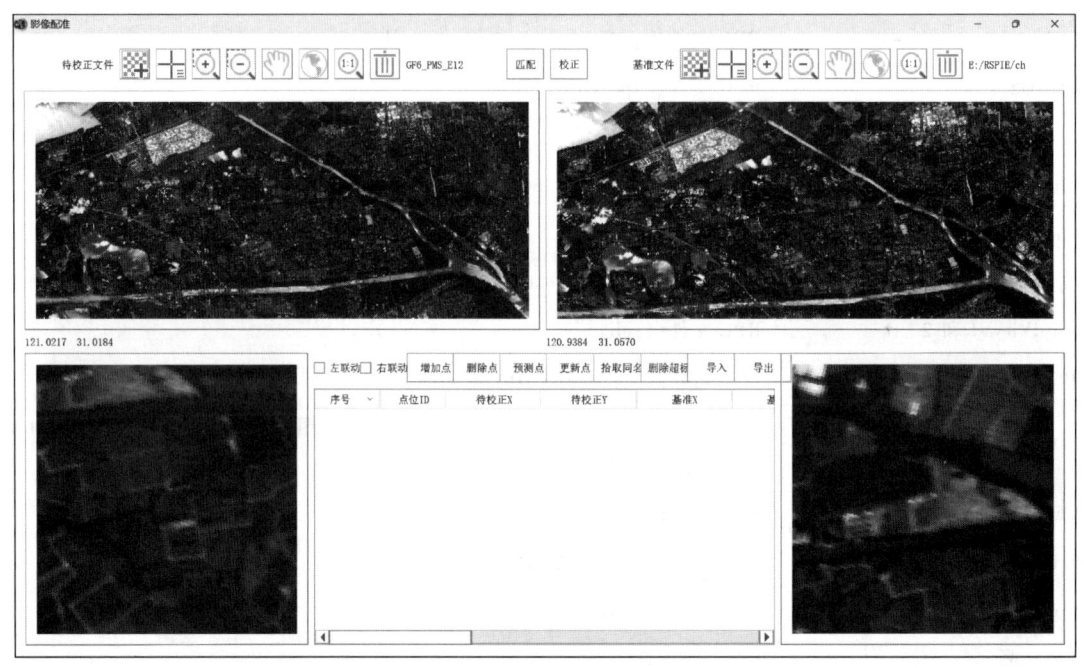

图 6.14　设置正射校正待配准影像和基准影像

点击图像配准界面上的"匹配"按钮,弹出"匹配"对话框,设置相关的匹配参数后(图 6.15),点击"确定"按钮,即可实现从待配准影像和基准影像中自动提取控制点(图 6.16)。

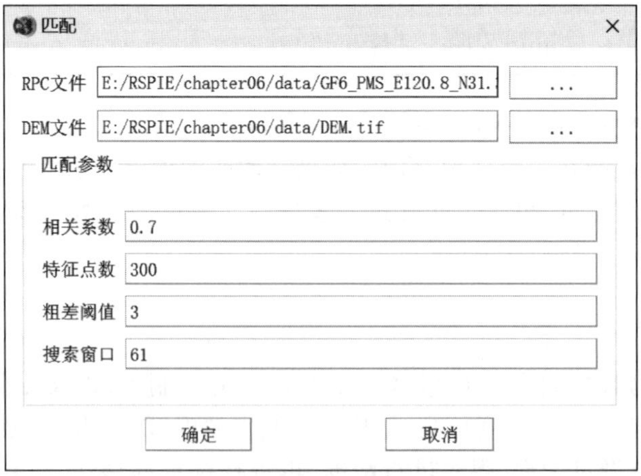

图 6.15　控制点匹配参数设置

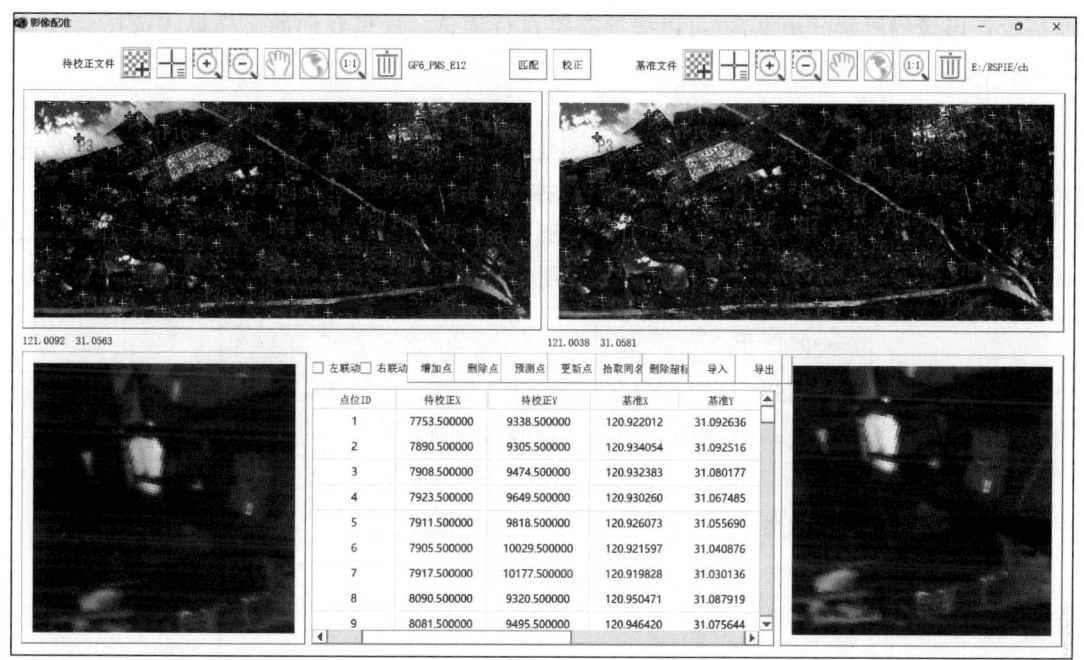

图 6.16　在待配准影像和基准影像中自动添加控制点

2. 参数设置

控制点选取完毕后,选择"校正">"正射校正",弹出正射校正参数设置界面(图 6.17)。

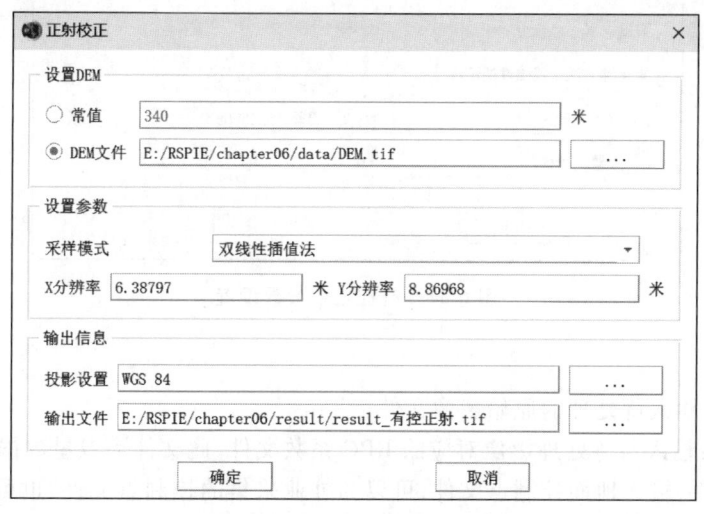

图 6.17　有控正射参数设置

正射校正参数设置:

•设置 DEM:设置待校正影像的高程,通常在保证精度的情况下,建议输入 DEM 文件,如果缺乏 DEM 文件,可以选择输入常值(该地区的平均海拔高度)。

•参数设置:选择输出影像的采样模式,设置输出影像的"X 分辨率""Y 分辨率",默认输出的是待校正影像的原始分辨率,也可以根据需要自行调整。这里我们的采样模式选择双线性插值法,默认输出原始分辨率。

• 输出信息:选择输出结果的保存路径、名称及投影信息。

设置数字高程、重采样精度等参数,同时系统自动默认读取待校正影像的 RPC 系数及选取的控制点,点击"确定"按钮,即可实现影像的有控正射校正,进行校正处理。

若已有控制点,也可直接在 PIE-Basic 主界面菜单栏中,选择"图像预处理">"正射校正",输入相关参数和控制点(图 6.18),作正射校正处理。

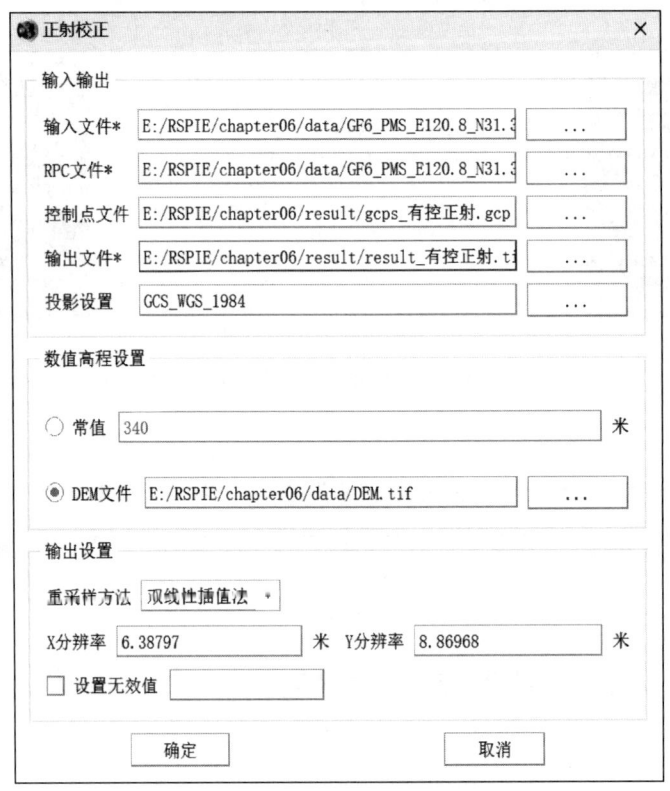

图 6.18　有控正射参数设置

• 输入输出:

① 输入文件:输入待处理的原始影像文件;

② RPC 文件:输入与待处理影像对应的 RPC 系数文件,此文件为卫星数据自带;

③ 控制点文件:输入地面控制点文件,可以为外业采集的控制点文件,也可以为通过图像匹配处理获得的控制点文件,此设置为可选项,这里我们输入上一步自动选取得到的控制点;

④ 输出文件:设置输出文件的路径及文件名;

⑤ 投影设置:设置输出文件的投影方式。这里我们设置为"GCS_WGS_1984"。

⑥ 数字高程设置:可以设置为常值,也可以输入与原始影像对应的 DEM 数据。

• 输出设置:

① 重采样方法:设置采样模式,支持最近邻域法、双线性插值法、三次卷积法三种采样方式。

这里我们选择双线性插值法。

②X分辨率:设置输出影像"X分辨率",单位默认为"米",米与度之间的转换关系为(赤道附近):1 m≈0.000 01°。这里我们设置为原始"X分辨率"为6.387 97 m。

③Y分辨率:设置输出影像"Y分辨率",单位默认为"米",米与度之间的转换关系为(赤道附近):1 m≈0.000 01°。这里我们设置为原始"Y分辨率"为8.869 68 m。

所有参数设置完毕后,点击"确定"按钮,即可实现影像的有控正射,进行校正处理。

3. 校正效果

加载有控正射校正后影像和原始影像,并采用标准差拉伸,使用菜单栏"常用功能">"卷帘",以卷帘的方式查看有控正射效果(图6.19)。

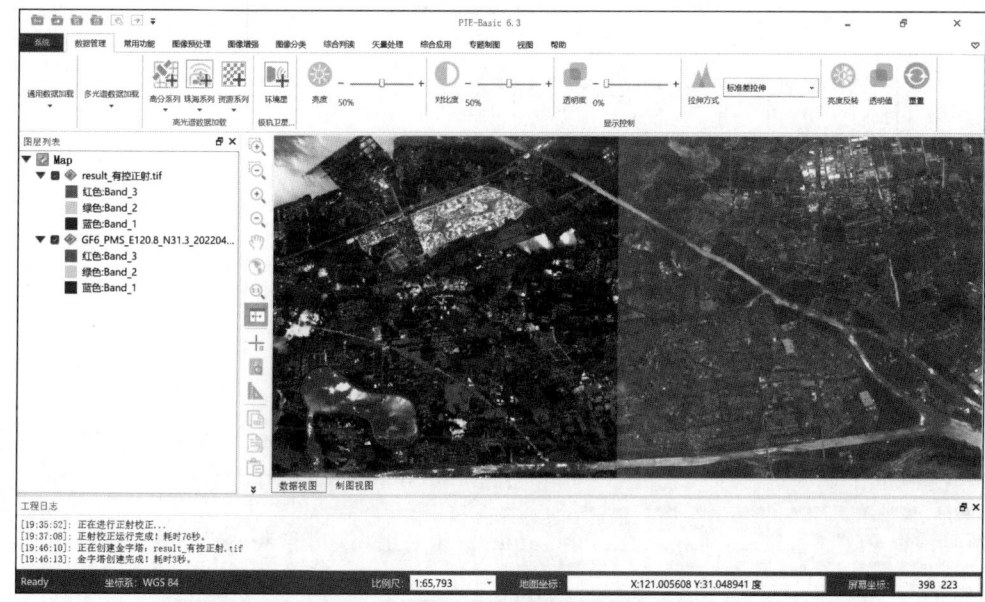

图6.19 有控正射校正效果

6.2.2 无控正射

无控正射是根据影像的RPC参数文件及DEM数据进行定位和正射校正,校正精度取决于RPC文件的定位精度和DEM的精度。此处的正射校正功能与上一部分的校正功能相同,选择"图像预处理">"正射校正",不需要控制点、不用进行配准直接作校正处理即可。

1. 参数设置

此处参数设置同有控正射的第二种实现方法,因采用无控正射方法,"控制点文件"此栏不输入控制点。待所有参数设置完毕后(图6.20),点击"确定"按钮,即可实现影像的无控正射,进行校正处理。

2. 校正效果

加载无控正射校正后影像和原始影像,并采用标准差拉伸,使用菜单栏"常用功能">"卷帘",以卷帘的方式查看无控正射效果(图6.21)。

图 6.20　无控正射参数设置

图 6.21　无控正射校正效果

7 图像去噪声

学习目标

通过对案例的实践操作,掌握运用 PIE-Basic 对遥感数字图像进行去噪声的操作。

预备知识

- 遥感数字图像去噪声

参考资料

朱文泉、林文鹏编著的《遥感数字图像处理——原理与方法》(第二版)第 7 章"图像去噪声";PIE-Basic6.3 用户手册 3.5.2 图像滤波。

学习要点

- 空间域去噪声
- 变换域去噪声
- 频率域去噪声
- 自定义滤波

测试数据

数据目录:附带光盘下的..\chapter07\data\

文件名	说明
GF6_MUX_ZS.tif	经过正射校正的高分六号多光谱数据

案例背景

图像噪声是指造成图像失真、质量下降的图像信号,在图像上常表现为引起较强视觉效果的孤立像元点或像元块(图 7.1)。在数字图像获取与传输记录过程中,成像系统、传输介质和记录设备等不完善及图像处理不当,都有可能引入噪声。遥感数字图像噪声既影响视觉效果及图像美观,也会给特征提取、信息分析和图像分类等后续处理带来很大困难。减少或改善数字图像中噪声的过程,就叫作图像去噪声。图像去噪声通常借助图像滤波的手段来实现,但是图像去噪声并不等同于图像滤波。图像滤波不仅可以用来去除图像噪声,也可以用来实现图像增强,也就是说图像去噪声和图像增强是图像滤波处理的两个应用方向。

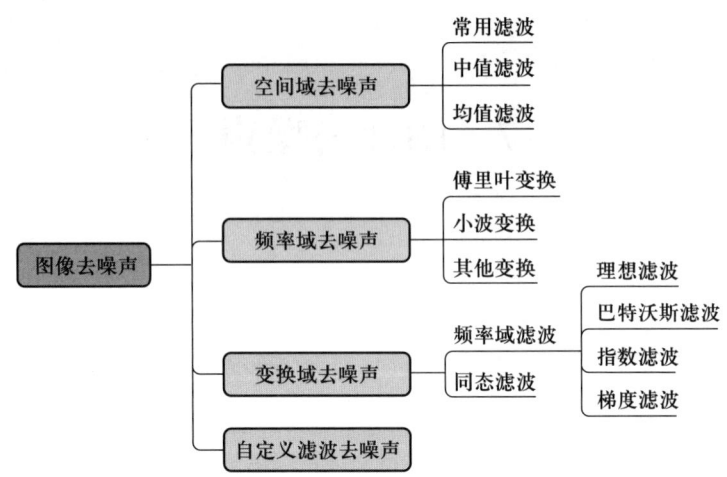

图 7.1　常见的图像去噪声方法及软件实现

　　图像去噪声既可以在空间域处理,也可以在变换域处理。空间域处理的原理是借助像元与其邻近像元之间的关系来判断并去除噪声,常用的空间域去噪方法有均值滤波、中值滤波和数学形态学等。变换域处理则是在图像的某个变换域内去除或者压缩噪声的变换域系数,保留原始信号的变换域系数,然后再反变换到空间域以达到图像去噪声的目的,常用的变换域处理方法有傅里叶变换、小波变换、主成分变换等。

　　滤波通常通过消除特定的空间频率来使图像增强。在尽量保留图像细节特征的条件下对目标图像噪声进行抑制。图像滤波是利用图像的空间相邻信息和空间变化信息,对单个波段图像进行的滤波处理,即指在图像空间或空间频率域对输入图像应用若干滤波函数而获得改进的输出图像的技术。图像滤波可以强化空间尺度信息,突出图像的细节或主体特征,弱化其他无关信息,因此,图像滤波是一种图像增强方法。图像滤波的作用包括噪声去除、边缘及线状目标增强、图像清晰化等方面。图像滤波可分为空间域和频率域两种方法。空域滤波通过窗口或者卷积核进行,它参照相邻像素来改变单个像素的灰度值。频率域滤波是对图像进行傅里叶变换,然后对变换后的频率域图像中的频谱进行滤波。

7.1　空间域去噪声

　　由于噪声像元的灰度值常与周边像元的灰度值不协调,表现为极高或极低,因此可利用局部窗口的灰度值统计特性(如均值、中值)来去除噪声。空间域去噪声是利用待处理像元邻域窗口内的像元进行均值、中值或其他运算得到新的灰度值,并将其赋给待处理像元,通过对整幅图像进行窗口扫描及运算,达到去除噪声的目的。

　　空域滤波是在图像空间(x,y)对输入图像应用滤波函数(核、模板)来改进输出图像的处理方法,通常采用$m×n$的矩阵算子作为卷积函数(也称为空域卷积模板或空域滤波函数),多数情况下,m、n相等而且都为奇数以保证对称性。窗口的大小与卷积模板的大小相同。其中,3×3空域卷积模板最为常用,滤波窗口的大小与卷积模板的大小相同。主要包括平滑和锐化处理,强调像素与其周围相邻像素的关系,常用的方法是卷积运算。

空域滤波属于局部运算,随着采用的模板窗口的扩大,空域滤波的运算量会越来越大。空域滤波包括常用滤波、中值滤波和均值滤波三部分。

7.1.1 常用滤波

PIE-Basic 常用滤波工具是在空间域中利用常用的滤波模板进行图像的平滑和锐化处理。常用滤波主要分为两类,分别为图像平滑与图像锐化。

图像平滑通过积分过程来抑制图像中的噪声,改善图像质量,平滑处理后图像边缘变得模糊。常用的滤波方法有低通滤波、中值滤波、均值滤波等。滤波窗口越大,图像越模糊,图像细节丢失越多。

图像锐化通过微分过程突出图像的边缘、线性特征或细节。常用的滤波方法有高通滤波、水平滤波、垂直滤波、快速滤波、拉普拉斯 1 滤波、拉普拉斯 2 滤波、高通边缘检测滤波、高通边缘增强滤波等。滤波窗口越大,图像边缘、线性特征或细节越突出,但计算量也随之增加。

本节以“GF6_MUX_ZS. tif”图像锐化处理为例,具体操作流程如下:

在 PIE-Basic 主界面菜单栏中,选择“图像增强”>“图像滤波”>“空域滤波”>“常用滤波”,打开“常用滤波”参数设置对话框。在对话框中,选择输入文件为待处理影像“GF6_MUX_ZS. tif”,“波段设置”保持默认,选中 4 个波段数,“滤波方法”选择“高通滤波 3×3”,设置输出文件路径,输出类型保持默认,如图 7.2 所示。

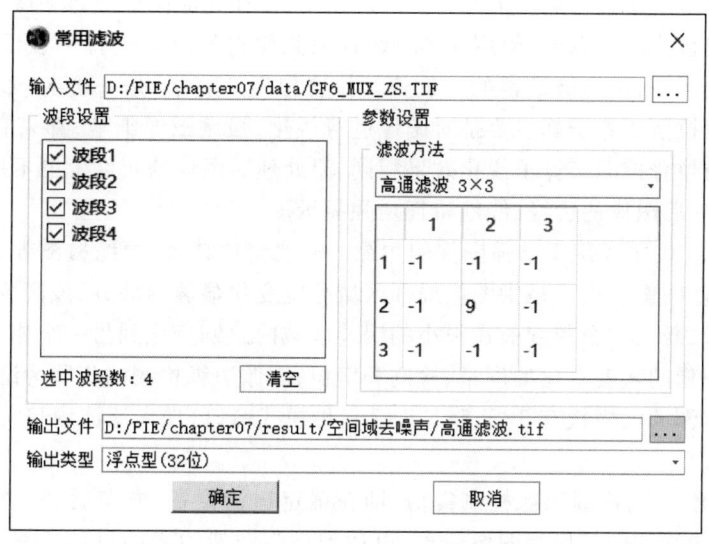

图 7.2 “常用滤波”对话框

“常用滤波”对话框中参数说明如下:
- 输入文件:输入进行滤波处理的影像。
- 波段设置:选择待处理的波段。
- 参数设置:设置滤波方法和窗口大小。

① 高通滤波:线性滤波器,只对低于某一给定频率以下的频率成分有衰减作用,而允许这个截频以上的频率成分通过。图像处理中主要用于突出图像中的细节或者增强被模糊了的细

节,加大滤波窗口可以使图像增强效果更好。高通滤波模板有 3×3、5×5、7×7 三种模式窗口,各窗口模板在选项下有显示。

② 低通滤波:线性滤波器,只对高于某一给定频率以上的频率成分有阻碍、衰减作用,而允许这个截频以下的频率成分通过。邻域可以有不同的选取方法。邻域越大平滑效果越好,但会使边缘信息损失变大,加大滤波窗口可以使图像增强效果更好。模板有 3×3、5×5、7×7 三种模式窗口,各窗口模板在选项下有显示。

③ 水平滤波:主要通过微分算子提取图像中水平方向的边缘、线性特征或细节,滤波窗口越大,图像水平方向的边缘、细节越突出。设 f_i 为相应的图像区域各像元值,g_i 为方向模板元素值,且有 m 个元素,k 为可输出的方向滤波值,则定向滤波计算为:$k = f_1 g_1 + f_2 g_2 + \cdots + f_m g_m$。

④ 垂直滤波:主要通过微分算子提取图像中垂直方向的边缘、线性特征或细节,滤波窗口越大,图像垂直方向的边缘、细节越突出。设 f_i 为相应的图像区域各像元值,g_i 为方向模板元素值,且有 m 个元素,k 为可输出的方向滤波值,则定向滤波计算为:$k = f_1 g_1 + f_2 g_2 + \cdots + f_m g_m$。

⑤ 快速滤波器:用于进行图像的锐化处理,增强图像的边缘。其模板系数之和大于1,处理后图像的灰度范围超出,图像整体偏亮。随着滤波窗口的增大,图像锐化效果变好。有 3×3、5×5、7×7 三种模式窗口,各窗口模板在选项下有显示。

⑥ 拉普拉斯滤波:是一种二阶导数算子,各向同性,能对任何走向的界线和线条进行锐化,无方向性,但容易受噪声的影响,且锐化结果中的某些边缘会产生双重响应。这是拉普拉斯算子区别于其他算法的最大特点。因此在实际应用中,往往先对图像进行平滑滤波,然后再进行拉普拉斯锐化。拉普拉斯1算子,使用 4-邻域,即取某像素的上下左右 4 个相邻像素的值相加的和减去该像素的 4 倍,作为该像素的灰度值。拉普拉斯2算子,是一个 8-邻域的算子。拉普拉斯1算子和拉普拉斯2算子都主要是对图像进行锐化,强调图像细节,都只有 3×3 窗口模板。拉普拉斯1算子与拉普拉斯2算子锐化效果相同,但处理后图像的灰度范围不一致,前者图像偏亮,后者偏暗。处理后图像的边缘、线性特征增强显示。

⑦ 高通边缘检测:主要用于增强图像的边缘。滤波窗口越大,边缘检测效果越好,图像中的边缘、细节越突出。图像的边缘是指图像局部区域亮度变化显著的部分,该区域的灰度剖面一般可以看作一个阶跃,既从一个灰度值在很小的缓冲区域内急剧变化到另一个相差较大的灰度值。边缘检测主要是图像的灰度变化的度量、检测和定位,图像边缘检测的步骤为滤波、增强、检测和定位。高通边缘检测滤波模板有 3×3、5×5、7×7 三种模式窗口,加大滤波窗口可以使图像增强效果更好。

⑧ 高通边缘增强:与高通边缘检测类似,即在确定边缘位置、方向后,将边缘叠加到原始影像上,在增强图像边缘的同时保留图像信息,以达到增强图像边缘的目的。滤波窗口越大,图像中的边缘、细节越突出。

• 输出文件:设置处理结果的保存路径及文件名。

• 输出类型:设置文件的输出类型,支持输出字节型(8 位)、整型/无符号整型(16 位)、长整型/无符号长整型/浮点型(32 位)、双精度浮点型(64 位)多种位深类型。

所有参数设置完成后,点击"确定"按钮即可进行滤波处理。

最后利用卷帘工具,查看原始影像与常用滤波处理后影像之间的差异(图 7.3)。

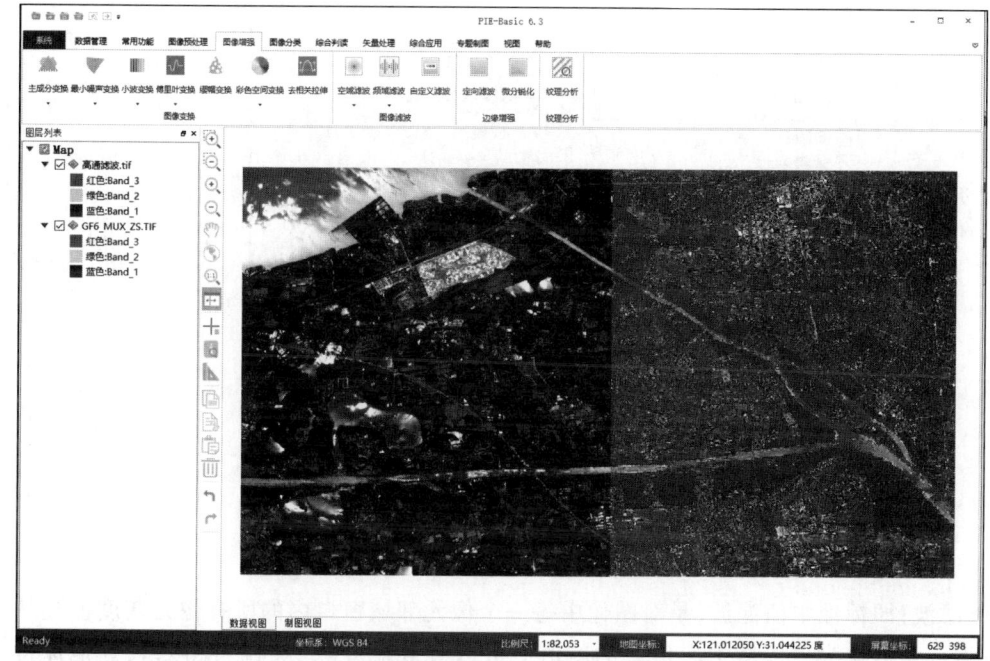

图 7.3　高通滤波处理后的影像

7.1.2　中值滤波

中值滤波是一种最常用的非线性平滑滤波器,它将窗口内的所有像素值按高低排序后,取中间值作为中心像素的新值。中值滤波与均值滤波很相似,只是将像元的替换值由邻域内的像元平均值变为了邻域内的像元灰度中值。中值滤波对噪声有良好的滤除作用,特别是在滤除噪声的同时,能够保护信号的边缘,使之不被模糊。中值滤波对于随机噪声的抑制比均值滤波差一些,但对于脉冲噪声干扰的椒盐噪声,中值滤波是非常有效的。随着中值滤波窗口的扩大,图像模糊程度愈加严重。

本节以"GF6_MUX_ZS.tif"图像中值滤波为例,具体操作流程如下:

在 PIE-Basic 主界面菜单栏中,选择"图像增强">"图像滤波">"空域滤波">"中值滤波",打开"中值滤波"参数设置对话框,在对话框中,选择输入文件为待处理影像"GF6_MUX_ZS.tif","波段设置"保持默认,选中全部波段,模板尺寸选择为"13×13","滤波方法"选择"水平中值滤波",设置输出文件路径,输出类型保持默认,如图 7.4 所示。

"中值滤波"对话框中参数说明如下:

- 输入文件:输入需要滤波处理的影像。
- 波段设置:选择待处理的波段。
- 参数设置:

① 模板尺寸:设置滤波的模板尺寸,行和列的值只能为奇数,尺寸可从 3×3 到 33×33。

② 滤波方法:设置滤波的方式,包括中值滤波、水平中值滤波和垂直中值滤波三种方式。

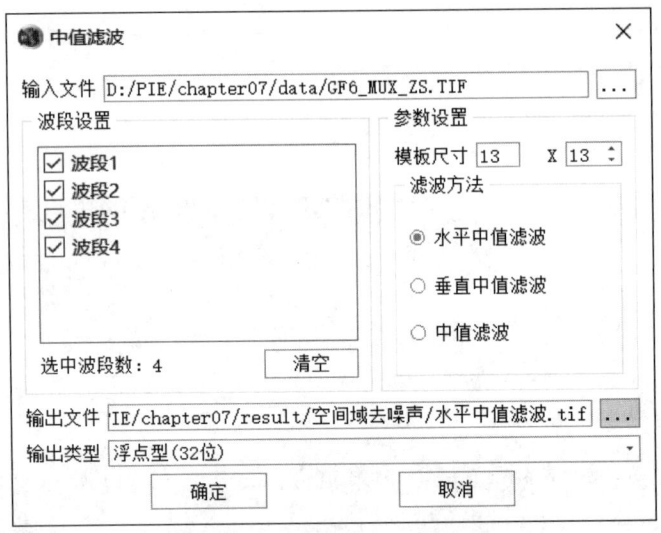

图 7.4 "中值滤波"对话框

（a）中值滤波：即标准中值滤波，是对图像中每一个像元邻域窗口内的所有像元灰度值按从小到大排序，取其中值作为该邻域中心像元的新值。可以有效地去除"尖锐"噪声，较好地保持图像边缘，但图像的细节被模糊，滤波窗口越大，图像越模糊；

（b）水平中值滤波：是将数字图像中每一像素点的灰度值设置为该点水平邻域窗口内的所有像素点灰度值的中值，与标准中值滤波相比，图像上水平方向的边缘、细节保持得更好；

（c）垂直中值滤波：是将数字图像中每一像素点的灰度值设置为该点垂直邻域窗口内的所有像素点灰度值的中值，与标准中值滤波相比，图像上垂直方向的边缘、细节保持得更好。

• 输出文件：设置处理结果的保存路径及文件名。

• 输出类型：设置文件的输出类型，支持输出字节型（8 位）、整型/无符号整型（16 位）、长整型/无符号长整型/浮点型（32 位）、双精度浮点型（64 位）等多种位深类型。

所有参数设置完成后，点击"确定"按钮即可进行中值滤波处理。

最后利用卷帘工具，查看原始影像与水平中值滤波处理后影像之间的差异（图 7.5）。

7.1.3　均值滤波

均值滤波是取每个像元邻域内的像元平均值代替该邻域中心的像元值，从而达到去除尖锐噪声及平滑图像的目的。均值滤波是一种线性滤波，因与在频率域进行低通滤波的效果相似，所以又被称为空间域低通滤波。

均值滤波是最常用的线性低通滤波，它均等地对待邻域中的每个像素。对于每个像素，取邻域像素值的平均作为该像素的新值。均值滤波算法简单，计算速度快，对高斯噪声比较有效。均值滤波在去除噪声的同时造成图像模糊，削弱了图像的边缘和细节。随着均值滤波窗口的扩大，去噪能力增强的同时图像模糊程度愈加严重。

本节以"GF6_MUX_ZS.tif"图像均值滤波为例，具体操作流程如下：

在 PIE-Basic 主界面菜单栏中，选择"图像增强">"图像滤波">"空域滤波">"均值滤波"，打开"均值滤波"参数设置对话框,在对话框中,选择输入文件为待处理影像"GF6_MUX_ZS.tif","波段设置"保持默认,选中全部 4 个波段,模板尺寸选择为"9×9",设置输出文件路径,输出类型保持默认,如图 7.6 所示。

图 7.5　水平中值滤波

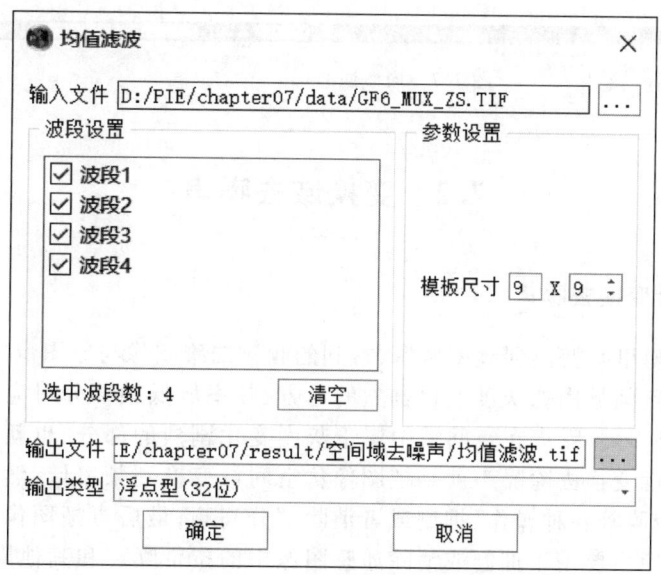

图 7.6　"均值滤波"对话框

"均值滤波"对话框中参数说明如下:

- 输入文件:输入需要滤波处理的影像;
- 波段设置:选择待处理的波段;

- 参数设置：设置滤波的模板尺寸，行和列的值只能为奇数；
- 输出文件：设置处理结果的保存路径及文件名；
- 输出类型：设置文件的输出类型，支持输出字节型（8位）、整型/无符号整型（16位）、长整型/无符号长整型/浮点型（32位）、双精度浮点型（64位）多种位深类型。

所有参数设置完成后，点击"确定"按钮即可进行均值滤波。

最后利用卷帘工具，查看原始影像与均值滤波处理后影像之间的差异（图7.7）。

图7.7　均值滤波

7.2　变换域去噪声

7.2.1　傅里叶变换去噪声

空间域图像经傅里叶变换到频率域后，得到的频谱二维图像与原图像的大小是一样的，频率域高频部分对应空间域图像灰度变化剧烈的地方，频率域低频部分对应空间域图像灰度变化平缓的地方（图7.8）。噪声在空间域中属于灰度变化剧烈的部分，也就对应频率域中的高频部分。利用傅里叶变换去除噪声就是把图像从空间域变换到频率域，然后在频率域内对高频成分进行滤波、掩膜等各种操作，抑制或者消除部分高频，最后再把图像从频率域反变换到空间域。傅里叶变换主要用于抑制或消除遥感图像中的条带噪声和其他周期噪声（如传感器的电流噪声）。

基于傅里叶变换的图像去噪声主要是采用低通滤波器、带阻滤波器和陷波滤波器掩膜过滤掉噪声部分所对应的频率。低通滤波，顾名思义，就是阻止高频，允许低频通过；带阻滤波则是设定了一个频率范围，该范围内的频率允许通过，范围外的频率则被过滤掉；陷波滤波阻止事先定义的某中心频率邻域内的频率。从低通滤波器到带阻滤波器，再到陷波滤波器，过滤的频率范围越来越小,减少了图像信息的损失,处理的图像效果更佳。因此对于周期噪声,由于它趋向于产生频率尖峰,其频谱图在与中心原点对称的位置上存在成对的冲击(即高亮点),我们可以精确地确认其频率位置,此时利用带阻滤波器或陷波滤波器则可以取得非常好的去噪声效果。

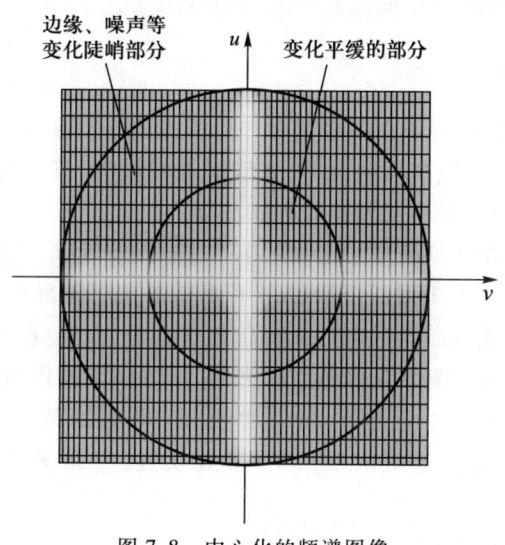

图 7.8　中心化的频谱图像

傅里叶变换去噪声的详细操作步骤可参考第 8 章图像增强中 8.2.4 的内容。

7.2.2　小波变换去噪声

小波变换去噪声的基本思路就是利用小波变换把含噪声信号分解到多尺度中,然后在每一尺度下把属于噪声的小波系数抑制或去除,保留并增强属于信号的小波系数,最后重构出小波消噪后的信号。

小波变换去噪声的详细操作步骤可参考第 8 章图像增强中 8.2.5 的内容。

7.2.3　其他变换去噪声

利用图像变换方法实现图像去噪声,除了傅里叶变换和小波变换,还有一些其他的变换方法,如主成分变换、最小噪声分离变换和独立成分变换等。这些变换去噪声的原理都是先将图像进行正变换,然后去除或者平滑噪声成分分量,再对处理后的结果进行反变换。

主成分变换、最小噪声分离变换的具体操作步骤可见参考第 8 章图像增强中 8.2.1、8.2.2 的内容。

7.3　频率域去噪声

频率域滤波的基本工作流程为:空间域图像的傅里叶变换→频率域图像→设计滤波器→傅里叶逆变换→其他应用。常用滤波器包括低通滤波、高通滤波、带通滤波与同态滤波。

其中低通滤波指对频率域的图像通过滤波器削弱或抑制高频部分而保留低频部分的滤波方法,可以起到压抑噪声的作用,同时,强调了低频成分,图像会变得比较平滑。高通滤波指对频率域图像通过滤波器来削弱或抑制低频成分,突出图像的边缘和轮廓,进行图像锐化的方法。带通滤波主要用于增强特定频率范围的边缘或细节。同态滤波主要用于增强图像暗区域的边缘或细节。

PIE-Basic 中频域滤波包括频率域滤波和同态滤波两部分。

7.3.1　频率域滤波

PIE-Basic 频率域滤波工具用于在频率域中进行图像的平滑和锐化处理,提供了理想高通滤波器、巴特沃斯高通滤波器、指数高通滤波器、梯度高通滤波器、理想低通滤波器、巴特沃斯低通滤波器、指数低通滤波器、梯度低通滤波器 8 种滤波器。

为了突出图像的边缘、线状特征或细节,采用高通滤波器让高频成分通过,阻止削弱低频成分,以达到图像锐化的目的。由于图像上的噪声主要集中在高频部分,为了去除噪声、改善图像质量,采用低通滤波器削弱或抑制高频部分而保留低频部分,以达到平滑图像的目的。

本节以"GF6_MUX_ZS.tif"图像频率域滤波为例,具体操作流程如下:

在 PIE-Basic 主界面菜单栏中,选择"图像增强">"图像滤波">"频域滤波">"频率域滤波",打开"频率域滤波"参数设置对话框,进行参数设置。"频率域滤波"对话框中参数说明如下:

- 输入文件:输入待滤波的影像。
- 选择波段:选择待处理的波段。
- 参数设置:设置滤波的类型、滤波方法和截止频率信息:

① 高通滤波:在保持高频信息的同时,消除图像中的低频成分,它可以用来增强不同区域之间的边缘,用于图像锐化;

② 低通滤波:保存图像中的低频成分,消除图像中的高频成分,用于图像平滑;

③ 截止频率:设置进行滤波的截止频率。

- 输出文件:设置输出结果的保存路径及文件名。
- 输出类型:设置文件的输出类型,支持输出字节型(8 位)、整型/无符号整型(16 位)、长整型/无符号长整型/浮点型(32 位)、双精度浮点型(64 位)等多种位深类型。

所有参数设置完成后,点击"确定"按钮即可进行频率域滤波。

1. 理想滤波

通过选择高通滤波和低通滤波,分成理想低通滤波器、理想高通滤波器。

(1) 理想低通滤波器

设在频率域平面内,理想低通滤波器距原点的截止频率为 D_0, D_0 的大小根据需要确定。传递函数为:

$$H(u,v) = \begin{cases} 1, & D(u,v) \leqslant D_0 \\ 0, & D(u,v) > D_0 (D_0 \geqslant 0) \end{cases}$$

理论上,$D \leqslant D_0$ 的低频分量全部通过,$D > D_0$ 的高频分量则全部去除。由于高频信息包含大量边缘信息,因此用此滤波器处理后会导致边缘损失、图像边缘模糊。以截止频率 D_0 为半径的圆内所有频率分量无损通过,圆外所有频率分量完全衰减。理想低通滤波器的过渡非常急剧,会产生振铃效应。设置截止频率 $D_0 > 0$,以截止频率 D_0 为半径的圆内所有频率分量无损通过,圆外所有频率分量完全衰减。D_0越大,图像边缘模糊程度越小。

（2）理想高通滤波器

该滤波器与理想低通滤波器相反,$D \leqslant D_0$的低频分量全部去除,$D > D_0$的高频频率全部通过。理想高通滤波器处理后的图像边缘有抖动现象。设置截止频率D_0,以截止频率D_0为半径的圆内所有频率分量完全衰减,圆外所有频率分量无损通过。D_0越大,图像边缘、细节越少。

在"频率域滤波"对话框中,选择输入文件为待处理影像"GF6_MUX_ZS.tif","波段设置"保持默认,选择4个波段,选择"低通滤波","滤波方法"选择"理想滤波",截止频率设置为"150",保持输出类型为默认值,设置输出文件路径,点击"确定"完成理想低通滤波计算,如图7.9~7.10所示。

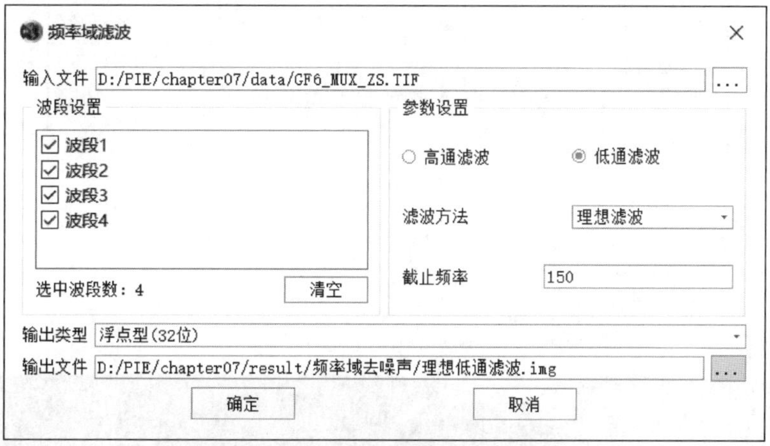

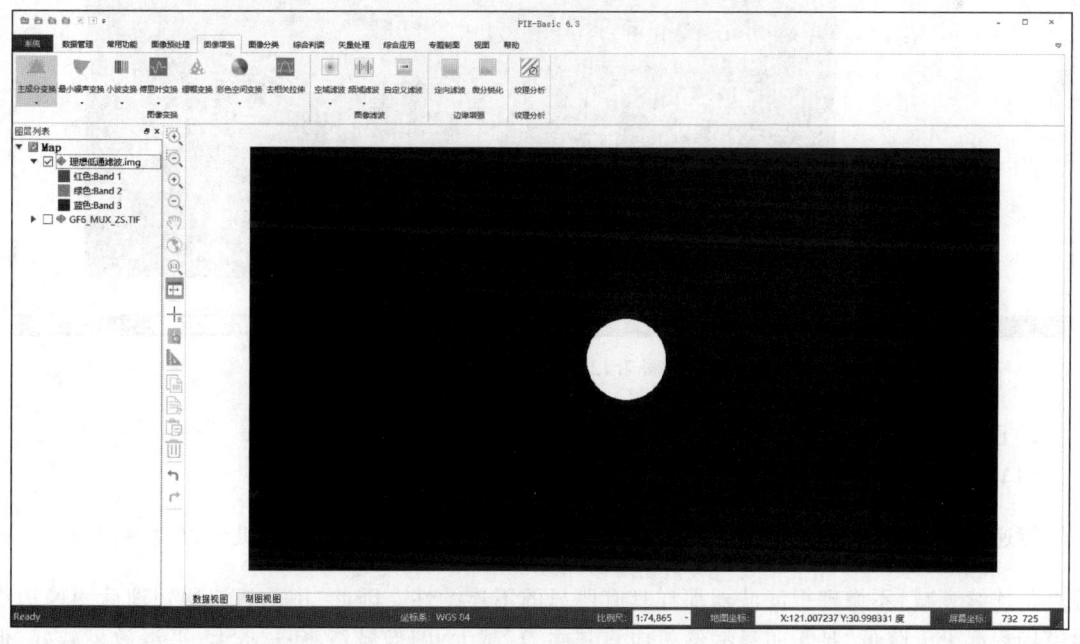

图7.9　"频率域滤波"对话框

图7.10　理想低通滤波

在"频率域滤波"对话框中,选择输入文件为待处理影像"GF6_MUX_ZS.tif","波段设置"保持默认,选择4个波段,选择"高通滤波","滤波方法"选择"理想滤波",截止频率设置为"150",保持输出类型为默认值,设置输出文件路径,点击确定完成理想高通滤波计算,如图7.11~7.12所示。

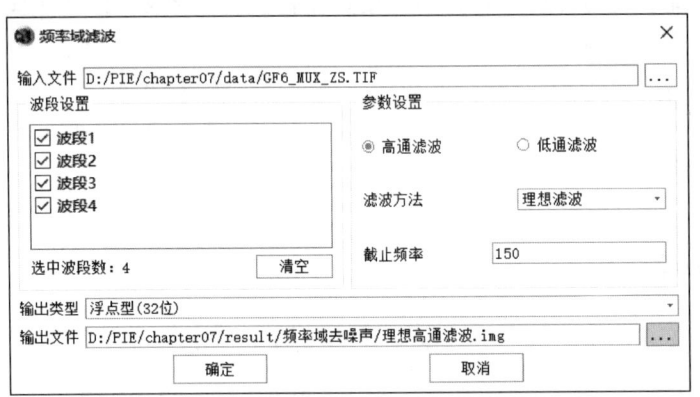

图 7.11 "频率域滤波"对话框

图 7.12 理想高通滤波

2. 巴特沃斯滤波

(1) 巴特沃斯低通滤波

传递函数为 $H(u,v) = \dfrac{1}{1+\left[D_0/D(u,v)\right]^{2n}}$,$n$ 为滤波器阶数,n 越大,滤波器过渡越剧烈。它的特点是连续衰减,不像理想滤波器那样具有明显的不连续性。因此,用此滤波器处理后图像边缘的模糊程度大大降低,且无明显振铃效应。其中 D_0 越大,图像越清晰;n 越大,平滑效果越好,但运算量也越大,通常设置 $n=1$ 或 2。

在"频率域滤波"对话框中,选择输入文件为待处理影像"GF6_MUX_ZS.tif","波段设置"保持默认,选择 4 个波段,选择"低通滤波","滤波方法"选择"巴特沃斯滤波",截止频率设置为"150",阶数设置为"1",保持输出类型为默认值,设置输出文件路径,点击"确定"完成巴特沃斯低通滤波计算,如图 7.13~7.14 所示。

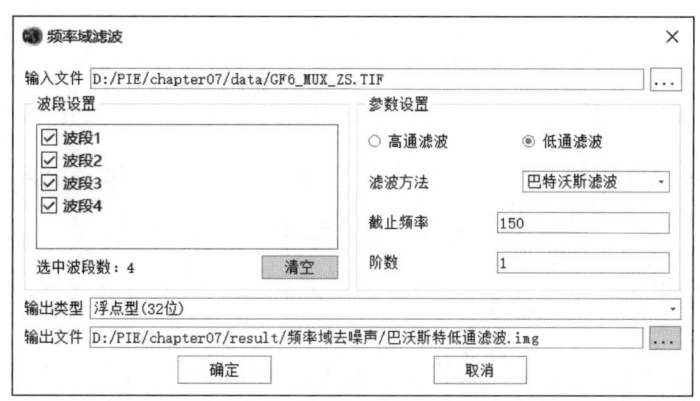

图 7.13 "频率域滤波"对话框

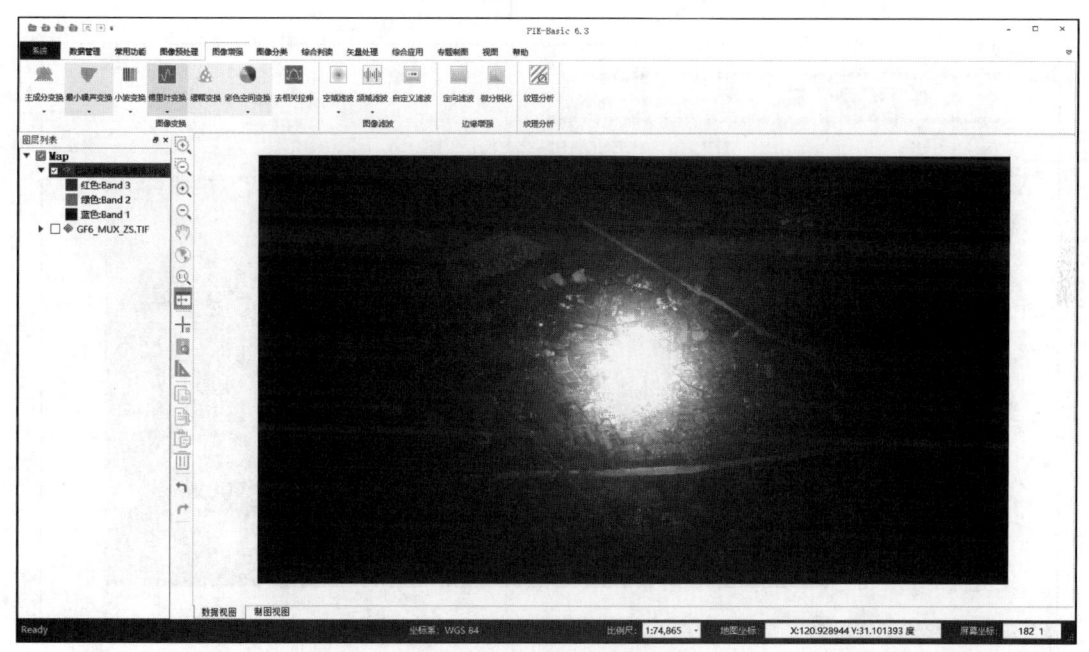

图 7.14 巴特沃斯低通滤波

(2) 巴特沃斯高通滤波

巴特沃斯滤波锐化效果比较好,边缘抖动现象不明显,但计算比较复杂。其中 D_0 越大,图像边缘、细节越少;n 越大,锐化效果越好,但运算量也越大,通常设置 $n=1$ 或 2。

在"频率域滤波"对话框中,选择输入文件为待处理影像"GF6_MUX_ZS.tif","波段设置"保持默认,选择4个波段,选择"高通滤波","滤波方法"选择"巴特沃斯滤波",截止频率设置为"150",阶数设置为"1",保持输出类型为默认值,设置输出文件路径,点击"确定"完成巴特沃斯高通滤波计算,如图7.15~7.16所示。

图 7.15　"频率域滤波"对话框

图 7.16　巴特沃斯高通滤波

3. 指数滤波
(1) 指数低通滤波

传递函数为:$H(u,v) = \mathrm{e}^{\left[-\left(\frac{D(u,v)}{D_0}\right)\right]^n}$。式中 n 决定指数函数的衰减频率,n 越大,滤波器过渡越

剧烈。指数滤波抑制噪声同时,图像边缘的模糊程度比巴特沃斯低通滤波大,无明显的振铃效应。D_0 越大,图像边缘模糊程度越小,n 越大,平滑效果越好,但运算量也越大,通常设置 $n=1$ 或 2。

在"频率域滤波"对话框中,选择输入文件为待处理影像"GF6_MUX_ZS. tif","波段设置"保持默认,选择 4 个波段,选择"低通滤波","滤波方法"选择"指数滤波",截止频率设置为"150",阶数设置为"1",保持输出类型为默认值,设置输出文件路径,点击"确定"完成指数低通滤波计算,如图 7.17~7.18 所示。

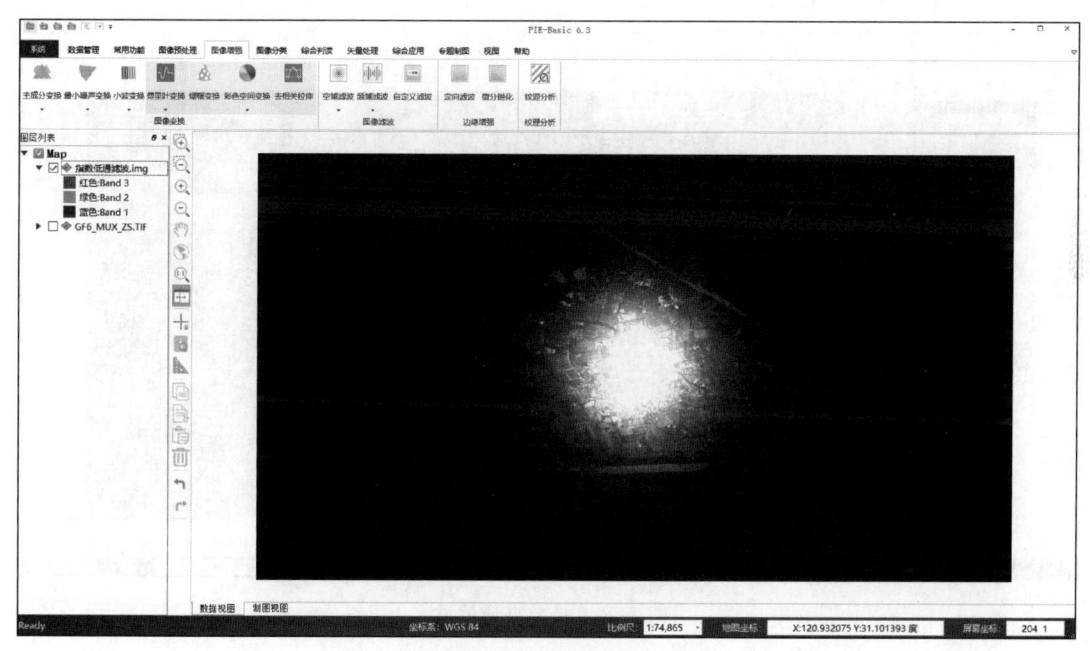

图 7.17 "频率域滤波"对话框

图 7.18 指数低通滤波

（2）指数高通滤波

指数高通滤波效果比巴特沃斯高通滤波效果差,但无明显的振铃效应。其中 D_0 越大,图像边缘、细节越少;n 越大,锐化效果越好,但运算量也越大,通常设置 $n=1$ 或 2。

在"频率域滤波"对话框中,选择输入文件为待处理影像"GF6_MUX_ZS. tif","波段设置"保持默认,选择 4 个波段,选择"高通滤波","滤波方法"选择"指数滤波",截止频率设置为"150",阶数设置为"1",保持输出类型为默认值,设置输出文件路径,点击"确定"完成指数高通滤波计算,如图 7.19~7.20 所示。

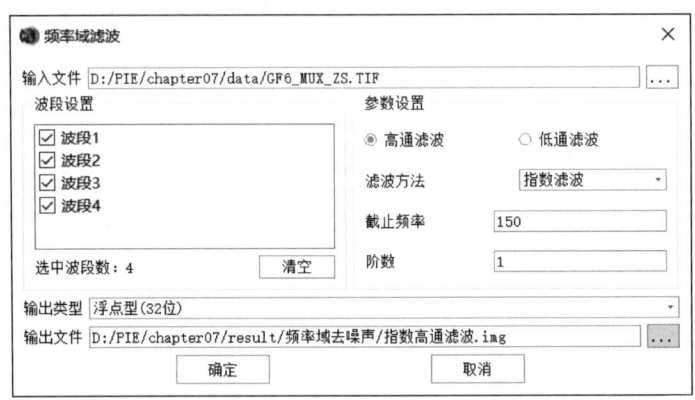

图 7.19 "频率域滤波"对话框

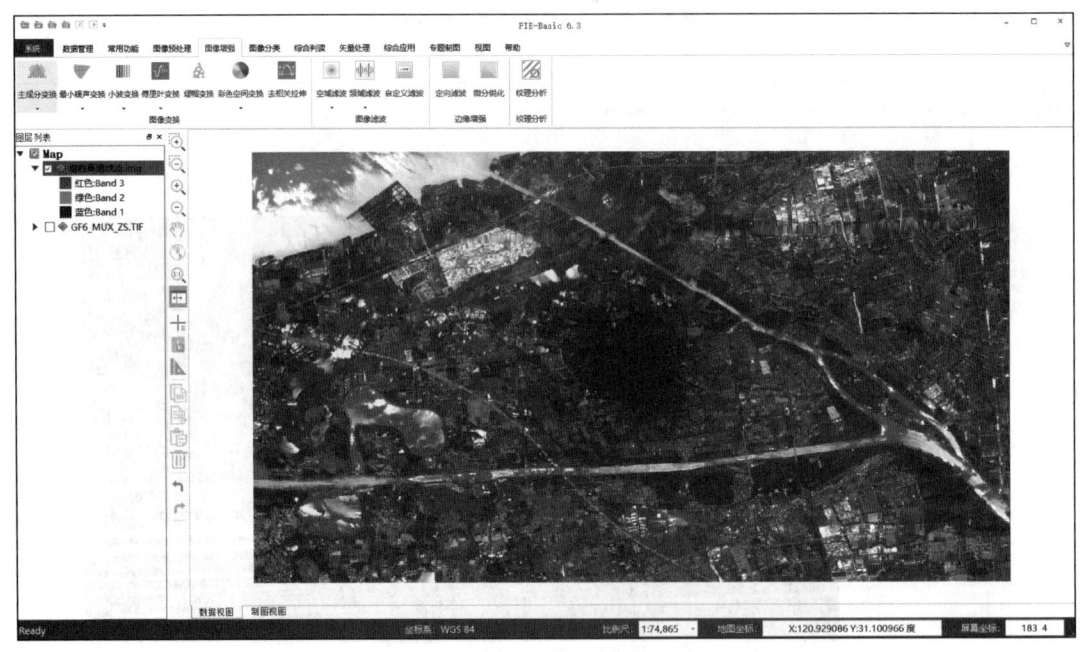

图 7.20 指数高通滤波

4. 梯度滤波

(1)梯度低通滤波

梯度低通滤波是对理想低通滤波和完全平滑低通滤波的折中,公式如下:

$$H(u,v) = \begin{cases} 1, & D(u,v) < D_0 \\ \dfrac{D(u,v) - D_1}{D_0 - D_1}, & D_0 \leqslant D(u,v) \leqslant D_1 \\ 0, & D(u,v) > D_1 \end{cases}$$

式中,D_1 是大于 D_0 的任意正数。梯度低通滤波的结果介于理想低通滤波和巴特沃斯低通滤波之间。D_1 对应分段点,D_0 对应截止频率。$D_0 > D_1 > 0$,当 D_1 不变,D_0 增大,图像越清晰;当 D_0 不变,D_1 增大,振铃效应越明显。

在"频率域滤波"对话框中,选择输入文件为待处理影像"GF6_MUX_ZS. tif","波段设置"保持默认,选择 4 个波段,选择"低通滤波","滤波方法"选择"梯度滤波",截止频率设置为"150",分段点设置为"50",保持输出类型为默认值,设置输出文件路径,点击"确定"完成梯度低通滤波计算,如图 7.21~7.22 所示。

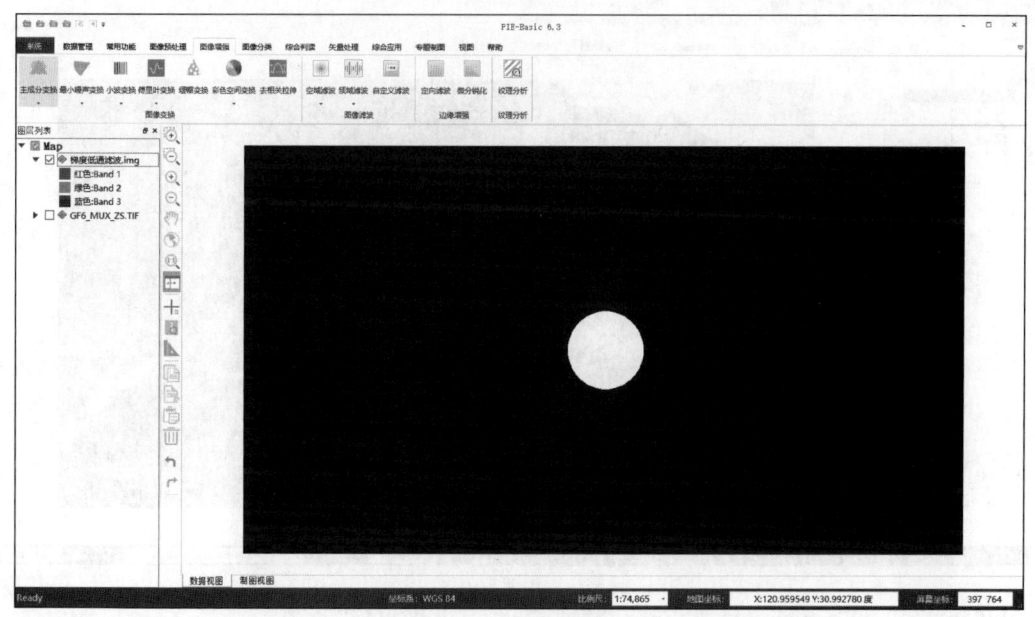

图 7.21 "频率域滤波"对话框

图 7.22 梯度低通滤波

（2）梯度高通滤波

梯度高通滤波的结果介于理想高通滤波和巴特沃斯高通滤波之间，梯度滤波会产生微振铃效果，计算简单，比较常用。其中 $D_1>D_0>0$，当 D_1 不变，D_0 增大，图像越清晰；当 D_0 不变，D_1 增大，振铃效应越明显。

在"频率域滤波"对话框中，选择输入文件为待处理影像"GF6_MUX_ZS.tif"，"波段设置"保持默认，选择 4 个波段，选择"高通滤波"，"滤波方法"选择"梯度滤波"，截止频率设置为"50"，分段点设置为"100"，保持输出类型为默认值，设置输出文件路径，点击"确定"完成梯度高通滤波计算，如图 7.23~7.24 所示。

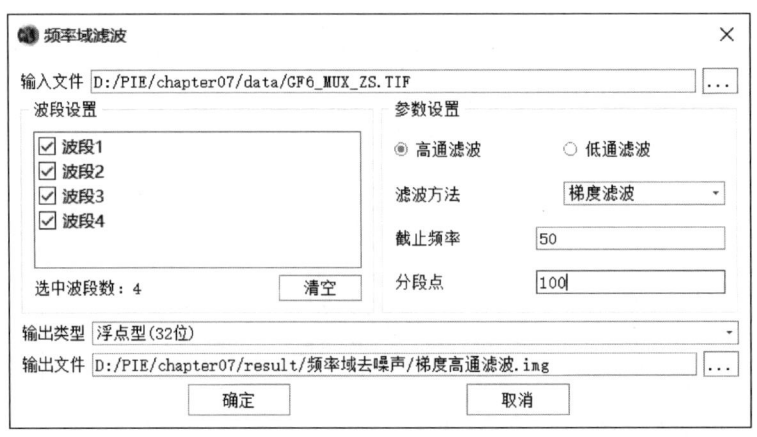

图 7.23 "频率域滤波"对话框

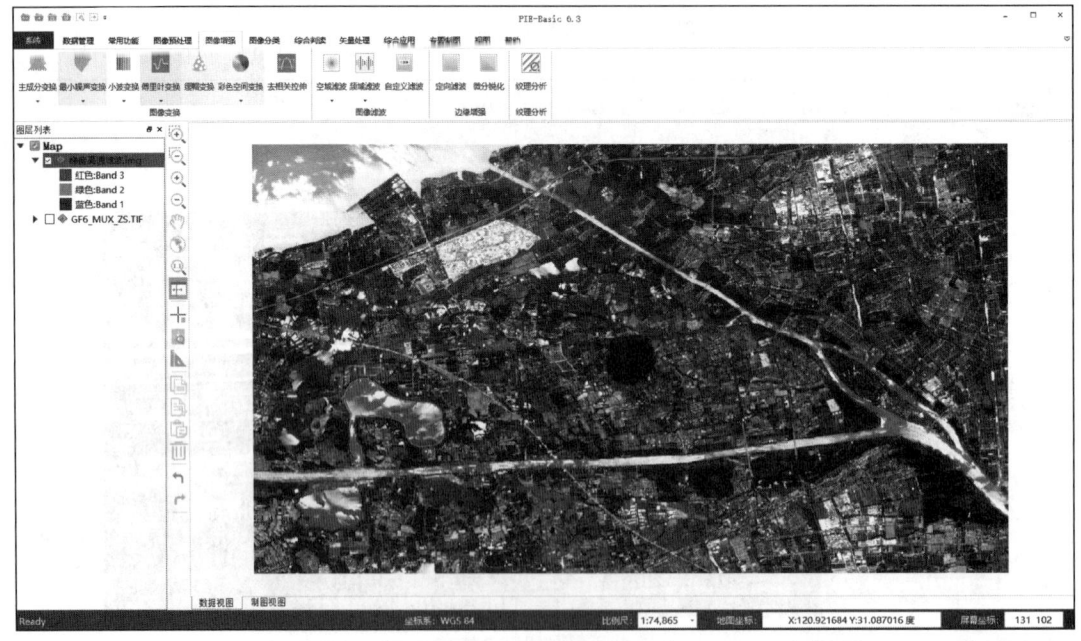

图 7.24 梯度高通滤波

7.3.2 同态滤波

同态滤波是减少低频增加高频,从而减少光照变化并锐化边缘或细节的图像滤波方法。同态滤波的流程如图 7.25 所示。不同空间分辨率的遥感图像,使用同态滤波的效果不同。如果图像中的光照可以认为是均匀的,那么,进行同态滤波产生的效果不大。但是,如果光照明显是不均匀的,那么同态滤波有助于表现出图像中暗处的细节。

图 7.25　同态滤波操作过程

本节以"GF6_MUX_ZS. tif"图像同态滤波为例,具体操作流程如下:

在 PIE-Basic 主界面菜单栏中,选择"图像增强">"图像滤波">"频域滤波">"同态滤波",打开"同态滤波"参数设置对话框,进行参数设置。"同态滤波"对话框参数说明如下:

• 输入文件:输入待滤波处理的影像。

• 波段设置:选择待处理的波段。

• 参数设置:设置滤波类型、阶数、低频增益、高频增益及截止频率,其中,截止频率和阶数是针对滤波器设定的。可选巴特沃斯高通变换和高斯高通变换,相较于巴特沃斯高通变换,高斯高通变换对噪声抑制作用更好,对于噪声较多的图像,选择高斯高通变换更合适。

① 阶数:指过滤谐波的次数,一般来讲,同样的滤波器,其阶数越高,滤波效果就越好,但是,阶数越高,成本也就越高,因此,选择合适的阶数是非常重要的,通常设置为 1 或 2。

② 低频增益:指低频的放大倍数,数值范围(0,1),默认值为 0.25,值越小,低频分量衰减越厉害。

③ 高频增益:指高频的放大倍数,设置数值大于 1,默认值为 2,值越大,高频分量放大倍数越大。

④ 截止频率:指一个系统的输出信号能量开始大幅下降的边界频率。当信号频率高于这个截止频率时,信号得以通过;当信号频率低于这个截止频率时,信号输出将被大幅衰减。这个截止频率即被定义为通带和阻带的界限。设置的值越大,图像越亮,图像细节损失越多,默认值为 50。

• 输出文件:设置输出结果的保存路径及文件名。

• 输出类型:设置文件的输出类型,支持输出字节型(8 位)、整型/无符号整型(16 位)、长整型/无符号长整型/浮点型(32 位)、双精度浮点型(64 位)等多种位深类型。

所有参数设置完成后,点击"确定"按钮即可进行同态滤波。

在"同态滤波"对话框中,选择输入文件为待处理影像"GF6_MUX_ZS. tif","波段设置"保持默认,选择 4 个波段,选择"巴特沃斯高通变换",阶数设置为"1",低频增益设置为"0.25",高频增益设置为"2",截止频率设置为"150",保持输出类型为默认值,设置输出文件路径,点击"确定"完成巴特沃斯高通变换计算,如图 7.26~7.27 所示。

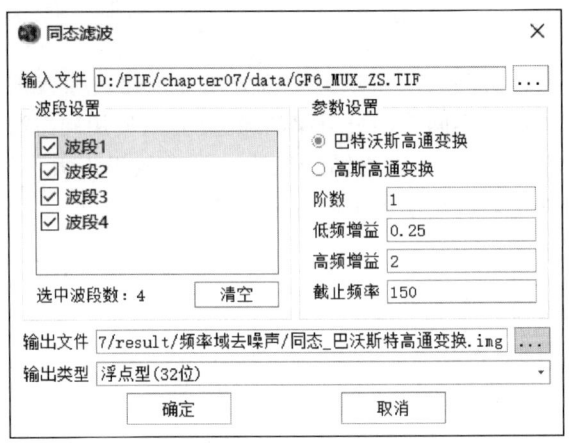

图 7.26 "同态滤波"对话框

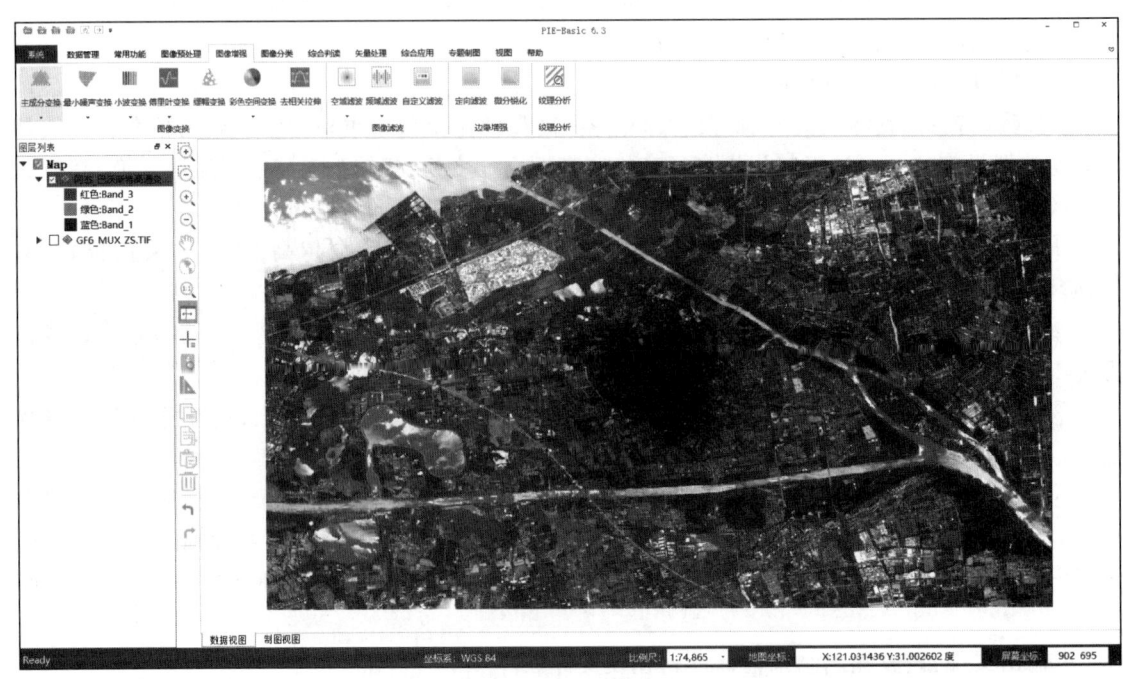

图 7.27 巴特沃斯高通变换

在"同态滤波"对话框中,选择输入文件为待处理影像"GF6_MUX_ZS.tif","波段设置"保持默认,选择 4 个波段,选择"高斯高通变换",阶数设置为"1",低频增益设置为"0.25",高频增益设置为"2",截止频率设置为"50",保持输出类型为默认值,设置输出文件路径,点击"确定"完成高斯高通变换计算(图 7.28~7.29)。

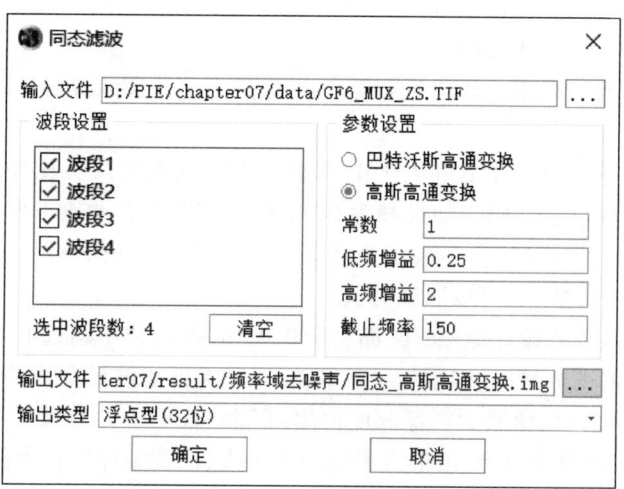

图 7.28 "同态滤波"对话框

图 7.29 高斯高通变换

7.4 自定义滤波去噪声

自定义滤波可以自由设置滤波模板,对数据进行处理。自定义的滤波器分为平滑滤波器和锐化滤波器。

自定义滤波器的一般规则要求:

① 滤波器的大小应该是奇数,这样它才有一个中心,例如 3×3、5×5 或者 7×7。有中心了,也就有了半径,例如 5×5 大小的核的半径就是 2。

② 滤波器矩阵所有的元素之和应该要等于 1,这是为了保证滤波前后图像的亮度保持不变。但并不是必须等于 1。

③ 如果滤波器矩阵所有元素之和大于 1,那么滤波后的图像就会比原图像更亮,反之,如果小于 1,那么得到的图像就会变暗。如果和为 0,图像不会变黑,但也会非常暗。

④ 对于滤波后的结果,可能会出现负数或者大于 255 的数值。对这种情况,直接截断到 0 和 255 之间即可。对于负数,也可以取绝对值。

平滑滤波器模板系数的设计原则:① 都大于 0;② 都选 1,或中间选 1,周围选 0.5;③ 通过求取均值解决超出灰度范围的情况,即模板系数和为 1,以保证滤波后图像的灰度范围与原始图像基本一致。若系数和大于 1,滤波后图像灰度值超出 255;若小于 1,滤波后图像灰度值整体偏小。图像经过平滑处理后,图像中边缘、细节会出现一定损失,图像整体对比度降低。

锐化滤波器模板系数的设计原则:① 中心系数为正值,外围为负值;② 系数之和为 0。图像经过锐化处理后,空间变化平缓的区域亮度降低,图像边缘、线性特征突出显示,图像整体对比度降低。滤波过程中会出现负值,归 0 处理较为常见,也可以取绝对值。

本节以"GF6_MUX_ZS. tif"图像自定义滤波为例,具体操作流程如下:

在 PIE-Basic 主界面菜单栏中,选择"图像增强">"图像滤波">"自定义滤波",打开"自定义滤波"参数设置对话框,进行参数设置。在"自定义滤波"对话框中,选择输入文件为待处理影像"GF6_MUX_ZS. tif","波段设置"保持默认,选择 4 个波段,窗口大小设置为"3×3",在模板因子编辑框中输入模板系数,在这里保持模板系数之和为 1,设置输出文件路径,保持输出类型不变,点击"确定"完成自定义滤波计算,如图 7.30 所示。

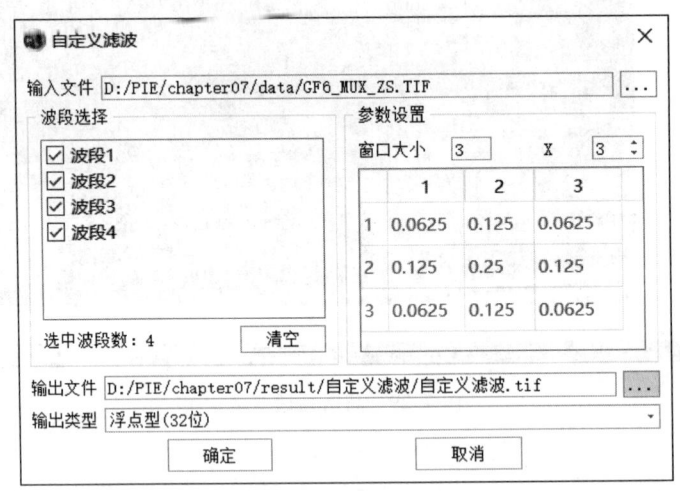

图 7.30 自定义滤波窗口参数设置

"自定义滤波"对话框参数说明如下:

• 输入文件:输入待处理的影像。

• 波段选择:设置待处理的波段。

• 参数设置：

① 窗口大小：设置滤波模板的大小，行和列的值只能为奇数。

② 编辑模板因子：在对话框右下角的模板因子框中，通过鼠标左键单击框中的模板因子，即可对空域模板进行编辑。其中模板系数大于 0。为使处理后图像的灰度范围与原始影像一致，模板系数和为 1。当模板系数和大于 1 时，处理后图像灰度范围超出；当模板系数和小于 1 时，处理后图像像元灰度值整体偏小。

• 输出文件：设置输出结果的保存路径及文件名。

• 输出类型：设置文件的输出类型，支持输出字节型（8 位）、整型/无符号整型（16 位）、长整型/无符号长整型/浮点型（32 位）、双精度浮点型（64 位）等多种位深类型。

所有参数设置完成后，点击"确定"按钮即可进行滤波处理（图 7.31）。

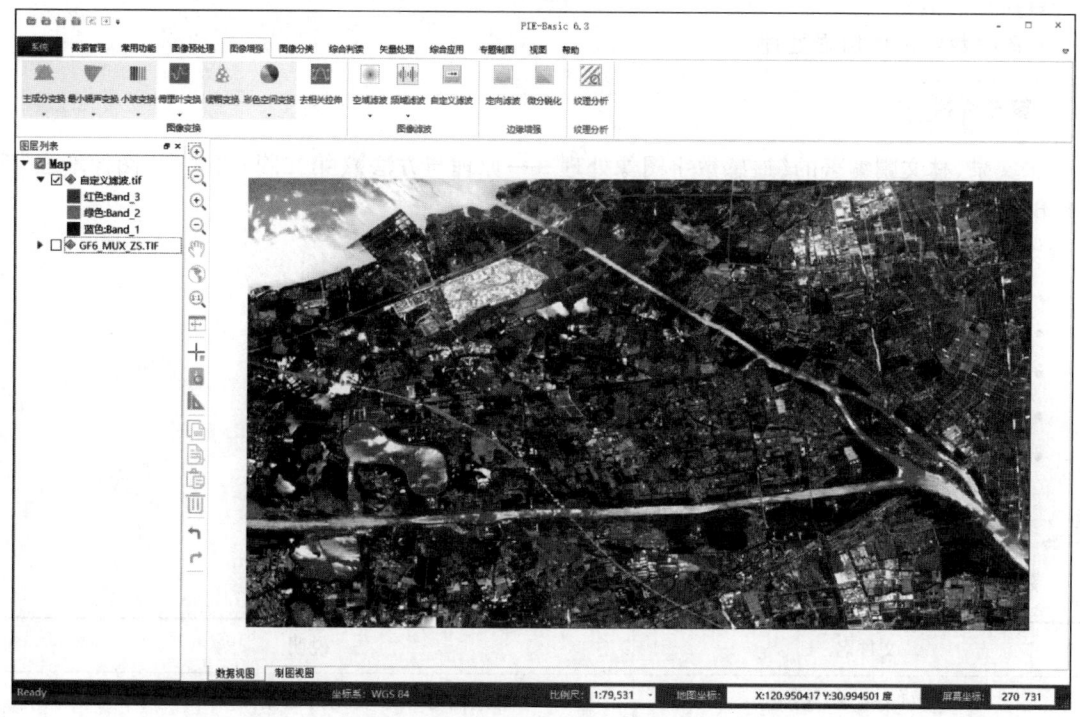

图 7.31 自定义滤波去噪声

8 图 像 增 强

❀ 学习目标

通过对案例的实践操作,初步了解如何利用 PIE-Basic 开展遥感数字图像增强处理。

❀ 预备知识

• 遥感数字图像增强处理

❀ 参考资料

朱文泉、林文鹏编著的《遥感数字图像处理——原理与方法》(第二版)第 8 章"图像增强"和 PIE-Basic 6.3 用户手册 3.5 图像增强。

❀ 学习要点

• 空间域图像增强
• 变换域图像增强
• 彩色增强处理
• 图像融合

❀ 测试数据

数据目录:附带光盘下的 .. \chapter08\data\

文件名	说明
GF6_Polygon_MUX. tif	某地高分六号多光谱数据
GF6_MUX_ZS. tif	经过正射校正的高分六号多光谱数据
GF6_PAN_ZS. tif	经过正射校正的高分六号全色波段数据

❀ 案例背景

图像增强是通过一定手段对原图像进行变换或附加一些信息,有选择地突出图像中感兴趣的特征或者抑制图像中某些不需要的特征,使图像与视觉响应特性相匹配,从而加强图像判读和识别效果,以满足某些特殊分析的需要,一般都是通过增强地物主体之间的对比度或者增强地物边缘与其主体之间的对比度来达到图像增强目的。

根据处理过程,图像增强主要分为空间域增强和变换域增强两类。在空间域图像增强中,我们利用定向滤波、微分算子等增强地物边缘和主体的对比度,通过纹理分析来增强地物主体之间的对比度。同样在变换域中,颜色空间变换和主成分变换可用于增强地物主体之间的对比度,傅里叶变换和小波变换可用于增强地物边缘与主体之间的对比度。

此外,我们常用伪彩色处理的方式增强灰度图像中地物主体之间的视觉差异,如伪彩色图像显示和唯一值渲染等;利用高空间分辨率单波段数据与低空间分辨率多光谱数据进行图像融合,增强彩色图像的地物细节信息(图8.1)。

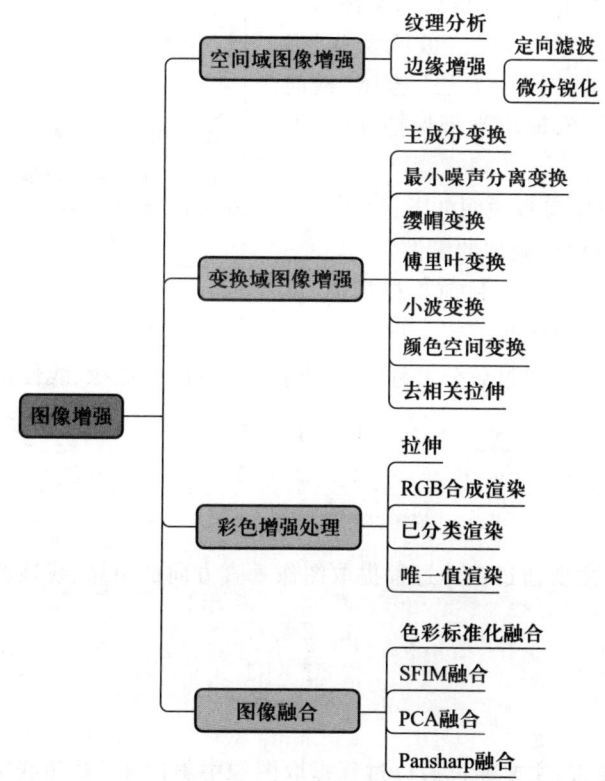

图 8.1　常见的图像增强方法及软件实现

8.1　空间域图像增强

8.1.1　边缘增强

为突出图像中的地物边缘、轮廓或线状目标,可以采用锐化的方法。锐化提高了边缘与周围像素之间的反差,因此也称为边缘增强。PIE 边缘增强包括定向滤波和微分锐化两部分。

1. 定向滤波

定向滤波又称为匹配滤波,是通过一定尺寸的方向模板对图像进行卷积计算,并以卷积值代替各像元点灰度值,强调的是某一些方向的地面形迹,例如水系、线性影像等。

方向模板是一个各元素大小按照一定规律取值,并对某一方向灰度变化最敏感的矩阵。将方向模板的中心沿图像像元依次移动,在每一位置上把模板中每个点的值与图像上相对的像元值点相乘后再相加。

本节以"GF6_Polygon_MUX. tif"图像定向滤波为例,具体操作流程如下:

在 PIE-Basic 主界面菜单栏中,选择"图像增强">"边缘增强">"定向滤波",打开"定向滤波"参数设置对话框。在对话框中,选择输入文件为待处理影像"GF6_Polygon_MUX. tif","波段设置"保持默认,选中 4 个波段数,"滤波方法"选择"横向滤波",设置输出文件路径,输出类型保持默认,如图 8.2 所示。

"定向滤波"对话框中参数说明如下:
- 输入文件:输入待滤波处理的影像。
- 参数设置:选择滤波方法,目前支持横向、纵向、斜向 45°、斜向 135°四种锐化方式。

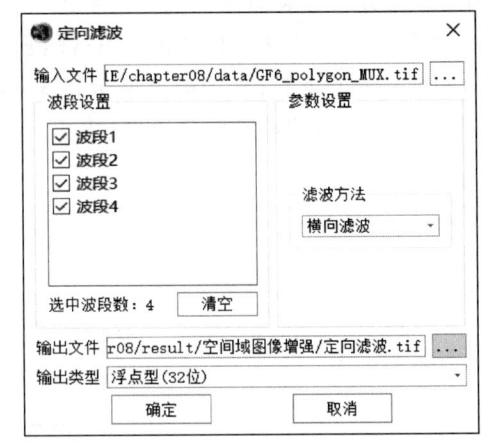

图 8.2 "定向滤波"对话框

① 横向滤波模板:主要通过微分过程提取图像水平方向的边缘、线性特征或细节。

$$\begin{array}{ccc} -1 & -1 & -1 \\ 2 & 2 & 2 \\ -1 & -1 & -1 \end{array}$$

② 纵向滤波模板:主要通过微分过程提取图像垂直方向的边缘、线性特征或细节。

$$\begin{array}{ccc} -1 & 2 & -1 \\ -1 & 2 & -1 \\ -1 & 2 & -1 \end{array}$$

③ 斜向 45°滤波模板:主要通过微分过程提取图像中斜向 45°对角线方向的边缘、线性特征或细节。

$$\begin{array}{ccc} -1 & -1 & 2 \\ -1 & 2 & -1 \\ 2 & -1 & -1 \end{array}$$

④ 斜向 135°滤波模板:主要通过微分过程提取图像中斜向 135°对角线方向的边缘、线性特征或细节。

$$\begin{array}{ccc} 2 & -1 & -1 \\ -1 & 2 & -1 \\ -1 & -1 & 2 \end{array}$$

- 波段设置:设置待处理的波段。
- 输出文件:设置输出结果的保存路径及文件名。

• 输出类型：设置文件的输出类型，支持输出字节型（8 位）、整型/无符号整型（16 位）、长整型/无符号长整型/浮点型（32 位）、双精度浮点型（64 位）等多种位深类型。

所有参数设置完成后，点击"确定"按钮即可进行定向滤波处理。

横向滤波处理后，可以明显看到图像水平方向的边缘、线性特征或细节。最后利用卷帘工具，查看原始影像与横向滤波处理后影像之间的差异（图 8.3）。

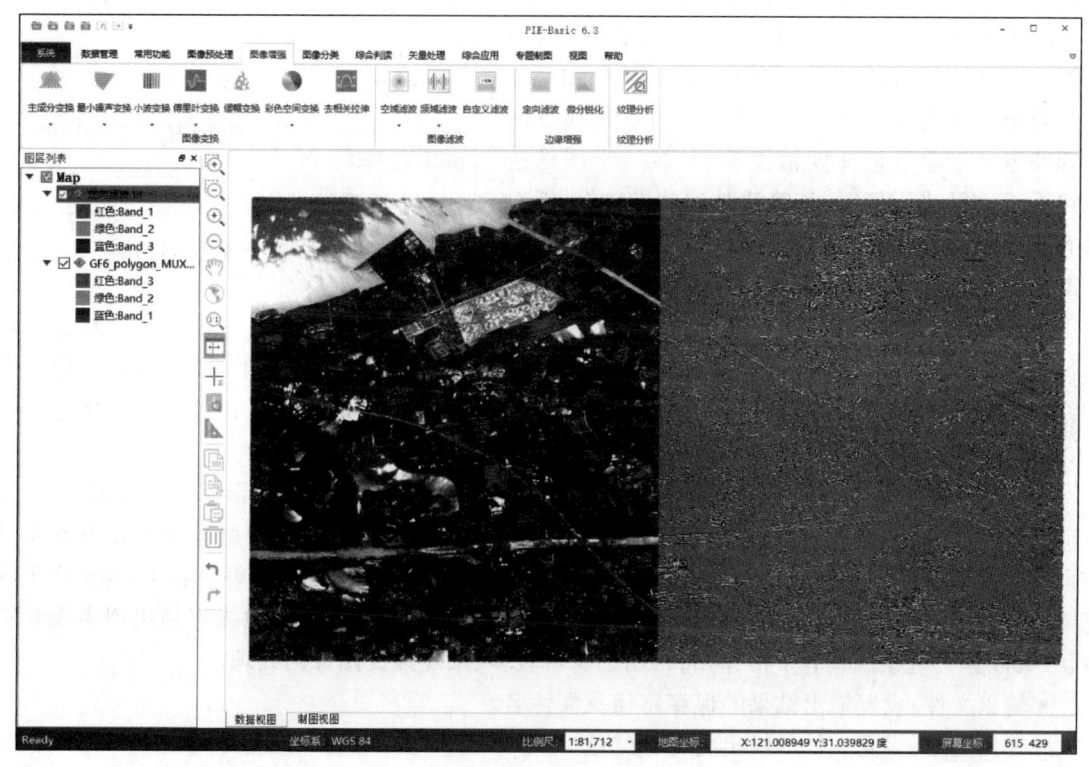

图 8.3　横向滤波

2. 微分锐化

微分锐化是通过微分使图像的边缘或轮廓突出、清晰。导数算子具有突出灰度变化的作用，对图像运用导数算子，灰度变化较大的点处算得的值较高，因此我们将图像的导数算子运算值作为相应的边界强度，可以通过对这些导数值设置阈值，提取边界的点集。

微分算子图像增强的基本思想就是利用图像相邻像元间的灰度值差分（一阶微分）或者差分的差分（二阶微分）来提取地物的细节信息，然后再将这些细节信息叠加到原图像来实现图像锐化增强。常用到的一阶微分算子有单向微分算子、Roberts 算子、Sobel 算子和 Prewitt 算子，二阶微分算子有 Laplacian 算子和 Wallis 算子。PIE-Basic 提供了 Sobel 算子、Prewitt 算子、Roberts 算子等，本节以"GF6_Polygon_MUX.tif"图像微分锐化为例，具体操作流程如下：

在 PIE-Basic 主界面菜单栏中，选择"图像增强">"边缘增强">"微分锐化"，打开"微分锐化"参数设置对话框。在对话框中，选择输入文件为待处理影像"GF6_Polygon_MUX.tif"，"波段设置"保持默认，选中 4 个波段数，选择"Prewitt 算子"，设置输出文件路径，输出类型保持默认,如图 8.4 所示。

"微分锐化"对话框参数说明如下：

- 输入文件：输入待处理的影像。
- 波段选择：设置待处理的波段。
- 参数设置：选择锐化方式，目前支持 Prewitt 算子、Sobel 算子、Roberts 算子三种锐化方式：

① Roberts 算子是一种梯度算子，又称为交叉微分算法，它用交叉的差分表示梯度，是一种利用局部差分算子寻找边缘的算子，该算子采用对角线方向相邻两像元之差近似梯度幅值检测边缘，当图像边缘接近于 +45°或-45°时，该算法处理效果较好，即对具有陡峭的低噪声的图像效果最好。其缺点是对边缘的定位不太准确，提取的边缘线条较粗。

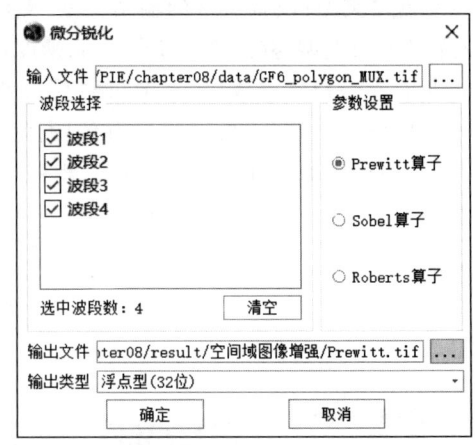

图 8.4 "微分锐化"对话框

② Prewitt 算子是加权平均算子，是一种一阶微分算子，对邻域内采用平均法进行差分实现图像边缘检测。Prewitt 算子对边缘的定位不如 Roberts 算子，但在水平方向和垂直方向的边缘检测结果较好，对噪声有抑制作用，常用于噪声较多、灰度渐变的图像的处理，但处理后图像边缘较宽，而且间断点多。

③ Sobel 算子是一种用于边缘检测的离散微分算子，利用滤波算子的形式来提取边缘，X、Y 方向各用一个模板，两个模板组合起来构成 1 个梯度算子。X 方向模板对垂直边缘影响最大，Y 方向模板对水平边缘影响最大，对灰度渐变和噪声较多的图像处理效果较好。在 Prewitt 算子的基础上，对 4-邻域采用加权方法进行差分，边缘定位更准确，但检测出的边缘容易出现多像素宽度。Sobel 算子对噪声具有平滑作用，常用于噪声较多、灰度渐变图像的处理。

- 输出文件：设置输出结果的保存路径及文件名。
- 输出类型：设置文件的输出类型，支持输出字节型（8 位）、整型/无符号整型（16 位）、长整型/无符号长整型/浮点型（32 位）、双精度浮点型（64 位）等多种位深类型。

所有参数设置完成后，点击"确定"按钮即可进行微分锐化处理。

可以看到 Prewitt 算子处理后，图像上边缘轮廓与线性目标被突出显示，而灰度变化比较平缓或均匀的区域（水域、绿地等）几乎是黑色。最后利用卷帘工具，查看原始影像与微分算子处理后影像之间的差异（图 8.5）。

8.1.2　纹理分析

纹理分析是指通过一定的图像处理技术提取出纹理特征参数，从而获得纹理的定量或定性描述的处理过程。

本节以"GF6_Polygon_MUX.tif"图像纹理分析为例，具体操作流程如下：

在 PIE-Basic 主界面菜单栏中，选择"图像增强">"边缘增强">"纹理分析"，打开"纹理分析"参数设置对话框。在对话框中，选择输入文件为待处理影像"GF6_Polygon_MUX.tif"，选择"band 1"，分析算子选择"协同性"，角度设置为"0"，间隔距离设置为"3"，灰度分阶数设置为"8"，窗口大小设置为"5×5"，设置输出文件路径，如图 8.6 所示。

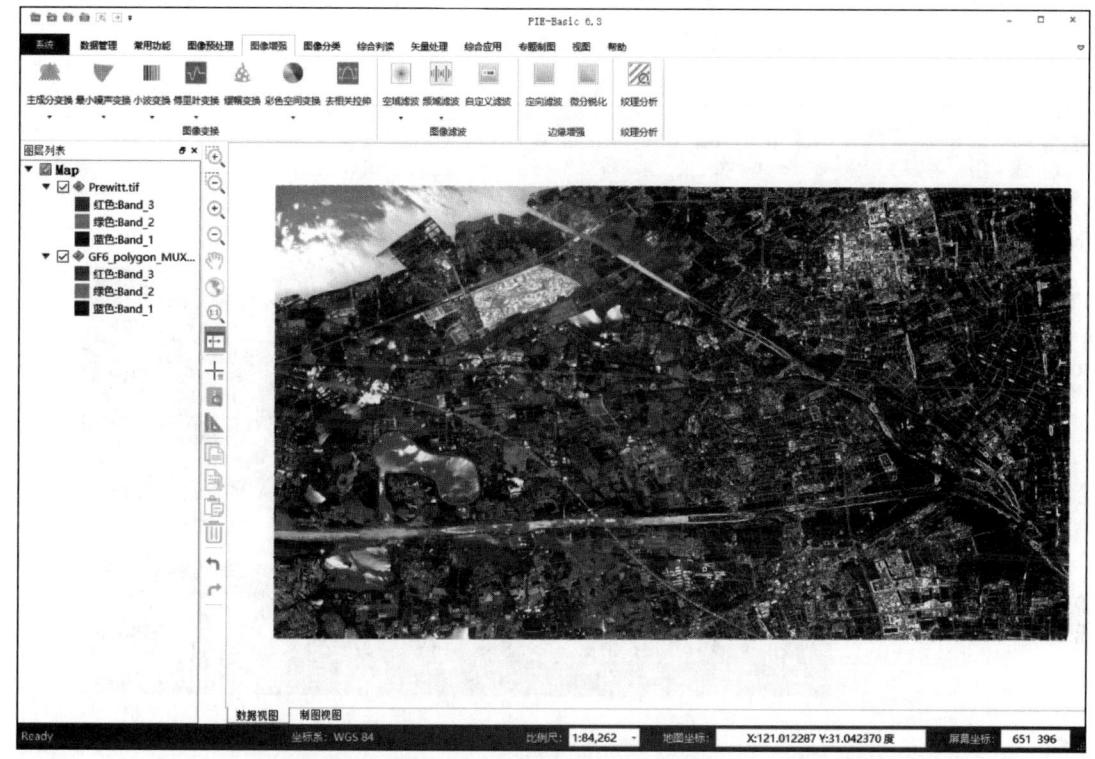

图 8.5　微分算子

"纹理分析"对话框参数说明如下：

• 输入文件：输入待处理的影像。

• 波段选择：显示数据的波段信息及标记将处理的波段信息。

① 选择个数：显示所选波段的数量；

② 清空：清除波段选择。

• 参数设置：

① 分析算子：从下拉列表中选择所需的分析，包括协同性、反差性、非相似性、均值、方差、角二阶矩、相关性、熵、GLDV 角二阶矩、GLDV 均值、GLDV 反差；

② 角度：提供 4 种分析角度，0°、45°、90°、135°；

③ 间隔距离：设置间隔距离，1、2 或 3；

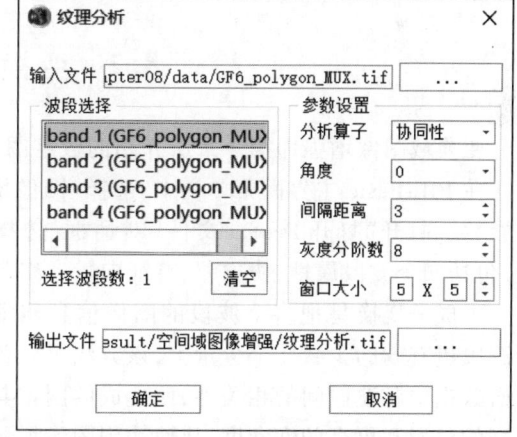

图 8.6　"纹理分析"对话框

④ 灰度分阶数：由于纹理分析时灰度共生矩阵的统计是一个耗时的计算过程，一般在计算前会把图像按照一定的阶数（如 8 阶、16 阶）重新量化后再进行统计，以加快计算；

⑤ 窗口大小：设置处理窗口的大小。

• 输出文件：设置输出结果的保存路径及文件名。

所有参数设置完成后,点击"确定"按钮即可进行纹理分析处理。最后利用卷帘工具,查看原始影像与纹理分析处理后影像之间的差异(图8.7)。

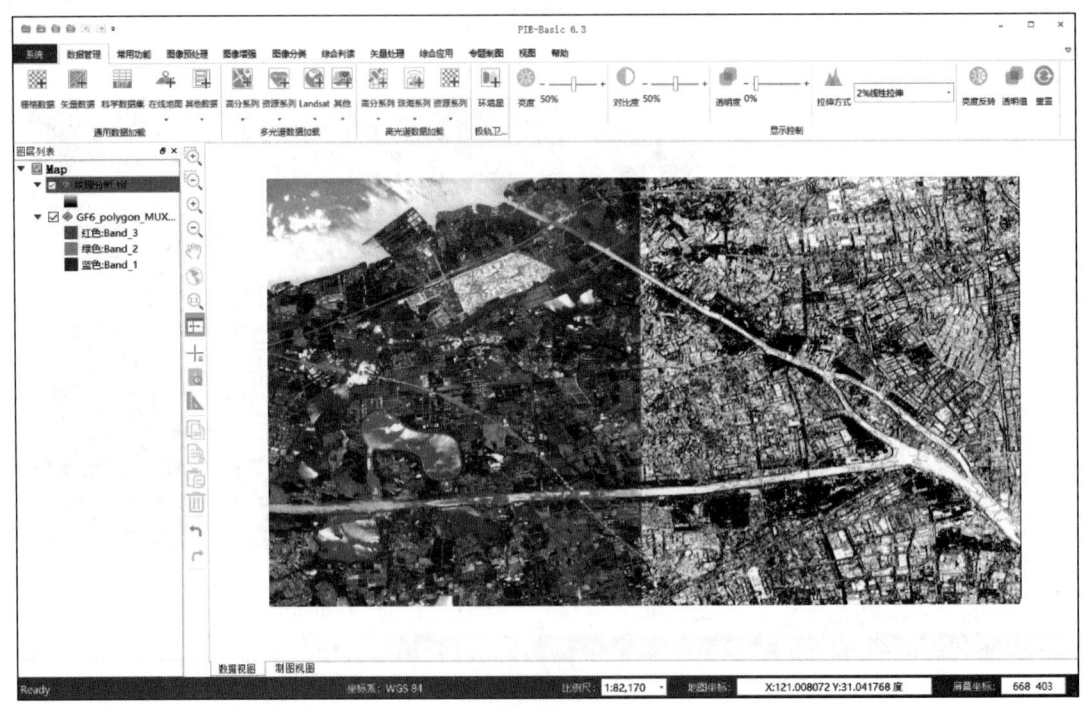

图 8.7　纹理分析

8.2　变换域图像增强

变换域图像增强即第 4 章所介绍的数字图像变换方式,本小节不再赘述。

在 PIE-Basic 主界面菜单栏中,选择"图像增强">"图像变换">"主成分变换">"查看变换统计参数",打开"打开 PcaSta 文件"对话框,选择在第一步中计算出的 .sta 文件,查看 PcaSta 参数,包括四个波段属性、协方差、特征向量三组数据,如图 8.8~8.9 所示。

主成分变换是把多个波段的图像信息压缩到比原波段更有效的少数几个分量上,该方法可以消除多光谱数据中各波段间的相关性,使生成的图像具有更丰富的色彩和更高的饱和度,从而达到图像增强的目的。除此之外,我们还可以对主成分变换后的某一分量进行对比度拉伸处理,然后再进行主成分逆变换,恢复到原始的图像空间,生成一幅色彩亮丽的彩色合成图像,从而达到图像增强的目的,这种图像增强方式也被称为去相关拉伸处理。

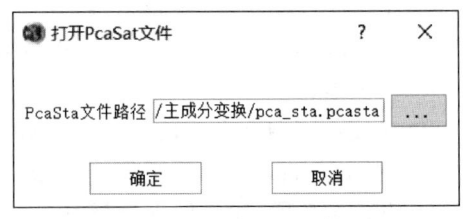

图 8.8　"打开 PcaSat 文件"对话框

PcaSta 参数   ?   ✕

属性

	B1	B2	B3	B4
1 均值	585.075	641.019	564.92	1397.09
2 特征值	1.85139e+6	232898	6714.67	542.587
3 累计贡献	0.885178	0.99653	0.999741	1

协方差

	1	2	3	4
1	192545	216384	199996	397250
2	216384	246040	230222	444122
3	199996	230222	223501	388117
4	397250	444122	388117	1.42946e+6

特征向量

	1	2	3	4
1	0.281538	0.429255	-0.634329	-0.578017
2	0.316651	0.506543	-0.219534	0.771331
3	0.284407	0.54836	0.739942	-0.266271
4	0.859989	-0.508386	0.0437904	-0.00672099

图 8.9　PcaSat 参数对话框

　　由于高度相关的数据集经常生成十分柔和的彩色图像,因此经常使用去相关拉伸工具来消除多光谱数据集中的高度相关性,从而生成一幅色彩亮丽的彩色合成图像。去相关拉伸需要 3 个输入波段,这些波段应该为拉伸的字节型数据,或从一个打开的彩色显示中选择。

　　本节以"GF6_Polygon_MUX. tif"图像去相关拉伸为例,具体操作流程如下:

　　在 PIE-Basic 主界面菜单栏中,选择"图像增强">"图像变换">"去相关拉伸",打开"去相关拉伸"参数设置对话框。对话框中,选择输入文件为待处理影像,设置输出文件路径,如图 8.10 所示。

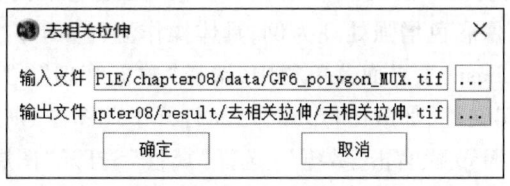

图 8.10　"去相关拉伸"对话框

"去相关拉伸"对话框参数说明如下:

● 输入文件:输入待进行去相关拉伸处理的数据;

● 输出文件:设置输出文件的保存路径及文件名。

所有参数设置完成后,点击"确定"按钮即可进行去相关拉伸处理(图 8.11)。

图 8.11 按照 321 波段顺序显示的去相关拉伸图像增强结果

8.3 彩色增强处理

由于人的视觉系统对彩色更为敏感,因此彩色增强处理的基本思想就是使单波段的灰度图像变成一幅彩色图像,提高人眼对图像特征的识别能力。常用的方法包括伪彩色图像显示和色彩分割。

伪彩色图像显示处理是建立一个像元灰度值与颜色空间分量(如 R、G、B 颜色分量)之间的一一对应关系,使图像的灰度值映射到三维的色彩空间,用颜色来代表图像的灰度值。本节以"GF6_Polygon_MUX. tif"图像彩色增强处理为例,具体操作流程如下:

① 打开图像。在 PIE-Basic 主界面菜单栏中,选择"数据管理">"通用数据加载">"栅格数据",选择"GF6_Polygon. tif"文件,加载图像。若已经打开了此图像,则忽略此步骤。

② 打开图层属性。在 Map 栏右击"数据",选择"属性",打开"图层属性"对话框(图 8.12)。

③ 伪彩色图像显示:在图层属性对话框中,选择"栅格渲染"标签。针对栅格数据,可以多种不同的方式进行显示或渲染。栅格数据的渲染方式取决于它所包含的数据的类型及要显示的内容,并可对设置的渲染属性进行保存。某些栅格数据包含一个可自动用于显示栅格数据的预定义配色方案,即色彩映射表。而对于未包含预定义配色方案的栅格,也会选择一种合适的显示方法,且可根据需要对其进行调整。

栅格图层的透明度范围是 0~100,可以和以下几种渲染方式配合使用,也可单独使用。

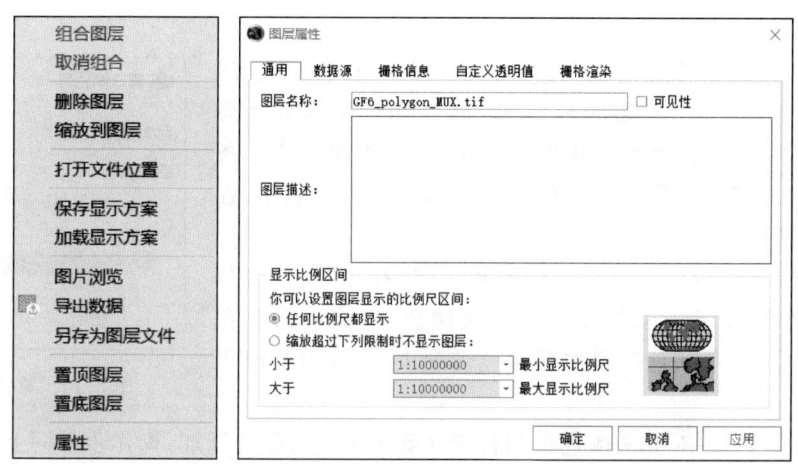

图 8.12 打开图层属性

（1）拉伸

拉伸渲染方法使用统计数据应用拉伸，用平滑渐变的颜色来显示连续的栅格像元值，适用于显示单波段或连续数据。该方法非常适合于像素值范围较大的影像或者高程模型等栅格数据（图 8.13）。

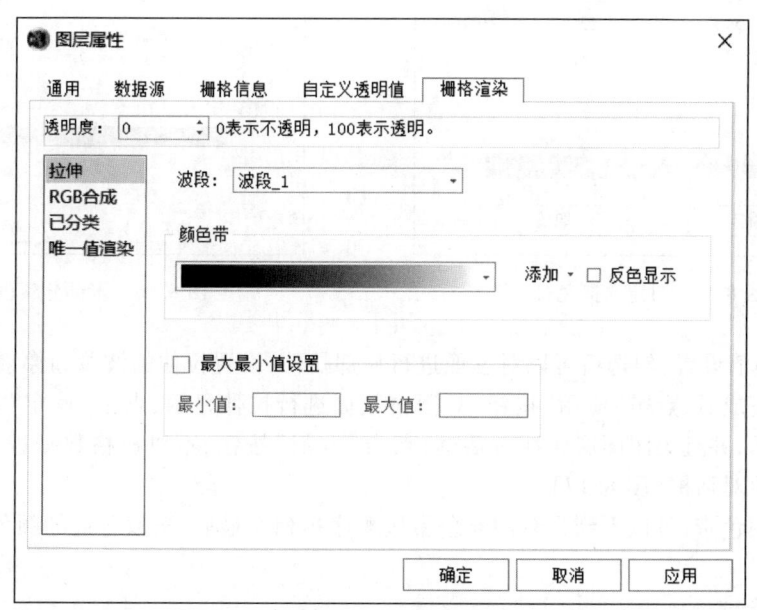

图 8.13 拉伸对话框

拉伸对话框参数说明如下：

• 波段：设置待渲染的波段，可以分别对栅格数据的各个波段进行渲染。

• 颜色带：设置拉伸渲染的颜色方案，这里提供了多个颜色方案供选择。随着数据值由小到大，色彩往往是逐渐变化的。也可点击"添加"按钮自定义新的渲染颜色带，有以下三种方式可供选择：

① 算法颜色带：可添加渐变颜色带方案，打开"算法颜色带"
对话框（图 8.14），点击"起始颜色"选取渐变颜色带的起始颜
色，点击"结束颜色"选取渐变颜色带的结束颜色，即可生成一条
渐变颜色带，点击"确定"将该条颜色带添加到颜色带列表中，在
渲染时可选择调用；

② 自定义颜色带：可自定义渲染的颜色带，打开"自定义颜
色带"对话框（图 8.15），添加多种自定义颜色，组成一条颜色
带，点击"确定"将该条颜色带添加到颜色带列表中，在渲染时可
选择调用；

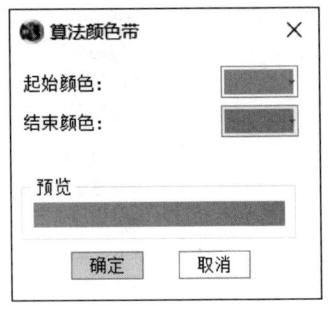

图 8.14　算法颜色带

③ 多部分颜色带：对算法颜色带和自定义颜色带进行组合添加，操作步骤同上，点击"确定"
将该条颜色带添加到颜色带列表中，在渲染时可选择调用（图 8.16）。

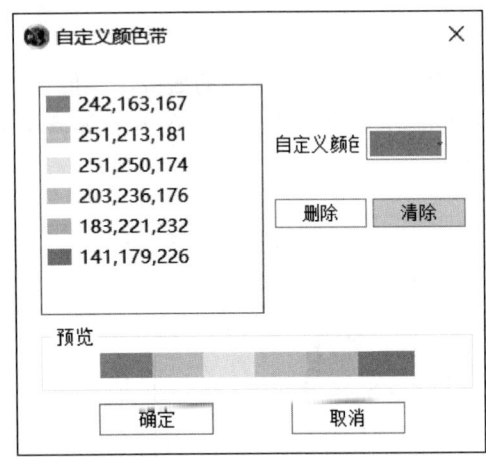

图 8.15　自定义颜色带

图 8.16　多部分颜色带

• 最大最小值设置：勾选后可以对影像进行局部拉伸，设置拉伸的波段和像素值区间。

所有设置完成后，点击"应用"按钮，对栅格数据进行拉伸显示；点击"确定"按钮，对栅格数
据进行拉伸显示，并且关闭图层属性对话框；点击"取消"按钮，不对栅格数据进行拉伸显示，并
且关闭图层属性对话框（图 8.17）。

下拉打开颜色带，可以看到设置的颜色带按顺序排列在最后，选取合适的颜色带进行图像渲
染（图 8.18）。

（2）RGB 合成

RGB 合成渲染方法以"红、绿、蓝"合成方式组合多个波段，适用于多波段栅格影像的渲染
（图 8.19）。

RGB 合成参数说明如下：

• 设置 RGB 波段：可设置不同的 RGB 波段组合来进行栅格数据渲染。

• 最大最小值设置：通过设置波段最大值和最小值来限制渲染的像素范围，仅对区间范围内
的像素进行渲染。

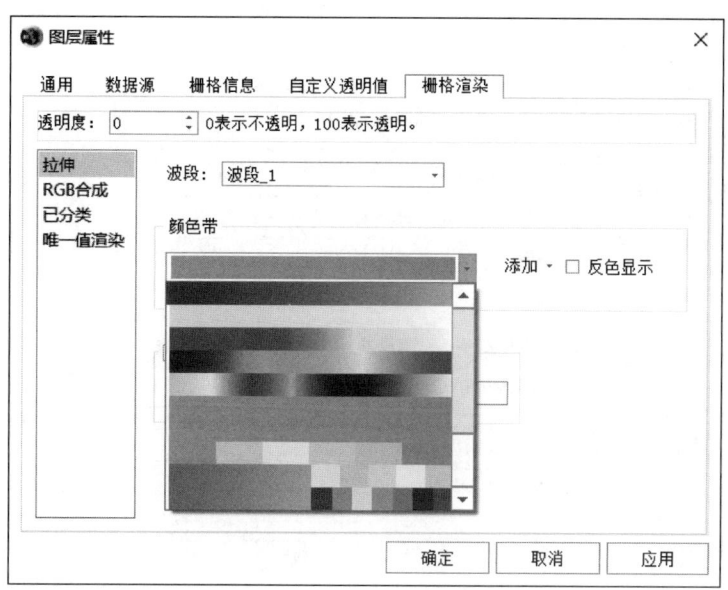

图 8.17　设置的颜色带展示

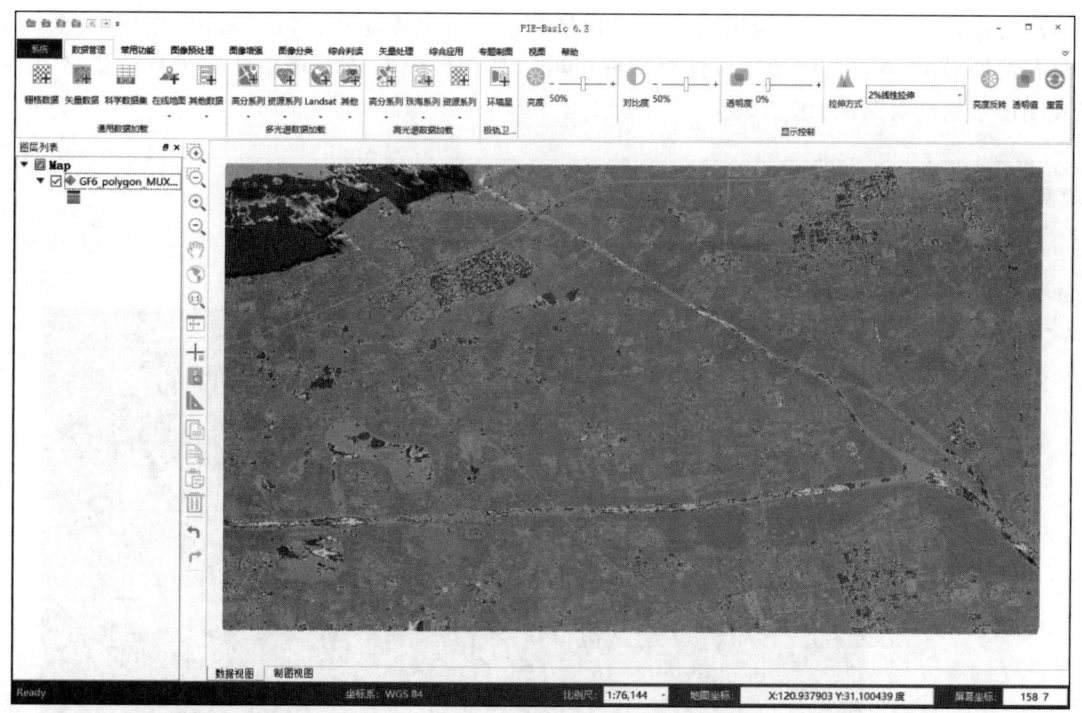

图 8.18　拉伸显示结果

① 波段：选择待渲染的波段，可以分别对栅格数据的各个波段进行渲染；

② 最小值：设置待渲染波段的最小值；

③ 最大值：设置待渲染波段的最大值。

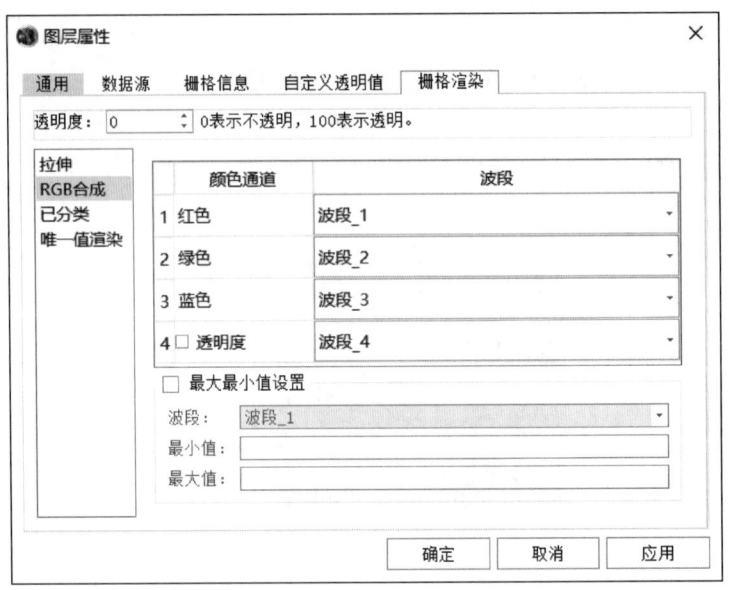

图 8.19　RGB 合成

　　所有设置完成后,点击"应用"按钮,对栅格数据进行渲染显示;点击"确定"按钮,对栅格数据进行渲染显示,并且关闭图层属性对话框;点击"取消"按钮,不对栅格数据进行渲染显示,并且关闭图层属性对话框(图 8.20)。

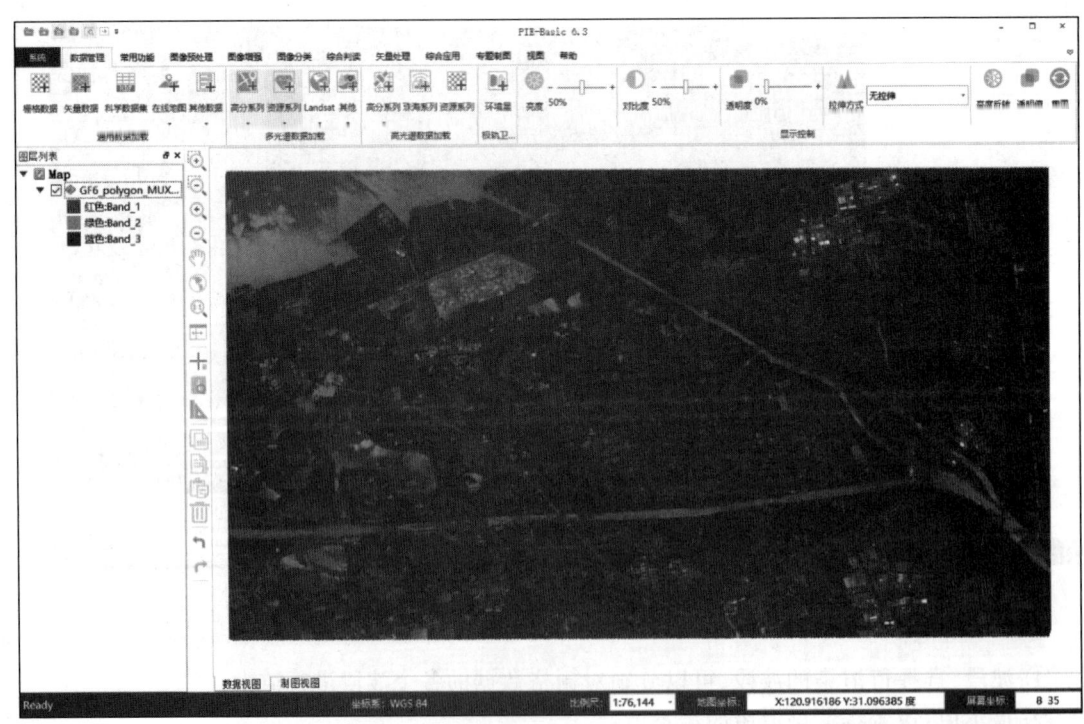

图 8.20　RGB 按照波段 1、2、3 合成渲染结果

　　　　　　　　　　　　　8　图像增强

（3）已分类

已分类渲染方法通过将像元值归组到各个类,并为这些类指定各种颜色,适用于单波段栅格图层(图 8.21)。

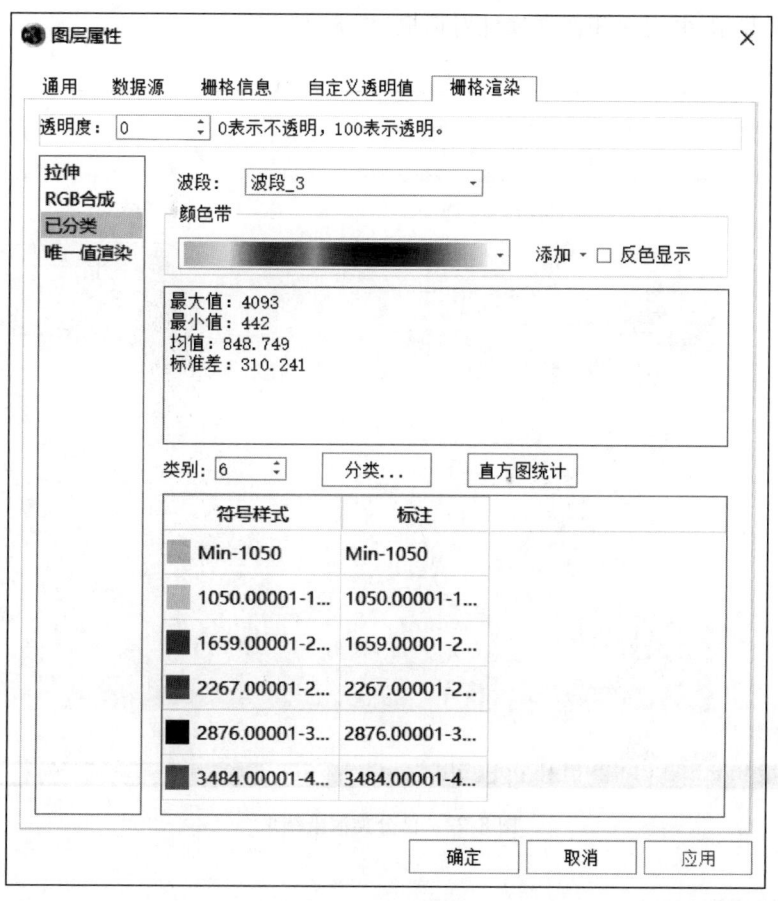

图 8.21　已分类

已分类参数说明如下:

• 波段:设置待渲染的波段,可以分别对栅格数据的各个波段进行渲染。

• 颜色带:设置进行已分类渲染的分级色彩方案,软件中提供多种分级色彩方案。随着分级数值由小到大或是级别由低到高,色彩往往是逐渐变化的。也可点击"添加"按钮添加新的渲染颜色带,具体可参考拉伸渲染部分。

• 类别:设置待渲染的类别数。

• 分类:单击"分类…"按钮,可添加、修改、删除中断值。

• 直方图统计:对像素值作直方图统计。

• 已分类渲染符号样式列表:主要对前面设置的结果进行预览,并可进行再编辑。

① 符号样式:在待修改的符号处双击鼠标左键,即可对符号进行编辑;

② 标注:在待修改的标注处点击鼠标左键直接对标注内容进行修改,完成后在空白区域点击鼠标左键即可保存。

所有设置完成后,点击"应用"按钮,即可对栅格数据进行灰度值分类和显示;点击"确定"按钮,对栅格数据进行灰度值分类和显示,并且关闭图层属性对话框;点击"取消"按钮,不对栅格数据进行分类和显示,并且关闭图层属性对话框(图8.22)。

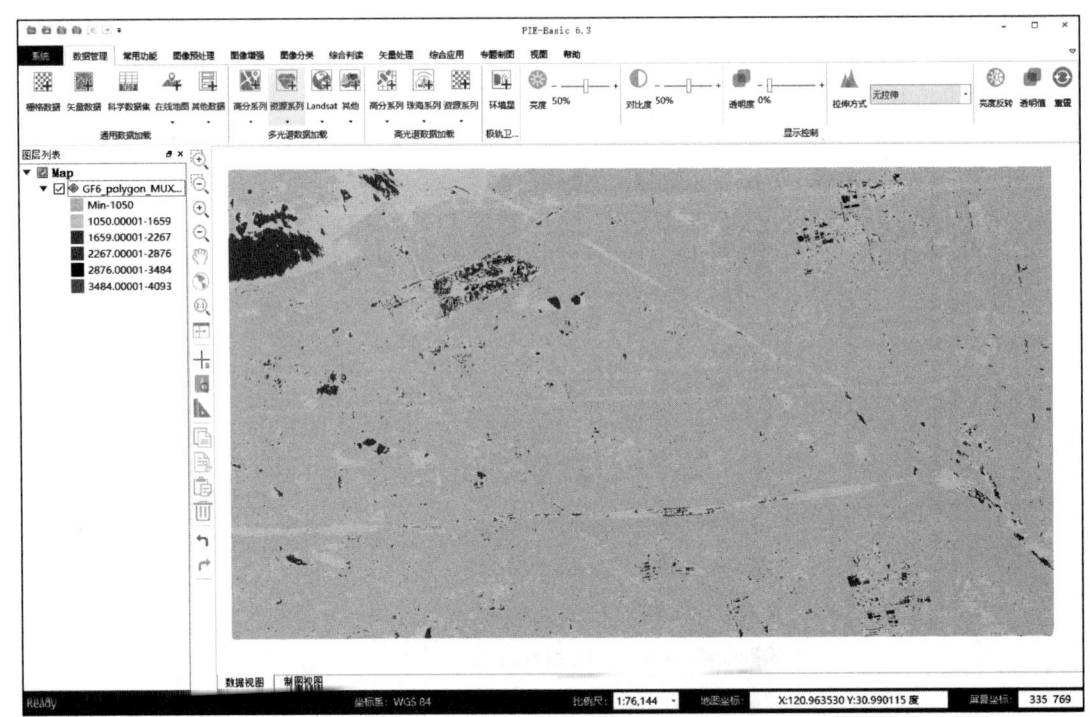

图 8.22　已分类渲染结果

（4）唯一值渲染

唯一值渲染方法用于分别显示栅格图层中的每个值,将每个值随机显示为一种颜色(图8.23)。

唯一值渲染参数说明如下:

• 波段:设置待渲染的波段,可以分别对栅格数据的各个波段进行渲染。

• 颜色带:设置唯一值渲染的色彩方案,软件中提供了多个颜色方案供选择,随着数据值由小到大,色彩往往是逐渐变化的。也可点击"添加"按钮添加新的渲染颜色带,具体可参考拉伸渲染部分。

• 唯一值渲染符号样式列表:主要对前面设置的结果进行预览,并可进行再编辑。

① 符号样式:在待修改的符号处双击鼠标左键,即可对符号进行编辑,本节将"其他所有值"颜色修改为白色,以去除影像周围黑边;

② 标注:在待修改的标注处点击鼠标左键直接对标注内容进行修改,完成后在空白区域点击鼠标左键即可保存;

③ 个数:显示当前设置的栅格数据波段中各颜色值的像素个数。

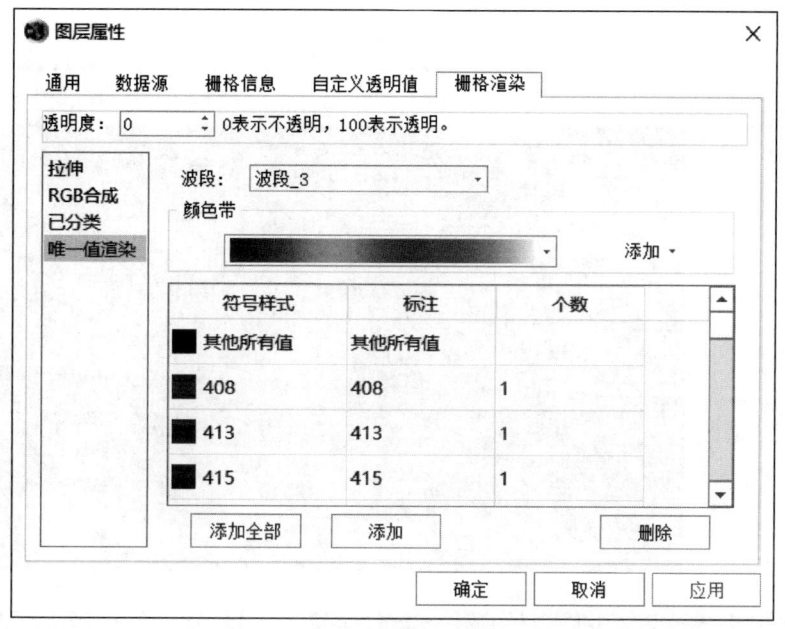

图 8.23　唯一值渲染

• 添加全部：点击"添加全部"按钮，就会将所有的值全部添加到符号样式列表中。
• 添加：点击"添加"按钮，弹出添加对话框（图 8.24），在其中选中需要的值，点击"确定"按钮即可将其添加到符号样式列表中。

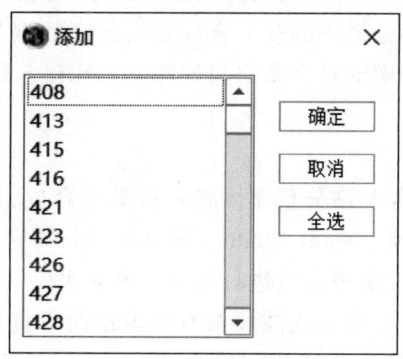

图 8.24　添加对话框

• 删除：选中某个值，点击"删除"按钮，即可将其从符号样式列表中删除。
　　所有设置完成后，点击"应用"按钮，即可对栅格数据进行唯一值渲染显示；点击"确定"按钮，对栅格数据进行唯一值渲染显示，并且关闭图层属性对话框；点击"取消"按钮，不对栅格数据进行唯一值渲染，并且关闭图层属性对话框（图 8.25）。

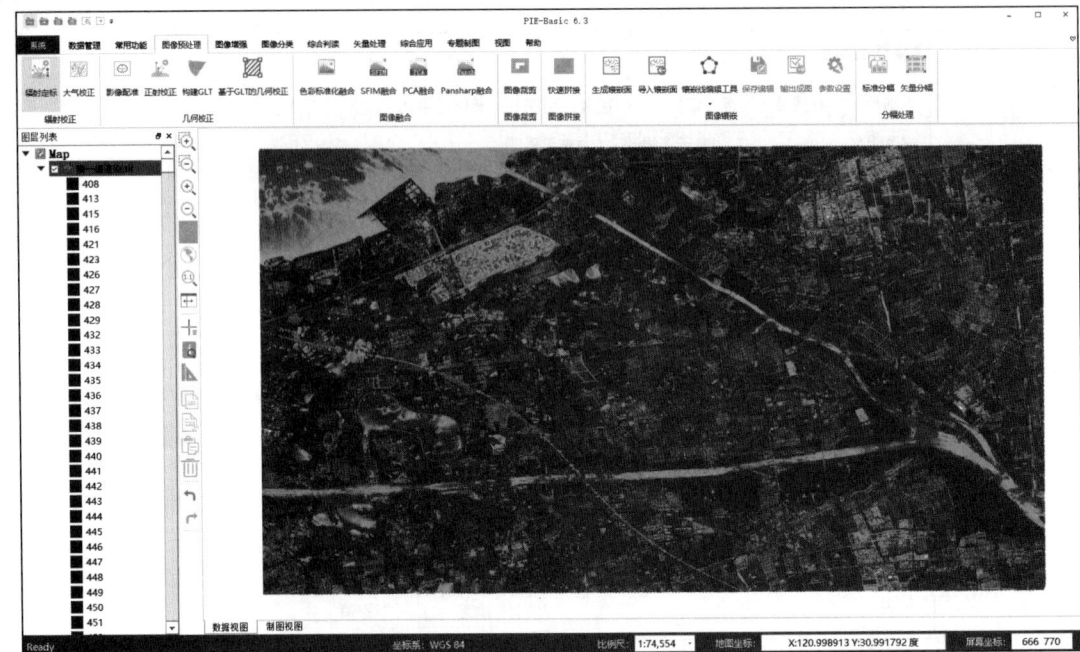

图 8.25 唯一值渲染结果

8.4 图 像 融 合

图像融合是将多源遥感图像按照一定的算法,在规定的地理坐标系下生成新的图像的过程。大多数情况下,是针对较低空间分辨率的多光谱或者高光谱数据与高空间分辨率的单波段图像进行融合处理,使得处理后的图像既具有高空间分辨率又具有丰富的光谱特征。

8.4.1 色彩标准化融合

色彩标准化融合对彩色图像和高分辨率图像进行数学合成,从而使图像得到锐化。色彩归一化变换也被称为能量分离变换(energy subdivision transform),它是用来自融合图像的高空间分辨率波段对输入图像的低空间分辨率波段进行增强。该方法仅对包含在融合图像波段的波谱范围内对应的输入波段进行融合,其他输入波段被直接输出而不进行融合处理。融合图像波段的波谱范围由波段中心波长和半峰全宽(full width-half maximum,FWHM)值限定。

本节以"GF6_MUX_ZS. tif、GF6_PAN_ZS. tif"图像色彩标准化融合为例,具体操作流程如下:

在 PIE-Basic 主界面菜单栏中,选择"图像预处理">"图像融合">"色彩标准化融合",打开"色彩标准化融合"参数设置对话框。在对话框多光谱影像波段设置中,通道 RGB 分别选择 GF6_MUX_ZS. tif 影像的波段 3、波段 2、波段 1。在高分辨率影像波段设置中,波段 1 选择 GF6_PAN_ZS. tif 影像的波段 1,如图 8.26 所示。

"色彩标准化融合"对话框参数说明如下:

• 多光谱影像波段设置:在 MAP 列表中选择需要进行融合的低分辨率影像 RGB 波段;如果文件未打开,可通过点击"..."按钮打开文件并加载到影像设置列表中。

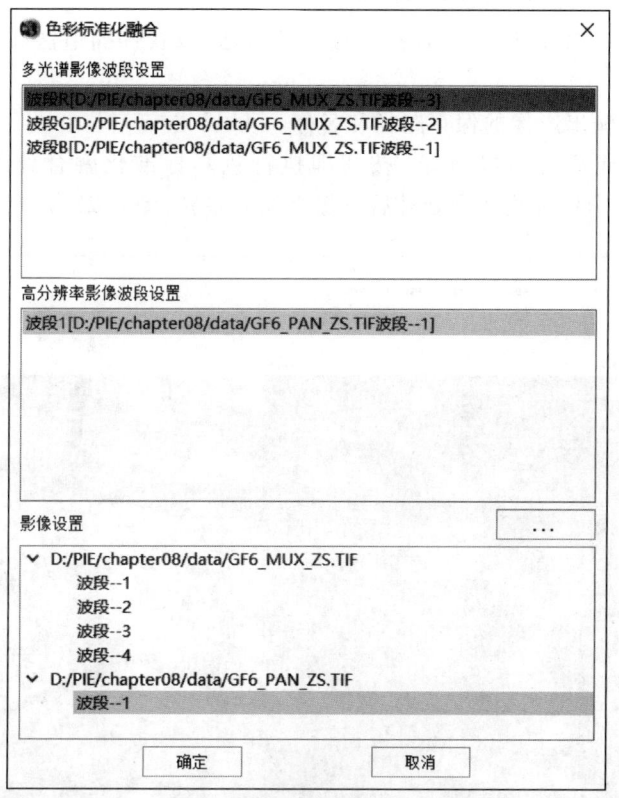

图 8.26 "色彩标准化融合"对话框

• 高分辨率影像波段设置:在 MAP 列表中选择需要进行融合的高分辨率影像波段;如果文件未打开,可通过点击"…"按钮打开文件并加载到影像设置列表中。

多光谱影像 RGB 波段和高分辨率影像波段设置完毕后,点击"确定"按钮,弹出"色彩标准化融合"参数设置对话框。在对话框中,设置重采样方法为"三次卷积法",设置输出文件路径,如图 8.27 所示。

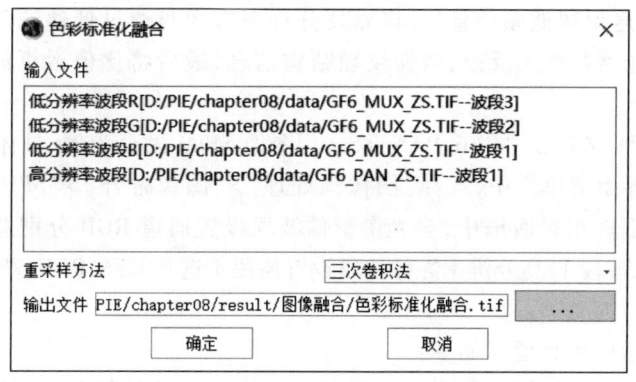

图 8.27 "色彩标准化融合"对话框

"色彩标准化融合"对话框参数说明如下：

• 重采样方法：选择插值方式，PIE 提供最近邻域法、双线性插值法和三次卷积法三种插值方式；

• 输出文件：设置输出影像的保存路径和名称。

所有参数设置完成后，点击"确定"按钮即执行色彩标准化融合处理。最后利用卷帘工具，查看原始影像与色彩标准化融合处理后影像之间的差异（图 8.28）。

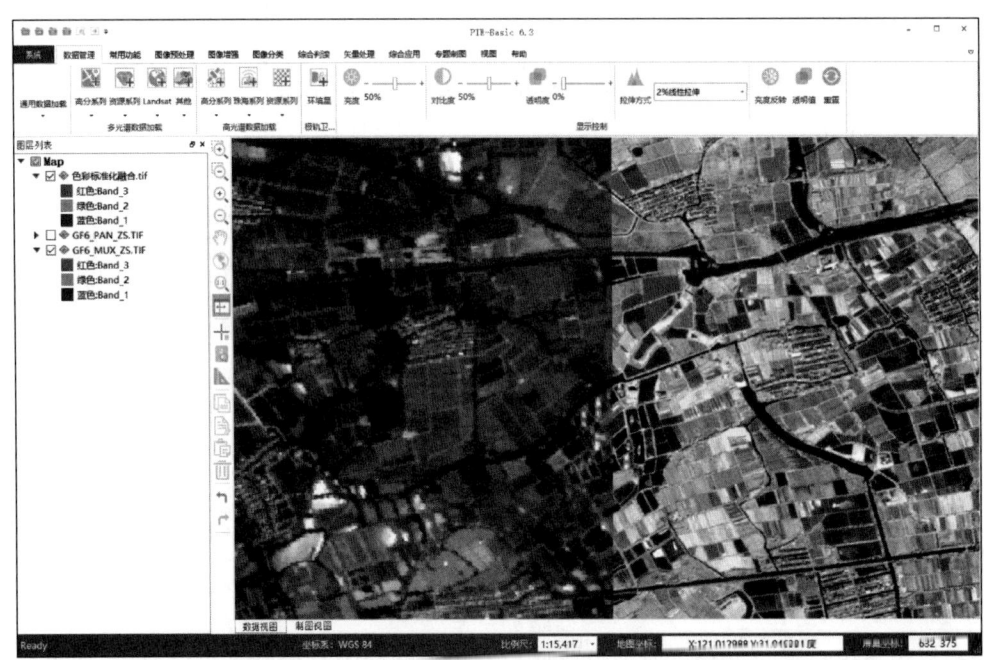

图 8.28　左图：原始影像；右图：色彩标准化融合

8.4.2　SFIM 融合

SFIM 融合方法全称为基于平滑滤波的亮度变换。基本原理是将高分辨率影像通过低通滤波抑制其高频空间信息保留低频信息，再将原高分辨率影像与通过低通滤波的高分辨率影像进行比值运算，以抵消光谱及地形反差，增强纹理结构信息，最后将比值运算的结果融入低分辨率影像中。

本节以"GF6_MUX_ZS. tif""GF6_PAN_ZS. tif"图像 SFIM 融合为例，具体操作流程如下：

在 PIE-Basic 主界面菜单栏中，选择"图像预处理">"图像融合">"SFIM 融合"，打开"SFIM 融合"参数设置对话框。在对话框中，多光谱影像波段设置通道 RGB 分别选择 GF6_MUX_ZS. tif 影像的波段 3、波段 2、波段 1，高分辨率影像波段设置波段 1 选择 GF6_PAN_ZS. tif 影像的波段 1，如图 8.29 所示。

"SFIM 融合"对话框参数说明如下：

• 多光谱影像波段设置：在 MAP 列表中选择需要进行融合的低分辨率影像 RGB 波段；如果文件未打开，可通过点击"…"按钮打开文件并加载到影像设置列表中。

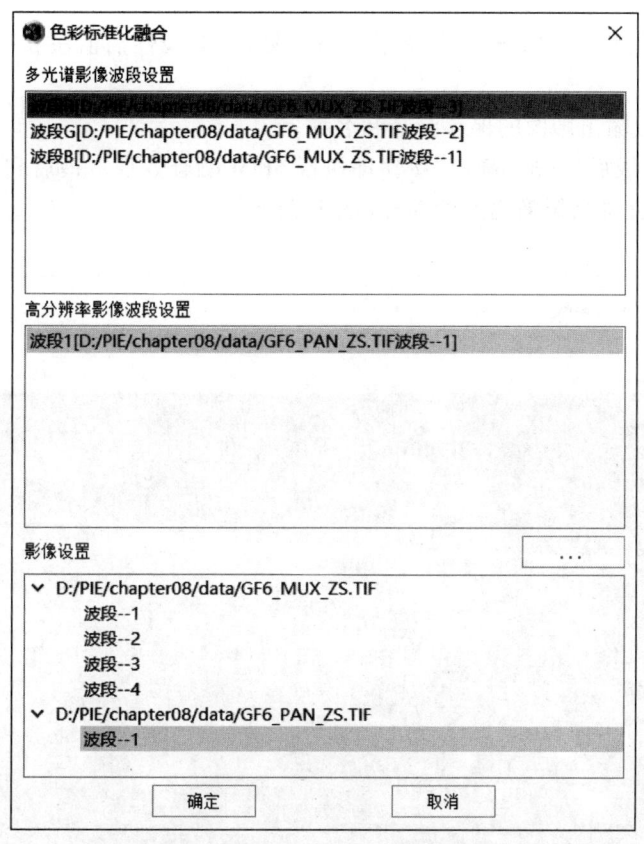

图 8.29 "SFIM 融合"对话框

• 高分辨率影像波段设置:在 MAP 列表中选择需要进行融合的高分辨率影像波段;如果文件未打开,可通过点击"…"按钮打开文件并加载到影像设置列表中。

多光谱影像 RGB 波段和高分辨率影像波段选择完毕后,点击"确定"按钮,弹出"SFIM 融合"参数设置对话框。在对话框中,设置重采样方法为"三次卷积法",设置输出文件路径,如图 8.30 所示。

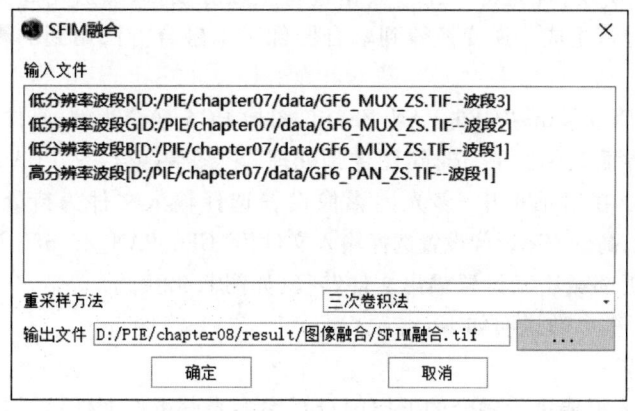

图 8.30 "SFIM 融合"对话框

"SFIM 融合"对话框参数说明如下:

• 重采样方法:选择插值方式,PIE 提供最近邻域法、双线性插值法和三次卷积法三种插值方式;

• 输出文件:设置输出影像的保存路径和名称。

所有参数设置完成后,点击"确定"按钮即执行 SFIM 融合处理。最后利用卷帘工具,查看原始影像与 SFIM 融合处理后影像之间的差异(图 8.31)。

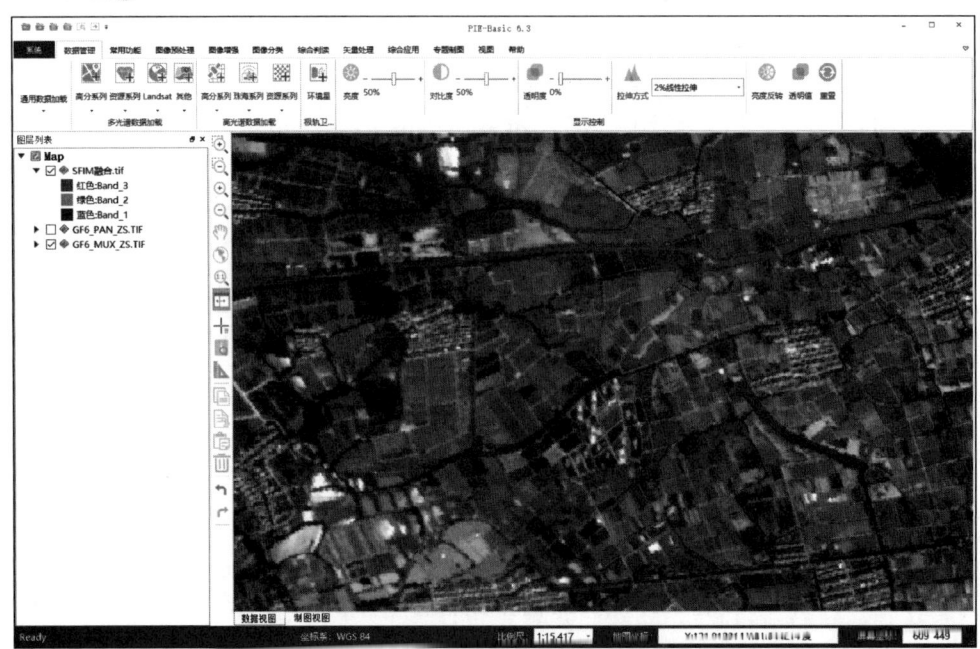

图 8.31　左图:原始影像;右图:SFIM 融合

8.4.3　PCA 融合

PCA 融合分三步实现,首先将多光谱数据进行主成分变换,然后用高分辨率单波段替换第一主成分波段,最后进行主成分逆变换得到融合图像。本融合方法用到的影像数据必须经过正射矫正。

本节以"GF6_MUX_ZS. tif""GF6_PAN_ZS. tif"图像 PCA 融合为例,具体操作流程如下:

在 PIE-Basic 主界面菜单栏中,选择"图像预处理">"图像融合">"PCA 融合",打开"PCA 融合"参数设置对话框。在对话框中,多光谱影像设置选择输入文件为待处理影像"GF6_MUX_ZS. tif",选择 4 个波段,高分辨率影像设置选择输入文件为"GF6_PAN_ZS. tif",波段设置为波段 1,重采样方法选择为"最近邻域法",设置输出文件路径,如图 8.32 所示。

"PCA 融合"对话框参数说明如下:

• 多光谱影像设置:

① 输入文件:输入需要进行融合的低空间分辨率多光谱影像文件;

② 波段设置:在列表中选择需要进行融合的多光谱影像波段,通过点击"全选"按钮可以选中所有的波段,通过点击"清空"按钮可以取消选择已选中的波段。

• 高分辨率影像设置:

① 输入文件:输入需要进行融合的高分辨率影像文件;

② 波段设置:设置需要进行融合操作的高分辨率波段。

• 重采样方法:选择重采样方法,PIE 提供最近邻域法、双线性插值法和三次卷积法三种重采样方法。

• 输出文件:设置输出融合结果的保存路径及文件名。

所有参数设置完成后,点击"确定"按钮即可执行 PCA 融合处理(图 8.33)。

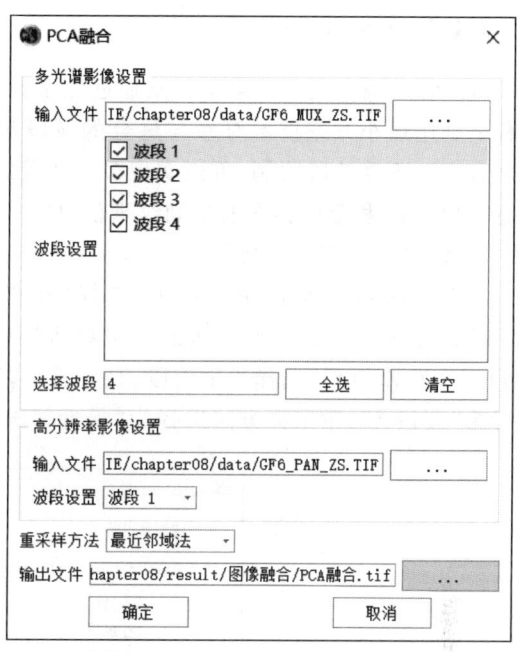

图 8.32 "PCA 融合"对话框

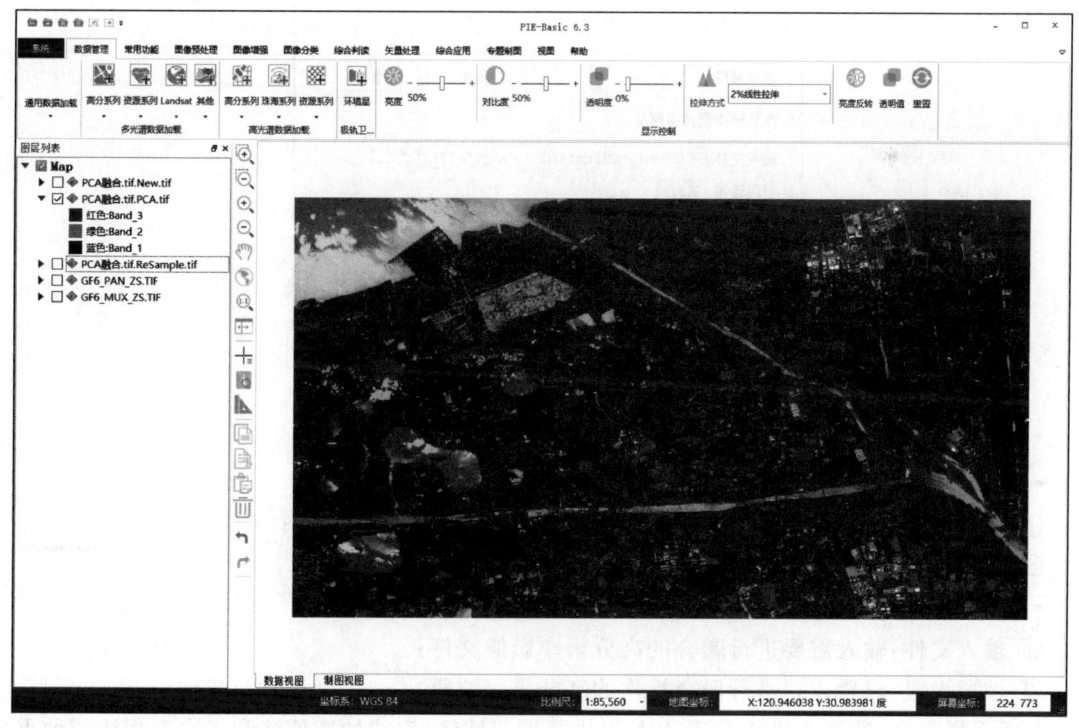

图 8.33 PCA 融合结果

8.4.4 Pansharp 融合

Pansharp 融合是基于最小二乘逼近法来计算多光谱影像和全色影像之间灰度值关系,具体过程是利用最小方差技术对参与融合的波段灰度值进行最佳匹配,以减少融合后的颜色偏差。该融合方法不受波段限制,可以实现多个波段的同时融合,能最大限度地保留多光谱影像的颜色信息(高保真)和全色影像的空间纹理信息。本融合方法用到的影像数据必须经过正射校正。

本节以"GF6_MUX_ZS. tif""GF6_PAN_ZS. tif"图像 Pansharp 融合为例,具体操作流程如下:

在 PIE-Basic 主界面菜单栏中,选择"图像预处理">"图像融合">"Pansharp 融合",打开"Pansharp 融合"参数设置对话框。在对话框中,多光谱影像设置选择输入文件为待处理影像"GF6_MUX_ZS. tif",选择 4 个波段,高分辨率影像设置选择输入文件为"GF6_PAN_ZS. tif",波段设置为"波段 1",重采样方法选择为"最近邻域法",设置输出文件路径,如图 8.34 所示。

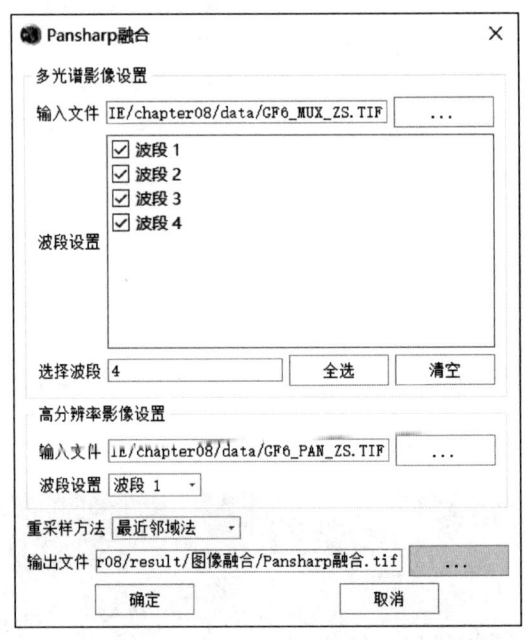

图 8.34 "Pansharp 融合"对话框

"Pansharp 融合"对话框参数说明如下:

• 多光谱影像设置:

① 输入文件:输入需要进行融合的低空间分辨率多光谱影像文件;

② 波段设置:在列表中选择需要进行融合的多光谱影像波段。

• 高分辨率影像设置:

① 输入文件:输入需要进行融合的高分辨率影像文件;

② 波段设置:设置需要进行融合操作的高分辨率波段。

• 重采样方法:选择重采样方法,PIE 提供最近邻域法、双线性插值法和三次卷积法三种重采样方法。

• 输出文件：设置输出融合结果的保存路径及文件名。

所有参数设置完成后，点击"确定"按钮即可执行 Pansharp 融合处理。最后利用卷帘工具，查看原始影像与 Pansharp 融合处理后影像之间的差异(图 8.35)。

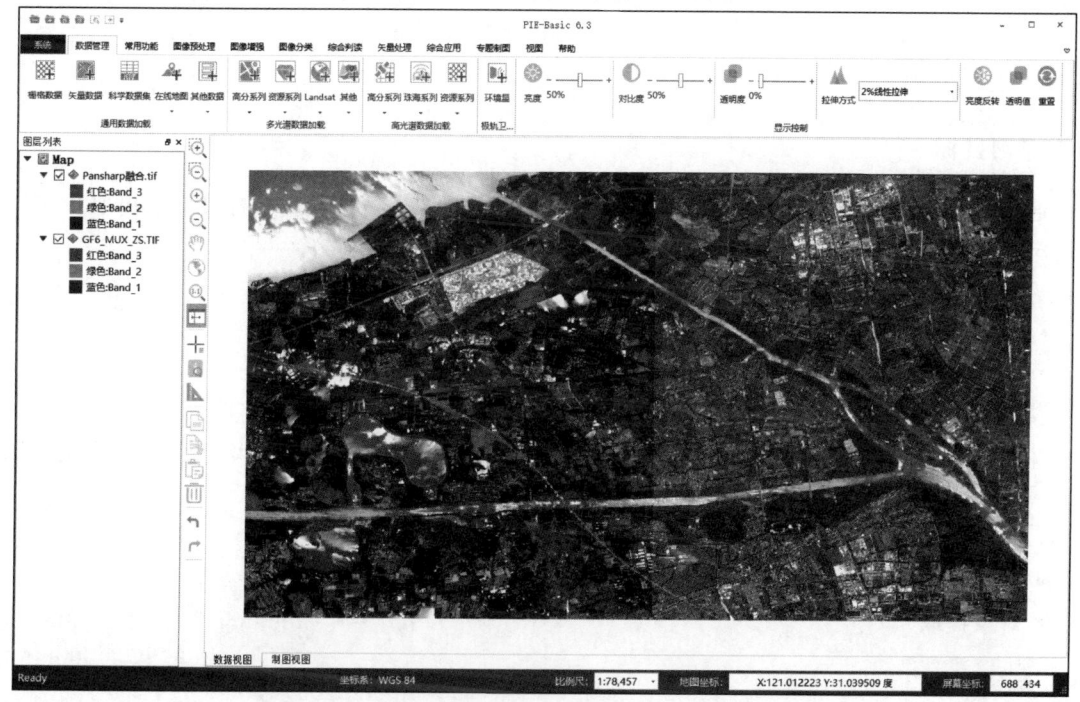

图 8.35　视图左侧：原始影像；视图右侧：Pansharp 融合

9 感兴趣目标及对象提取

❀ **学习目标**

通过对案例的实践操作,掌握运用 PIE 对遥感数字图像进行感兴趣目标及对象提取。

❀ **预备知识**

• 遥感数字图像感兴趣目标及对象提取

❀ **参考资料**

朱文泉等编著的《遥感数字图像处理——原理与方法》(第二版)第 9 章"感兴趣目标及对象提取"。

❀ **学习要点**

• 图像分割
• 对象提取

❀ **测试数据**

数据目录:附带光盘下的 . . \chapter09\data\。

文件名	说明
GF2_polygon. tif	上海市某地区高分二号多光谱遥感影像(. tif 格式)

❀ **案例背景**

  遥感图像具有丰富的信息,但同时也拥有庞大的数据量。现实情况下,我们往往并不需要整幅遥感图像所呈现的全部信息,只需关注其中感兴趣的目标。遥感图像中的感兴趣目标是指图像中用户最为关注、最能表现图像内容的目标地物。感兴趣目标提取,不仅能够去除用户不感兴趣的冗余数据,突出图像的主要特征,还能提高图像特征处理和分析的速度并排除其他无关数据的干扰;对于高分辨率遥感图像来说,通过对感兴趣目标提取获得目标区域的封闭边界轮廓,则形成了目标对象,从而可以用于后续的面向对象分类。

  本章节的操作流程如图 9.1 所示。

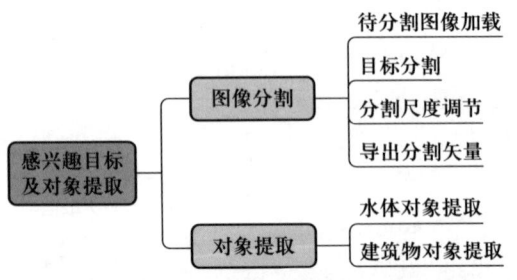

图 9.1 感兴趣目标及对象提取操作流程

9.1 图 像 分 割

本章节使用的软件是 PIE-SIAS 尺度集影像分析软件。该软件是 PIE 产品体系中一款重要的影像分析工具,使用自主核心分割算法,支持快速并行处理,同时分割结果支持无级尺度变换;核心分割算法采用基于影像光谱信息、纹理特征、形状特征、边缘特征等多特征融合的分割,较传统分割算法边缘更加准确清晰;同时核心分割算法采用多核并行处理技术,分割速度是同类软件的 2~3 倍,且分割结果可以通过指定尺度实现实时显示,基于尺度集分割结果并结合机器学习算法,实现遥感影像的自动分类、变化监测等功能。

图像分割(image segmentation)是指依据像元的色彩、纹理等特征,将影像分割成若干不相交的同质区域的过程。遥感影像分割的结果,直接影响遥感影像地物识别和信息提取的精度。

PIE-SIAS 尺度集影像分析软件提供三种自主核心分割算法:图论(graph-based)分割、分水岭(watershed)分割、最优邻(best-neighbors)分割。图论(graph-based)分割算法是在进行初始分割的基础上,统计区域的光谱和局部二进制模式(local binary patterns,LBP)纹理特征,然后依据光谱、纹理与形状特征计算相邻区域之间的异质性,并以此为基础构建区域邻接图(region adjacency graph,RAG),最后在邻接图的基础上采用逐步迭代优化算法进行区域合并获取最终分割结果。分水岭(watershed)分割算法是一种图像区域分割法,在分割的过程中,它会把跟临近像素间的相似性作为重要的参考依据,从而将在空间位置上相近并且灰度值相近的像素点互相连接起来构成一个封闭的轮廓,封闭性是分水岭算法的一个重要特征。最优邻(best-neighbors)分割算法是通过计算每个像素与其 4-邻域像素的距离值(欧式距离),将所有的距离值从小到大进行排序,然后设定一个阈值对这些距离值进行划分,当两个像素点的距离值小于阈值时候,说明这两个像素点属于同一个区域,然后用上述步骤遍历其他像素。最后根据像素之间的方向指向进行连接,再根据连接区域进行连接区域连通分析,即可以反映出各个区域的形状,以此完成区域分割。

本案例针对上海市某区高分二号多光谱遥感影像进行分割。

9.1.1 待分割图像加载

在 PIE-SIAS 中选择"系统">"新建工程",打开"创建多尺度分割向导"参数设置对话框,如图 9.2 所示。

- 影像类型:影像类型包括以下几种可供选择。
① 光学:常见光学遥感数据;
② 全极化 SAR:全极化 SAR 遥感数据;
③ 单极化 SAR:单极化 SAR 遥感数据;
案例中的"GF2_polygon. tif"图像为光学数据,选择光学。
- 工程名称:自定义工程名称。
- 输入文件:选择待分类的影像文件,这里选择"GF2_polygon. tif"图像。
- 输出文件夹:选择输出结果的保存路径。
设置完成后,单击"下一步(N)"。

进入"初始化参数"对话框,如图9.3所示,具体参数设置如下。

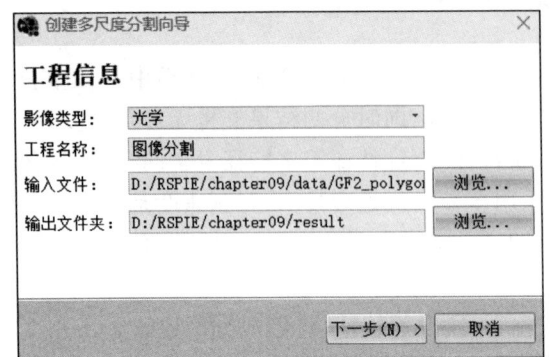

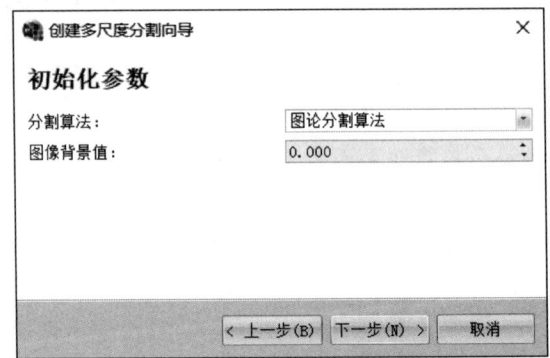

图9.2 "工程信息"对话框设置   图9.3 "初始化参数"对话框

• 分割算法:一共三种分割算法,分别是图论分割算法、最优邻分割算法和分水岭分割算法,这三种分割算法均可以有效完成影像分割,可选择其中一种来进行分割。这里默认选择图论分割算法。

• 图像背景值:为了避免背景参与分割,需要设置背景值,一般软件会自动读取背景值(影像NoData值),如果无背景值,设置为0。注意有些数据NoData值与所关心的背景值不一致,此时需设置背景值。本案例图像背景值设置为0。

设置完成后,单击"下一步(N)"。

进入"区域合并参数"对话框,如图9.4所示,具体参数设置如下。

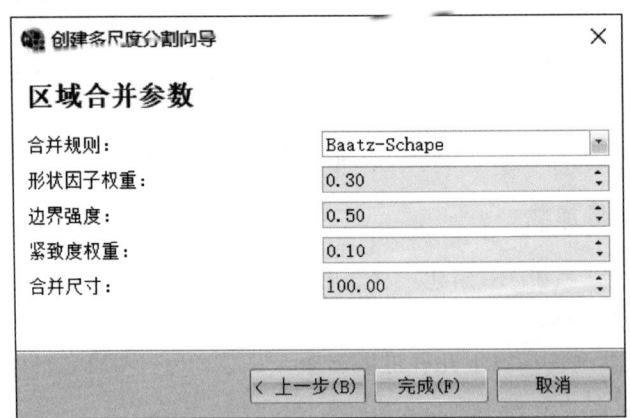

图9.4 "区域合并参数"对话框

• 合并规则:一共五种合并算法,分别是 Baatz-Schape(光谱-标准差)、Baatz-Schape-LBP(标准差-纹理)、Full-Lambda(光谱-均值)、Color-Histogram(光谱-直方图)、Color-Texture(光谱-纹理)。

① Baatz-Schape(光谱-标准差)使用光谱和标准差作为合并准则来进行合并;

② Baatz-Schape-LBP(标准差-纹理)使用标准差和 LBP 纹理作为合并准则进行合并;

③ Full-Lambda(光谱-均值)基于光谱信息和空间信息的结合,对相邻的线段进行迭代合并;

④ Color-Histogram(光谱-直方图)使用颜色直方图作为合并准则来进行合并;

⑤ Color-Texture(光谱-纹理)使用颜色纹理作为合并准则来进行合并。

这里默认选择 Baatz-Schape(光谱-标准差)。

• 形状因子权重:调节紧凑度和平滑度的综合调整系数,值越大分割形状越紧凑。默认为 0.30。

• 边界强度:两个区域进行合并时,计算两个区域边缘像素的梯度值,梯度值越高,区域之间距离拉大,梯度值越小,区域之间相似性越高,此系数为梯度调节因子,默认为 0.50。

• 紧致度权重:主要是反映地物紧致度在合并中的权重,默认为 0.10;

• 合并尺寸:由于分割算法是进行两层分割,分别是低层尺度集和高层尺度集,因此这个参数用于调整两层之间的区域数量,需要根据影像分辨率来设置。30 m 分辨率的影像选择 20~50 之间,1 m 分辨率影像选择 100~500 之间。

设置完成后,单击"完成(F)",完成工程创建,GF2_polygon. tif 在工程内打开效果如图 9.5 所示,创建的工程文件后缀为 . xml。

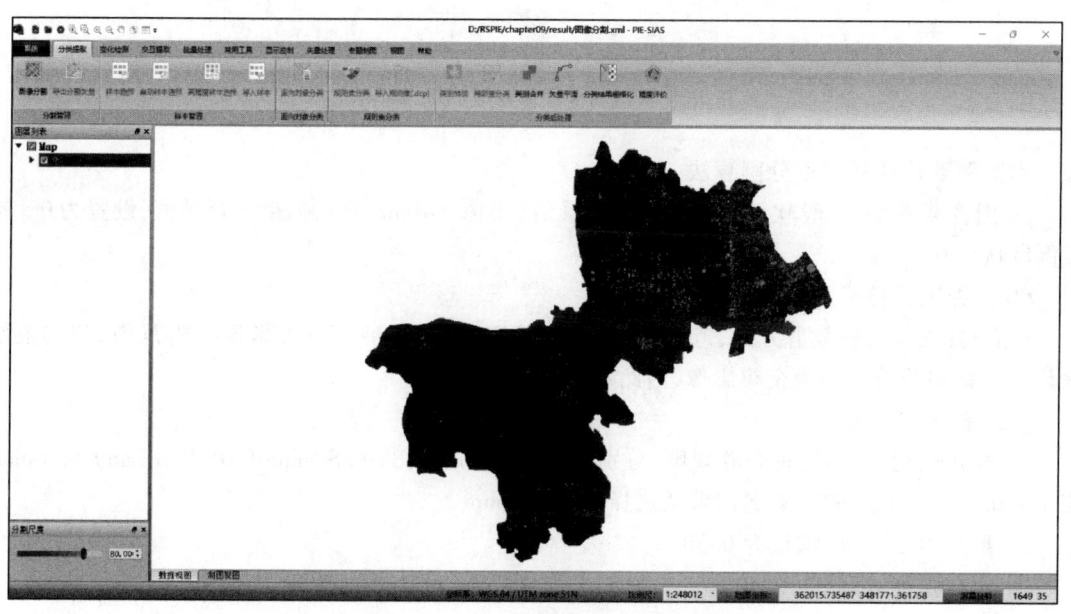

图 9.5 GF2_polygon. tif 文件打开效果

9.1.2 目标分割

通过"分类提取">"分割管理">"影像分割",打开"尺度集分割"对话框,如图 9.6 所示,具体参数设置如下。

• 初始化参数:

① 分割算法:一共三种分割算法,分别是图论分割算法、最优邻分割算法和分水岭分割算

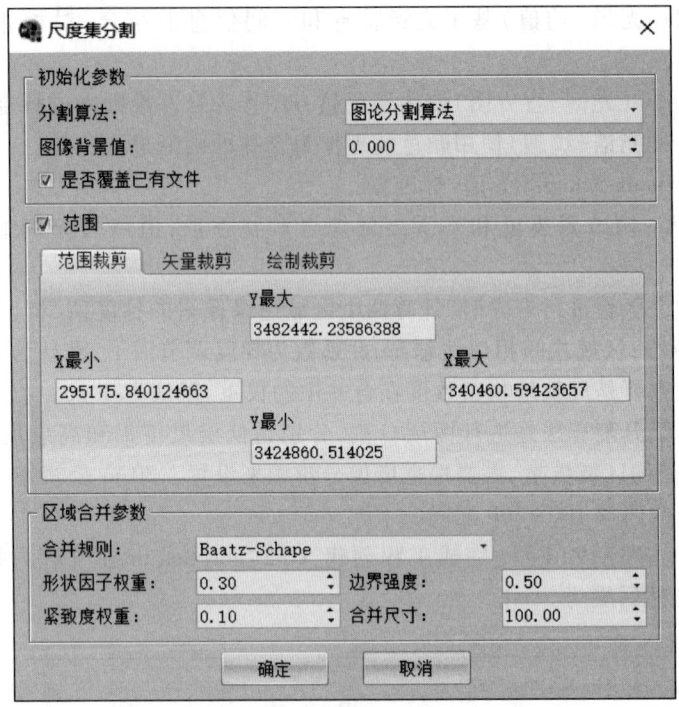

图 9.6　"尺度集分割"对话框

法。本案例默认选择图论分割算法。

②图像背景值:一般软件会自动读取背景值(影像 NoData 值),如果无背景值,设置为0。本案例默认为0。

③是否覆盖已有文件:默认勾选。

• 范围:一共三种裁剪方式,范围裁剪、矢量裁剪、绘制裁剪。设置影像分割范围,勾选范围裁剪。本案例裁剪范围为全幅影像,因此不需要修改。

• 区域合并参数:

①合并规则:一共五种合并规则,分别是 Baatz-Schape、Baatz-Schape-LBP、Full-Lambda、Color-Histogram、Color-Texture。本案例默认选择 Baatz-Schape。

②形状因子权重:默认为0.30。

③边界强度:默认为0.50。

④紧致度权重:默认为0.10。

⑤合并尺寸:默认为100.00。

以上参数可以与在工程创建时选择的参数一致,也可以根据项目具体要求进行修改,本案例的"尺度集分割"参数与"创建工程"时的参数保持一致。

设置完成后,单击"确定",完成尺度集分割参数设置,执行影像分割操作,并输出影像分割结果,如图9.7所示。

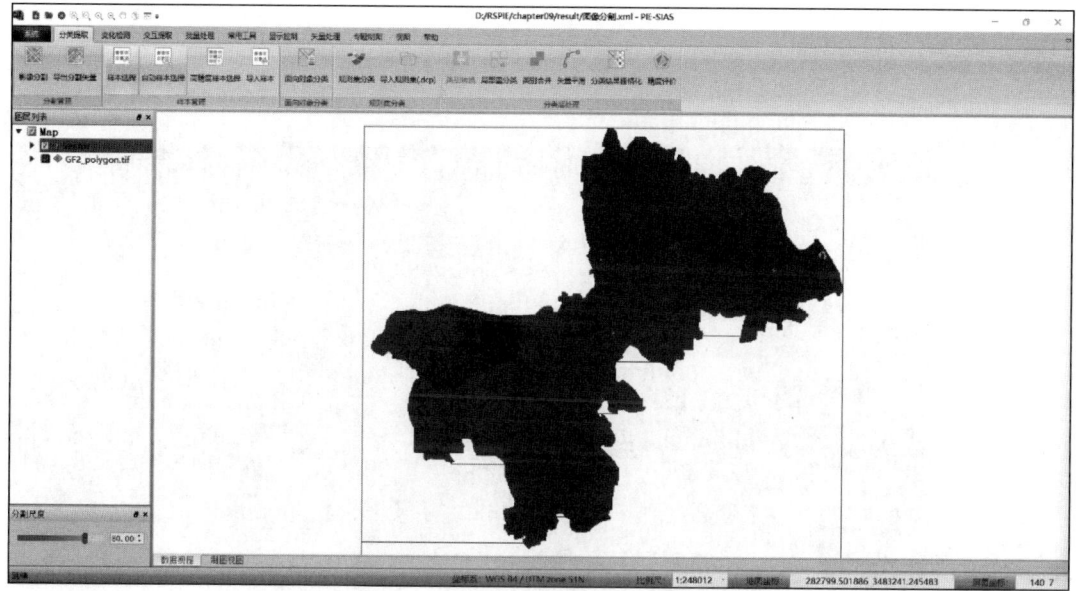

图 9.7　GF2_polygon. tif 影像分割结果

9.1.3　分割尺度调节

由于软件采用的是多尺度分割,分割后可以实现各个尺度的无级变换。在主视图左下角有分割尺度调节窗口,可左右移动滑动条,来动态调整图像的分割尺度,如图 9.8 所示。向左移动滑块调小分割尺度,向右移动滑块调大分割尺度,可实时查看调节的结果。

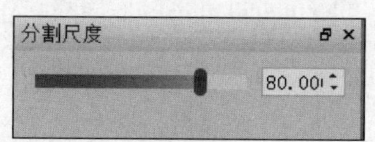

图 9.8　分割尺度滑动条

图 9.9 为 GF2_polygon. tif 分割尺度为 40 时的图像,图 9.10 为 GF2_polygon. tif 分割尺度为60 时的图像,图 9.11 为 GF2_polygon. tif 分割尺度为 80 时的图像。可以观察到,分割尺度越小,图斑越细碎。分割尺度的选择会影响后续分类的结果,因此根据分类要求,选择一个合适尺度的分割矢量参与分类。本案例将分割尺度参数设置为 60。

9.1.4　导出分割矢量

通过"分类提取">"分割管理">"导出分割矢量",打开"导出文件"对话框。默认文件命名为 Segment_影像名称 . shp,单击"保存"导出分割矢量文件,如图 9.12 所示。图像分割没有标准的、唯一的方法,分割的程度和质量很大程度上受到主观因素的影响,因此也没有判定成功分割的准则。

图 9.9 GF2_polygon. tif 分割尺度为 40

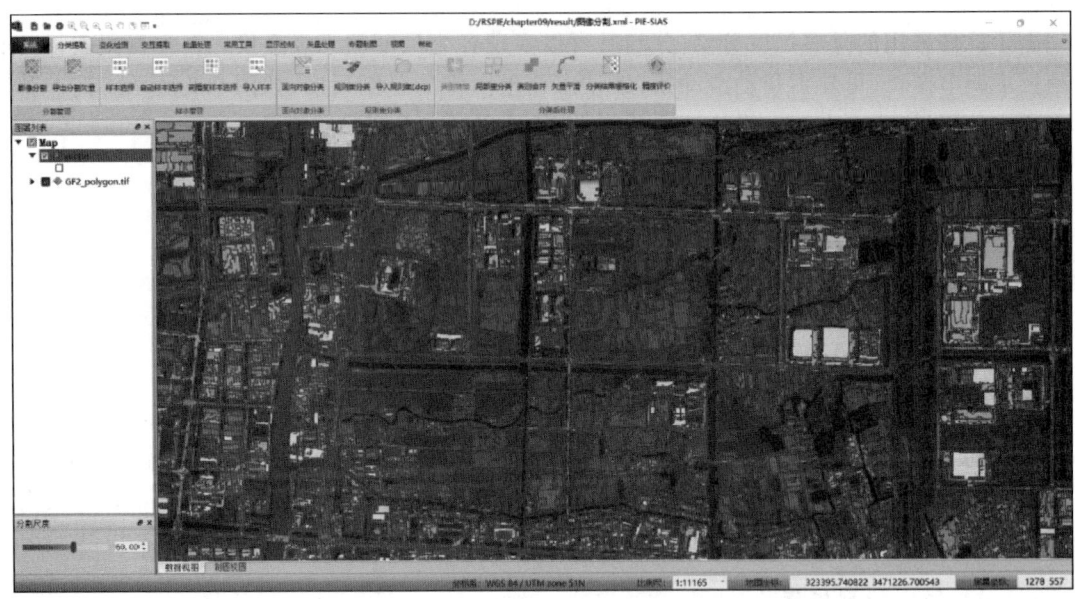

图 9.10 GF2_polygon. tif 分割尺度为 60

9 感兴趣目标及对象提取

图 9.11　GF2_polygon.tif 分割尺度为 80

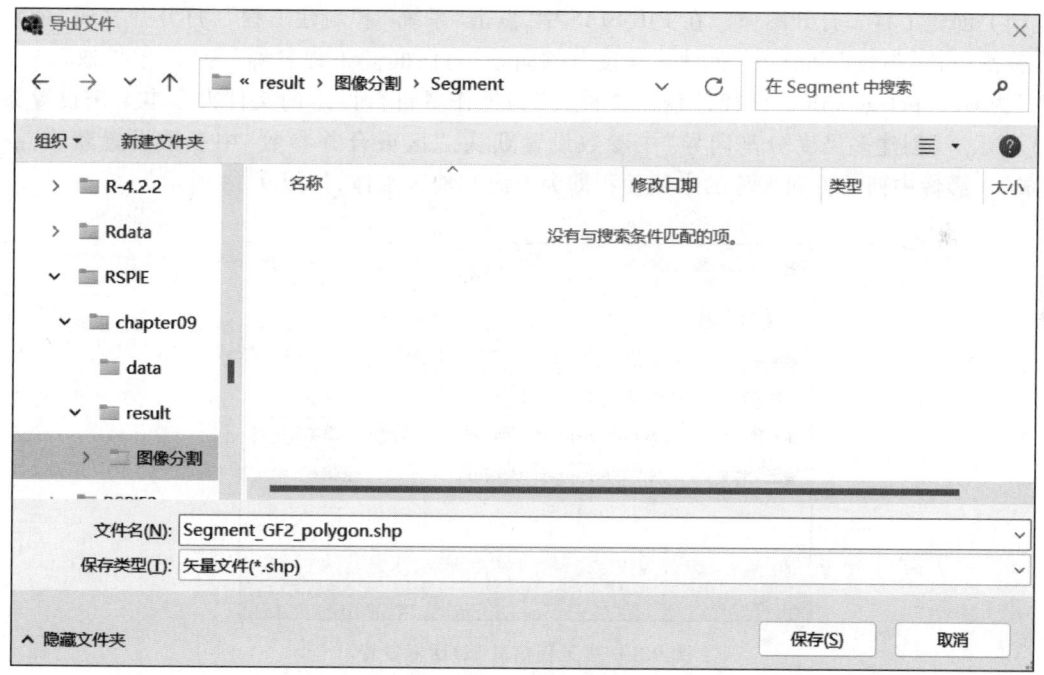

图 9.12　导出分割矢量

9.1　图　像　分　割

9.2 对象提取

遥感图像中的对象是指遥感图像上具有相同特征(如光谱、纹理和空间组合关系等特征)的"同质均一"单元,"同质均一"不仅体现在光谱域上,也体现在空间域上。遥感影像捕捉到的是地球表面的反射或辐射信息,通过对这些信息的解析和处理,可以将遥感影像中的像素分类为不同的对象或地物。对象提取是指从遥感影像中准确、自动地识别、提取和分类出不同类型的地物,以获得地球表面的详细信息和特征。通过对象提取,我们可以获得有关地物分布、空间关系、数量、尺寸、形状等方面的信息,用于地理信息分析、资源管理、环境监测、城市规划等应用领域。为了方便对对象的形态特征进行分析,需要将各目标单元进行矢量化,以提取各目标单元的封闭边界轮廓。

PIE-SIAS 尺度集影像分析软件提供的交互提取流程化操作工具,集成了水体批量提取,建筑、道路魔法棒、智能地物提取等功能,并能解决智能地物提取工具内存泄漏的问题。

本案例针对上海市青浦区高分二号多光谱遥感影像即 GF2_polygon.tif 图像进行单对象提取。

9.2.1 水体对象提取

(1)创建工程。打开图像。在 PIE-SIAS 中,点击"系统">"新建工程",打开并完成"创建多尺度分割向导"参数设置。在"创建多尺度分割向导"对话框,"工程名称"为"对象提取","输入文件"为 GF2_polygon.tif 的路径,"输出文件夹"为操作者自行设定的文件夹。本案例设置如图9.13 所示。"创建多尺度分割向导"中参数设置默认,"区域合并参数"中参数设置默认,点击"完成"。影像中西北方向大片的水域面积即为上海某地区水体,如图 9.14 所示。

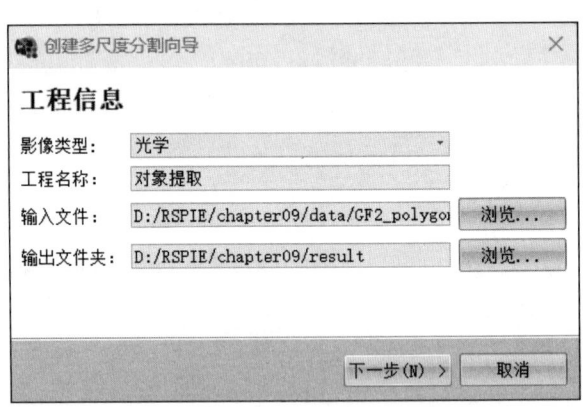

图 9.13 "工程信息"对话框设置

(2)设置阈值。点击"交互提取">"图层魔术棒",让"图层魔术棒"处于高亮的状态。图层魔术棒功能可以理解为人工解译的一种,需要进行人机交互,同时需要用户对研究区和影像数据有着较好的理解。在水体影像上点击鼠标右键,点击"设置阈值",如图 9.15 所示。

· 矢量模式、栅格模式:分别对应结果对应的输出格式。

图 9.14　上海某地区水体

● 查找临近图元属性：用临近的外部导入的图元属性，赋值给新提取的图元，则需要勾选该
选项。

● 查询属性：导入的外部矢量如果有属性值时，点击查询属性可以看到相关信息。

● 设置阈值：弹出"图层魔术棒"对话框：

① 像素阈值：是根据当前标记的中心点，不断向周边进行标记搜索并以中心点的 RGB 均值
与周边像素 RGB 均值求差值，当差值小于等于阈值时，则会被提取出来，否则不进行标记。用户
可以根据影像内像素特征及提取结果自行调整。阈值设置的数值越大，则选取范围的半径越大。
该参数默认值为 15，本案例设置为 8。

② 种子点数限制：从绘制提取线上捕捉的种子点个数限制，如需绘制的提取线比较长，可以
调大这个参数，绘制的提取线比较短时，适当调小这个参数。该参数用来防止划线误操作，避免
提取种子点过多，用户等待时间过长。

③ 小斑门限：对提取的水体面积小于此值的自动剔除碎斑，默认值为 200。

本案例设置如图 9.16，单击"确定"。

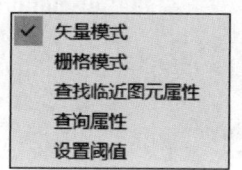

图 9.15　鼠标右击窗口显示图

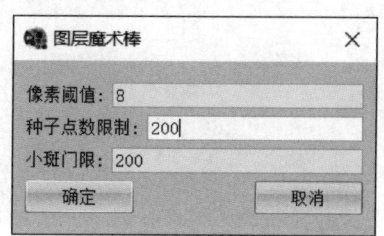

图 9.16　图层魔术棒属性值

9.2　对 象 提 取

171

（3）元素整形。在魔术棒提取的感兴趣区绘制裁剪线,面积较小的部分会直接被删除,当提取的区域中有空洞或漏选时,如图 9.17 和图 9.18 所示,可进行滑线操作,即按住鼠标左键穿过边界画线,如图 9.19 和图 9.20 所示,可将空洞填补,合并到感兴趣区,如图 9.21 和图 9.22 所示。在提取水体区域过程中,需要多次对元素进行整形。

图 9.17　白色方框内为区域中存在空洞示例一

图 9.18　白色方框内为区域中存在空洞示例二

　　　　　　　　　9　感兴趣目标及对象提取

图 9.19　滑线操作示意图一

图 9.20　滑线操作示意图二

图 9.21　空洞填补效果图一

9.2　对　象　提　取

173

图 9.22　空洞填补效果图二

（4）在视图中的栅格图像待提取区域，单击目标水体任意处，获取感兴趣的像素区域。该步骤需要多次重复操作，直至将目标水体全部提取完成。图 9.23 白线划出区域为魔术棒提取的水体区域。

图 9.23　魔术棒水体提取区域

（5）取消激活。通过"交互提取"＞"取消激活"，在影像上点击鼠标不再进行水体提取。

（6）导出文件。通过"交互提取"＞"保存矢量"，输入文件名称并选择水体提取的矢量文件的输出路径，点击"保存"。

9.2.2　建筑物对象提取

（1）创建工程。打开图像。在 PIE-SIAS 中，通过"系统"＞"新建工程"，打开并完成"创建多尺度分割向导"参数设置。"创建多尺度分割向导"对话框参数设置同 9.2.1。案例中选取的 GF2_polygon. tif 的建筑物区域如图 9.24 所示。

（2）交互提取。点击"交互提取"＞"建筑物魔术棒"，让"建筑物魔术棒"处于高亮的状态。

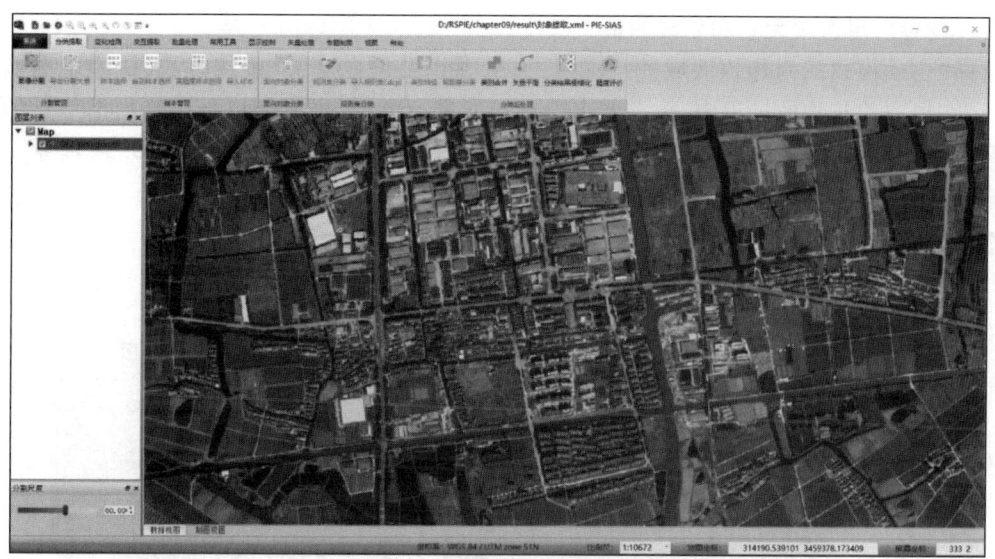

图 9.24　GF2_polygon. tif 建筑物提取目标

在建筑物影像上点击鼠标右键,显示窗口如图 9.25 所示。

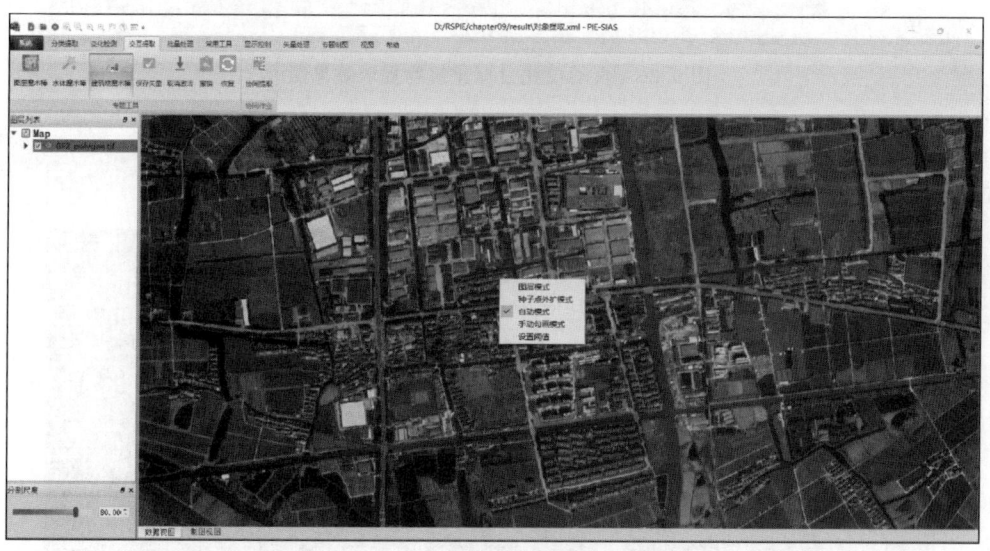

图 9.25　鼠标右击窗口显示图

- 图层模式:使用图层魔术棒功能;
- 种子点外扩模式:使用种子点向外扩充式绘制建筑物边界;
- 自动模式:在建筑物区域自动划线进行自动建筑物边界提取;
- 手动勾画模式:绘制建筑物边界;
- 设置阈值:以根据当前标记的中心点为准,不断向周边进行标记搜索,并以中心点的 RGB 均值与周边像素 RGB 均值求差值,当差值小于等于阈值时,则会被提取出来,否则不进行标记,用户可以设置房屋像素大小和划线的最大长度。

选择"自动模式",对建筑区域进行画线,如果画线太长会提示"画线过长,请缩小图像进行计算"。在提取建筑物的过程中,也需要多次对元素进行整形,本案例进行建筑物提取后的效果如图9.26所示。选择"手动勾画模式",本案例进行建筑物提取后的效果如图9.27所示。不同的模式提取建筑物的效果略有差异,可根据实际情况进行选择对象提取的方式。

图9.26　自动模式目标建筑物提取效果图

图9.27　手动勾画模式目标建筑物提取效果图

（3）取消激活。点击"交互提取">"取消激活",在影像点击鼠标不再进行水体提取。

（4）导出文件。点击"交互提取">"保存矢量",输入文件名称并设置建筑提取的矢量文件的输出路径,点击"保存"即可将提取的结果保存成矢量。

10　特征提取与选择

通过对案例的实践操作,初步掌握如何利用 PIE 开展遥感数字图像特征提取与选择。

• 遥感数字图像特征提取与选择

朱文泉等编著的《遥感数字图像处理——原理与方法》(第二版)第 10 章"特征提取与选择"。

• 光谱特征提取
• 空间特征提取
• 特征选择
• 特征组合

• 数据目录:附带光盘下的 .. \chapter10\data\

文件名	说明
GF6_polygon_MUX. tiff	某地高分六号卫星影像

　　遥感图像特征提取和选择是为遥感图像分类服务的,它的目的在于从众多属性当中选出具有代表性的几个属性作为变量组合来区分遥感图像上的目标地物,从数据源上提高遥感图像分类的精度。

　　对于遥感图像而言,可作为遥感图像分类的属性很多。除了地物在遥感图像上直接呈现的光谱信息,还有把这些光谱信息进行某种线性或非线性组合而衍生出的一些综合光谱属性;另外也可对遥感图像进行局部统计从而得到局部区域所反映出来的纹理、形状、大小、空间关系等空间属性。衍生光谱信息的提取方法有主成分变换、最小噪声分离变换、缨帽变换、独立成分分析等。为了提高分类器的分类效率,通常需从已有的属性信息中选择具有代表性的属性作为分类特征参与分类,具有代表性的属性特征对于目标地物来说必须具有可区分性、可靠性、独立性和数量少等特点,在操作中常采用独立于分类算法的准则来评价这些属性,评价指标有距离度量、相关性度量、信息度量和一致性度量等,以及兼顾了相关性度量和信息度量的最佳指数法和波段指数法,有关这些度量指标的详细介绍请参考朱文泉等编著的《遥感数字图像处理——原理与方法》(第二版)第10章的相关内容。

本章将从光谱特征提取、空间特征提取、特征选择和特征组合等四个方面介绍特征提取和选择的内容(图10.1)。

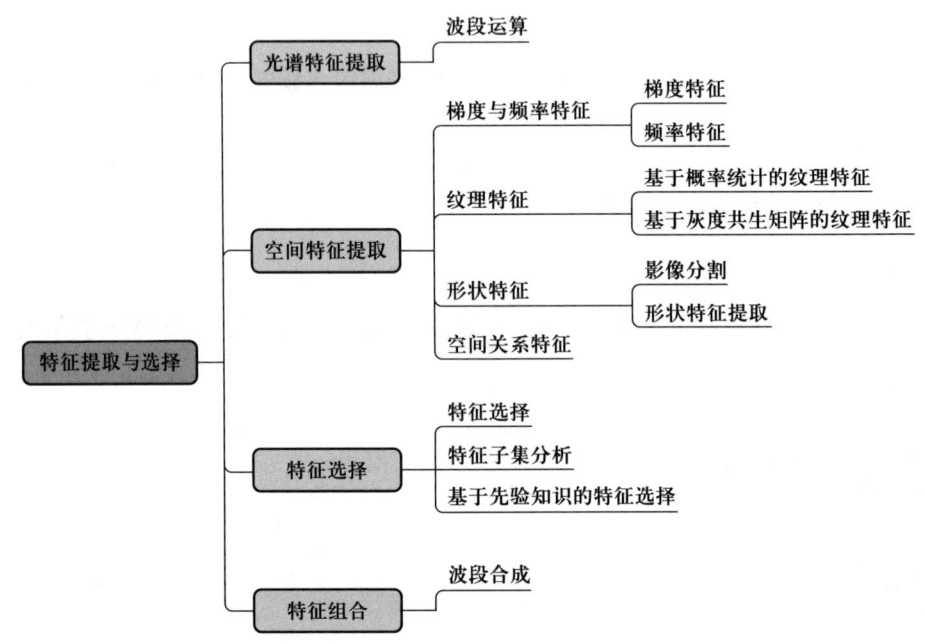

图10.1　特征提取与选择方法及软件实现

10.1　光谱特征提取

地物光谱特征是自然界中任何地物都具有其自身的电磁辐射规律。例如,地物会包含具有反射、吸收外来的紫外线、可见光、红外线和微波的某些波段的特性,它们又都具有发射某些红外线、微波的特性;少数地物还具有透射电磁波的特性。这些特性称为地物的光谱特性。

不同地物对入射电磁波的反射能力是不一样的,通常采用反射率来表示。当电磁辐射能到达两种不同介质的分界面时,入射能量的一部分或全部返回原介质的现象,称为反射。反射的特征可以通过反射率表示,它是波长的函数,故称为光谱反射率。同时,任何地物当其温度高于绝对温度 0 K 时,组成物质的原子、分子等微粒不停地做热运动,都有向周围空间辐射红外线和微波的能力。通常地物发射电磁辐射的能力是以发射率作为衡量标准。地物的发射率是以黑体辐射作为基准。

在本案例中,"GF6_polygon_MUX. tif"由国产高分六号多光谱传感器拍摄,通过 PIE-SIAS 的探针工具可以简单地得到影像中某一位置的光谱特征。操作流程如下。

① 打开图像。在主菜单中,单击"添加栅格数据",在输入文件处单击后选择"GF6_polygon_MUX.tif"文件,则成功加载图像。

② 探针工具。在主菜单中,单击"常用工具" > "探针工具"即可打开该模块。之后,通过点击影像中不同位置即可得到该点位光谱特征。探针工具模块中,可以在波段选择处选择"RGB"模式和"所有波段"模式(图 10.2)。

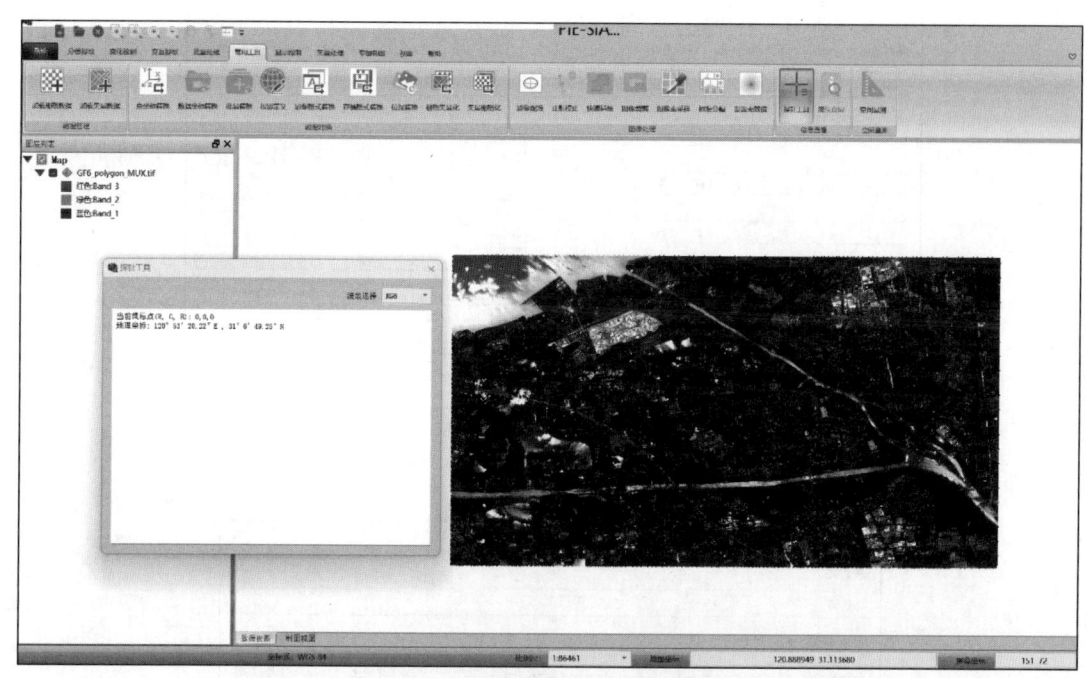

图 10.2　探针工具与光谱特征

除了波段特征,通过波段运算模块,可以得到不同类型的遥感指数。遥感指数是指基于遥感技术,通过卫星光谱影像不同波段间组合的方式构建并强化光谱特性,借此来反映地物特征的一种方法。通常而言,遥感指数多用于如地物识别分类等场景,用以帮助区分不同地物。同样地,不同的地物也有对应特征明显的指数,以此可以作为区分的依据。随着遥感技术的发展,现在有上百种遥感指数应用于不同的场景。本案例中将以 DVI 演示如何提取遥感指数信息。

① 在打开"GF6_polygon_MUX. tif"文件后,在 PIE-Basic 中点击"常用功能">"波段运算"。

② 差值植被指数 DVI 运算。打开波段运算模块后,在"输入表达式"一栏输入 DVI 表达式。对应于 GF6_polygon_MUX 影像中分别为波段 4 和波段 3,故在此处输入"b4-b3"。点击"加入列表"后在表达式列表中即可显示该函数。如图 10.3 所示。

③ 选中 DVI 函数表达式,点击"确定",在图像一栏中分别选择和 b3、b4 对应的波段。如图 10.4 所示,选择输出数据类型后(默认为浮点型(32 位)格式),设置输出文件名称和储存位置。点击"确定"后,DVI 运算结果如图 10.5 所示。

图 10.3　波段运算模块

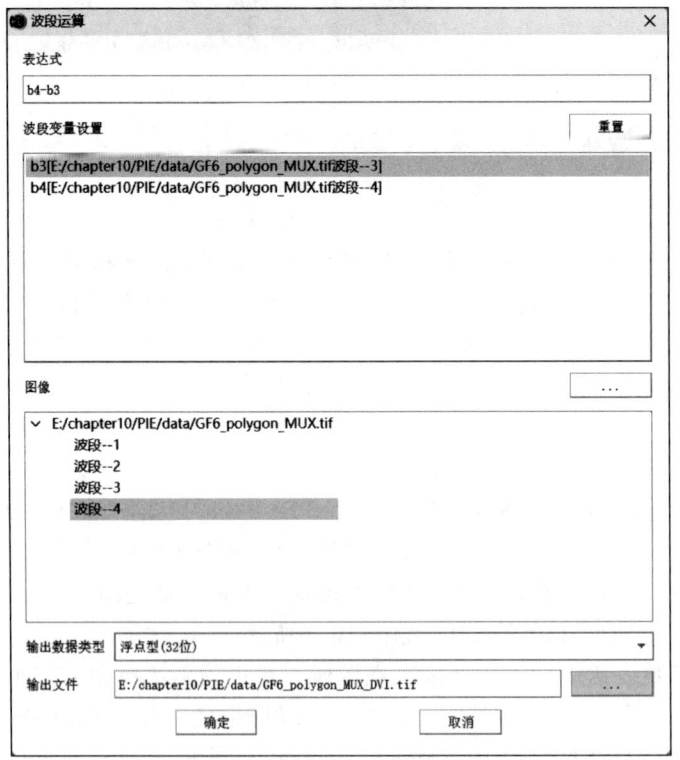

图 10.4　波段运算中的波段选择

　　　　　10　特征提取与选择

图 10.5 DVI 计算结果

同样地,通过探针工具可以得到运算结果中不同位置的 DVI 数值。

10.2 空间特征提取

10.2.1 梯度与频率特征

图像的频率是表征图像中灰度变化剧烈程度的指标,是灰度在平面空间上的梯度。不同频率信息在图像结构中有不同的作用。图像的主要成分是低频信息,它形成了图像的基本灰度等级,对图像结构的决定作用较小;中频信息决定了图像的基本结构,形成了图像的主要边缘结构;高频信息形成了图像的边缘和细节,是在中频信息上对图像内容的进一步强化。

对图像而言,图像的边缘部分是突变部分,变化较快,因此反映在频域上是高频分量;图像的噪声大部分情况下也是属于高频部分;图像平缓变化部分则为低频分量。例如,傅里叶变换提供另外一个角度来观察图像,可以将图像从灰度分布转化到频率分布上来观察图像的特征。图像进行二维傅里叶变换得到频谱图,就是图像梯度的分布图,当然频谱图上的各点与图像上各点并不存在一一对应的关系,即使在不移频的情况下也是没有。傅里叶频谱图上我们看到的明暗不一的亮点,实际是上图像上某一点与邻域点差异的强弱,即梯度的大小,也即该点的频率的大小。

本案例以"GF6_polygon_MUX. tif"为例,展示提取梯度和频率特征的步骤。

① 打开图像。在 PIE-Basic 主菜单中,单击添加栅格数据,在输入文件处单击后选择"GF6_polygon_MUX. tif"文件,则成功加载图像。

② 提取梯度特征。点击图像增强菜单,PIE-Basic 中提供了定向滤波和微分锐化两种梯度特征提取方式。

• 定向滤波。打开定向滤波模块,点击输入文件后"…",选择"GF6_polygon_MUX. tif"。选择滤波方法,模块中可选的滤波方法有"横向滤波""纵向滤波""斜向 45 度滤波"和"斜向 135 度滤波"等四种,模块中默认滤波方法为横向滤波。点击输出文件后"…",编辑输出文件名称和文件保存位置,选择输出类型,模块中默认为浮点型(32 位)格式。点击"确定"即可。如图 10.6 和图 10.7 所示。

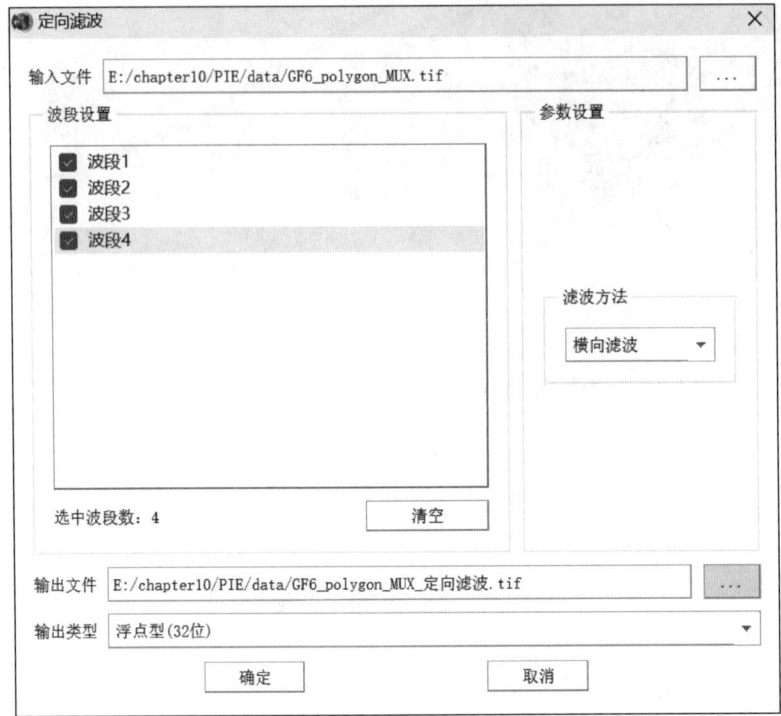

图 10.6　定向滤波模块

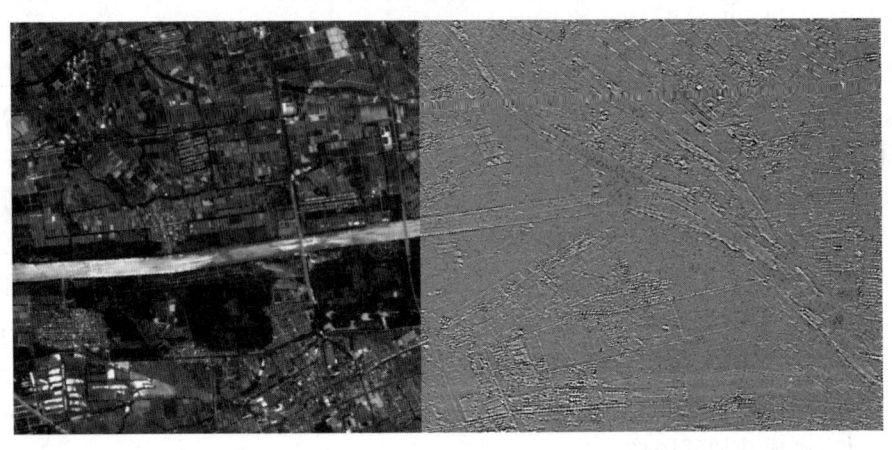

图 10.7　定向滤波结果

• 微分锐化。打开微分锐化模块,点击输入文件后"…",选择"GF6_polygon_MUX.tif"。参数设置中选择算子类型,模块中可选的算子有"Prewitt 算子""Sobel 算子"和"Roberts 算子"等三种,模块中默认为 Prewitt 算子。点击输出文件后"…",编辑输出文件名称和文件保存位置,选择输出类型,模块中默认为浮点型(32 位)格式。点击"确定"即可。如图 10.8 和图 10.9 所示。

③ 提取频率特征。点击图像增强菜单,PIE-Basic 中提供了空域滤波、频域滤波和自定义滤波三种频率特征提取方式。

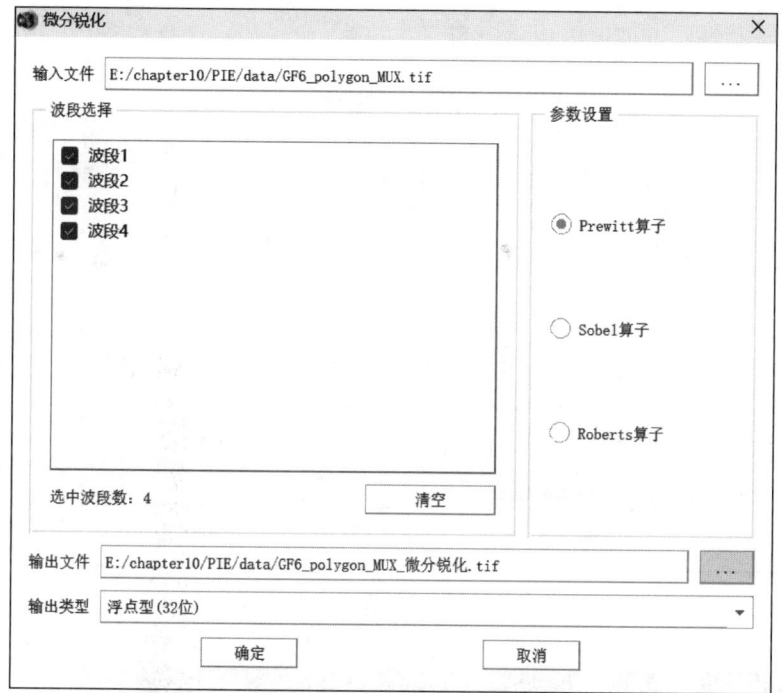

图 10.8　微分锐化模块

图 10.9　微分锐化结果

- 空域滤波相关内容详见 7.1 节。
- 频域滤波。PIE-Basic 的频域滤波提供了频率域滤波和同态滤波两种模式,本案例中以频率域滤波展示该频率特征提取步骤。打开频率域滤波模块,在输入文件。选择"GF6_polygon_MUX. tif"。参数设置中可以选择"高通滤波",滤波方法选择"理想滤波",截止频率可以按需求设置,模块中默认为 50。在输出文件。编辑输出文件名称和文件保存位置,选择输出类型,模块中默认为浮点型(32 位)格式。点击"确定"即可,如图 10.10 和图 10.11 所示。

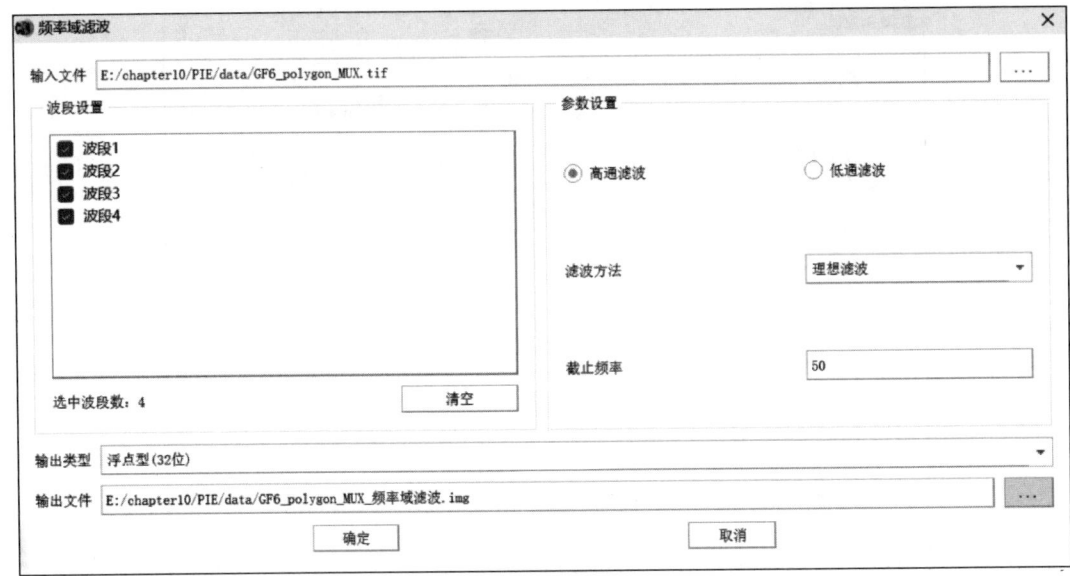

图 10.10　频域滤波

图 10.11　频域滤波结果

10.2.2　纹理特征

纹理特征一般从灰度图像中提取(即某一波段提取)。纹理是复杂的视觉实体或者子模式的组合,有亮度、色彩、陡度、大小等特征,因而纹理可以看作相似子影像的组合,一般把纹理分为两类:结构纹理(确定过程)和统计纹理(随机过程)。纹理通常可以由以下特征描述:均质性、密度、粗糙度、规则性、直线性、方向性、频率、相位等。其中一些并非独立存在,例如频率不独立于密度而方向性只对方向性纹理有用。纹理特征在高空间分辨率的情况下有用,即人工在遥感影像上能够观测到目标地物与其他地物有明显的纹理差异。纹理特征在纹理特征明显的情况下适用,如果目标地物的光谱差异明显就达到区分的程度,此时纹理特征的重要性便会变得很小。

基于像元的纹理特征提取一般是针对中分辨率的遥感图像,此处以 GF6_polygon_MUX.tif 图像为例,具体操作流程参见 8.1.2 节。

纹理特征分析的结果如图 10.12 所示,上排从左至右依次为原图、协同性和平均值,下排从左至右依次为方差、信息熵和角二阶矩。

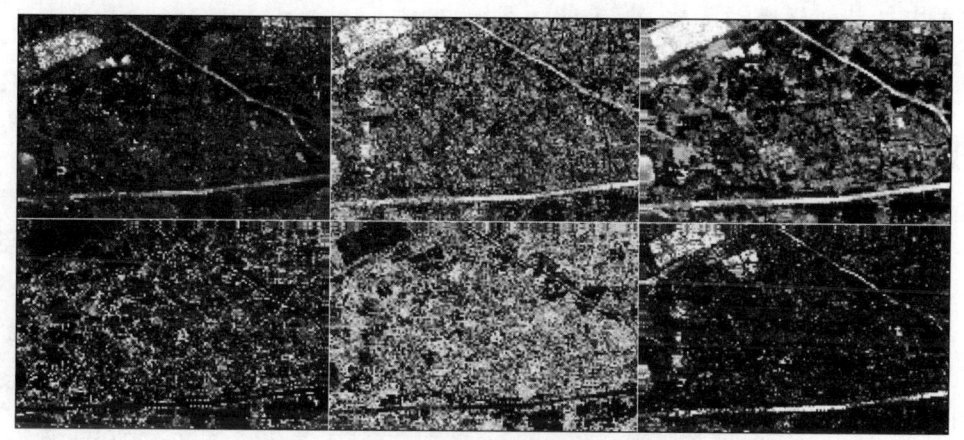

图 10.12　基于概率统计的纹理特征提取结果

设置完成后,点击确定后保存即可。结果如图 10.13 所示。第一排从左至右依次为原图、GLDV 角二阶矩,第二排从左到右依次为 GLDV 均值和 GLDV 反差。

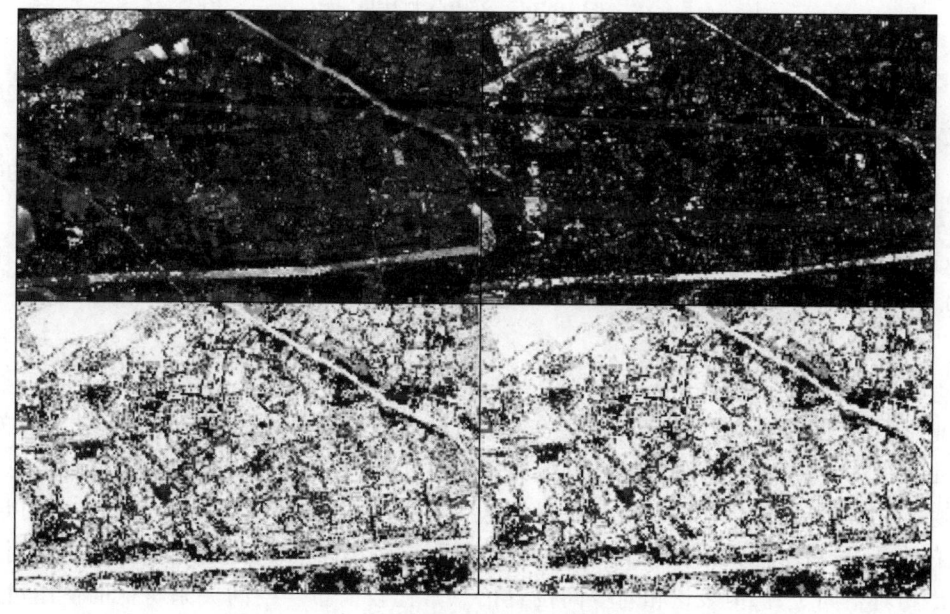

图 10.13　基于灰度共生矩阵的纹理特征提取结果

10.2.3　形状特征

由于本书第 9 章已经对 PIE-SIAS 软件的影像分割流程化操作工具进行了详细介绍,此处以

GF6_polygon_MUX. tif 图像为例,仅对分割后的影像操作进行介绍。处理完成后可以得到如图
10.14 结果。

图 10.14   图像分割结果

① 文件导出。使用影像分割模块得到分割后矢量文件后,导出分割矢量功能处于激活状
态,点击该功能选择导出路径和文件名称即可保存对应分割文件。

② 对象属性查看。为了选择对象属性作为特征参与分类,我们必须了解对象属性的实际情
况。在 PIE-SIAS 软件常用工具菜单中,点击"空间量测"模块,即打开空间量测对话框。

③ 选择要素量测功能,之后点击分割结果的某一分割矢量,即可得到对应矢量面积和周长,
如图 10.15 所示。

10.2.4   空间关系特征

所谓空间关系,是指图像中分割出来的多个目标之间的相互的空间位置或相对方向关系,这
些关系也可分为连接/邻接关系、交叠/重叠关系和包含/包容关系等。通常空间位置信息可以分
为两类:相对空间位置信息和绝对空间位置信息。前一种关系强调的是目标之间的相对情况,如
上下左右关系等,后一种关系强调的是目标之间的距离大小以及方位。显而易见,由绝对空间位
置可推出相对空间位置,但表达相对空间位置信息常比较简单。空间关系特征的使用可加强对
图像内容的描述区分能力,但空间关系特征常对图像或目标的旋转、反转、尺度变化等比较敏感。
另外,实际应用中,仅仅利用空间信息往往是不够的,不能有效准确地表达场景信息。为了检索
方便,除使用空间关系特征外,还需要其他特征来配合。

本案例中将从 PIE-Basic 软件的主成分变换、最小噪声变换、傅里叶变换、小波变换四种功能
演示如何提取空间关系特征。具体操作见前述章节。

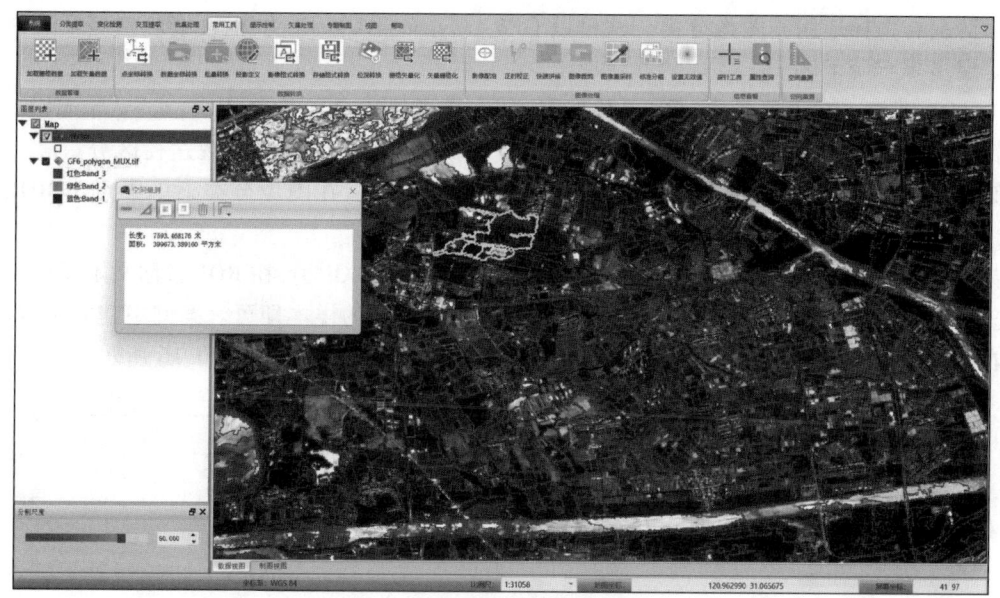

图 10.15　形状特征结果

10.3　特　征　选　择

10.3.1　特征选择的原则与流程

对遥感影像选择合适特征类型是为了更好地服务于分类特征,即参与遥感分类运算的数据,选择的特征数据类型既可以是遥感光谱信息,也可以是纹理信息。对遥感图像进行分类特征选择和提取,目的是筛选出一个或多个对分类最有效的特征。特征选择的有效性直接关系到分类结果的优劣,同时,分类器的性能也在很大程度上取决于特征选择与特征提取的信息,这意味着选择的特征是否可以精确地描述对象的本质是至关重要的。

筛选合适的分类特征,就是要从众多的遥感数据中选取能够表征地物类型特征的一组参与分类。例如,进行土地利用制图时,对地物有不同指示作用的各类植被指数信息一般都会被选择作为一种特征;除此之外能够表征地物覆盖特征生物物理参数的遥感数据如反射率、热红外信息也是应该优先考虑的特征。由于土地利用类型的复杂性以及植被之间的一些相似性,可以通过选择不同时相的影像从而提取有差异性的特征数据;对于山地、丘陵区域的植被类型则可以选择数字高程影像作为辅助的特征数据。总而言之,是否选用某一个特征数据,实际上取决于数据源的选择能否较好地区分某一区域的地物类别。同时,充分利用可能获得的遥感数据进行分类特征选择也应当是优先考虑的问题。

一般情况下,如果光谱特征能够有效区分目标地物类型,则直接选择该光谱特征进行分类;对于利用某种变换方法提取的衍生光谱信息,它们都基本符合特征选择的要求,如具有信息量大、分量间无相关等特点,这时,一般都会选择前面几个信息量大的分量作为特征用于图像分类;对于衍生的纹理信息,尽管具有一定的专题性,但有些指标之间也存在较强的相关性,因此需根据实际情况有选择地用于图像分类。这里以 GF6_polygon_MUX. tif 为例,使读者对特征选择方法及其实现步骤有所了解。

① 打开图像。在主菜单中,单击"数据管理">"栅格工具",选择 GF6_polygon_MUX. tif 文件,则成功加载图像,可以看出,水体、土地和建筑区域可以很好地通过目视途径区分。

② 训练样本点的生成。选中 GF6_polygon_MUX. tif 文件,在图像分类菜单中点击 ROI 工具模块,弹出 ROI 工具对话框。

首先,在 ROI 工具对话框中点击"添加",创建一个新的 ROI 类,在 ROI 名称文本框中键入名称,选中该 ROI 类后,选择图形类型,之后在影像中选择对应的样本即可。案例中建立了水体、建筑和农田三种 ROI 类,在设置不同的颜色后,以矩形方式选择样本,如图 10.16 所示。

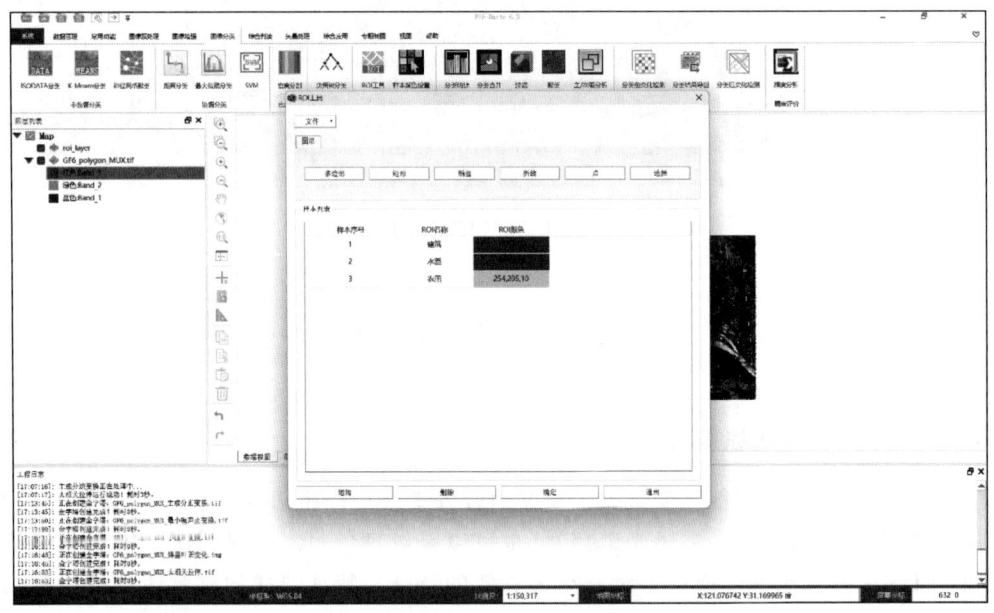

图 10.16　样本点采集结果

最后,保存样本点。ROI 工具对话框中,点击"文件"按钮,在下拉框中可以保存该 ROI 文件。之后,点击"确定"即可在软件主页面显示已经建立的 ROI 图层文件。

10.3.2　特征子集分析

在很多情况下,利用少量特征就可以进行遥感图像的地学专题分类,因此需要从遥感图像 n 个特征中提取 k 个特征作为分类依据。我们把从 n 个特征中提取 k 个更有效特征的过程称为特征提取,而这 k 个特征可以统称为特征子集。特征提取要求所提取的特征相对于其他特征更便于有效地分类,从而使图像分类不必在高维特征空间里进行。同时,这也要求了其变量的选择需要根据经验和反复的实验来确定。通过特征提取,既可以达到数据压缩的目的,又提高了不同类别特征之间的可区分性。在数学表达上,对选取的遥感图像进行特征提取就是通过对原始特征光谱维进行一定的变换与映射处理,找出其中最能准确分出待分类目标的特征光谱子集。通过以上处理,使分散在波段之间的分类信息集中在几个特征中,从而在对数据进行降维处理的同时增强分类性能、提高分类精度。因此,进行分类特征提取关键步骤之一,就是要在计算复杂度允许的范围内,在最少维特征空间中使得类间距离较大,而类内距离较小,这一近距离可以通过距离度指标表示。

本案例中以前文 10.2.3 中 GF6_polygon_MUX.tif 的图像分割结果为例,展示分离度计算,具体操作步骤如下。

① 首先,在 PIE-SIAS 中打开 GF6_polygon_MUX.tif 的分割结果;之后点击"分类提取" > "样本选择",如图 10.17 所示。

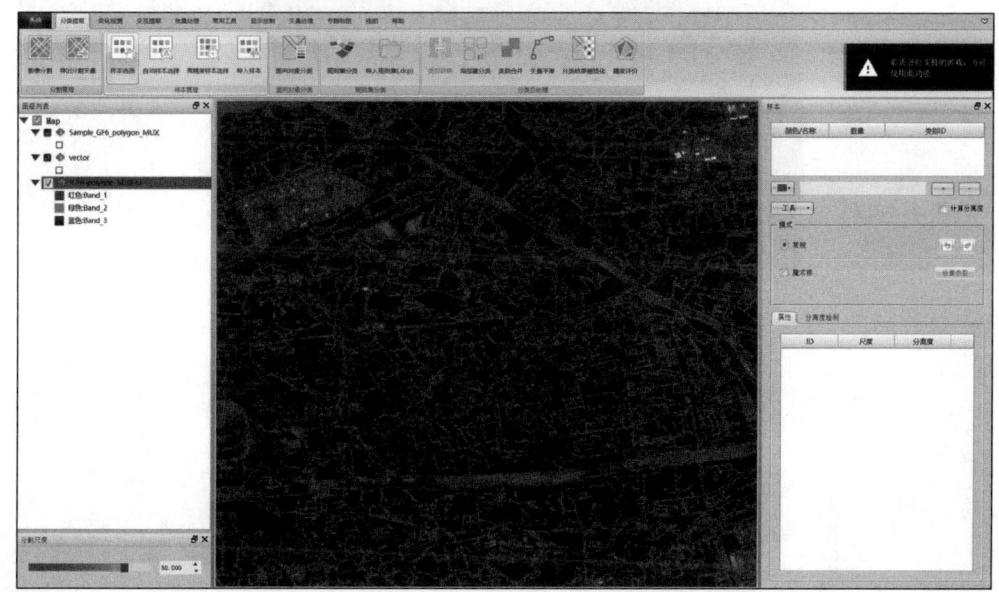

图 10.17　图像分割与样本选择模块

② 建立样本。在右边样本菜单栏中,按需求建立不同类别的样本子集。本案例中以建筑、水体、农田为例演示该步骤。输入样本集名称,点击"+"号图标,之后在分割图像上双击选中对应的区域,如图 10.18 所示。

③ 计算分离度。勾选计算分离度功能,点击"工具",之后在下拉菜单中选择样本分析功能。在新打开的窗口中选中三个类样本集,点击绘制特征值即可,如图 10.19 所示。

该功能可以用可视化方式展示各个分类集样本之间的数值差异,还可以显示样本类别两两之间的分离度。如图所示,建筑和水体的可分离度为 2,和农田之间的可分离度为 1.75。可分离度的数值在 0~2 之间,数值越大,可分离度越高。一般而言,可分离度大于 1.8 则可认为有较好的可分离度,即该样本集可较好地适用于图像分类。而此处可以发现,建筑和农田之间的可分离度仅为 1.75,因此应当剔除部分样本并重新选择新的样本。

10.3.3　基于先验知识的特征选择

先验知识是指在进行学习或推理之前,已经具备的关于问题领域的先前知识或经验。它是在之前的学习、实践或观察中获得的知识,可以是来自领域专家的专业知识、先前研究的结果、规

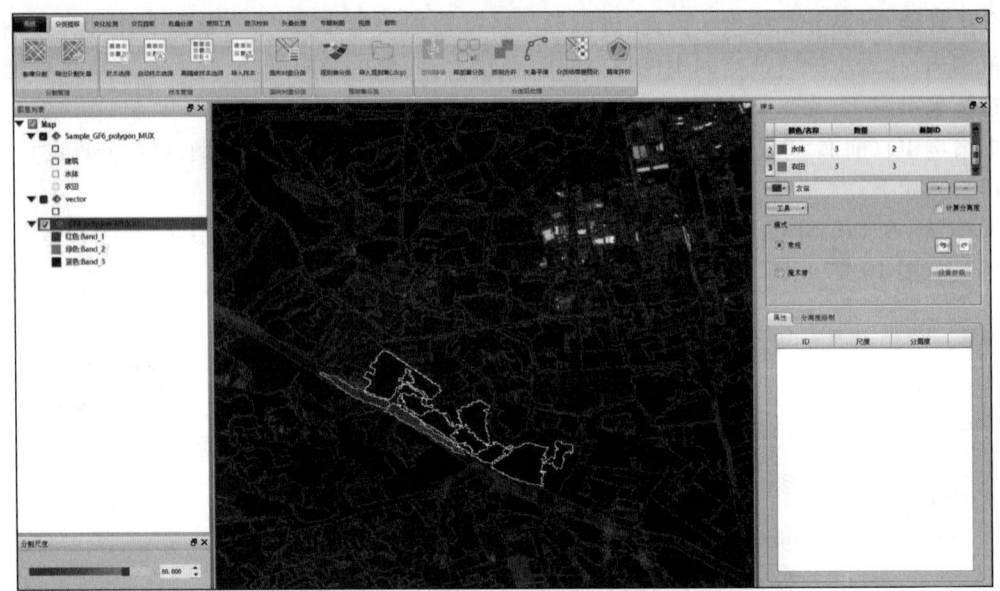

图 10.18　样本选择结果

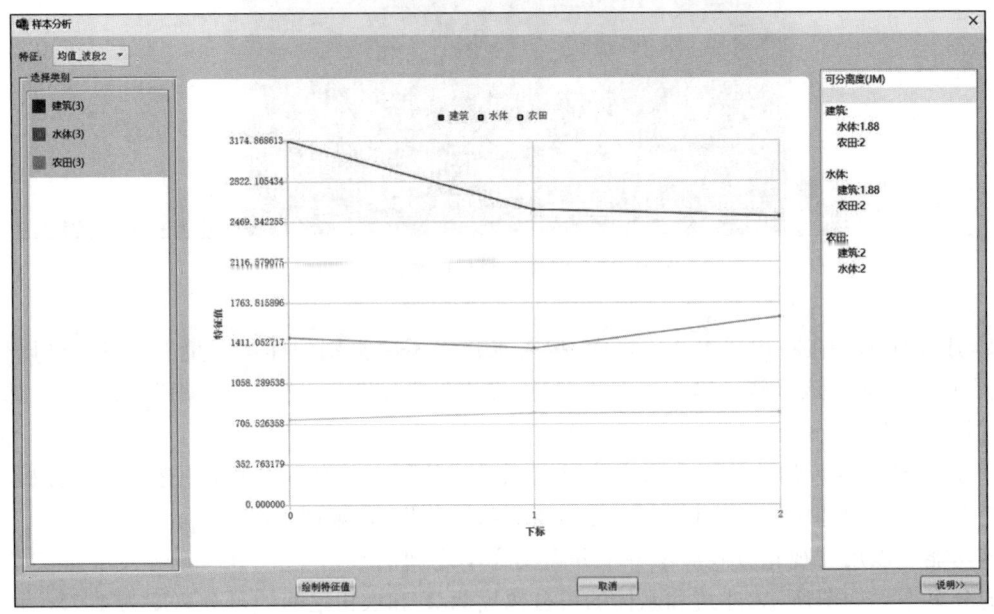

图 10.19　样本特征值及可分离度

则或常识性的知识等。通过引入先验知识,特征选择可以更快、更准确地与分类类别相对应,从而帮助影像分类。

　　在特征选择时,可以通过人工定位的方式,在户外采集一定数量的可以明确地物类别的点位,用于 ROI 的设置。先验知识在遥感影像分类中有很大的应用前景,例如在植物分类时,仅通过对图像的目视解译难以区分不同植物的分布,但通过人工的点位采集可以提高 ROI 样本选择的精确度,从而提高影像分类的精度。

通过以下案例可以方便地解释基于先验知识选择特征的应用场景。

在图 10.20 中,红色和绿色的点位均为乔木生长的区域,但从图像中难以直接区分是什么类别的乔木。因此,如果通过人工的户外样本采集,可以将红色区域确定为景观类型的乔木,而绿色区域为农业用途的果树。通过这种方式,可以增加特征类别的数量和分类的精度。

图 10.20　基于先验知识特征选择

10.4　特 征 组 合

在前文中已经展示了如何计算并提取遥感图像的各类特征值。同时,在案例中也展示了通过 GF6_polygon_MUX. tif 的近红外、红光、绿光和蓝光四个基础波段进行影像分割处理和样本分离度的计算。但是,有时候仅通过基础波段数据或是单独的特征图像无法满足影像分类的需求。面对这一问题,可以将多种特征进行重新组合,构建新的特征图形集合来应用于图像分类。

本案例中将以 GF6_polygon_MUX. tif 及相关特征文件演示这一流程。

打开希望进行重新组合的数据图层,案例中将使用 GF6_polygon_MUX. tif 及主成分变换结果、GLDV 均值计算结果演示。

① 打开图像。点击"数据管理" > "栅格数据"添加这些图像数据。

② 波段合成。点击"常用功能" > "波段合成",在文件选择中点击 […],可以选择希望添加的图像和波段。本案例中选择了 GF6_polygon_MUX. tif 的第三和第四波段、主成分变换结果的第三和第四波段,以及 GLDV 均值计算结果共计 5 个特征进行重新组合。之后,在输出文件中设置文件名称和保存路径即可,如图 10.21 所示。

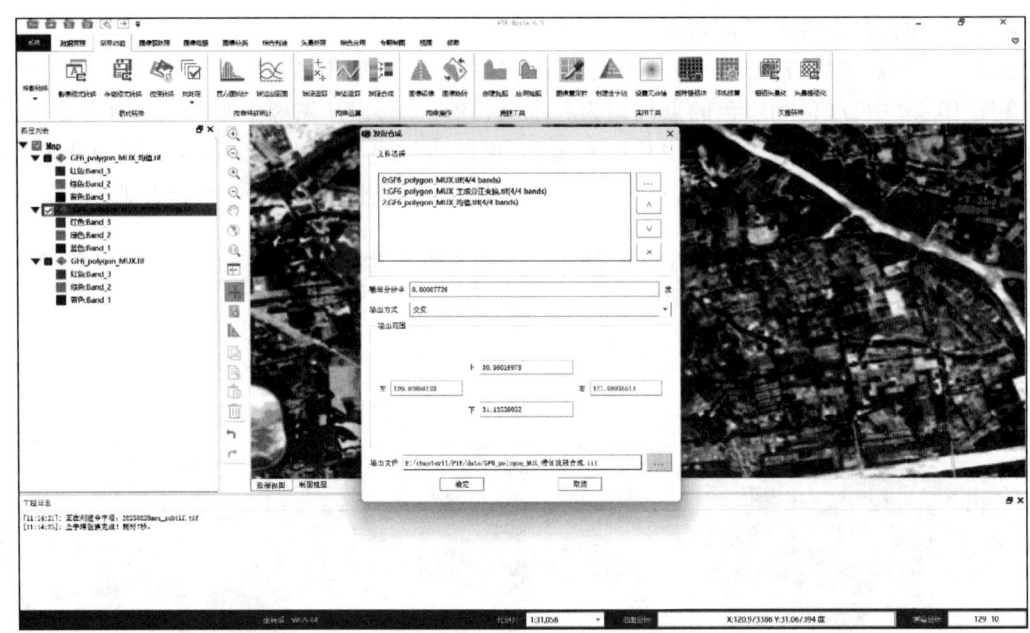

图 10.21　波段合成模块

保存数据后打开该合成后影像,在"图层属性">"栅格信息"中可以发现,上述步骤中选择的多个图层已经重新在新的图像中组合,如图 10.22 所示。

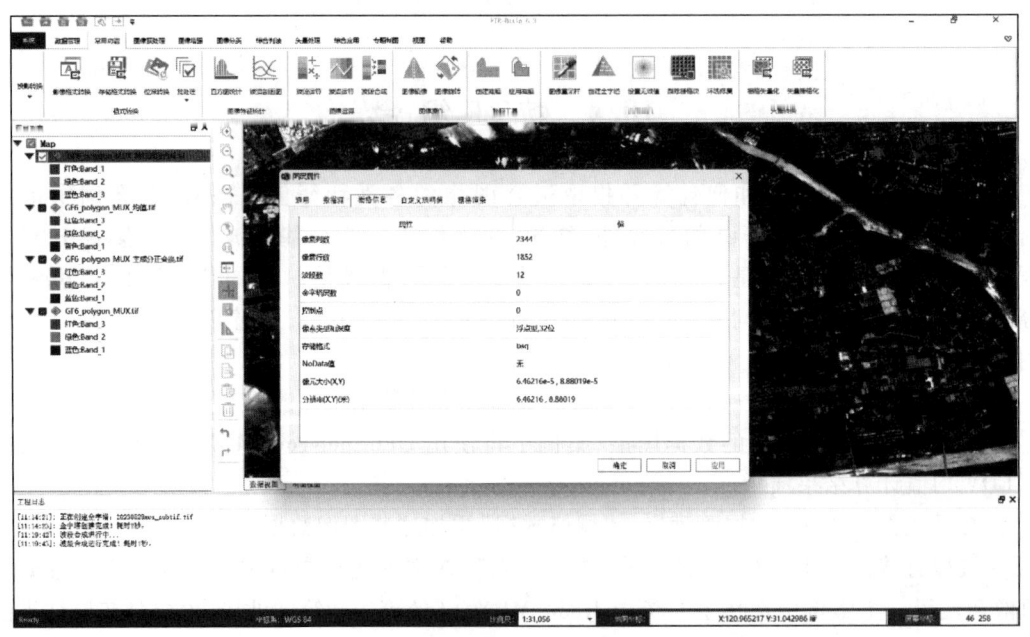

图 10.22　特征组合结果

11 图 像 分 类

⚙ **学习目标**

通过对案例的实践操作,初步了解如何利用 PIE-Basic 开展遥感数字图像分类。

⚙ **预备知识**

- 遥感数字图像分类

⚙ **参考资料**

朱文泉等编著的《遥感数字图像处理——原理与方法》(第二版)第 11 章"图像分类",PIE-Basic6.3 用户手册。

⚙ **学习要点**

- 遥感数字图像分类的技术流程
- 监督分类
- 决策树分类
- 非监督分类
- 面向对象分类

⚙ **测试数据**

数据目录:附带光盘下的 ..\chapter11\data\

文件名	说明
GF2_polygon_Clip. tif	某地的高分二号卫星影像,按照一定范围裁剪过的数据
roi. pieroi	训练样本
Tree. txt	用于决策树分类的决策树文件

⚙ **案例背景**

遥感图像分类就是根据不同地物在图像上所体现的属性(如光谱属性、空间属性)差异,按照一定的规则将其划分为若干具体的类别。目前的图像分类方法很多,根据不同的划分标准可以划分为不同的类型,然而,并不是每一种分类方法都适合任何遥感图像的分类问题,因此我们需根据研究区的背景状况、遥感数据源和分类目的选择最合适的方法。本章就一些应用较为普遍的分类方法进行简单介绍,PIE-Basic 提供常见的基于统计特征的监督分类与非监督分类方法、基于相关要素建立判断规则的决策树分类方法,以及主要应用于高空间分辨率遥感图像的面向对象分类方法。

运用分类器对图像分类后,受遥感图像质量和分类算法影响,其分类结果有可能还不能被直接应用,需对其进行分类后处理,以提高分类结果质量。例如,逐像元分类结果往往会包含一些由少数几个像元组成的破碎小图斑,它们可能既不符合实际情况,也不太符合视觉习惯,此时可以采用主/次要分析、聚类分析和过滤等算法处理小图斑;非监督分类预设的分类类别数一般要多于最终所需的类别数,因此在非监督分类结束后,我们还需要根据实际情况将那些具有类似特征的类别进行合并;另外,由于遥感图像存在同物异谱或异物同谱现象,计算机自动分类时会产生一些错误的分类结果,而这些错误结果有时无法被自动修正,此时则需进行手工修正。

分类完成后,我们还需对分类结果进行精度评价。其目的一方面在于为制图者提供一个评价分类方法的依据,如果分类精度达不到要求,需重新调整分类方法或者训练样本,直到分类精度满足要求;另一方面也为用户提供一个分类结果的可靠性参考。

PIE-Basic 提供图像分类流程化工具,该工具采用流程化的操作方式,将监督和非监督分类的操作步骤集成到一个操作面板中,并且在工具栏按照不同类型的分类方法,给出该分类方法下常用的方法,使专业的遥感图像分类操作更加简便和高效,并提供分类合并、过滤、聚类三个分类后处理功能。该工具的使用比较简单,对于遥感基础比较薄弱的读者来说很容易上手操作,有关分类器的参数设置可参考本章下面介绍的各种分类方法,图 11.1 给出了软件提供的相关的功能。本章主要以案例的方式分步展示分类操作流程。

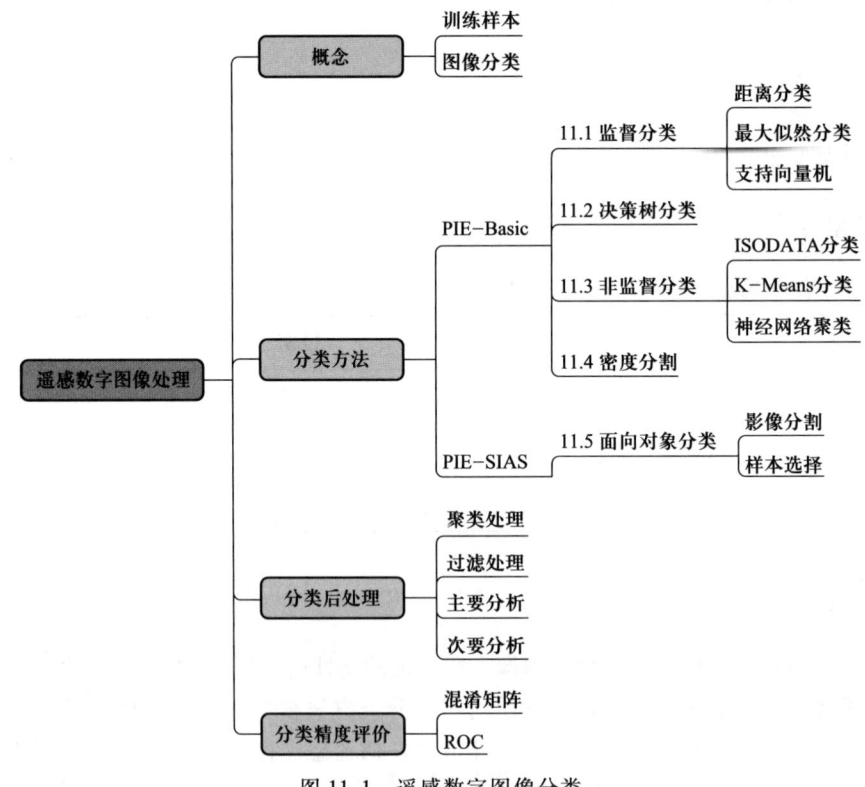

图 11.1　遥感数字图像分类

11.1　监　督　分　类

本节以某地土地利用分类为例,分类仅考虑大面积连续分布的地物,不考虑更加详细的亚类,故选择高分二号图像为数据源,并对其进行大气校正和裁剪,最终以 GF2_polygon_Clip. tif 文件为例,进行本节演示。监督分类主要包括特征提取和选择、确定分类类别并建立解译标志、训练样本选取和评价、图像分类等四个部分。根据以往的研究经验,高分二号图像的多光谱有四个波段,第一波段是蓝光波段,第二波段是绿光波段,第三波段是红光波段,第四波段是近红外波段。

11.1.1　分类类别确定及解译标志建立

① 打开图像。操作步骤如下:"数据管理">"通用数据加载">"栅格数据",在"打开数据"窗口找到本节需要使用的数据。

② 确定分类类别并建立解译标志。在图层列表框中选中影像,点击鼠标右键:"属性">"图层属性">"栅格渲染"(图 11.2),在颜色通道和波段处,更改 RGB 合成的波段,在本节中选择波段三、波段二、波段一,显示效果如图 11.3 所示。

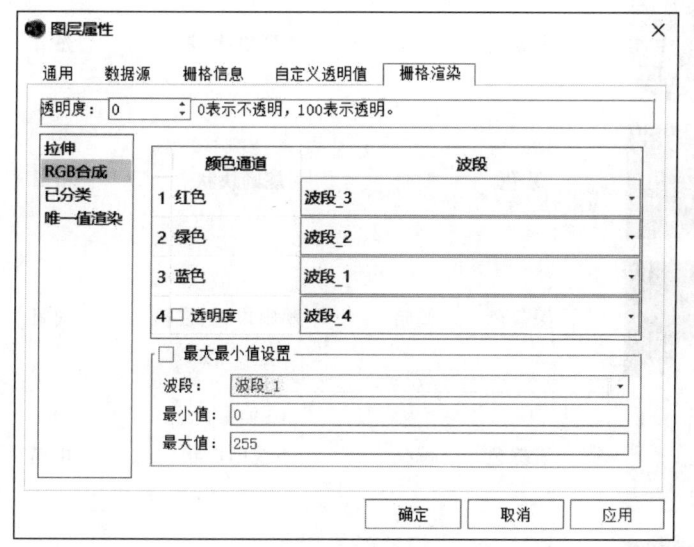

图 11.2　图层属性设置

结合相关文献资料,初步了解该地区的土地覆盖类型状况:该区域以大面积建设用地为主,另外在公园等地存在小面积连续分布的草地,西部存在大面积水域。对照 GF2_polygon_Clip. tif 图像,建立目视解译标志(表 11.1)。

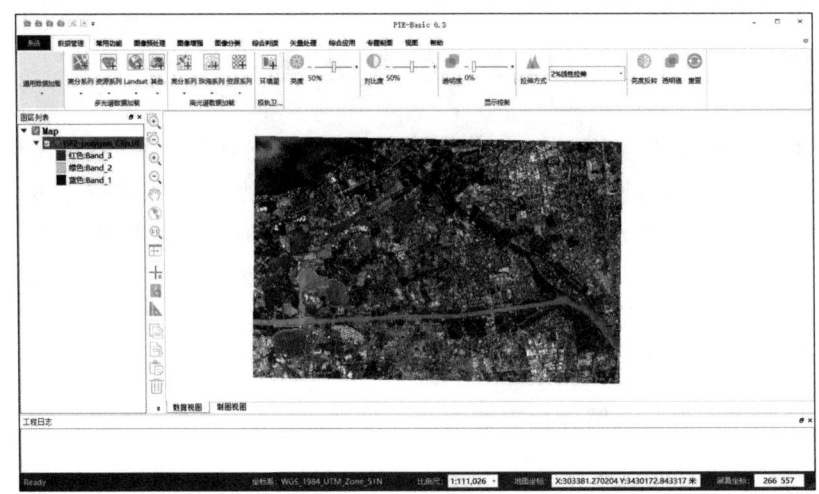

图 11.3　影像显示结果

表 11.1　实验区土地利用类型及解译标志

地类	图像	色彩	亮度	形状	纹理	分布状况
植被		浅绿色	偏亮	不规则块状、带状	光滑	公园、建筑、道路附近
建设用地		紫色	偏暗	规则块状	粗糙	平原地区沿道路分布
水体		深蓝色	偏暗	不规则块状、带状	细腻	西部分布
裸地		浅棕色	偏亮	不规则块状	粗糙	建筑区域边缘偶有小面积斑块
耕地		浅绿色	偏暗	规则块状	粗糙	中间区域北边和东边小面积分布，南边大面积分布

11.1.2　训练样本选取和评价

① 打开 ROI 工具。"图像分类">"样本采集">"ROI 工具"，弹出 ROI 工具对话框（图 11.4）。可以添加训练样本，选择想要的颜色。

② 创建训练样本。点击"增加"，建立一个新样本，在样本列表中设置该样本的名称和颜色。

根据样本绘制的原理,绘制根据地物形状选择"多边形""矩形""椭圆""折线""点"中的一种,在影像窗口绘制 ROI,绘制完毕后双击鼠标左键,ROI 感兴趣区域即添加到训练样区中。重复上述方法,建立多个新样本。最终的训练样本如图 11.5 所示。

图 11.4　ROI 工具

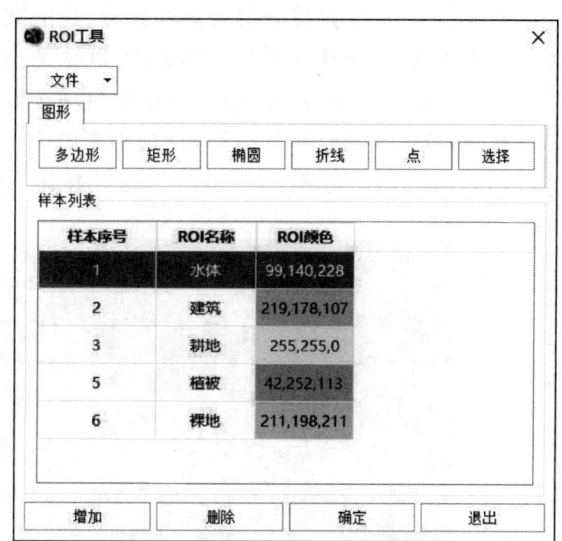

图 11.5　ROI 颜色和名称设置

③ 保存新生成的训练样本。点击"ROI 工具">"文件">"保存 ROI",设置输出路径和文件名(本节中记为"roi1. pieroi"),设置完成后点击"确定"即可。

11.1.3　监督分类方法

PIE 提供三种监督分类算法,包括距离分类、最大似然分类、支持向量机(SVM)。上述方法的操作过程基本相似,即导入待分类图像、选择训练样本、分类器参数设置以及设置输出路径和文件名。距离分类的原理简单,分类精度不高,但计算速度快,可以在快速浏览分类概况中使用。最大似然分类是监督分类常用的方法之一,分类精度较高。支持向量机是一种建立在统计学习理论基础上的机器学习方法。与传统统计学相比,统计学习理论是一种专门研究小样本情况及其学习规律的理论。本节将分别以这三种分类方法为例,进行简单介绍。

1. 距离分类

打开 PIE-Basic,点击"图像分类">"监督分类">"距离分类",打开"距离分类"对话框(图 11.6)。

图 11.6　距离分类

- 文件选择:选择要分类的影像;
- 导入文件:如果待分类影像不在文件列表中,可以通过单击"导入文件",添加待处理影像到文件列表中;
- 选择区域:设置待分类处理的区域,这里默认对裁剪出来的数据进行全图分类;
- 选择波段:选择需要分类的波段,默认是全部波段参与分类;
- 选择 ROI:选择 ROI 文件,这里会自动读取制作的 ROI 样本文件;
- 分类器:设置监督分类规则(最小距离或马氏距离),这里选择最小距离。

所有参数设置完毕之后,单击"确定"按钮,进行距离分类,并且输出分类的结果(图 11.7)。

图 11.7　距离分类结果

2. 最大似然分类

打开 PIE-Basic,点击"图像分类">"监督分类">"最大似然分类",打开"最大似然分类"对话框(图 11.8)。

- 文件选择:在文件列表中选取需要进行分类的文件,右侧显示文件信息;
- 导入文件:如果要进行处理的文件不在文件列表中,可以通过单击"导入文件"按钮,添加需要处理的文件到文件列表中;
- 选择区域:选择需要分类的区域范围,可以设置影像行列范围来限制分类区域;
- 选择波段:选择需要分类的波段,默认是全部波段参与分类,也可只对选择的波段进行分类;
- 选择 ROI:选择 roi 文件(指用 ROI 工具制作的分类样本文件);
- 分类器:设置监督分类规则;

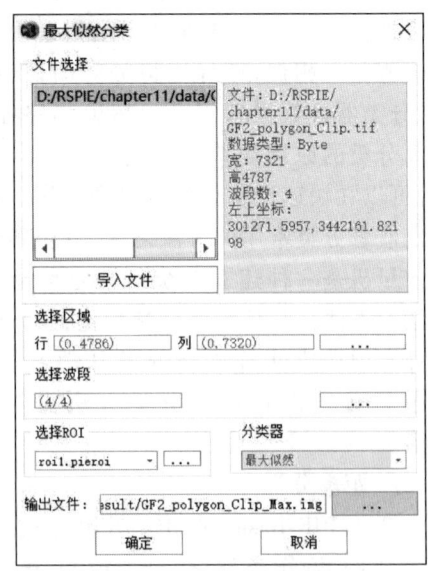

图 11.8　最大似然分类

• 输出文件:设置输出影像保存路径和名称。

所有参数设置完毕后,点击"确定"按钮,即可进行最大似然分类,并输出分类结果(图 11.9)。

图 11.9　最大似然分类结果

3. 支持向量机

打开 PIE-Basic 软件,"图像分类">"监督分类">"支持向量机",打开"支持向量机"对话框,选择好参与分类的文件和使用的 ROI 图层。

• 输入文件:输入需要分类的文件。

• 光谱收集:单击"波谱源"右侧的下拉列表选择框选择目标光谱的来源,共包括以下几种来源:光谱库、ASD 二进制文件、ASCII 二进制文件、ROI 图层。单击"波谱源"最右端的"…"按钮,根据选择的波谱源,打开相应的目标光谱,其中,表格中的每一行表示一条光谱。这里选择之前绘制的 ROI 文件(图 11.10)。

输入待处理影像以及选择样本光谱后,单击"应用"按钮,弹出参数设置对话框,如图 11.11所示。设置好相应参数之后,点击确定,即可进行分类处理(图 11.12)。

• Degree 值:多项式的阶次,默认是 3;

• Gamma 值:Gamma 是选择径向基函数作为核函数后,该函数自带的一个参数,隐含地决定了数据映射到新的特征空间后的分布;

• Coef 值:核函数中的 coef0 设置(针对多项式/sigmoid 核函数),默认 0;

• 处罚系数 C:惩罚系数,就是对误差的宽容度,值越高说明越不能容忍出现误差;

• nu:设置 v-SVC,一类 SVM 和 v-SVR 的参数,默认 0.5;

• p:设置 e-SVC 中损失函数 p 的值,默认 0.1;

• SVM 类型:选择 SVM 类型;

• 核函数类型:选择不同类型的核函数;

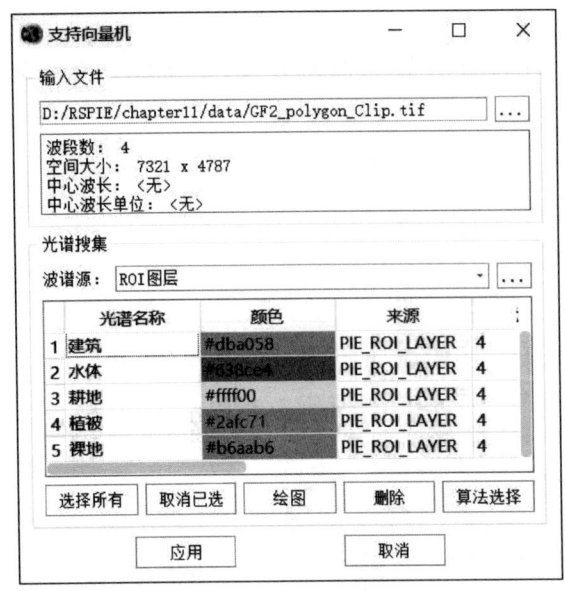

图 11.10　支持向量机

图 11.11　支持向量机参数设置

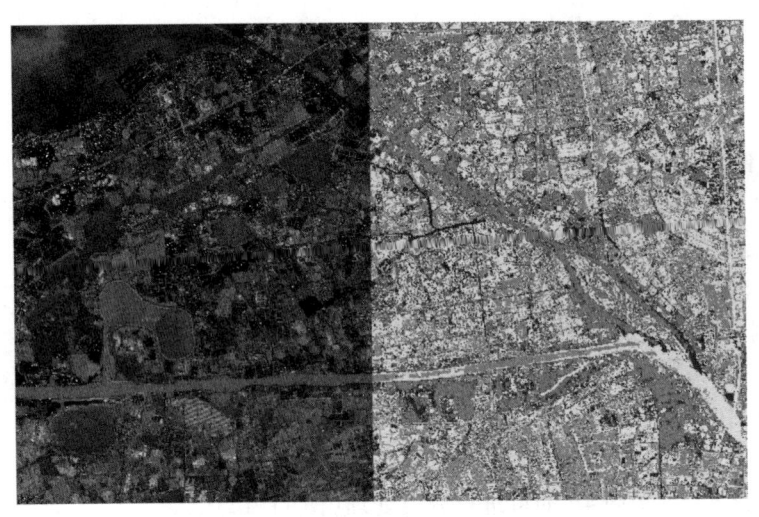

图 11.12　支持向量机分类结果

- 缓存大小:当分类数据过大时,可以对数据进行分块处理,该值代表分块数据的大小,需要根据当前计算机的配置及输入数据的大小进行设置,默认 128,表示分配 128 MB 内存空间进行计算;
- 输出文件:设置输出的分类结果文件的保存路径及文件名。

11.1.4　分类后处理

该处理以距离分类结果为例,介绍分类后处理操作流程。根据图 11.13 支持向量机分类结果,各地类均是连续分布,基本上不存在空间不连续问题,为了消除分类结果中的碎斑,这里需要对初步的分类结果进行一些处理,才能得到满足需求的分类结果。后处理的方法主要包括:分类统计、分类合并、过滤、聚类、主要分析、次要分析等,这里采用主要分析作为示例。

主要分析功能是采用类似卷积滤波的方法将较大类别中的虚假像元归到该类中,首先定义一个变换核尺寸,然后用变换核中占主要地位(像元最多)类别数代替中心像元的类别数,次要分析相反,用变换核中占次要地位的像元的类别数代替中心像元的类别数。

选择"图像分类">"分类后处理">"主/次要分析",打开"主/次要分析"对话框,如图 11.13 所示。

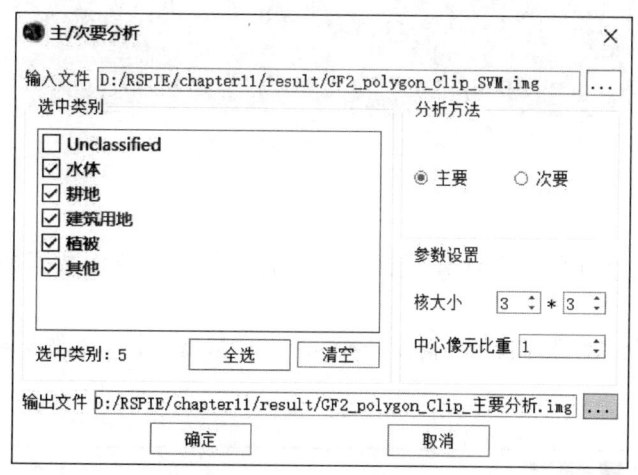

图 11.13　主要分析

• 选中类别:选择待处理类别,可用鼠标在列表中选择。这里选择所有类别。

• 分析方法:选择分析方法。这里选择主要。

• 参数设置:选择运算核大小,该参数必须为奇数但不一定必须为正方形,运算核越大,处理结果越平滑。这里设置为3×3。

• 中心像元比重:在判断哪个类别在运算核中占主要地位时,中心像元比重用于设定中心像元类别被计算的次数。如果设置1,系统计算一次中心像元的类别;如果输入为5,系统将计算5次中心像元类别。这里设置为1。

• 输出文件:设置输出路径和文件名。

设置完成后,点击"确定"即可。结果如图 11.14 所示,利用软件提供的卷帘工具对比,可以看出主要分析处理后的结果中碎斑被消除了,分类结果更加平滑。

11.1.5　精度评价

PIE-Basic 对分类结果的精度提供了混淆矩阵和 ROC 曲线两种评价方法,混淆矩阵用于评价普通的分类结果,以数据形式表示分类精度。本案例采用混淆矩阵评价分类结果与地表真实信息的一致性,这里要说明的是该操作是为了评价分类结果的可靠性,所以在精度评价之前进行了分类后处理;如果精度评价的目的在于评价分类方法的优劣时,则直接对分类器自动分类结果

图 11.14　主要分析结果

进行评价即可。

　　PIE-Basic 的精度分析是用来计算分类后图像数据与真实地面数据的偏差。其详细操作
如下。

　　点击"图像分类">"图像评价">"精度分析",打开"精度分析"参数设置对话框,如图 11.15
所示。

图 11.15　精度分析参数设置

- 分类图像文件:选择分类输出的栅格文件;
- 真实地面影像:选择真实的地面分类数据;

• 真实地面矢量：选择真实的地面矢量数据，为真实的地面分类数据矢量化处理后的矢量数据，如果已经设置真实地面影像，此项参数可以不用设置；

• 属性：当设置真实的地面矢量数据时，需要选择真实地面矢量文件中用于精度分析的属性字段，一般是选择类别名字段；

• 真实地面分类数据：显示真实地面分类数据和分类图像分类数据中类别个数。

所有参数设置完毕之后，点击"确定"按钮即可进行精度分析，处理完成后显示分类精度结果信息。

11.2　决策树分类

决策树分类是通过学习目标地物与相关要素的分布规律，构建一套基于相关要素的判断规则，通过若干次中间判别，将多个相关要素变量数据集合逐步分解为几个属性均质的特征子集。其分类规则易于理解，相关要素变量数据可以利用多源信息，因此该方法应用较广。本节仍以监督分类的案例为例进行决策树分类，其基本过程包括：定义分类规则、构建决策树和执行决策树分类这三个过程，相应的分类后处理和精度评价与监督分类一致，此处不再介绍。

11.2.1　规则获取

决策树分类规则可以来自经验总结，也可以通过统计的方法从样本中获取规则（如 C4.5 算法、CART 算法等）。本案例分类问题较为简单，故采用经验法总结分类规则。

根据表 11.1 所示，该地区主要的土地利用类型为植被、建设用地、裸地、水体和耕地。我们可利用对植被非常敏感的归一化植被指数（normalized difference vegetation index, NDVI）来区分不同覆盖度的植被信息，该指数还可以很好地区分植被、水体和其他地类；草地大多是分布在平坦地区的公园。

根据以往经验以及对各要素进行采样分析，本案例可以构建以下判断规则：

① Class0（植被）：$NDVI > 0.3$

② Class1（水体）：$NDVI \leqslant 0.3$ 且 $b1 < 48$

③ Class2（建设用地）：$NDVI \leqslant 0.3$ 且 $b1 \geqslant 20$

④ Class3（背景）：$NDVI \leqslant 0.3$ 且 $b4 = 0$

11.2.2　决策树创建

可以点击"文件">"新建"按钮，新建一棵决策树，通过右键编辑根节点和叶节点的属性。具体创建过程如下：

（1）启动决策树创建窗口（图 11.16）。

（2）分别输入节点名称，表达式等信息，点击"确定"按钮，可以分别设置对应的波段变量（图 11.17、图 11.18）。

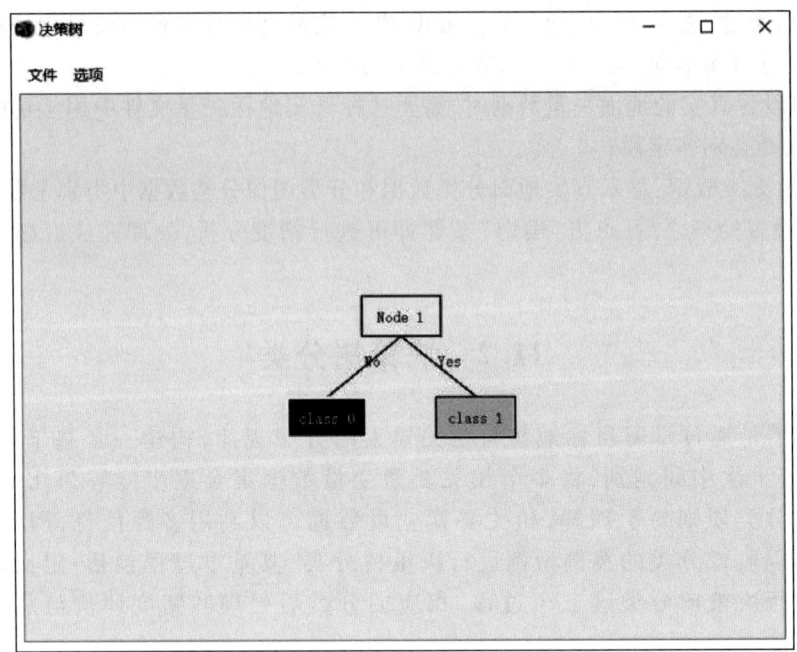

图 11.16　新建决策树

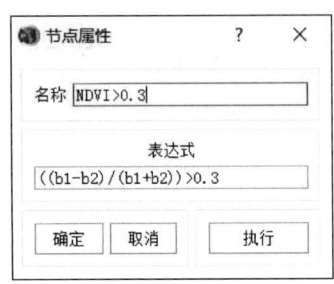

图 11.17　输入表达式

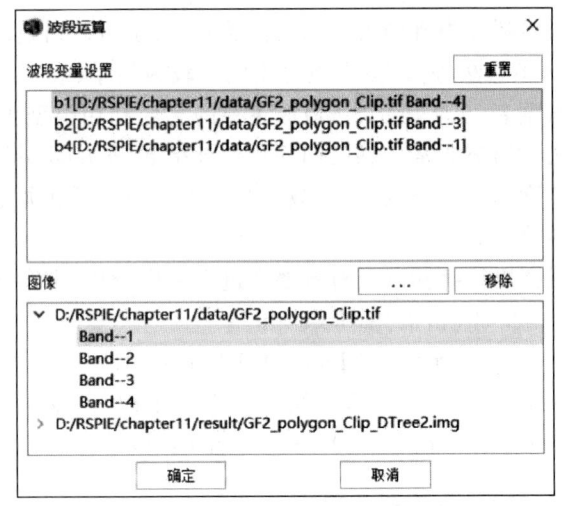

图 11.18　选择波段

（3）支持增加子节点和禁用子节点、重置子节点。

（4）执行分类之前,需要设置输出分类结果文件的路径(图 11.19、图 11.20)。

点击开始执行,影像的决策树分类启动。最终的结果如图 11.21 所示。

图 11.19　设置输出分类结果文件路径

11　图像分类

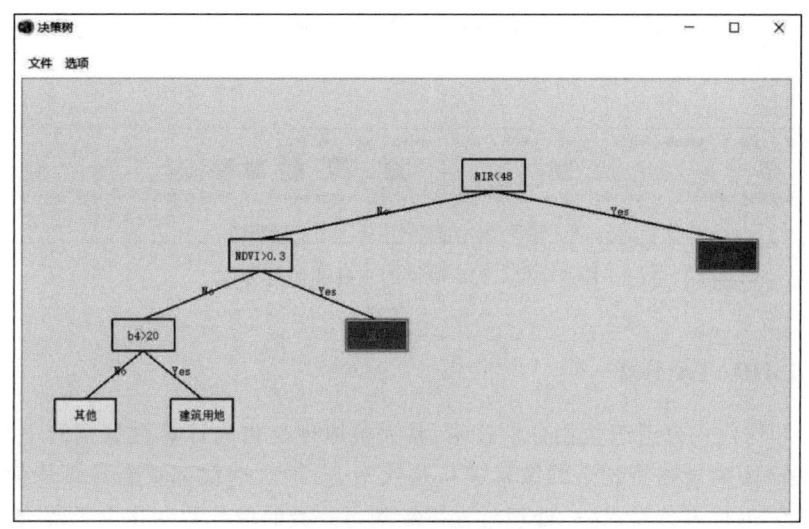

图 11. 20　输入好的决策树

图 11. 21　决策树分类结果

11.3　非监督分类

非监督分类与监督分类的区别在于其不依靠训练样本,仅根据像元间特征变量的相似度大小进行自动聚类,其分类结果只是对不同类别进行区分,但并不确定类别的具体含义,最后需要解译者将每个类别与参考数据进行比较来定义其属性。非监督分类结果的后处理和精度评价等过程与监督分类相似,本节仅就非监督分类和类别属性定义及合并处理进行说明。

PIE-Basic 提供 k 均值聚类(“K-Means 分类”)和 ISODATA(iterative self organizing data analysis techniques algorithm)分类、神经网络聚类三种非监督分类算法(图 11. 22),此处以

监督分类中提取的特征属性 GF2_polygon. tif 文件为例,沿用监督分类的类别,进行非监督分类。

图 11.22　PIE 提供的三种非监督分类

11.3.1　ISODATA 分类

ISODATA 即迭代式自组织数据分析技术,其大致原理是首先计算数据空间中均匀分布的类均值,然后用最小距离规则将剩余的像元进行迭代聚合;每次迭代都重新计算均值,且根据所得的新均值,对像元进行再分类;这一处理过程持续到每一类的像元数变化少于所选的像元变化阈值或者达到了迭代的最大次数。以下为操作步骤。

(1)点击"图像分类">"非监督分类">"IsoData 分类",打开"IsoData 分类"参数设置对话框。

(2)IsoData 分类参数设置。选择需要进行分类的影像和对相关的参数进行设置。

• 输入文件:点击右侧的按键,选择要分类的影像。

• 波段选择:可以自己选择想要参与分类的波段,这里默认是所有波段都参与分类。

• 预期类数:预期能够得到的分类的类别,这里设置为 5;

• 初始类数:初始给定的聚类个数,可自定义也可保持默认,这里设置为 3。

• 最小像元数:形成一个类所需的最小像元数。如果某一类中像元数小于该阈值,则该类将被合并到距离其特征属性最近的类别中。这里设置为 5。

• 最大迭代次数:数值越大,分类结果越精确,运行时间越长,这里设置为 5。

• 最大标准差:最大分类标准差,以像元灰度值为单位,如果某一类标准差比该阈值大,该类将被拆分成两类。这里设置为 9.8。

• 最小中心距离:不同类别均值的最小距离,以像元灰度值为单位,如果类均值之间的距离小于输入的最小值,则这两类将被合并。这里设置为 6.4。

• 最大合并对数:每次迭代操作最多合并的类别对数。这里设置为 1。

• 输出文件:分类结果要存放的文件夹。

设置完成后如图 11.23 所示,点击"确定"即可。分类结果如 11.24 所示。

(3)IsoData 分类类型设置。IsoData 分类结果如图 11.24 所示,原图像被划分为 6 个类别,这里需要与高分辨率图像比较,定义每个类别具体对应的属性类型。

具体操作如下:首先,在图层列表栏中,将分类结果 GF2_iso1 文件下的 6 个类别前的对钩去掉,使其均不显示;然后,单独勾选某一类别将其显示,并与高分辨率图像和原始图像进行对比,确定其属性类别。

图 11.23 IsoData 分类参数设置

图 11.24 IsoData 分类结果

　　类别"Class2"的显示效果如图 11.25 所示,根据影像的纹理可以看出其属于耕地信息,故将其定义为耕地。依此法,将 6 个类别全部确定其实际属性(表 11.2)。不过可以看到利用非监督分类方法,还是存在不少误分现象,水体可能含有藻类或者其他植物,在分类时部分水体会被划分为植被、部分水田会被分为水体,需要使用更合适的参数或者进行分类后处理来进一步提高分类精度。

图 11.25 IsoData 分类结果中的"Class2"

表 11.2 IsoData 分类结果属性定义

类别	实际类别
Class1	水体
Class2	耕地
Class3	植被
Class4	建筑用地
Class5	其他

11.3.2 K-Means 分类

K-Means 分类的基本思想是:以空间中 K 个点为中心进行聚类,对最靠近它们的对象归类。通过迭代的方法,逐次更新各聚类中心的值,直至得到最好的聚类结果。算法首先随机从数据集中选取 K 个点作为初始聚类中心,然后计算各个样本到聚类中心的距离,把样本归到离它最近的那个聚类中心所在的类。通过计算新形成的每一个聚类的数据对象的平均值来得到新的聚类中心,如果相邻两次的聚类中心没有任何变化,说明样本调整结束,聚类准则函数已经收敛。以下为操作步骤。

(1) 打开图像之后,点击"图像分类">"非监督分类">"K-Means 分类",打开"K-Means 分类"参数设置,如图 11.26 所示。

(2) K-Means 分类参数设置。

• 输入文件:设置待处理的影像,这里选择 GF2_polygon_Clip. tif 影像。

• 波段选择:选择需要分类的波段,可以选择所有波段,也可以选择部分波段。

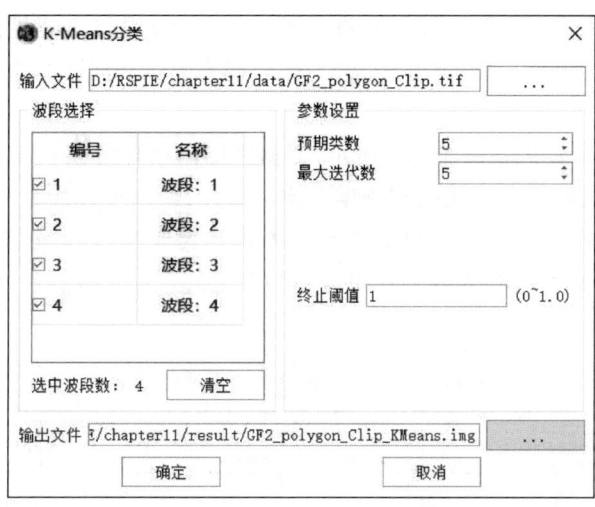

图 11.26　K-Means 分类参数设置

• 参数设置：

① 预期类数：期望得到的类数；

② 最大迭代数：最大的运行迭代次数（一般设置 6 次以上），理论上迭代次数越多，分类结果越精确；

③ 终止阈值：设置终止运算的阈值，当迭代计算的新聚类中心与原聚类中心相等或距离小于阈值，则终止迭代计算（阈值范围在 0~1 之间）。

• 输出文件：设置输出文件保存路径和文件名。

所有参数设置完毕后，点击"确定"按钮即可进行 K-Means 分类，并输出分类结果（图 11.27）。

图 11.27　K-Means 分类结果

（3）K-Means 分类类型设置。K-Means 分类结果如图 11.27 所示，原图像被划分为 5 个类别，这里需要与高分辨率图像比较，定义每个类别具体对应的属性类型。

具体操作如下：首先，在图层列表栏中，将分类结果文件下的 5 个类别前的对钩去掉，使其均不显示；然后，单独勾选某一类别将其显示，并与高分辨率图像和原始图像进行对比，确定其属性类别。

类别"Class5"的显示效果如图 11.28 所示，根据影像的纹理可以看出其属于耕地信息，故将其定义为耕地。依此法，将 5 个类别全部确定其实际属性，结果整理如表 11.3。利用非监督的分类方法，还是存在不少误分现象，水体可能含有藻类或者其他植物，在分类时部分水体会被划分为植被、部分水田会被分为水体，需要使用更合适的参数或者进行分类后处理来进一步提高分类精度。

表 11.3　K-Means 分类结果属性定义

类别	实际类别
Class1	其他
Class2	植被
Class3	水体
Class4	建筑用地
Class5	耕地

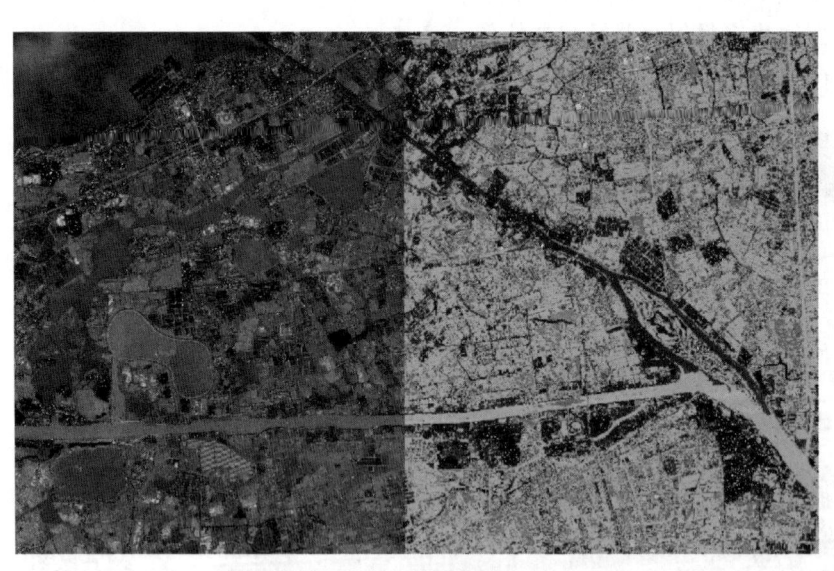

图 11.28　K-Means 分类结果中的"Class5"

11.3.3　神经网络聚类

神经网络是模仿人脑神经系统的组成方式与思维过程而构成的信息处理系统，具有非线性、自学性、容错性、联想记忆和可以训练等特点。在神经网络中,知识和信息的传递是由神经元的相互连接来实现的,分类时采用非参数方法,不需对目标的概率分布函数作某种假定或估计,因此网络具备了良好的适应能力和复杂的映射能力。以下是操作步骤。

(1)打开图像之后,点击"图像分类">"非监督分类">"神经网络聚类",打开"神经网络聚类"参数设置对话框,如图 11.29 所示。

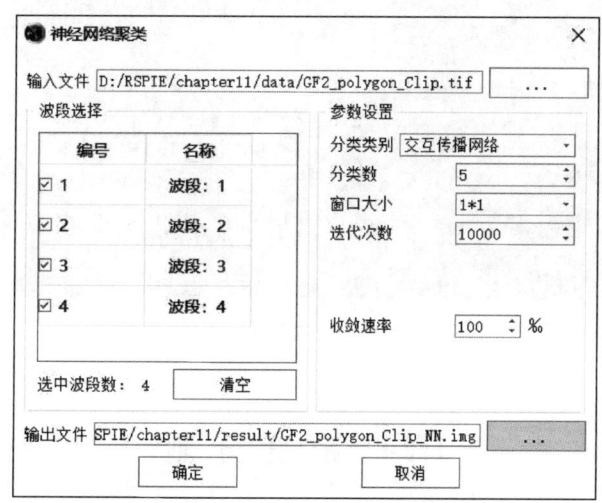

图 11.29　神经网络聚类参数设置

(2)神经网络聚类参数设置。

• 输入文件:设置待处理的影像,这里选择 GF2_polygon_Clip. tif 影像。

• 波段选择:选择需要分类的波段,可以选择所有波段,也可以选择部分波段。

• 参数设置:

① 分类类别:选择分类的规则,有交互传播网络和自组织特征映射网络两种,这里选择交互传播网络;

② 分类数:期望得到的类别数,这里设置为 5;

③ 窗口大小:选择分类窗口大小,即 1×1、3×3、5×5,这里选择 1×1;

④ 迭代次数:迭代运算最大次数,理论上迭代次数越多,分类的结果越精准,这里设置的迭代次数为 10000;

⑤ 收敛速率:设置分类收敛的速率,即连续 2 次误差的比值的极限。

• 输出文件:设置输出文件保存路径和文件名。

所有参数设置完毕后,点击"确定"按钮即可进行神经网络聚类,并输出分类结果(图 11.30)。

图 11.30　神经网络聚类结果

11.4　密　度　分　割

　　密度分割是应用于单波段图像的分类方法,假设图像上某像素值范围内表示一种物质,我们将这部分像元从图像上分离出来形成一类。支持自定义像元值范围和显示的颜色。以下为操作步骤。

　　点击"图像分类">"密度分割",选择需要参加分类的波段,这里选择波段 1 进行密度分割(图 11.31)。

　　自定义设置各像素值范围对应的颜色(图 11.32)。支持新增项、删除项、删除所有项、保存分类设置、导入分类设置等。每个项的颜色、最大值、最小值均可以双击进行自定义设置。这里先是按照默认的密度分割结果输出(图 11.33)。

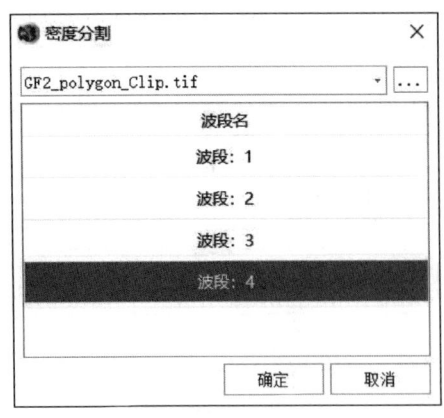

图 11.31　密度分割波段选择

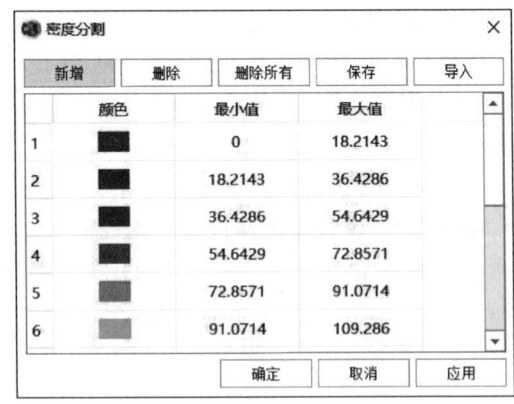

图 11.32　密度分割颜色设置

图 11.33　对波段 1 进行密度分割结果

　　右键单击影像,点击"属性">"图层属性">"栅格渲染">"已分类",通过这里修改类别和颜色,以及类别与类别之间的阈值(图 11.34)。可以使用软件中自带的色带,也可以对每个类别的颜色进行修改(图 11.35)。

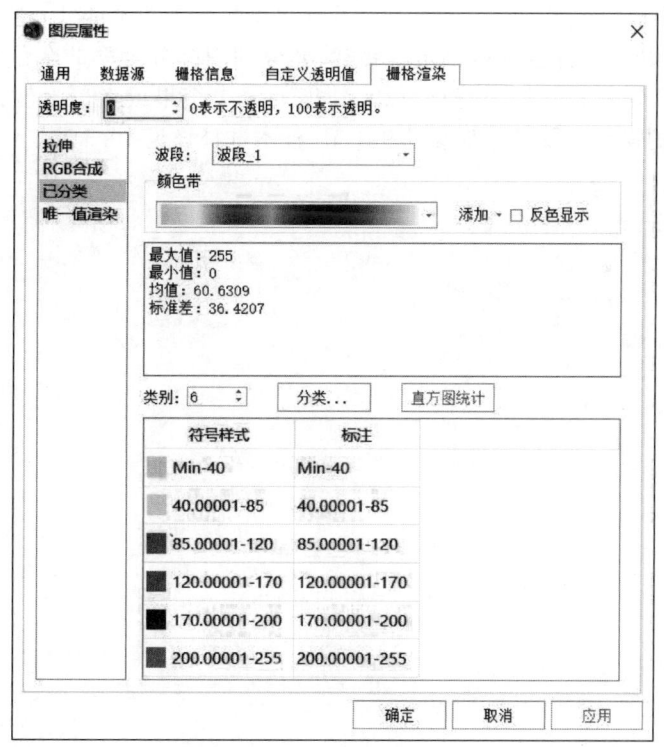

图 11.34　重新调整阈值

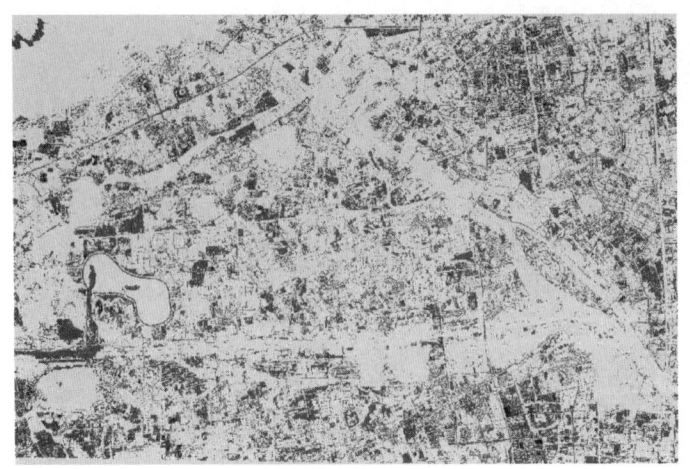

图 11.35　重新调整阈值的结果

11.5　面向对象分类

　　面向对象分类模块包括面向对象分类和交互式尺度集分类两个部分。面向对象分类技术集合临近像元为对象,用来识别感兴趣的光谱要素,充分利用高分辨率的全色和多光谱数据的空间、纹理、光谱信息来分割和分类的特点,以高精度的分类结果或者矢量输出。本节利用 PIE-SIAS 来完成这部分的操作。影像分割参见 9.1 节,样本选择详见 10.3 节。

12 高光谱图像处理

通过对案例的实践操作,初步掌握 PIE-Hyp 对于高光谱数据的相关处理步骤以及基本处理流程。

⚙ 预备知识

• 对于高光谱数据及其数据产品的基本认识

⚙ 参考资料

• 王建宇等编著的《高光谱遥感信息获取》
• 王建宇等编著的《高光谱遥感信息处理》
• 王建宇等编著的《高光谱遥感目标检测》

⚙ 学习要点

• 高光谱数据处理流程
• 图像分类
• 混合像元分解
• 植被指数计算

⚙ 测试数据

数据目录:附带光盘下的 ..\chapter12\data\

文件名	说明
GF5_AHSI_E120.62_N31.31_20190417_005005_L10000041234	上海市某地高分五号 GF5-AHSI 高光谱遥感影像

⚙ 案例背景

GF-5 卫星在 2018 年 5 月 9 日成功发射,经过在轨测试,2019 年 3 月 21 日,中国高分辨率对地观测系统的高分五号卫星正式投入使用。对 GF-5 卫星中的高光谱传感器(AHSI 传感器)数据的预处理工作总结为五个步骤,主要是要解决 GF-5 前期预处理(两部分高光谱数据合并、波长信息写入、坏波段剔除等操作)、条纹噪声去除、辐射定标、大气校正和光谱滤波等辐射校正工作。

单景 GF-5 高光谱数据压缩文件中共 15 个文件,具体内容如图 12.1 所示。

图 12.1　单景 GF-5 数据文件格式

　　GF-5 高光谱数据将可见光波段和短波红外波段分为两个文件存放,其中可见光—近红外波段为 150 个(∗VN. geotiff),短波红外波段为 180 个(∗SW. geotiff),共计 330 个波段,并且中心波长、半高宽(∗Spectralresponse. raw)和辐射定标系数(∗. raw)等信息也是分可见光—近红外和短波红外两部分存放。由于上述原因等,单景标准 GF-5 高光谱数据并不能方便进行预处理,需要对文件夹下的各类数据进行整合处理。这些数据主要用于监测地表特征、资源管理、环境保护、城市规划等领域,对 GF5-AHSI 数据的预处理工作总结为四个步骤,对 GF-5 卫星中的高光谱数据的预处理工作总结为五个步骤,主要是要解决 GF-5 前期预处理(两部分高光谱数据合并、波长信息写入、坏波段剔除、条纹噪声去除等操作)、辐射校正(辐射定标、大气校正和光谱滤波等)、几何校正(几何精校正、正射校正等)、应用产品生产(植被指数、参量反演等)、镶嵌产品(反射率镶嵌、应用产品镶嵌等)问题。具体流程如图 12.2 所示。

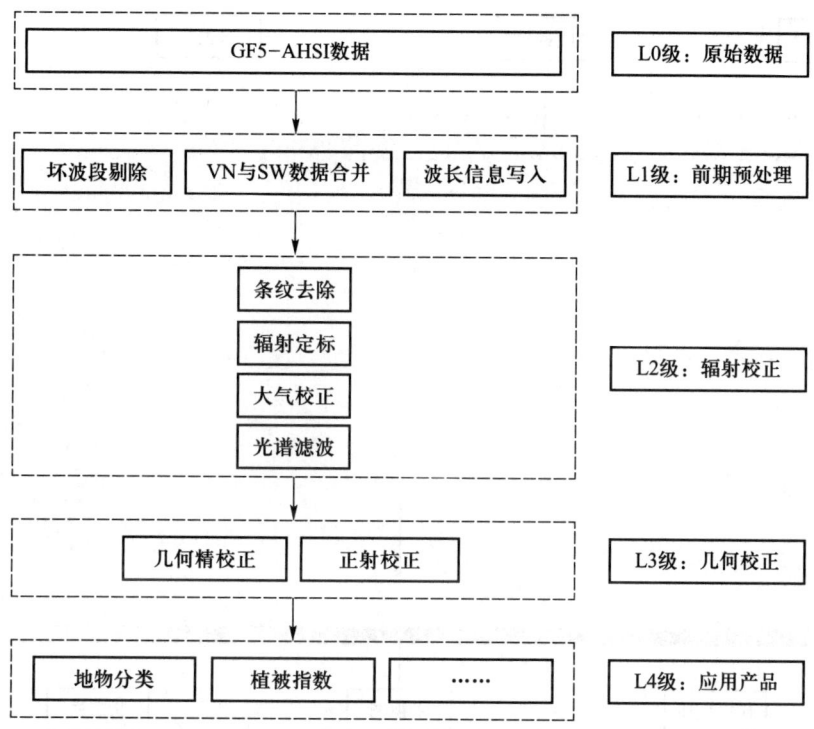

图 12.2　高分五号 GF5-AHSI 高光谱数据处理流程

12.1　PIE-Hyp 工作界面介绍

PIE-Hyp 高光谱影像数据处理软件是一款面向 GF-5、珠海一号、ZY-1E、Hyperion 等国内外主流高光谱影像的全流程自动化处理产品。软件涵盖影像质量评价及修复、图谱分析、辐射校正、几何校正、目标探测、地物分类、参量反演分析等专业处理功能。结合地物波谱库提供的光谱信息查询、分析与管理能力，实现水环境监测、农作物精细化分类、岩矿识别等高精度定量应用，为军事伪装识别、生态环保、精准农业和自然资源等行业提供完整的应用解决方案。软件支持多语种、跨平台，并提供了便捷的二次开发接口。

PIE 对于高光谱影像处理的大多操作在 PIE-Hyp 中进行，因此在处理 SAR 影像之前，需要安装 PIE-Hyp，其界面布局与 PIE-Basic 类似，PIE-Hyp 采用微软 Ribbon 风格，界面美观大方，具有良好的人机交互机制。界面主要由标题栏、功能标签栏、图层管理栏、主视图区、切换按钮和状态栏六个部分组成，如图 12.3 所示。

（1）标题栏：显示软件的名称 PIE-Hyp。

（2）功能标签栏：显示软件的所有功能模块。

（3）图层管理栏：对加载到软件中的各图层进行管理，包括地图的激活与删除，图层的加载、删除与显示控制和修改坐标系。

（4）主视图区：显示正在处理的数据、数据处理进度以及处理后的结果。

（5）切换按钮：控制数据视图与制图视图之间的切换。

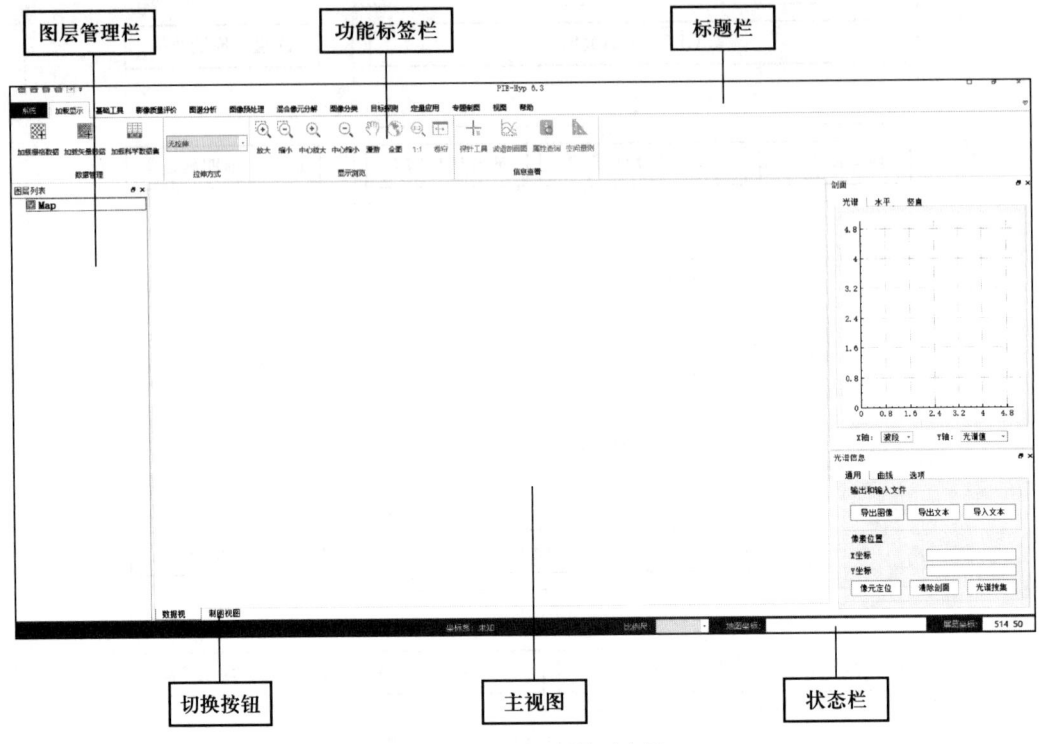

图 12.3　PIE-Hyp 界面布局

（6）状态栏：实时显示数据状态的参数信息，比如坐标系类型、比例尺、地图坐标和主视图的屏幕坐标。

12.2　高光谱数据基本处理流程

12.2.1　前期预处理

在主菜单中，点击"图像预处理">"高光谱影像预处理">"高光谱数据整合">"高光谱影像预处理"，打开"GF5-AHSI 前期预处理"对话框，如图 12.4 所示。

具体的参数设置如下。

• VNIR 影像数据：输入 GF5 可见光—近红外影像数据（ ∗ _VN. geotiff）；

• SWIR 影像数据：输入 GF5 短波红外影像数据（ ∗ _SW. geotiff）；

• VNIR 波长文件：输入 GF5 可见光—近红外数据的中心波长、半高宽文件（GF5_AHSI_VNIR_Spectralresponse. raw）；

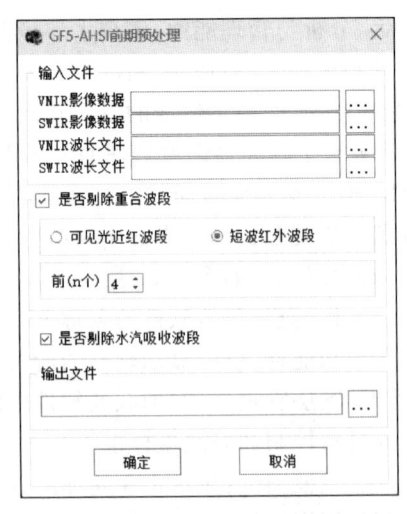

图 12.4　GF5-AHSI 前期预处理功能对话框

• SWIR 波长文件:输入 GF5 短波红外数据的中心波长、半高宽文件(GF5_AHSI_SWIR_Spectralresponse. raw);

• 是否剔除重合波段:选择是否舍弃波长重合波段中短波红外部分(SWIR)的前 4 个波段或者可见光—近红外部分(VNIR)的后 6 个波段,默认是剔除短波红外部分的前 4 个波段,也可根据波长重合部分影像的成像质量进行取舍;

• 是否剔除水汽吸收波段:选择是否默认剔除 25 个水汽强吸收波段,由于受水汽吸收等因素影响,水汽吸收波段影像通常无值或质量较差,默认是剔除水汽吸收波段;

• 输出文件:设置输出结果保存路径及文件名。

所有参数设置完成后,点击"确定"按钮,开始进行数据合并。合并结束后的影像如图 12.5 所示,路径里出现的 * _Pre 三个文件,即为数据合并后的文件,如图 12.6 所示。

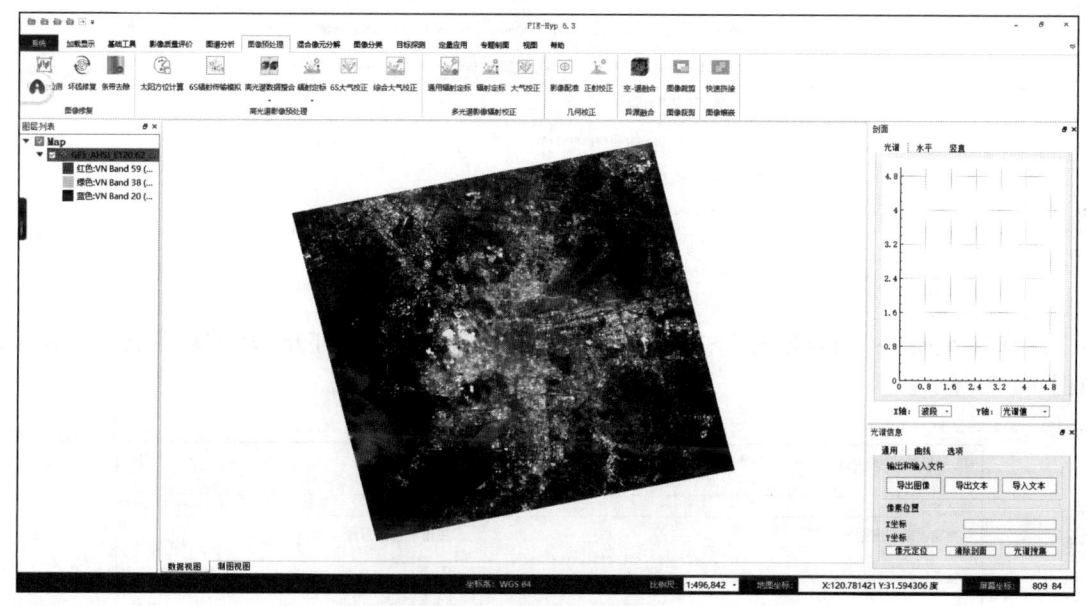

图 12.5　GF5-AHSI 前期预处理后输出的 DN 值影像

12.2.2　条纹去除

推扫式成像光谱仪会因为探元响应不一致而产生条纹现象。GF-5 数据可见光—近红外部分的影像在前十个波段左右的影像中存在不同类型的条纹现象,需要对该部分波段进行条纹去除处理,以提高影像的质量。

(1) 坏波段检测。由于受大气散射、水汽吸收等因素影响,高光谱影像中存在一些波段信噪比过低,其中一部分直接被标定为未定标波段,另一部分波段影像由大量噪声掩盖了实际地表信息。此外由于成像系统、传感器等因素的影响,高光谱影像中有部分波段影像质量较差,因此,在利用高光谱数据获取地面信息时,需要将这些波段剔除。坏波段检测功能是用于剔除坏波段的工具,该工具自动检测出图像中没有数据的波段,用户也可以根据每个波段的灰度图或者通过图像的统计量或直方图去人工地标记坏波段。在主菜单中,点

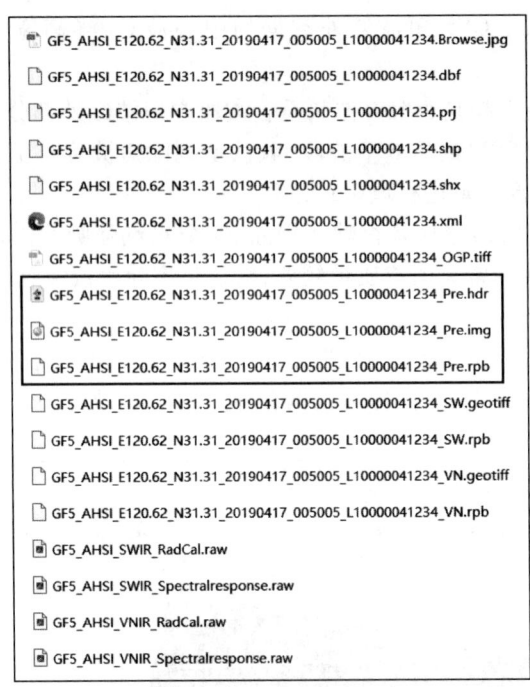

图 12.6　GF5-AHSI 前期预处理后数据文件

击"图像预处理">"图像修复">"辐射定标">"坏波段检测",打开"坏波段检测"对话框,如图 12.7 所示。

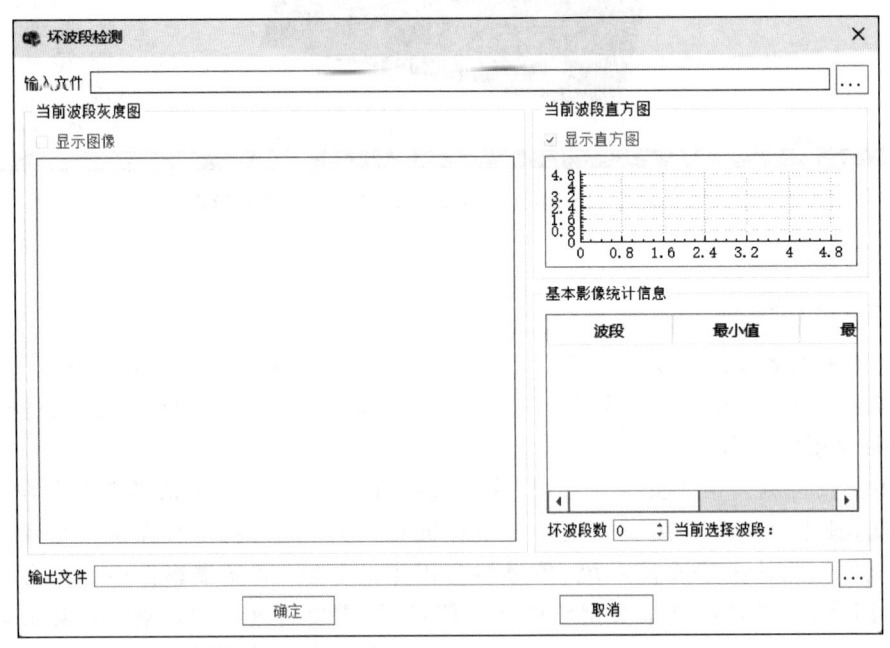

图 12.7　坏波段检测对话框

• 输入文件:选择需要进行坏波段检测的影像文件;单击"输入文件"右端的"…"按钮,打开输入文件选择对话框,选择需要检测的影像,打开影像后,结果如图 12.8 所示。

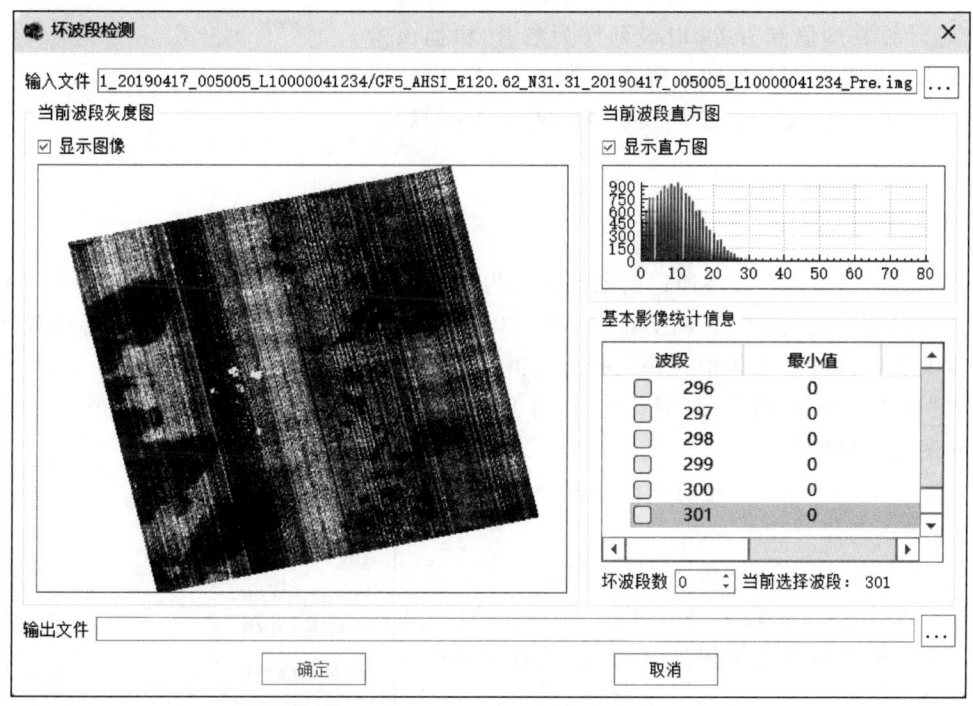

图 12.8　默认检测结果

• 显示图像:勾选该选项即可查看当前选择波段的灰度图,可根据灰度图质量和直方图来人工标记坏波段,默认不勾选。

• 显示直方图:勾选该选项可查看当前选择波段的统计直方图,可结合图像的灰度图来人工标记坏波段,默认勾选。

• 坏波段数:表示当前被标记的坏波段的数目。该功能自动标记出影像中无数据值的波段。

通过单击表格中的每个波段,结合当前波段的直方图和灰度图质量,人工标记坏波段,标记方法为选中当前波段的第一列的复选框。检测完坏波段后,单击"输出文件"右端的"…"按钮,打开文件输出选择对话框,选择需要保存的输出文件。如果没有任何波段被标记,则不允许打开输出文件,此时可直接单击"取消"按钮退出程序。

单击"确定"按钮,坏波段检测算法开始执行。

(2)条带去除。高光谱影像成像方式多是采用推扫式,由于每个波段的光谱响应范围较窄,进入传感器的能量较弱,传感器各 CCD 定标不一致,会导致所成的影像出现条带,这大大影响了遥感图像地物信息的识别,降低了遥感数据定量分析的可靠性。为了提高高光谱图像质量,更好地利用高光谱图像进行地物的探测和分类,必须先对条带噪声进行消除。在主菜单中,点击"图像预处理">"图像修复">"辐射定标">"条带去除",打开"条带去除"对话框,如图 12.9 所示。

• 输入文件:设置待进行去除坏线条带处理的高光谱影像,选择文件中的任一波段即可,程序会自动导入所有波段;

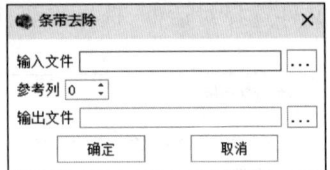
图 12.9　条带去除对话框

• 参考列:选择成像质量较好的列,认为该列没有出现条纹现象,计算其均值和方差,以该列作为参考,根据该参考列的均值和方差对其他列像元值进行调整;

• 输出文件:设置输出去除坏线条带的文件的保存路径及文件名。

12.2.3　辐射定标

GF5 辐射定标功能可以将通过前期预处理得到的结果进行辐射定标,可以将原始 DN 值数据定标为辐射亮度值或大气表观反射率。默认以表观反射率的形式输出辐射定标后的数据。

在主菜单中,点击"图像预处理">"高光谱影像预处理">"辐射定标">"GF5-AHSI 辐射定标",打开"GF5-AHSI 辐射定标"对话框,如图 12.10 所示。

具体的参数设置如下。

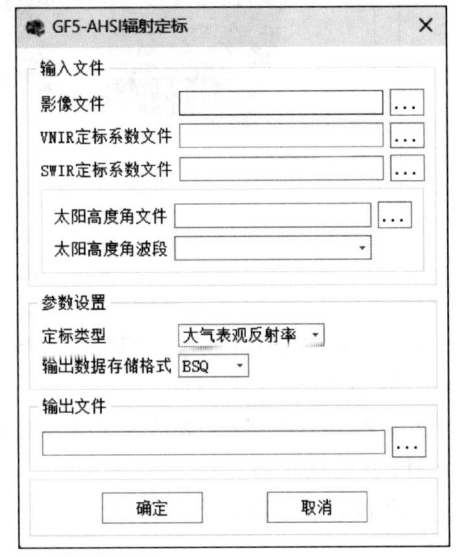
图 12.10　GF5-AHSI 辐射定标功能对话框

• 影像文件:输入 GF-5 经前期预处理合并后的结果数据,本案例选择 *_Pre. img;

• VNIR 定标系数文件:输入 GF-5 可见光—近红外数据的辐射定标系数文件(GF5_AHSI_VNIR_RadCal. raw),输入高光谱影像文件后,系统自动读取该文件;

• SWIR 定标系数文件:输入 GF-5 短波红外数据的辐射定标系数文件(GF5_AHSI_SWIR_RadCal. raw),输入影像文件后,系统自动读取该文件;

• 太阳高度角文件:输入太阳高度角文件(*_OGP. tiff);

• 太阳高度角波段:当输入太阳高度角文件后会默认读取文件中的第二波段作为太阳高度角波段,其他几个波段分别为太阳方位角波段、卫星方位角波段和卫星高度角波段;

• 定标类型:选择定标为辐亮度或者大气表观反射率;

• 输出数据存储格式:选择输出结果的存储格式,提供 BSQ、BIP 和 BIL 等三种存储方式;

• 输出文件:设置输出结果保存路径及文件名。

所有参数设置完毕后,点击"确定"按钮,输出辐射定标结果,如图 12.11 所示。

12.2.4　大气校正

PIE_Hyp 中对高光谱数据的大气校正使用 6S 大气校正。6S 大气校正,是利用 6S 辐射传输模型根据输入的参数动态地构建大气校正查找表的方式来进行校正。对通过辐射定标为大气表

图 12.11　GF5-AHSI 辐射定标结果

观反射率的数据进行大气校正,软件大气校正功能提供了气溶胶反演和水汽反演的功能,并可以将结果输出。

在主菜单中,点击"图像预处理">"高光谱影像预处理">"6S 大气校正",打开"高光谱大气校正"参数设置对话框,如图 12.12 所示。

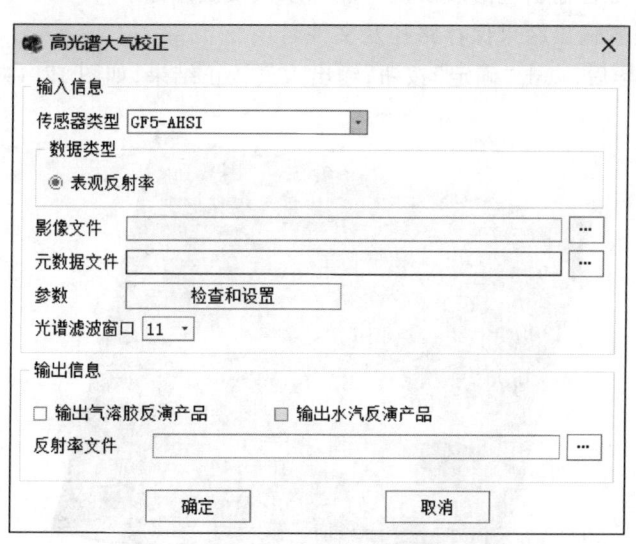

图 12.12　GF5-AHSI 6S 大气校正功能对话框

• 传感器类型:选择需要进行大气校正高光谱数据的传感器类型,包括 GF5-AHSI、ZY-1E、ZH1-OHS(2A 和 3B)和通用大气校正。

- 影像文件:输入辐射定标后的数据,输入类型为大气表观反射率。

- 元数据文件:输入传感器对应的元数据 XML 文件,当选择传感器类型为通用时,需计算太阳高度角并手动设置参数信息。

- 检查和设置:通过检查和设置大气校正参数进行修改,一般卫星平台的相关参数均可从数据文件中自动获取,无须修改,反演参数可根据用户需求而选择。参数设置界面如图 12.13 所示。

图 12.13　大气校正参数对话框

- 光谱滤波窗口:选择滤波处理操作过程中窗口的大小,滤波窗口大小只能为奇数,最大窗口宽度为 15,滤波窗口越大,光谱曲线越平滑,可能会因为去噪过度导致光谱失真,滤波窗口增大的同时运算量也会随之增加,默认不做滤波处理。

- 输出信息:选择是否输出气溶胶反演产品和水汽反演产品。

- 反射率文件:设置输出结果保存路径及文件名。

所有参数设置完毕后,点击“确定”按钮,输出大气校正结果,如图 12.14 所示。

图 12.14　GF5-AHSI 大气校正后结果

12.2.5　正射校正

正射校正是对影像空间和几何畸变进行校正生成多中心投影平面正射图像的处理过程。它除了能纠正一般系统因素产生的几何畸变外,还可以消除地形引起的几何畸变。当前支持的影像类型为 GF1、GF2、GF5、OHS、ZY02C、ZY3、TH01 及 QuickBird 影像。

在主菜单中,点击"图像预处理">"几何校正">"正射校正",打开"正射校正"参数设置对话框,如图 12.15 所示。

• 输入文件:输入待处理的影像文件。

• RPC 文件:输入与待处理影像对应的 RPC 系数文件,此文件为卫星自带。

• GCPs 文件:输入地面控制点文件,可以为野外采集的控制点文件,也可以为通过图像匹配处理获得的控制点文件,此设置为可选项。

• 高程设置:可以设置为常值,也可以输入与原始影像对应的 DEM 数据。

• 重采样方法:支持最近邻域法、双线性插值法、三次卷积法三种采样方式。

① X 分辨率:设置输出影像 X 分辨率,单位默认为米,度与米之间的转换关系为(赤道附近):1 米代表 0.000 01°;

② Y 分辨率:设置输出影像 Y 分辨率,单位默认为米,度与米之间的转换关系为(赤道附近):1 米代表 0.000 01°。

• 输出空间参考:设置输出文件的投影方式。

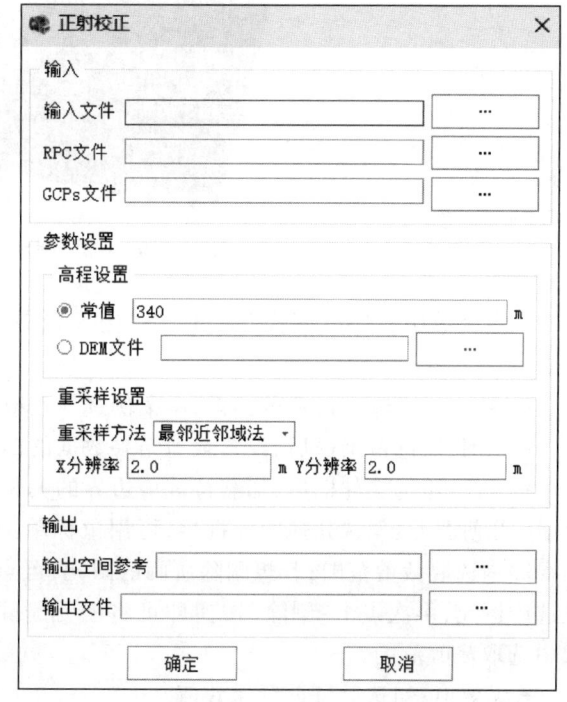

图 12.15　正射校正对话框

• 输出文件:设置输出文件的路径及文件名。

所有参数设置完毕后,点击"确定"按钮实现影像的正射校正(图 12.16)。

正射校正后的影像若四周有黑边,在 PIE-Hyp 中双击影像名称,打开图层属性,在"自定义透明值"中勾选设置透明值。

12.2.6　图像裁剪

图像裁剪的目的是获取选定的影像范围区域。图像裁剪工具提供像素范围裁剪、矢量裁剪、栅格图像裁剪和几何图元裁剪四种方式。像素范围裁剪是基于像素坐标获取矩形裁剪区域的裁剪方式,矢量裁剪是基于矢量地理坐标获取任意形状裁剪区域的裁剪方式,栅格图像裁剪是基于栅格文件的坐标获取裁剪区域的裁剪方式,几何图元裁剪是基于交互方式在主视图上绘制多边形来获取裁剪范围的裁剪方式。

图 12.16　GF5-AHSI 正射校正后结果

在主菜单中,点击"图像预处理">"图像裁剪",打开"图像裁剪"对话框,具体的参数设置如下。

• 输入文件:输入待裁剪影像,本案例选择正射校正后的影像。

• 范围:勾选范围框后,设置裁剪结果数据的四角坐标。

• 文件:勾选文件框后,加载待裁剪边界的矢量文件(面文件)或者栅格图像。

• 几何图元:勾选几何图元框后,可用鼠标单击其下的多边形、矩形、圆形或者椭圆形按钮,在视图中选取裁剪范围;若想删除所画的图元,可点击"删除"按钮,并在图元上单击左键或者拉框选中图元,再次点击"删除"按钮即可将图元删除。本案例勾选几何图元中的矩形裁剪,在影像中选取裁剪范围。

• 无效值:勾选后可设置无效值。

• 输出文件:设置输出结果的保存路径及文件名,本案例的文件名设置为 ∗ _Cut. tiff。

所有参数设置完成后,点击"确定"按钮,即可进行图像裁剪操作,完成后设置栅格渲染方式为 RGB 合成,红色通道选择"波段_59",绿色通道选择"波段_38",蓝色通道选择"波段_20",裁剪后效果如图 12. 17 所示。

图 12.17　"图像裁剪"对话框设置与结果

12.3　高光谱应用

12.3.1　图像分类

图像分类包括非监督分类、监督分类、ROI 工具、分类后处理和精度评价五部分。非监督分类是不加入任何先验知识,利用遥感图像特征的相似性,即自然聚类的特性进行的分类。分类结果区分了存在的差异,但不能确定类别的属性。类别的属性需要通过目视判读或实地调查后确定。PIE-Hyp 中非监督分类有 ISODATA 分类、K-Means 分类、神经网络聚类、模糊 C 均值、MPC 和 RFCM 共六种方法。

监督分类是根据已知训练场地提供的样本,通过选择特征参数、建立判别函数,然后把图像中各个像元归化到给定类中的分类处理。监督分类的基本过程是:首先根据已知的样本类别和类别的先验知识确定判别准则,计算判别函数,然后将未知类别的样本值代入判别函数,根据判别准则对该样本所属的类别进行判定。在这个过程中,利用已知的特征值求解判别函数的过程称为学习或训练。PIE-Hyp 中监督分类有距离分类、最大似然分类、光谱特征匹配、光谱角填图、二进制编码、光谱信息散度、平行六面体、光谱相似度度量、MPC 和 SVM 共十种方法。

1. 非监督分类

以非监督中的 K-Means 分类为例,在主菜单中,点击"图像分类">"非监督分类">"K-Means 分类",打开"K-Means 分类"对话框,如图 12.18 所示。

• 输入文件:输入待进行处理的高光谱影像,点击"…"按钮,选择输入数据,本案例选择 *_ Cut. tiff;

• 波段选择:输入高光谱影像文件后,系统自动读取该文件中的波段数量,根据研究需要选择波段,本案例默认波段全选;

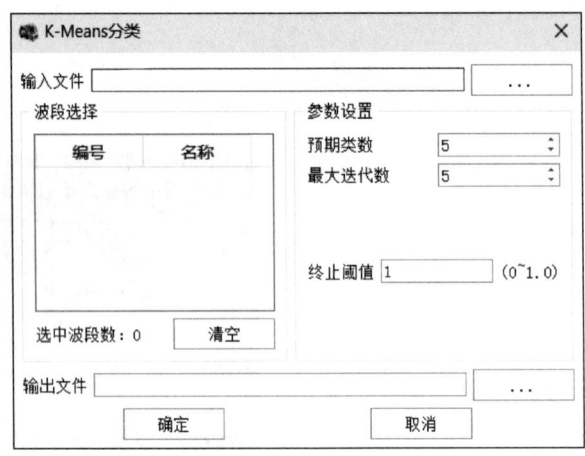

图 12.18　K-Means 分类对话框

- 参数设置:本案例设置的预期类数为 4,最大迭代数为 5,终止阈值为 1;
- 输出文件:设置输出数据的保存路径和文件名,本案例输出的文件名为 K-means. img。

所有参数设置完成后,点击"确定"按钮,进行高光谱影像 K-Means 分类。本案例分类的结果如图 12.19 所示,其中为蓝色为水体,绿色为植被,红色为建设用地,黄色为耕地类型。

图 12.19　分类结果

2. 监督分类

PIE-Hyp 中引入了支持向量机(SVM)分类。支持向量机是一种广义的线性分类器,它是在线性分类器的基础上,通过引入结构风险最小化原理、最优化理论和核方法演化而成。它的思想是:把对训练样本寻找最优分类超平面的问题转化为不等式约束下求二次函数极值的问题,通过训练样本求得最优分类函数的各项参数。本案例针对 GF5-AHSI 数据正射结果利用支持向量机方法进行分类处理。

（1）ROI 选择。利用 ROI 工具可以从高光谱影像中选择样本，从而利用各个波段的信息实现对地物的分类。在 PIE-Hyp 中，点击"图像分类">"ROI 工具"，打开"ROI 工具"对话框，如图 12.20 所示，具体的参数设置如下。

• 增加：建立一个新的样本，可以在样本列表中设置该样本的名称和颜色，点击"多边形"、"矩形"或"椭圆"后，可在高光谱影像中选择样本，点击"选择"再点击某一绘制好的 ROI 图形，即可选中，可以使用键盘的"delete"实现对该 ROI 图形的删除，本案例建立的 ROI 如图 12.21 所示，ROI 的分布如图 12.22 所示；

• 删除：选中待删除的某类 ROI 样本，点击"删除"，即可删除该类样本；

• 确定：点击"确定"按钮，即可完成 ROI 区域的选择；

• 退出：点击"退出"按钮，即可取消选择的 ROI 区域。

在设置完成后，点击"确定"按钮，将所选取的 ROI 区域合成一个 ROI 文件。

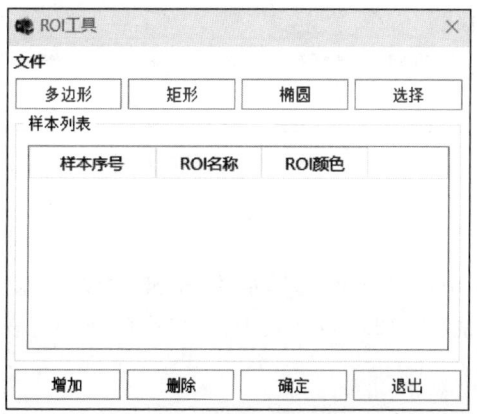

图 12.20　ROI 工具对话框

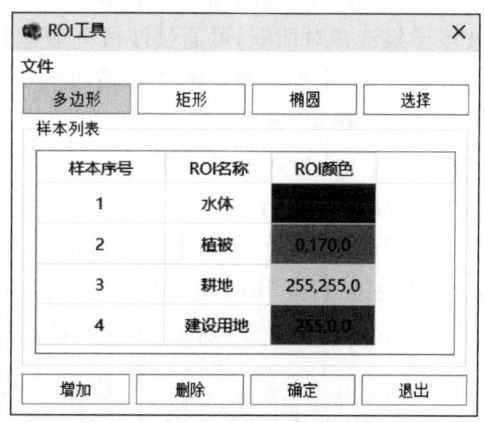

图 12.21　本案例水体、植被、耕地和建设用地 ROI 的选取

图 12.22　本案例监督分类 ROI 的分布

（2）图像分类。在主菜单中,点击"图像分类">"监督分类">"支持向量机",打开"支持向量机"对话框,如图12.23所示。

• 输入文件:输入待进行处理的高光谱影像。点击"…"按钮,选择输入数据,本案例选择 *_Cut.tiff。

① 通过"选择文件"中的文件列表选择文件或者通过单击"导入文件"按钮打开输入文件选择对话框选择输入外部文件。

② 单击"选择空间子集"右下端的"…"按钮打开空间子集选择对话框,可通过缩放红色方框或者手动输入待处理的空间范围。

③ 单击"选择光谱子集"右下端的"…"按钮打开波段子集选择对话框,可通过波段列表选择待处理的波段子集,至少需要选择2个波段。

④ 单击"确定"按钮,文件及空间波谱子集选择完成,返回到支持向量机对话框。

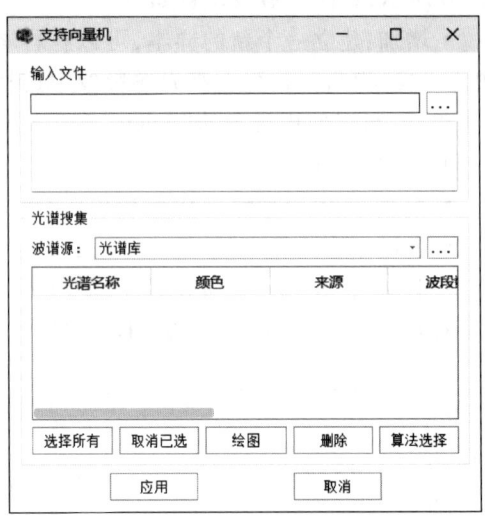

图12.23 支持向量机对话框

• 波谱源:有光谱库、ASD二进制文件、ASCII文件、ROI图层等选择方式,本案例选择ROI图层;点击"…"按钮,打开"ROI选择"对话框,选择需要的ROI,本案例选择水体、植被、建设用地、耕地,点击确定,如图12.24所示,返回支持向量机对话框(图12.25)。其中,表格中的每一行表示一条光谱。

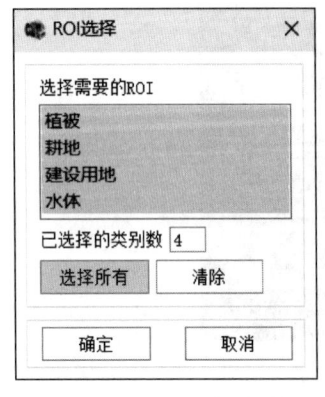

图12.24 ROI选择对话框

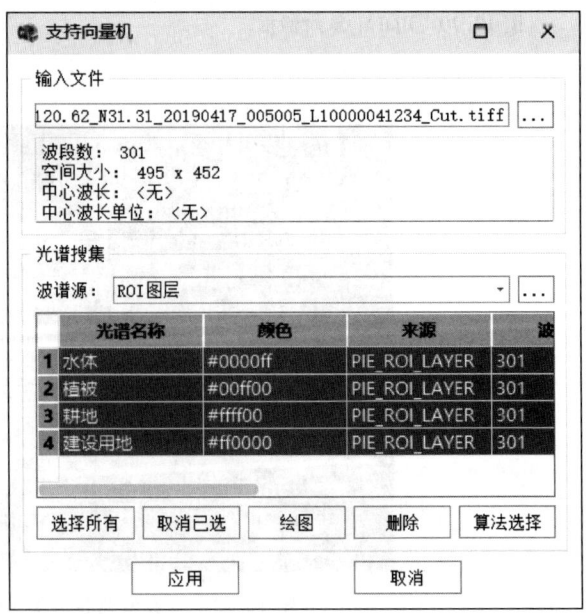

图12.25 搜集的目标光谱

① 光谱名称:显示目标光谱的名称;

② 颜色:光谱在波谱浏览器中显示的颜色,"<无>"表示默认没有颜色;

③ 来源:表示该光谱的波谱源,"ENVI_SLI"表示来自 ENVI 标准光谱文件,"ASD_FILE"表示来自 ASD 二进制文件;

④ 波段数:表示光谱的波段数;

⑤ 中心波长:表示光谱的波长范围及单位;

⑥ 文件:表示该条光谱来自哪个光谱文件。

在表格中可以选择一条或者多条目标光谱,用于 SVM 算法的目标光谱输入。

另外对于搜集到的光谱可以进行如下操作:

① 选择所有:单击"选择所有"按钮,选中所有打开的目标光谱;

② 绘图:单击"绘图"按钮,在波谱浏览器中显示选中的目标光谱,如图 12.26 所示。

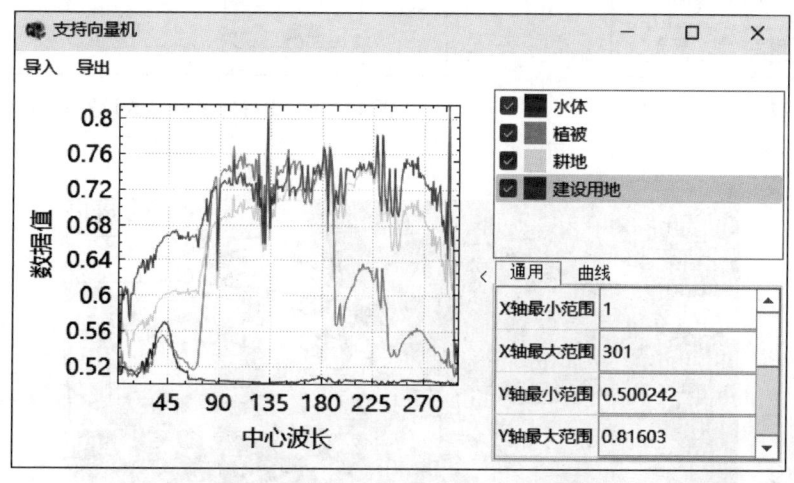

图 12.26　选择所有 ROI 绘制光谱曲线

在 SVM 对话框,在光谱搜集点击"选择所有",点击"算法选择",打开"算法选择"对话框,本案例选择的算法为"支持向量机",点击"确定",如图 12.27 所示。

所有参数设置完成后,点击"应用"按钮,弹出 SVM 算法参数设置界面(如果在上一步中选择了其他算法,则弹出相应算法的参数设置界面),如图 12.28 所示。

所有参数设置完成后,点击"确定"按钮,进行 SVM 分类,结果如图 12.29 所示。

12.3.2　混合像元分解

遥感图像中混合像元的存在,是像元级遥感分类和要素反演精度难以达到使用要求的主要原因。为了提高遥感应用的精度,必须解决混合像元分解的问题,使遥感应用由像元级达到亚像元级。进入像元内部,将混合像元分解为不同的"基本组分单元",或称"端元",并求得这些基本组分所占的比例(即地物丰度),对混合像元对应地物的真实组成情况进行还原,即所谓的"光谱解混"过程。

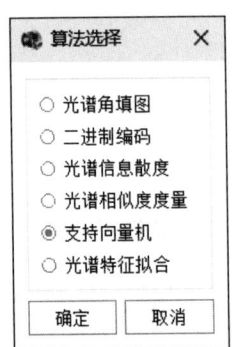

图 12.27　算法选择对话框

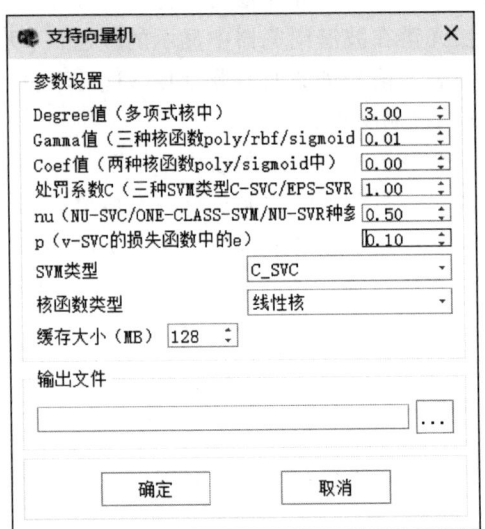

图 12.28　支持向量机参数设置界面

图 12.29　支持向量机分类结果

　　与同光谱混合模型相对应,光谱解混模型分为两大类:线性光谱解混模型和非线性光谱解混模型。通常情况下,高光谱图像中每个像元都可以近似认为是图像中各个端元的线性混合。线性混合模型一般可分为三种情形:① 无约束的线性混合模型;② 部分约束混合模型;③ 全约束混合模型。线性解混就是在已知所有端元的情况下求出每个图像像元中各个端元所占的比例,从而得到反映每个端元在图像中分布情况的比例系数图。线性混合模型适用于本质上就属于或者基本属于线性混合的地物以及在大尺度上可以认为是线性混合的地物。但对于一些微观尺度上地物的精细光谱分析来说,需要非线性混合模型来解释。

线性光谱解混是在高光谱影像分类中针对混合像元经常采用的一种方法,该方法主要分为端元提取和丰度反演两个步骤,第一步是提取"纯"地物的光谱,即端元提取。第二步是用端元的线性组合来表示混合像元,即混合像元分解(丰度反演)。丰度反演主要应用的方法是最小二乘法。

混合像元分解包括端元数目估计、端元提取和丰度反演三部分。

1. 端元数目估计

HySime(hyperspectral signal identification by minimum error)算法是 José M. 等人提出的高光谱子空间识别算法。子空间识别可以得到高光谱降维后的有效波段,是目标探测、变化检测、分类和混合像元分类等处理算法的重要的预处理步骤,有助于改善高光谱数据的存储和计算复杂度。HySime 算法估计信号和噪声的相关系数矩阵后,在信号特征向量构成的空间中选择使得投影前后具有最小均方差的子空间,构成该子空间的特征向量个数即为端元估计数目。该算法是基于最小均方差的无监督、全自动(不涉及任何需要调整的参数)的特征分解算法。

在主菜单中,点击"混合像元分解">"端元数目估计">"HySime 端元数目估计",打开"HySime 端元数目估计"对话框。如图 12.30 所示。

• 输入文件:选择需要进行端元数目估计的影像。点击"..."按钮,弹出输入数据信息对话框。

① 通过"选择文件"中的文件列表选择文件或者通过单击"导入文件"按钮打开输入文件选择对话框选择输入外部文件。

② 单击"选择空间子集"右下端的"..."按钮打开空间子集选择对话框,可通过缩放红色方框或者手动输入待处理的空间范围。

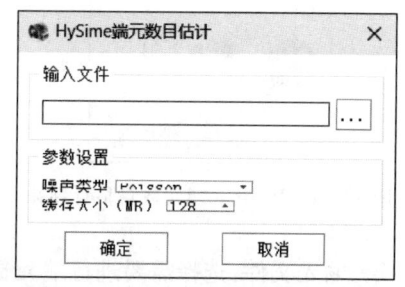

图 12.30   HySime 端元数目估计对话框

③ 单击"选择光谱子集"右下端的"..."按钮打开波段子集选择对话框,可通过波段列表选择待处理的波段子集,至少需要选择 2 个波段。

④ 单击"确定"按钮,文件及空间波谱子集选择完成,返回到"HySime 端元数目估计"对话框。

• 噪声类型:设置影像噪声类型为乘性噪声("Poisson")或加性噪声("Additive"),加性噪声是指要处理的图像的噪声符合高斯分布,乘性噪声是指要处理的图像的噪声符合泊松分布。选取影像上纹理均匀的区域统计直方图,根据分布情况(泊松分布或高斯分布)判断高光谱图像噪声类型。实际上,一般高光谱卫星成像时都会选择一定的太阳高度角,选择符合高斯分布的"加性噪声"即可较好地估算影像端元数目。

• 缓存大小(MB):当待处理数据过大时,可以对数据进行分块处理,该值需要根据当前计算机的配置及输入数据的大小进行设置。软件默认 128,表示向计算机申请分配 128 MB 内存空间进行影像分块计算。

参数设置完成后,点击"确定"按钮,进行端元数目估计处理,输出结果为端元估计的个数,结果如图 12.31 所示。

2. 端元提取

端元波谱作为高光谱分类、地物识别和混合像元分解等过程中的参考波谱,与监督分类中的分类样本具有类似的作用,直接影响波谱识别与混合像元分解结果的精度。端元提取的作用是从高光谱图像中提取"纯"地物,即端元的光谱。端元提取包括顶点成分分析、正交子空间投影、内部最大体积法(N-FINDR)。

顶点成分分析(vertex componment analysis,VCA)以线性光谱混合模型的几何学描述为基础,通过反复寻找正交向量并计算图像矩阵在正交向量上的投影距离逐一提取端元。

正交子空间投影(orthogonal subspace projection,OSP)在考虑了背景光谱和各种噪声(高斯白噪声、非高斯白噪声和非白噪声等)的情况下最大化剩余信号,提取高光谱影像中的端元光谱。

内部最大体积法(N-FINDR)(Winter,1999)以线性光谱混合模型的几何学描述为基础,利用高光谱数据在特征空间中的凸面单形体的特殊结构,通过寻找具有最大体积的单形体自动获取图像中的所有端元。

本案例应用"顶点成分分析"对案例数据进行端元提取。在主菜单中,点击"混合像元分解">"端元提取">"顶点成分分析",打开"顶点成分分析"对话框,如图 12.32 所示。

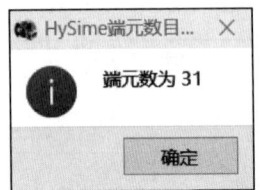

图 12.31　HySime 端元数目估计结果

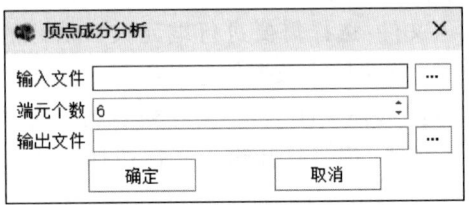

图 12.32　顶点成分分析对话框

- 输入文件:选择需要进行端元提取的影像;
- 端元个数:设置需要提取的端元数目,默认设置为 6,最少为 1,最大为 30,也是输出文件中输出光谱曲线的数目,值设置越大,提取曲线的差异越小;
- 输出文件:设置输出顶点成分分析结果的保存路径及名称。

参数设置完成后,点击"确定"按钮,进行顶点成分分析处理,输出结果文件为 ENVI 格式的标准光谱文件(* . sli)。

3. 丰度反演

丰度反演主要是用于求得混合像元中不同的基本组分单元所占的比例。丰度反演包括最小二乘法、单形体体积、超平面距离和 MTMF 解混等。

本案例应用"最小二乘法"对案例数据进行丰度反演。在主菜单中,点击"混合像元分解">"丰度反演">"最小二乘法",打开"最小二乘法"对话框,如图 12.33 所示。

- 输入文件:选择待处理的高光谱影像。
- 波谱源:下拉波谱源选项,选择对应的光谱文件。从选择的光谱源文件的光谱列表中选择需要进行丰度反演的光谱。可通过绘图按钮查看选择的光谱曲线。本案例选择监督分类中的 ROI 图层。点击"选择所有",选中所有光谱名称,如图 12.34 所示。

图 12.33　最小二乘法对话框

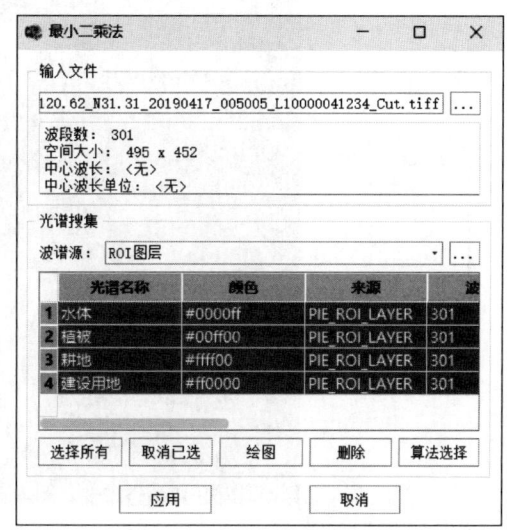

图 12.34　最小二乘法参数设置

在最小二乘法对话框,点击"算法选择",打开"算法选择"对话框,本案例选择的算法为"最小二乘法",如图 12.35 所示,点击"确定"。

所有参数设置完成后,点击"应用"按钮,弹出最小二乘法算法参数设置界面(如果在上一步中选择了其他算法,则弹出相应算法的参数设置界面),在不同约束程度的最小二乘法选项中选择对应的约束条件,如图 12.36 所示。

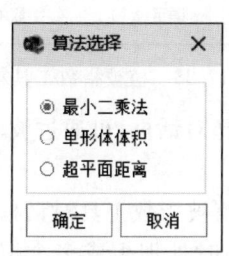

图 12.35　算法选择

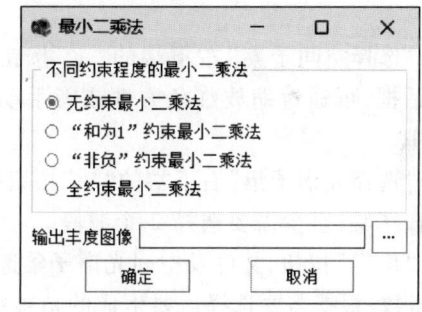

图 12.36　不同约束程度的最小二乘法参数设置

• 输出丰度图像:设置输出丰度图像的保存路径及文件名。

所有参数设置完成后,点击"确定"按钮,执行最小二乘法丰度反演操作,结果如图 12.37 所示。

12.3.3　植被指数计算

植被指数(vegetation index,VI)是两个或多个波长范围内的地物反射率组合运算,以增强植被某一特性或者细节。所有的植被指数要求从高精度的多光谱或者高光谱反射率数据中计算。未经过大气校正的辐射亮度或者无量纲的 DN 值数据不适合计算植被指数。

图 12.37　最小二乘法丰度反演结果

在主菜单中,点击"定量应用">"植被指数",打开"植被指数工具箱"对话框,如图 12.38 所示。

• 输入文件:输入待进行处理的高光谱影像。点击 "…"按钮,弹出输入数据信息对话框。

① 通过"选择文件"中的文件列表选择文件或者通过 单击"导入文件"按钮打开输入文件选择对话框选择输入 外部文件。

② 单击"选择空间子集"右下端的"…"按钮打开空间 子集选择对话框,可通过缩放红色方框或者手动输入待处 理的空间范围。

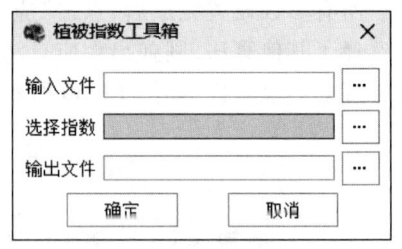

图 12.38　植被指数工具箱对话框

③ 单击"选择光谱子集"右下端的"…"按钮打开波段子集选择对话框,可通过波段列表选择 待处理的波段子集,至少需要选择 2 个波段。

④ 单击"确定"按钮,文件及空间光谱子集选择完成,返回到植被指数工具对话框。

• 选择指数:根据需要选择需要生成的植被指数图像,也可同时处理生成多个植被指数,多 个植被指数生成在同一个文件的不同波段中。默认是生成所有植被指数图,本案例选择归一化 植被指数、红边归一化植被指数两种植被指数,如图 12.39 所示。

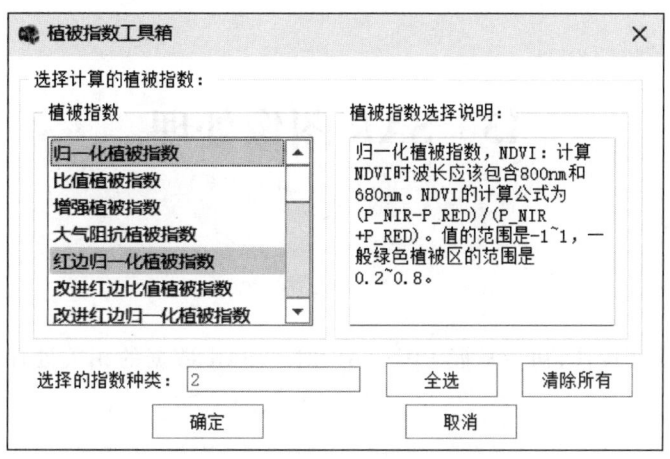

图 12.39　本案例选择的植被指数

- 输出文件：设置输出数据的保存路径和文件名。

所有参数设置完成后，点击"确定"按钮，进行植被指数计算，结果如图 12.40 所示。

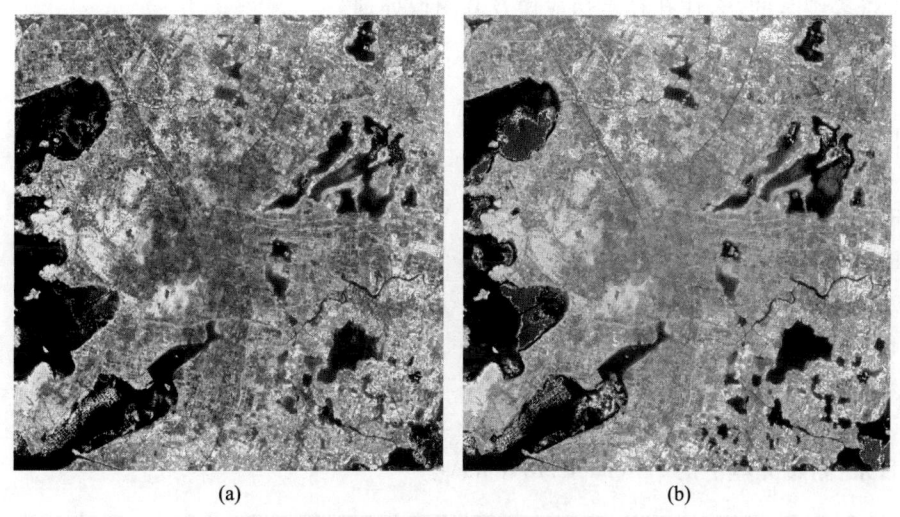

　　　　　(a)　　　　　　　　　　　　　　　(b)

图 12.40　植被指数计算结果

（a）归一化植被指数结果；（b）红边归一化植被指数结果。

13 SAR 图像处理

❀ 学习目标

通过对案例的实践操作,初步掌握 PIE-SAR 对于 SAR 数据的相关处理步骤以及基本处理流程。

❀ 预备知识

• 对于合成孔径雷达及其数据产品的基本认识

❀ 参考资料

• 黄世奇等编著的《合成孔径雷达成像及其图像处理》
• 刘国详等编著的《InSAR 原理与应用》
• PIE-SAR 7.0 用户手册

❀ 学习要点

• SAR 数据的基本处理流程
• SAR 区域网平差
• InSAR 与 DInSAR 技术
• 基于极化分解的地物分类

❀ 测试数据

数据目录:附带光盘下的 .. \chapter13\data\

文件名	说明
S1A_IW_SLC__1SDV_20220309T095459_ 20220309T095526_042243_0508E7_937E. zip	上海市某地区 Sentinel-1A 卫星轨道号 171 图幅号 96 的 2022 年 3 月 9 日 VV、VH 极化雷达 SLC 影像
S1A_IW_SLC__1SDV_20210724T215846_ 20210724T215914_038925_0497CE_DFCC. zip	太湖流域某地区 Sentinel-1A 卫星轨道号 3 图幅号 487 的 2021 年 7 月 24 日 VV、VH 极化雷达 SLC 影像
S1B_IW_SLC__1SDV_20210723T100218_ 20210723T100245_027920_0354D7_AE55. zip	太湖流域某地区 Sentinel-1B 卫星轨道号 69 图幅号 99 的 2021 年 7 月 23 日 VV、VH 极化雷达 SLC 影像
S1B_IW_SLC__1SDV_20210723T100243_ 20210723T100311_027920_0354D7_FB4A. zip	太湖流域某地区 Sentinel-1B 卫星轨道号 69 图幅号 94 的 2021 年 7 月 23 日 VV、VH 极化雷达 SLC 影像

文件名	说明
S1A_OPER_AUX_POEORB_OPOD_20220329T08 1722_V20220308T225942_20220310T005942. EOF	Sentinel-1A 卫星的 2022 年 3 月 9 日的精密轨道文件
S1A_OPER_AUX_POEORB_OPOD_20210813T12 2116_V20210723T225942_20210725T005942. EOF	Sentinel-1A 卫星 2021 年 7 月 24 日的精密轨道文件
S1B_OPER_AUX_POEORB_OPOD_20210812T11 1941_V20210722T225942_20210724T005942. EOF	Sentinel-1B 卫星 2021 年 7 月 23 日的精密轨道文件
ALPSRP132680630-H1.1__A. zip	四川省汶川县某地区的 ALOS PALSAR-1 卫星 2008 年 7 月 21 日 HH、HV 极化雷达 Level 1.1 影像
ALPSRP146100630-H1.1__A. zip	四川省汶川县某地区的 ALOS PALSAR-1 卫星 2008 年 10 月 21 日 HH、HV 极化雷达 Level 1.1 影像
ALPSRP246750630-H1.1__A. zip	四川省汶川县某地区的 ALOS PALSAR-1 卫星 2010 年 9 月 11 日 HH、HV 极化雷达 Level 1.1 影像
ALPSRP253460630-H1.1__A. zip	四川省汶川县某地区的 ALOS PALSAR-1 卫星 2010 年 10 月 27 日 HH、HV 极化雷达 Level 1.1 影像
GF3_KAS_QPSI_005860_E121.1_N31.0_2017 0920_L1A_AHV_L10002615308. tar	上海市某地区高分 3 号卫星 QPSI 模式下的 2017 年 9 月 20 日全极化雷达影像
Batchmark_data. tif	区域网平差的光学基准影像
DEM_Shanghai. tif	上海市某地区 30 m 分辨率的 DEM 数据
DEM_Sichuan. tif	四川省某地区 30 m 分辨率的 DEM 数据

案例背景

合成孔径雷达(synthetic aperture radar, SAR),是一种主动式的对地观测系统,可安装在飞机、卫星、宇宙飞船等飞行平台上,能够全天时、全天候实施对地观测,并具有一定的地表穿透能力,也能够在很大程度上忽视云层对观测的影响。因此,SAR 技术在灾害监测、环境监测、海洋监测、资源勘查、农业估产、测绘和军事等方面的应用上独具优势。

SAR 的相关技术主要包括:对后向散射系数的分析与应用、区域网平差、InSAR 与 DInSAR 技术,以及极化分解等(图 13.1)。其中,对后向散射系数的分析、极化分解技术均基于雷达回波的强度变化或散射机制变化,更多用于识别地物领域;区域网平差则是利用不同影像的几何结构与形状等特征信息构建相似性测度,以确保卫星影像之间的准确定位、精确连接以及无缝融合;而 InSAR 技术则更倾向于通过对同一地区同时成像或成像时间间隔较短的两景 SAR 影像中所包含的相位信息进行干涉处理,来获取地表的三维信息;DInSAR 技术则更注重于通过某区域地表形变发生前后成像的两景 SAR 影像的相位差来计算地表形变量。考虑到不同技术的应用领域差异,本章将从上述四个方面介绍 SAR 图像处理。

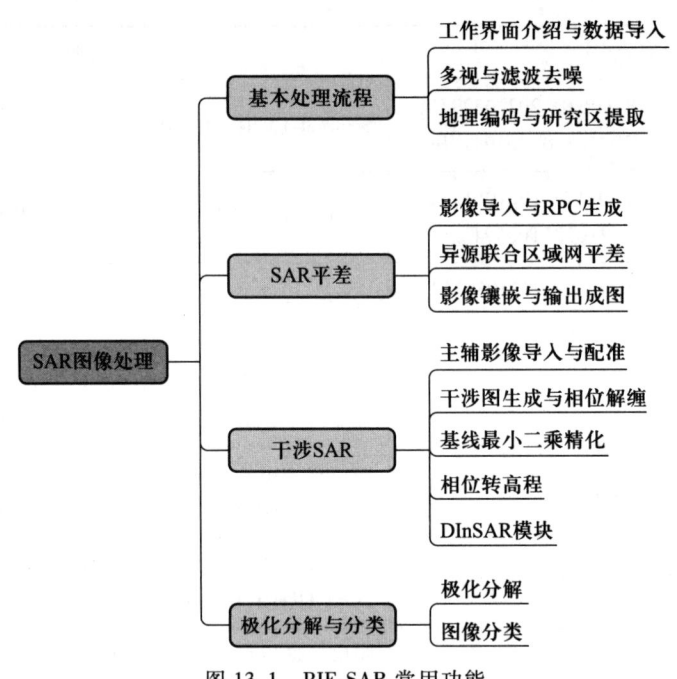

图 13.1　PIE-SAR 常用功能

13.1　SAR 数据的基本处理流程

　　SAR 是一种主动传感器,通过发射微波脉冲并记录其回波来生成地表影像,其成像与微波波长、极化方式直接相关,微波波长决定了 SAR 的穿透能力和分辨率。较长的波长(如 L 波段)有更好的穿透能力,可以穿透植被和云层,获取地表以下的信息;而较短的波长(如 X 波段)则提供更高的分辨率,适合获取地表细节特征。极化方式指的是微波脉冲传播时电磁波振荡方向的性质,不同极化方式(如水平极化、垂直极化等)能够提供不同角度的信息,有助于识别地表物体的形状、表面特性以及材质。SAR 数据产品中一般包含 VV、VH、HV、HH 中的 1 种、2 种或 4 种极化数据,如何选择不同极化方式的组合取决于具体的应用需求和研究目的。多极化数据可以增加对地表物体特性的理解,提高信息获取的丰富程度,为各种应用领域提供更多的可能性。

　　此外,与光学影像类似,SAR 影像也分为 L1A、L1B 以及 L2 等不同级别的产品。其中 L1A 产品为进行成像处理、相对辐射校正后获得的斜距复数产品(SLC),包含了幅度、相位、极化信息;而 L2A 产品为单视图像产品(SLP)或多视图像产品(MLP),前者是进行成像处理、相对辐射校正后获得的图像数据斜距产品,后者则是进行成像处理、多视处理、相对辐射校正、拼接后获得的图像数据产品;L2 产品则是已进行几何定位、地图投影、重采样后获得的系统几何校正产品。

　　本节使用 2022 年 3 月 9 日成像且覆盖上海市某地区的 Sentinel-1 L1A 产品,即 SLC 影像,并针对 VV 极化下的影像进行 SAR 数据的基本处理,流程如图 13.2 所示。

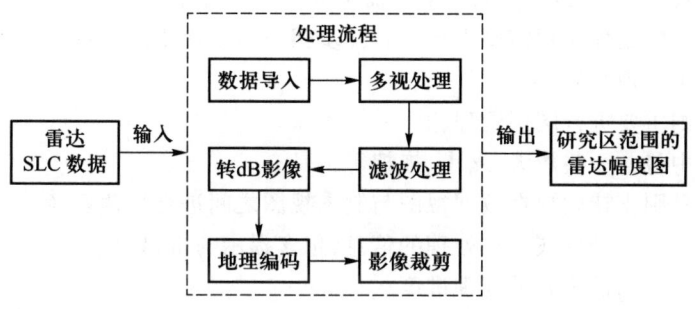

图 13.2　SAR 数据的基本处理流程图

13.1.1　工作界面介绍与数据导入

（1）软件准备与工作界面介绍。不同于对光学影像的处理,PIE 对于 SAR 影像处理的大多操作在 PIE-SAR 中进行,因此在处理 SAR 影像之前,需要安装 PIE-SAR。

PIE-SAR 雷达影像数据处理软件是一款专业的星载 SAR 图像处理和分析软件,包括基础处理、区域网平差处理、InSAR 地形测绘、DInSAR 地表形变监测、极化 SAR 分类处理等模块,涵盖多模态匹配、区域网平差、最小费用流相位解缠、地形复杂区 SAR 影像高精度定位等核心功能。目前已支持 PALSAR、Sentinel-1、Radarsat、GF-3 等一系列国内外卫星,在海洋、应急减灾、水利、林业等多个行业已取得了较广泛的应用,其界面布局与 PIE-Basic 类似,具体如图 13.3 所示。

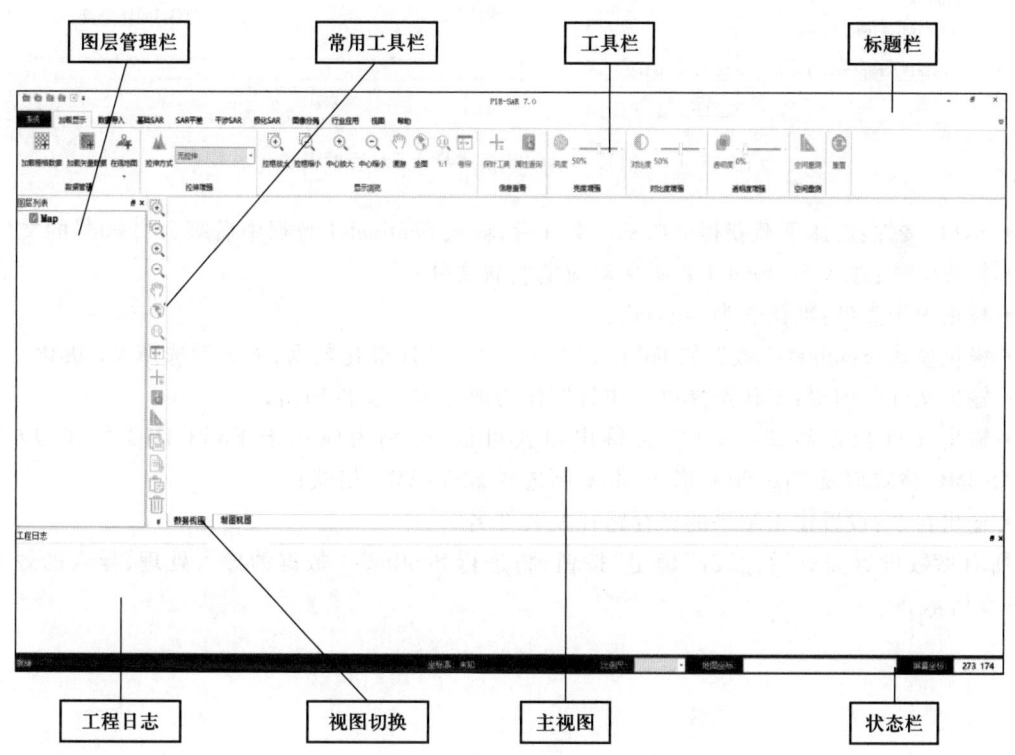

图 13.3　PIE-SAR 界面布局

- 标题栏对应着对 SAR 影像应用的多种需求的不同处理流程；
- 工具栏为每一种处理流程需要进行的具体步骤与需要使用的工具；
- 主视图会展示处理结果；
- 图层管理栏则主要进行图层管理；
- 常用工具栏中包含一些放大、缩小、拖拽等工具；
- 视图切换工具则支持用户在数据视图与制图视图之间进行快速切换；
- 工程日志会显示已处理或正在处理的信息，包含提示与报错等；
- 状态栏则会显示当前步骤的处理进度。

（2）数据准备与导入。本节在导入 Sentinel-1 数据的过程中除了需要基本的 SAR 数据外，还需要相应的精轨文件去除因轨道误差引起的系统性误差，此外还需要对应区域的 DEM 数据以对 SAR 影像进行地形矫正。在 PIE-SAR 中，点击"数据导入" > "S1-A/B" > "S1 TOPS"，打开"哨兵-1 TOPS 模式导入"参数设置对话框，如图 13.4 所示，具体参数设置如下。

图 13.4   "哨兵-1 TOPS 模式导入"对话框设置

- SAFE 文件：解压下载获得的". zip"文件后，输入 Sentinel-1 数据中后缀为". safe"的文件；
- 精轨文件：输入 Sentinel-1 数据所对应的精轨文件；
- 校正因子类型：默认选为"sigma"；
- 极化模式：Sentinel-1 数据的 IW 模式提供了 VV、VH 极化数据，本案例选择 VV 极化；
- 输出文件名前缀：默认选择以成像日期作为前缀进行文件输出；
- 输出文件数据类型：一共三种输出格式可选，分别为应用于 ENVI IMG 格式、应用于 ERDAS IMG 格式以及 Geo TIFF 格式，本案例选择 ENVI IMG 格式；
- 输出目录：设置输出结果的保存路径及文件名。

所有参数设置完成后，点击"确定"按钮，将进行 Sentinel-1 数据的导入处理，导入的效果如图 13.5 所示。

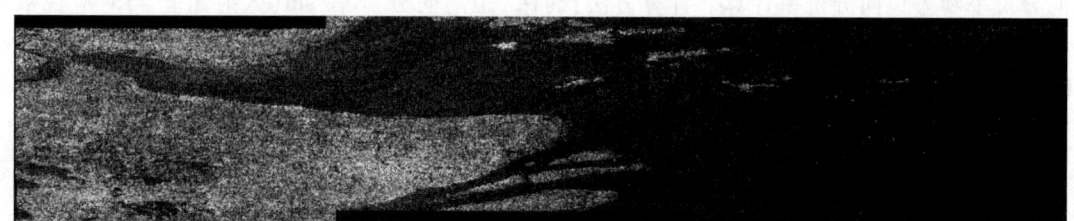

图 13.5　影像导入结果

13.1.2　多视与滤波去噪

（1）多视处理。多视处理通过对数据的方位向与距离向作平均以抑制 SAR 成像过程中的相干斑噪声。在 PIE-SAR 中,点击"基础 SAR" > "基础工具" > "多视处理",打开"多视处理"对话框,如图 13.6 所示,具体参数设置如下。

图 13.6　"多视处理"对话框设置

- 输入影像:输入待进行多视处理的雷达数据。
- 删除:删除在待处理影像列表中选中的影像。
- 清空:清空待处理影像列表。
- 多视定义方式:设置多视定义的方式,支持自定义视数和直接指定栅格格网大小。① 自定义视数:设置方位向视数和距离向的视数,多视视数可根据导入数据(xml 文件)中的入射角、距离向分辨率和方位向分辨率计算。计算方法:确保"距离向分辨率/sin(入射角)"与对应视数的乘积近似等于方位向分辨率与对应视数的乘积。② 栅格格网大小:设置多视后的栅格格网大小(单位:m),根据设置的栅格格网大小可以自动计算多视视数。本节选择栅格格网大小,并设置分辨率为 10 m。

- 多视类型:设置输入数据的类型,包括多视复数数据或者多视幅度数据,本案例选择多视幅度数据。
- 输出文件后缀:设置输出文件名称的后缀,默认设置为"_MultiAmp";
- 输出文件类型:默认设置为"ENVI IMG(∗.img)"进行输出;
- 输出目录:设置输出结果的保存路径及文件名。

所有参数设置完成后,点击"确定"按钮,开始进行多视处理。

(2)滤波处理。增强 Lee 滤波是对传统 Lee 滤波的改进,通过引入平均权重来考虑窗口内的像素贡献,以进一步增强图像的细节和边缘特征,使得其在降噪的同时,也能够保持图像的细节与纹理,是去除 SAR 影像中斑点噪声的有效工具,其公式如式(13.1):

$$I_{\text{filtered}}(x,y) = \bar{I} + \frac{\sigma^2}{\sigma^2 + \gamma^2 \cdot \bar{W}} \cdot (I(x,y) - \bar{I}) \tag{13.1}$$

式中:$I_{\text{filtered}}(x,y)$ 表示滤波后图像在位置 (x,y) 的灰度值;$\bar{I}$ 表示窗口内的平均灰度值;$I(x,y)$ 表示原始图像在位置 (x,y) 的灰度值;σ^2 表示窗口内原始图像灰度值的方差;γ 表示控制滤波器响应的阻尼系数因子;$\bar{W}$ 表示窗口内像素的平均权重,通常计算为窗口内非孔隙像素的比例。在 PIE-SAR 中,点击"基础 SAR" > "基础工具" > "自适应滤波" > "EnLee",打开"增强型 Lee 滤波"对话框,如图 13.7 所示,具体的参数设置如下。

图 13.7 "增强型 Lee 滤波"对话框设置

- 输入影像:输入待进行滤波处理的雷达数据。
- 删除:删除在待处理影像列表中选中的影像。
- 清空:清空待处理影像列表。
- 参数设置:

① 滤波窗口:滤波窗口设置得越大,滤波效果就越明显,但同时细节损失也越多;反之,窗口越小,滤波效果就越不明显,本案例设置为3。

② 阻尼系数因子:阻尼系数用来反向指定用于差异像元权重均值的阻尼指数范围,阻尼系数越大,保留的边缘越好,但是平滑越少,本案例设置为1.00。

③ 视数:表示原始图像的噪声水平,越大表示噪声水平越高,图像滤波的效果越明显;反之越小,滤波效果就越不明显,通常设置为1。

- 数据类型:设置输出数据的类型,支持以幅度图像或强度图像进行输出,本案例选择输出幅度图像。
- 输出文件后缀:设置输出文件的名称后缀,默认设置为"_EnLee"。
- 输出数据类型:默认设置为"ENVI IMG(＊.img)"。
- 输出路径:设置输出结果的保存路径及文件名。

所有参数设置完成后,点击"确定"按钮,将进行滤波处理。

13.1.3 地理编码与研究区提取

(1) 转 dB 影像。转 dB 影像的功能是以 dB(分贝)为单位输出雷达后向散射系数,计算出对应地物绝对的后向散射值。由于 SAR 影像中,信号强度的范围通常非常广泛,因而相比于线性输出,通过将信号转换为以 dB 为单位,可以将大范围内的信号强度压缩到一个较小的范围内,使得影像更易于显示和解释。线性输出 N 转换为对数输出 N_{dB} 遵循算式: $N_{dB} = 10 \times \log_{10} N$,若不想以 dB 为单位输出最终的影像,可跳过此步骤。在 PIE-SAR 中,点击"基础 SAR">"转 dB 影像",打开"转 dB 影像"对话框,如图 13.8 所示,具体的参数设置如下。

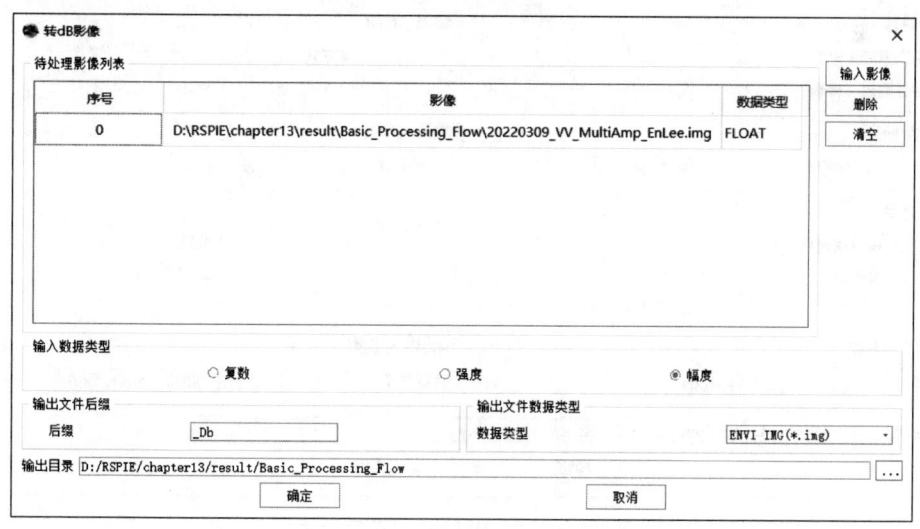

图 13.8 "转 dB 影像"对话框设置

- 输入影像:输入待转 dB 影像的数据;
- 删除:删除在待处理影像列表中选中的影像;
- 清空:清空待处理影像列表;
- 输入数据类型:支持输入复数、强度或幅度数据,本案例输入的是幅度数据;
- 输出文件后缀:设置输出文件名称的后缀,默认设置为"_Db";
- 数据类型:默认设置为"ENVI IMG(*.img)";
- 输出目录:设置输出结果的保存路径及文件名。

所有参数设置完成后,点击"确定"按钮,开始进行转换。

(2)地理编码。地理编码是依据相关基准将影像数据从雷达的坐标系统转换到某种较为通用的参考坐标系统,如 WGS 84 等。根据卫星下传的姿态轨道数据,对 L1 级图像数据经过几何定位、地图投影和重采样后获得 L2 级地理编码产品。软件中的地理编码功能采用基于距离-多普勒定位模型(R-D 模型)的几何校正处理方法,包括地理编码椭球校正和地理编码地形校正。在 PIE-SAR 中,点击"基础 SAR" > "基础工具" > "地理编码",打开"地理编码"对话框,如图 13.9所示,具体的参数设置如下。

图 13.9 "地理编码"对话框设置

- 输入影像：输入待进行地理编码处理的雷达数据；
- 删除：删除在待处理影像列表中选中的影像；
- 清空：清空待处理影像列表；
- DEM 文件：设置对应的 DEM 文件（编码类型为地形校正时必须设置）；
- 地理编码类型：椭球校正是将地球表面简化为一个椭球面，地形校正利用数字高程表面模型作为真实地球表面进行参数优化，本案例选择"地形校正"；
- DEM 外扩边界范围：设置 DEM 外扩边界值（度），为确保雷达影像在 DEM 数据的覆盖范围内而设置为 0.15；
- 参数设置：在地理编码类型为椭球校正时，需要设置平均高程（米）、采样间隔（像素）；
- 输出分辨率：设置 X 方向（北）分辨率、Y 方向（东）分辨率，本案例均设置为 10 m；
- 输出坐标系：设置输出坐标系，可选择 WGS 84、UTM 与 CGCS2000，本案例选择 WGS 84；
- 重采样方法：设置重采样方法，可选择最邻近法、线性内插法和双线性内插法，本案例选用最邻近法；
- 其他产品：是否输出模拟幅度图、叠掩与阴影、投影角、局部入射角和参考入射角，本案例勾选所有产品；
- 输出文件后缀：设置输出文件的名称后缀，默认设置为"_GTC_Geocode"；
- 输出文件类型：默认设置为"ENVI IMG（ ∗ . img）"；
- 输出目录：设置输出结果的保存路径及文件名。

所有参数设置完成后，点击"确定"按钮，开始进行地理编码，完成后的效果如图 13.10 所示。

图 13.10　地理编码结果

（3）裁剪。目前已经完成了整幅影像的 SAR 基础处理，还需要提取我们感兴趣的研究区，本案例结合研究区的矢量文件进行裁剪，获取指定范围的后向散射系数图。由于 PIE-SAR 目前还无法依据矢量文件进行裁剪，因此需要结合 PIE-Basic 实现研究区的提取。参考第 3 章中 PIE-Basic 的"图像裁剪"操作，结合矢量文件裁剪获得的结果如图 13.11 所示。

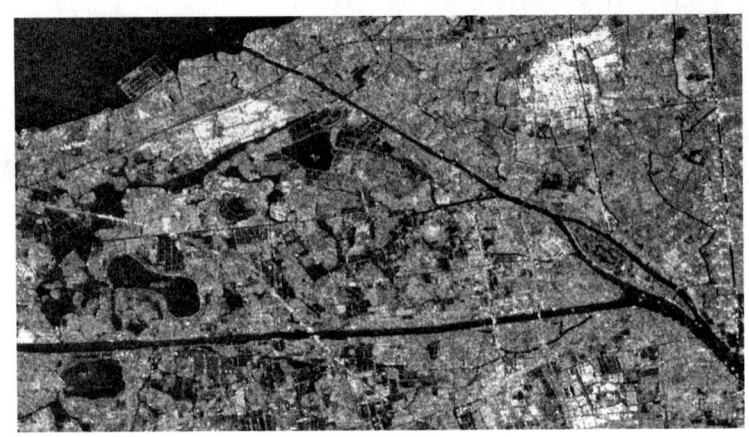

图 13.11　图像裁剪结果

13.2　SAR 平差

区域网平差是一种将多景影像整合到一个统一的参考框架内,以减少影像间的差异性,并提高数据的准确性和一致性的技术。PIE-SAR 能够以已有的光学影像作为地理参考基准,通过多模态匹配技术,对 SAR 数据进行控制点匹配,直接获取匹配点的高精度地理坐标或投影坐标,并将获取到的匹配点作为区域网平差的控制点、连接点,无须人工参与选点,实现从数据准备、数据处理到数字正射影像(digital orthophoto map,DOM)生成的全自动化。

本节以 2021 年 7 月 23 日成像的 2 景与 24 日成像的 1 景覆盖范围涉及太湖周边多个城市的 SLC 产品为例,对 VV 极化下的影像进行区域网平差,流程如图 13.12 所示。

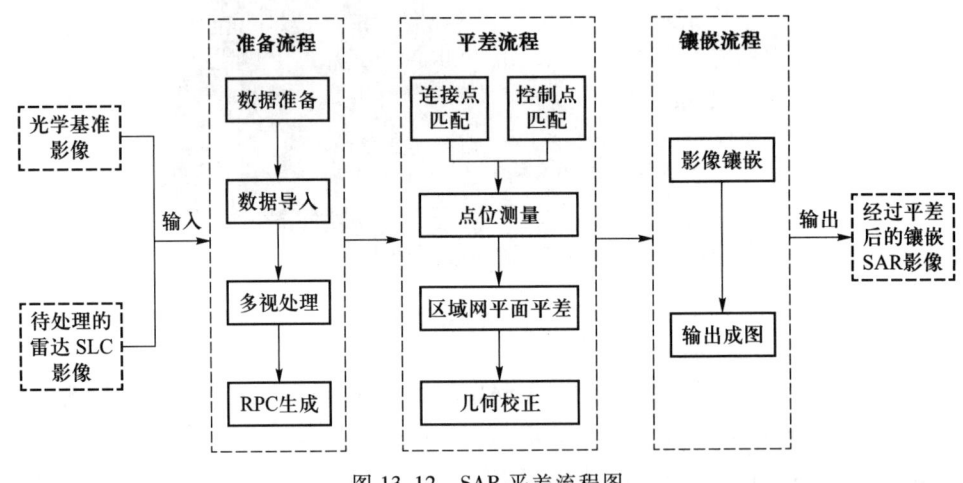

图 13.12　SAR 平差流程图

13.2.1　影像导入与 RPC 生成

（1）影像导入与多视处理的操作及设置参见 13.1 节。

（2）生成有理多项式系数。R-D 模型生成有理多项式系数（rational polynomial coefficient, RPC）的功能是根据幅度数据及对应的元数据，结合 DEM 生成虚拟控制点，以重构幅度数据的 RPC 文件。在 PIE-SAR 中，点击"基础 SAR">"RPC 几何校正工具">"RD 模型生成 RPC"，打开"RD 模型生成 RPC"对话框，如图 13.13 所示，具体的参数设置如下。

图 13.13　"RD 模型生成 RPC"对话框设置

- 输入参数文件：输入提取的幅度文件；
- DEM 文件：输入对应研究区的 DEM 文件；
- 高程范围获取方法：本案例选择"从 DEM 获取"；
- 高程值范围：若高程范围获取方法设置为"人工输入"，则需手动输入最大与最小高程值；
- 虚拟控制点间隔：设置列间隔、行间隔和层数，列间隔代表列方向上的虚拟控制点间隔，数值越大点越少，行间隔代表行方向上的虚拟控制点间隔，同样是数值越大点越少，默认均设置为 500，层数代表高程方向上虚拟控制点的层数，数值越大虚拟控制点越多，默认设置为 5；
- 输出文件名后缀：默认选择"＊.rpb"；
- 输出目录：设置输出结果的保存路径及文件名。

所有参数设置完成后，点击"确定"按钮，将通过 R-D 模型生成 RPC。

13.2.2 异源联合区域网平差

（1）工程创建。异源联合区域网平差能够利用几何结构和形状等特征信息构建相似性测度，解决光学和 SAR 影像的自动匹配问题。PIE-SAR 的异源联合平差在一个新的窗口中执行，在 PIE-SAR 中，点击"SAR 平差">"区域网平差">"异源联合区域网平差"，在打开新窗口后，点击"工程">"新建工程"，如图 13.14 所示，具体的参数设置如下。

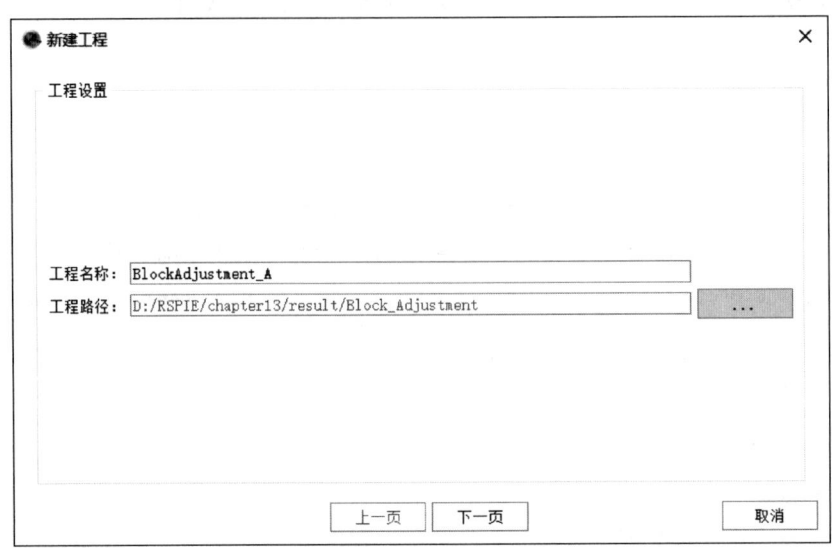

图 13.14 "新建工程"对话框的工程设置

- 工程名称：命名工程；
- 工程路径：设置保存工程的文件夹路径；
点击"下一页"，添加工程的影像信息，如图 13.15 所示，具体的参数设置如下。

图 13.15 在"新建工程"对话框中添加影像

• 影像类型:进行影像类型选择,这里可以选择的影像类型有全色影像、多光谱影像、基准影像、DEM 数据、SAR;

• 添加:在完成对影像类型的选择后,通过"添加"按钮将各类影像的路径输入影像列表。

点击"下一页",进行投影设置,如图 13.16 所示,具体的参数设置如下。

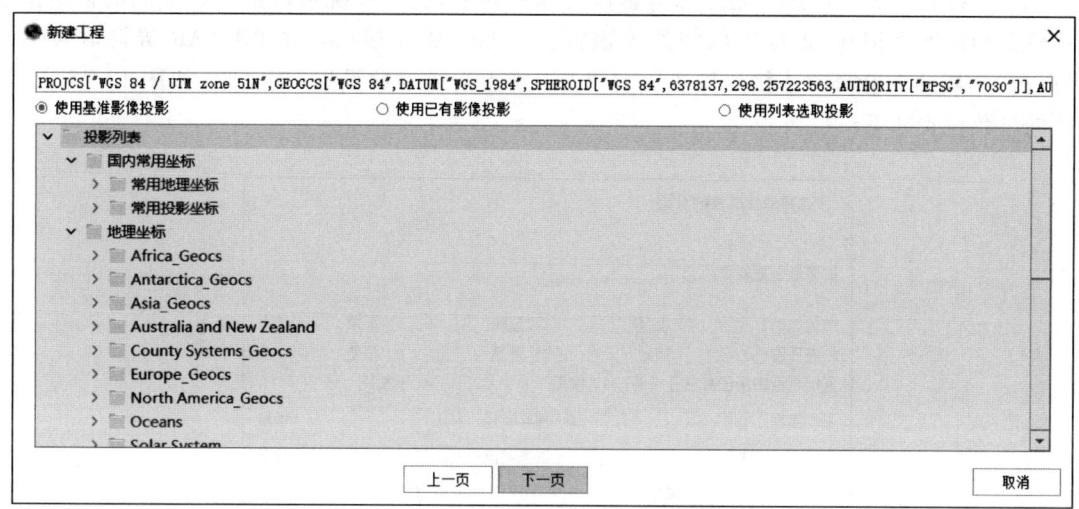

图 13.16　在"新建工程"对话框中设置投影

• 使用基准影像投影:如果使用基准影像,软件会自动默认选择使用基准影像的投影;

• 使用已有影像投影:软件会将一张具有投影信息的影像加载进来,并使用该影像的投影;

• 使用列表选取投影:可以人工从下方的列表中选择坐标系。

点击"下一页",进行工程输出路径的设置,如图 13.17 所示,具体的参数设置如下。

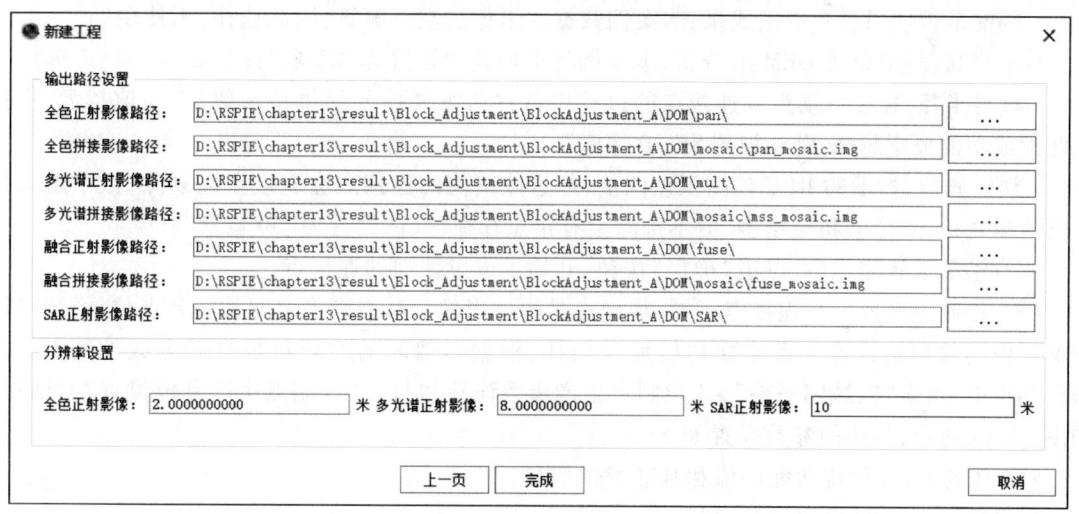

图 13.17　在"新建工程"中设置输出路径与分辨率

• 输出路径设置:显示所有输出数据产品的保存路径信息;

• 分辨率设置:显示输出 SAR 正射影像的空间分辨率,本案例将"SAR 正射影像"设置为 10 m;

在设置完成后,点击"完成"按钮即可完成工程的创建。

(2)连接点生成。连接点是影像与影像之间的同名点位,系统可以根据影像间的初始位置关系建立初始地理拓扑,根据影像间的纹理特征自动生成连接点。在 PIE-SAR 异源联合平差中,点击"区域网平差">"连接点生成",打开"连接点生成参数设置"对话框,如图 13.18 所示,具体的参数设置如下:

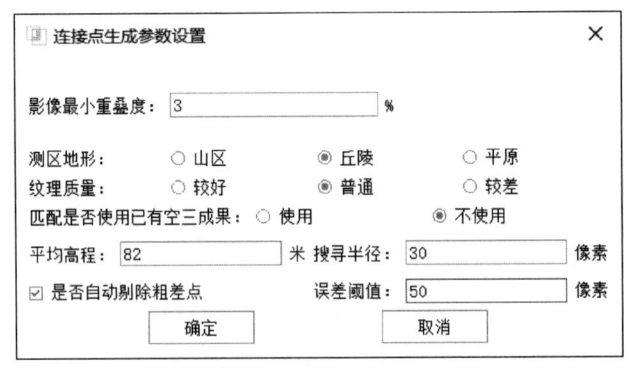

图 13.18 "连接点生成参数设置"对话框

• 影像最小重叠度:用来描述影像间的最小重叠度,通过设置此参数可以调整连接点的密度,默认设置为 3%;

• 测区地形:结合对本案例所使用 DEM 的分析,设置为"丘陵";

• 纹理质量:描述工程内影像间的纹理相似程度,默认设置为"普通";

• 匹配是否使用已有空三成果:本案例数据并未做过空三解算,因此选择"不使用";

• 平均高程:结合对 DEM 的分析,本案例将平均高程设置为"82 米";

• 搜寻半径:描述自动生成连接点的过程中软件所需要搜寻的半径参数,半径值越大,连接点匹配成功的概率越高,默认设置为"30 像素";

• 误差阈值:标准的 RPC 模型误差阈值,超过该阈值的连接点会自动予以剔除,数字越大代表阈值越宽松,点位会相应增多,但不排除会有错点存在,默认设置为"50 像素"。

所有参数设置完成后,点击"确定"按钮,开始生成影像间的连接点。

(3)控制点生成。与连接点不同,控制点是原始影像与基准影像之间的同名点位,系统可以根据影像间的初始位置关系建立初始地理拓扑,根据影像间的纹理特征自动生成控制点。在 PIE-SAR 中,点击"区域网平差">"控制点生产参数设置",打开"控制点生产参数设置"对话框,如图 13.19 所示,具体的参数设置如下。

• 影像列表:显示待匹配影像和基准影像信息。

• 纹理质量:默认设置为"一般"。

• 几何均匀度:用来描述原始影像尤其是基准影像的内部几何均匀度,默认设置为"一般"。

• 匹配是否使用已有空三成果:本案例选择"不使用"。

序号	ID	影像名	影像类型	基准影像
1	pair_1_SAR	20210723T100218_VV_MultiAmp	SAR	1,Sentinel_2_optical_image
2	pair_2_SAR	20210723T100243_VV_MultiAmp	SAR	1,Sentinel_2_optical_image
3	pair_3_SAR	20210724T215846_VV_MultiAmp	SAR	1,Sentinel_2_optical_image

控制点生产参数设置

全选

纹理质量： ○ 较好 ● 一般 ○ 较差 预设种子点数量：2000 ☑ 忽略零值

几何均匀度： ○ 较好 ● 一般 ○ 较差 □ 仅最大重叠基准影像 高级设置

匹配是否使用已有空三成果： ○ 使用 ● 不使用

□ DEM无效值区域不输出 DEM无效值：-9999

确定 取消

图 13.19 "控制点生产参数设置"对话框

• DEM 无效值区域不输出：勾选此选项后，在实际数据处理过程中 DEM 无效值区域不参与正射校正。

• 预设种子点数量：用来描述种子点的数量，默认设置为"2000"。

• 忽略零值：勾选此选项后，在控制点提取过程中会忽略影像的无效值。

• 高级设置：

① 搜寻半径：概念与"连接点生成"中一致，默认设置为"30 像素"；

② 误差阈值：概念与"连接点生成"中一致，默认设置为"3 像素"；

③ 相似阈值：相当于纹理质量的量化指标，值越大代表影像之间纹理相似性越高，默认设置为"65%"。

所有参数设置完成后，点击"确定"按钮，将基于原始影像与基准影像开始生成控制点。

（4）点位测量。连接点或控制点生成完毕后可以通过点位测量窗口查看，同时也可以手动修改、增加、删除点位。在 PIE-SAR 中，点击"区域网平差">"点位测量"，打开点位测量窗口，连接点与控制点的生成结果如图 13.20 所示，而点位信息界面包含了所

图 13.20 连接点与控制点的生成结果

有连接点、控制点、检查点的状态信息，用户可以通过界面对所有点进行浏览、查看和编辑操作，如图 13.21 所示。列表中 TPT 代表连接点，GCP 代表控制点，CP 代表检查点。

图 13.21 连接点与控制点的点位信息界面

（5）区域网平面平差与几何校正。PIE-SAR 提供了 2 种区域网平差方法与几何校正方法。一种是基于 RPC 模型的平差、正射校正，另一种是基于 R-D 模型的平差、地理编码。本案例以第一种方法为例进行操作。

区域网平面平差根据 SAR 影像数据的连接点以及控制点，经过平差算法将各个影像统一成一个精度体系，修正每景影像的 RPC 参数，并精确计算每个连接点的横纵坐标。在 PIE-SAR 中，点击"区域网平差">"区域网平面平差"，打开"区域网模型解算设置"对话框，如图 13.22 所示，具体的参数设置如下。

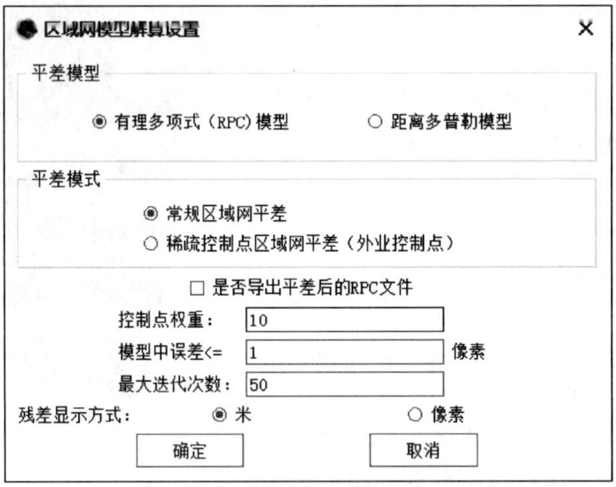

图 13.22 "区域网模型解算设置"对话框

• 平差模型：PIE-SAR 支持有理多项式（RPC）模型平差方法和距离多普勒模型平差方法，本节选择前者。

• 平差模式：

① 常规区域网平差：适用于有基准影像，软件能够自动生成控制点的情况；

② 稀疏控制点区域网平差（外业控制点）：适用于无基准影像，需要采用外业测量采集的少量控制点进行平差的情况。

• 是否导出平差后的 RPC 文件：若勾选此项，则会自动生成平差后每景影像的 RPC，并保存到工程下的 NEWRPC 文件夹中。

• 控制点权重：表示控制点在平差解算过程中所占比重，默认设置为"10"。

• 模型中误差≤：设置平差模型的中误差阈值，值越小代表平差精度越高，删除的控制点就越多，默认设置为"1 像素"。

• 最大迭代次数：在平差过程中，为达到精度，软件最多的自动迭代次数，默认设置为"50"。

• 残差显示方式：默认设置为"米"。

点击"确定"后，开始进行区域网平面平差处理，处理完成后再采用"数字正射模型"结合软件生成的或者历史的 DEM 数据对原始影像进行正射纠正。在 PIE-SAR 中，点击"高级影像产品">"数字正射模型"，打开"DOM 生产模块"，如图 13.23 所示，具体的参数设置如下。

图 13.23 "DOM 生产模块"对话框设置

• 工程现有影像:显示工程影像的名字、状态等信息,可根据需要选择是否显示待正射或已正射处理的影像;

• 全添加:将工程现有影像列表中的影像全部添加到待正射纠正列表中;

• 添加:将工程现有影像列表中选中的影像添加到待正射纠正列表中;

• 删除:删除待正射纠正列表中选中的影像;

• 清空:清空待正射纠正列表中的全部影像;

• 待正射纠正列表:显示添加的待进行正射纠正处理的影像信息;

• 输出投影:默认设置为与基准影像一致的投影;

• 无 DEM:若没有 DEM 数据,勾选此项,可激活"高程常值"设置,用于手动设置测区的平均地形海拔高度;

• 插值方式:默认采用"双线性插值";

• 小面元纠正:该选项仅在影像配准模式下有效,当基准影像内部几何均匀度不均或原始影像本身内部几何精度较差时可勾选此选项;

• DEM 路径:输入 DEM 文件的路径;

• DEM 无效值区域不输出:勾选此项后,可设置 DEM 无效值的像素值,无效值区域不参与正射校正处理。

所有参数设置完成后,点击"确定"按钮,将对原始影像开始进行正射校正,最终的校正结果如图 13.24 所示。

13.2.3 影像镶嵌与输出成图

图 13.24　正射校正结果

(1) 影像镶嵌。正射校正之后,将二幅 SAR 影像进行镶嵌处理。在 PIE-SAR 中,点击"SAR 平差">"镶嵌线工具">"镶嵌面生成",打开"镶嵌面生成"对话框,如图 13.25 所示,具体的参数设置如下。

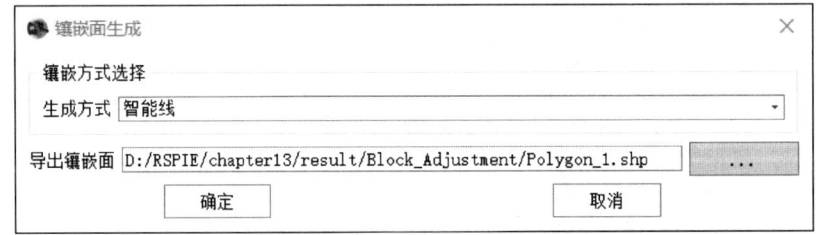

图 13.25　"镶嵌面生成"对话框设置

• 生成方式:选取生成镶嵌面的方式,默认选择镶嵌效果最好的"智能线";

• 导出镶嵌面:设置镶嵌面矢量图的保存路径与文件名。

所有参数设置完成后,点击"确定"按钮,将对三幅 SAR 影像进行镶嵌,结果如图 13.26 所示。

（2）输出成图。影像镶嵌完成后，进行结果的输出，在 PIE-SAR 中，点击"SAR 平差">"镶嵌线工具">"镶嵌输出"，打开"镶嵌输出"对话框，如图 13.27 所示，具体的参数设置如下。

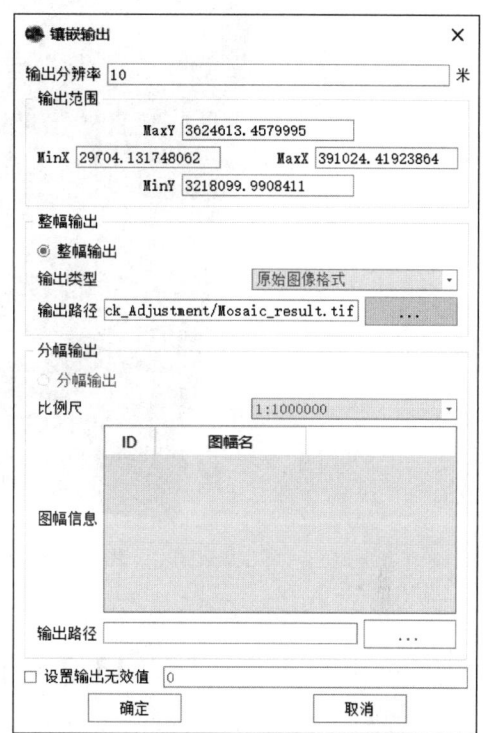

图 13.26　镶嵌面生成结果　　　　　图 13.27　"镶嵌输出"对话框设置

- 输出分辨率：设置输出影像的空间分辨率，本案例设置为 10 m。
- 输出范围：PIE-SAR 自动显示输出影像的范围。
- 整幅输出：
① 输出类型：默认设置为"原始图像格式"；
② 输出路径：设置镶嵌结果的保存路径与文件名。
- 分幅输出：
① 比例尺：用于设置输出比例；
② 图幅信息：勾选待输出图幅信息；
③ 输出路径：设置输出勾选的分幅后镶嵌结果数据的保存路径与文件名。
- 设置输出无效值：可勾选设置输出镶嵌影像的无效值，本案例并不设置。

所有参数设置完成后，点击"确定"按钮，开始对镶嵌结果进行输出，结果如图 13.28 所示。

图 13.28　镶嵌输出结果

13.3　干涉 SAR

InSAR 技术是目前最具潜力的空间对地观测技术之一,是对 SAR 技术的一种扩展,其工作原理是在研究区未发生地表形变的前提下利用 SAR 卫星拍摄两景影像,经过干涉获得该区域的干涉条纹图,由于在两景影像成像间隔内未发生地表形变因而可排除形变对于相位差的贡献,从而可计算影像覆盖范围内的地形信息。而 DInSAR 技术是 InSAR 技术的延伸,对形变极为敏感,在计算 2 景 SAR 影像间的相位差的基础上,通过外部地形数据(DEM)去除地形对于相位差的贡献,从而可结合雷达波长等估算地表形变信息。InSAR 与 DInSAR 技术在 DEM 重建、地表沉降监测、地震灾后评估以及冰川和冰盖监测领域均得到了较多的应用。

PIE-SAR 支持 ALOS-1 PALSAR、COSMO-SkyMed、Radarsat-2、TerraSAR-X、TanDEM-X、高分 3号、TH-02A/B 数据的 InSAR 与 DInSAR 处理。本案例以 ALOS PALSAR-1 的 Level 1.1 影像为例。由于四川省汶川县在 2010 年 9 月与 10 月没有可查的地震记录,可认为地表未发生形变,因而选用 2010 年 9 月 11 日与 10 月 27 日 HH 极化下的影像进行相位干涉能够较准确地完成影像覆盖区域的 DEM 重建;而选用 2008 年 7 月 21 日与 10 月 21 日 HH 极化下的影像,结合 DEM 数据,运用 DInSAR 技术则可估算四川省汶川县在 5 月发生里氏 8.0 级大地震后的 7 至 10 月中由余震导致的地表形变,流程如图 13.29 所示。

13.3.1　主辅影像导入与配准

(1)影像导入。在 InSAR 与 DInSAR 技术中,需要区分主影像与辅影像,一般选择成像时间靠前的影像为主影像,靠后的影像为辅影像,并将主辅影像分别进行导入,因而在进行 DEM 重建

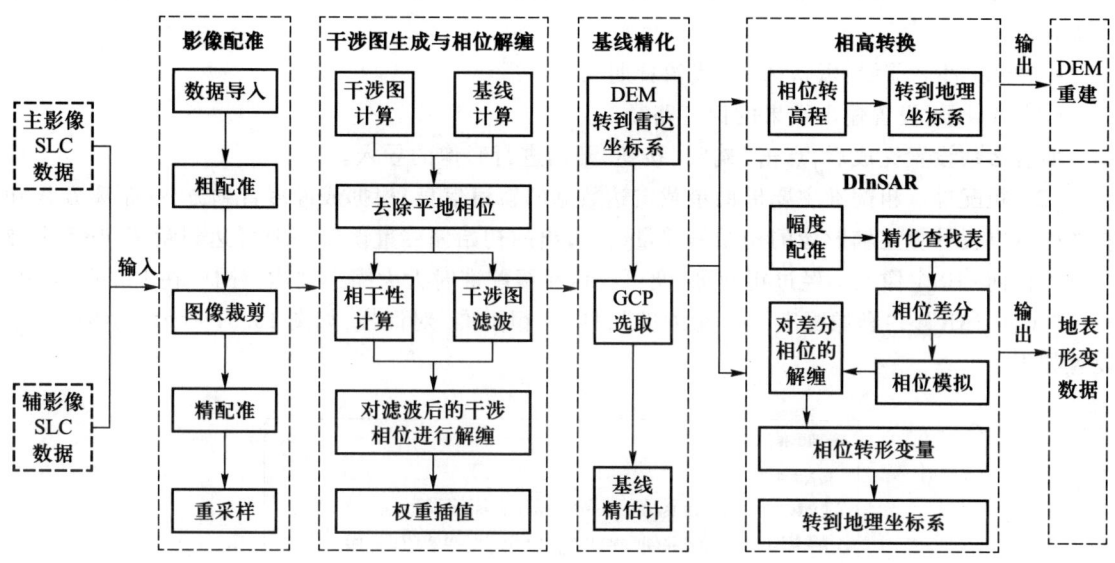

图 13.29　干涉 SAR 流程图

时，2010 年 9 月 11 日的影像将被作为主影像，而 10 月 27 日的影像将被作为辅影像。在 PIE-SAR 中，点击"数据导入">"PALSAR">"PALSAR-1"，打开"ALOS-1 PALSAR 数据导入"对话框，如图 13.30 所示，具体的参数设置如下。

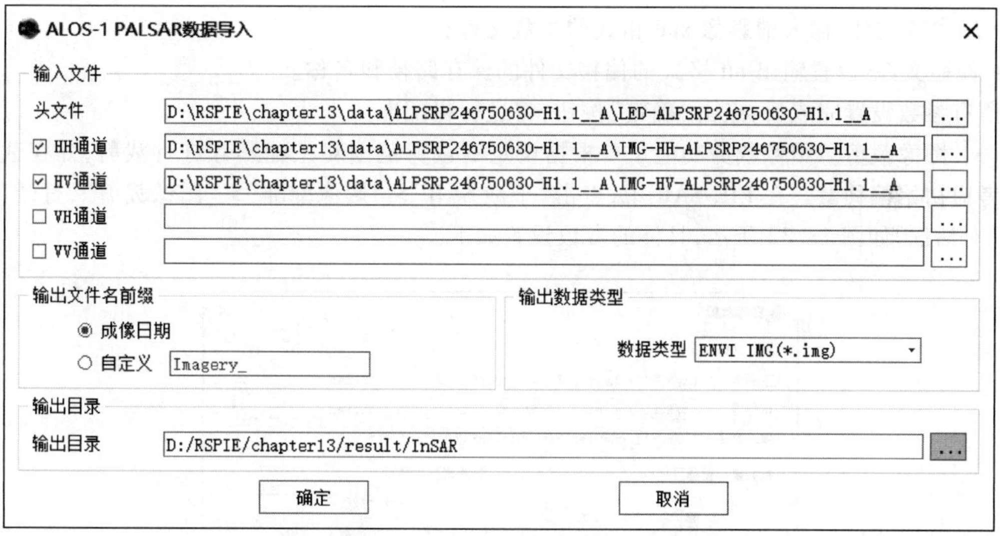

ALOS-1 PALSAR数据导入　　　　　　　　　　　　　　　　　　　　　×

输入文件

头文件　　　D:\RSPIE\chapter13\data\ALPSRP246750630-H1.1__A\LED-ALPSRP246750630-H1.1__A　　...

☑ HH通道　D:\RSPIE\chapter13\data\ALPSRP246750630-H1.1__A\IMG-HH-ALPSRP246750630-H1.1__A　　...

☑ HV通道　D:\RSPIE\chapter13\data\ALPSRP246750630-H1.1__A\IMG-HV-ALPSRP246750630-H1.1__A　　...

☐ VH通道　　　　　　　　　　　　　　　　　　　　　　　　　　　　　　　　　　　　...

☐ VV通道　　　　　　　　　　　　　　　　　　　　　　　　　　　　　　　　　　　　...

输出文件名前缀　　　　　　　　　　　　　　输出数据类型

　● 成像日期　　　　　　　　　　　　　　　数据类型　ENVI IMG(*.img)　　▼

　○ 自定义　Imagery_

输出目录

输出目录　　D:/RSPIE/chapter13/result/InSAR　　　　　　　　　　　　　　...

　　　　　　　确定　　　　　　　　　　取消

图 13.30　"ALOS-1 PALSAR 数据导入"对话框设置

• 输入文件:在头文件中输入影像文件夹下以"LED"开头的文件,PIE-SAR 将自动加载影像的极化信息;

• 输出文件名前缀:默认选择"成像日期";

• 输出目录:设置输出结果的保存路径。

所有参数设置完成后,点击"确定"按钮,开始进行影像的导入。

(2)粗配准。粗配准主要借助星载雷达数据的轨道信息,根据成像多普勒方程、距离方程和参考椭球方程计算主辅影像的初始偏移量,计算出的初始偏移量误差一般可达到距离向±5 个像元和方位向±10 个像元。经过粗配准,便可在像元级配准时大大缩小搜索范围。在 PIE-SAR 中,点击"干涉 SAR">"影像配准">"粗配准",打开"粗配准"对话框,如图 13.31 所示,具体的参数设置如下。

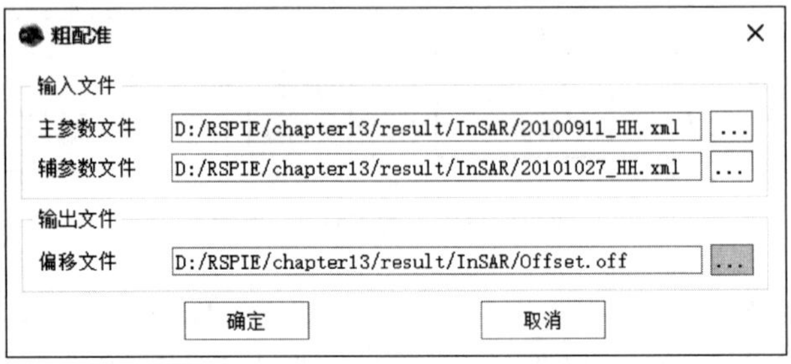

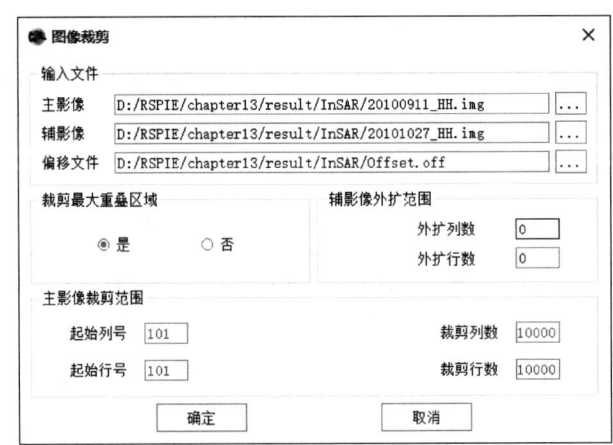

图 13.31 "粗配准"对话框设置

• 主参数文件:输入主影像 xml 格式的参数文件;

• 辅参数文件:输入辅影像 xml 格式的参数文件;

• 偏移文件:设置输出 off 格式的偏移文件的保存路径和名称。

所有参数设置完成后,点击"确定"按钮,将进行粗配准。

(3)图像裁剪。图像裁剪功能主要根据设定的裁剪范围对主辅影像进行裁剪,并在裁剪过程中考虑初始偏移量。在 PIE-SAR 中,点击"干涉 SAR">"影像配准">"图像裁剪",打开"图像裁剪"对话框,如图 13.32 所示,具体的参数设置如下。

图 13.32 "图像裁剪"对话框设置

- 主影像:输入主影像文件;
- 辅影像:输入与主影像对应的辅影像文件;
- 偏移文件:选择粗配准后生成的偏移文件;
- 裁剪最大重叠区域:若想最大范围地处理干涉,可选择"是",若只想处理指定的一小块感兴趣区,可选择"否";
- 辅影像外扩范围:设置辅影像裁剪的外扩范围,以防止辅影像重采样后存在黑边,本案例设置为 0 个像素;
- 主影像裁剪范围:当"裁剪最大重叠区域"设置为"否"时,可在此设置主影像、辅影像裁剪的起始列号、裁剪列数、起始行号以及裁剪行数。

所有参数设置完成后,点击"确定"按钮,开始进行图像裁剪,在执行完成后出现的以"_crop"为后缀的两个文件即为裁剪后的主辅影像。

(4) 精配准。在主影像上均匀地选择一定数量的控制点,并采用基于过采样的快速傅里叶变换(fast fourier transformation,FFT)复相关方法、奇异值分解方法、回归分析的方法,去除偏移量不合格的控制点,以实现精配准。在 PIE-SAR 中,点击"干涉 SAR">"影像配准">"精配准",打开"精配准"对话框,如图 13.33 所示,具体的参数设置如下。

图 13.33 "精配准"对话框设置

- 主影像:输入裁剪后的主影像文件;
- 辅影像:输入裁剪后的辅影像文件;
- 偏移文件:选择粗配准后生成的偏移文件;
- 窗口大小:设置方位向和距离向的窗口大小,默认设置均为 256,一般需要大于偏移文件中偏移量(X、Y)最大数的值;
- 窗口个数:设置方位向和距离向的窗口个数,默认设置为 8;
- 信噪比:可设置信噪比的阈值大小,默认设置为 7.00;
- 覆盖偏移文件:通过勾选"是"或"否"选项,决定是否覆盖原有的偏移文件,本案例选择"否"。

所有参数设置完成后,点击"确定"按钮,开始进行精配准,执行完成会生成一个以"_New"为后缀的新偏移文件。

（5）重采样。根据拟合的偏移多项式，采用三次卷积方法，对辅影像进行重采样，以配准辅影像。在 PIE-SAR 中，点击"干涉 SAR">"影像配准">"重采样"，打开"重采样"对话框，如图 13.34所示，具体的参数设置如下。

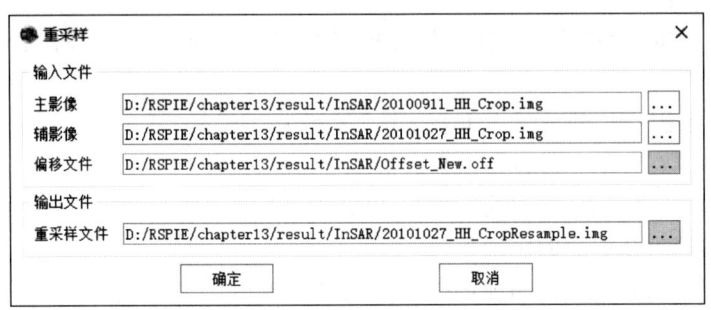

图 13.34 "重采样"对话框设置

- 主影像：输入裁剪后的主影像文件；
- 辅影像：输入裁剪后的辅影像文件；
- 偏移文件：选择精配准后的偏移文件；
- 重采样文件：设置输出重采样结果的保存路径和名称。

所有参数设置完成后，点击"确定"按钮，开始进行重采样。

13.3.2 干涉图生成与相位解缠

（1）干涉图计算。干涉图计算是将精配准后的主、辅影像上对应的像素进行共轭相乘得到干涉图，干涉图所对应的相位即为两景原 SAR 影像的相位之差。在 PIE-SAR 中，点击"干涉 SAR">"去平干涉图生成">"干涉图计算"，打开"干涉图计算"对话框，如图 13.35 所示，具体的参数设置如下。

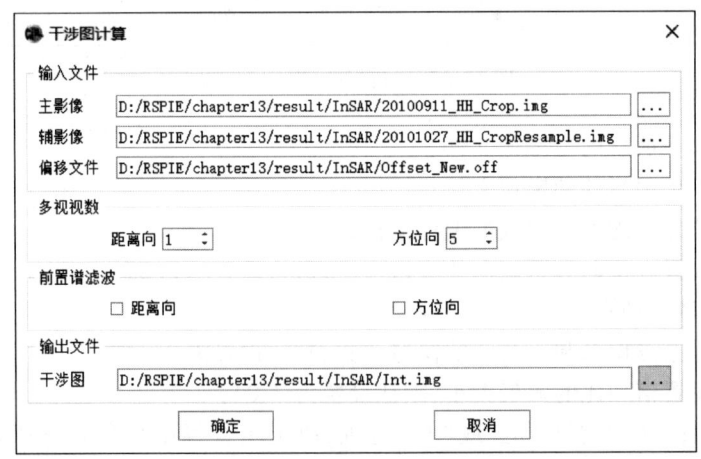

图 13.35 "干涉图计算"对话框设置

- 主影像:输入裁剪后的主影像文件。
- 辅影像:输入重采样后的辅影像文件。
- 偏移文件:选择精配准后的偏移文件。
- 多视视数:设置方位向和距离向的视数,多视视数可根据地距分辨率与方位向分辨率间的比例计算。地距分辨率 R_{ground} 可通过导入数据后生成的 xml 文件中的平均入射角 θ 、距离向分辨率 R_{slant} 和方位向分辨率通过式(13.2)计算。本案例 xml 文件中的入射角与分辨率信息具体如图 13.36 所示,平均入射角为 38.73°,斜距分辨率为 9.37 m、方位向分辨率为 3.17 m,计算可得地距分辨率为 14.98 m,因而距离向与方位向的视数比可设置为 1∶5,使影像的栅格单元近似正方形(分辨率近似为 15 m×15 m),以去噪并减少系统误差。

$$R_{ground} = \frac{R_{slant}}{\sin\theta} \tag{13.2}$$

- 前置谱滤波:若主、辅影像的空间基线距较大,需做距离向前置谱滤波;若主、辅影像的多普勒中心频率差值较大,需做方位向前置谱滤波,本案例均不勾选。
- 干涉图:设置输出干涉图文件的保存路径和名称。

所有参数设置完成后,点击"确定"按钮,将进行干涉图计算。

```
<startTime unit="s">56050.190000</startTime>
<centerTime unit="s">56054.475207</centerTime>
<endTime unit="s">56058.760415</endTime>
<azimuthLineTime unit="s">0.00046500000000000041</azimuthLineTime>
<nearSlantRange unit="m">846567.0000</nearSlantRange>
<centerSlantRange unit="m">868447.1652</centerSlantRange>
<farSlantRange unit="m">890327.3304</farSlantRange>
<incidenceAngle unit="degrees">38.725423</incidenceAngle>
<headingAngle unit="degrees">-10.205593</headingAngle>
<firstSlantRangePolynomial unit="s m 1 m^-1 m^-2 m^-3">0.000000 0.000000
<centerSlantRangePolynomial unit="s m 1 m^-1 m^-2 m^-3">0.000000 0.000000
<lastSlantRangePolynomial unit="s m 1 m^-1 m^-2 m^-3">0.000000 0.000000 0
              ......
<lineHeaderSize>0</lineHeaderSize>
<numberOfColumns>4672</numberOfColumns>
<numberOfRows>18432</numberOfRows>
<rangeLooks>1</rangeLooks>
<azimuthLooks>1</azimuthLooks>
<slantRangeSpacing unit="m">9.368514</slantRangeSpacing>
<azimuthSpacing unit="m">3.165349</azimuthSpacing>
<imageDataType>FCOMPLEX</imageDataType>
<rangeScaleFactor>1.000000</rangeScaleFactor>
<azimuthScaleFactor>1.000000</azimuthScaleFactor>
```

图 13.36 xml 文件中的入射角与分辨率信息

(2)基线计算。空间基线是指对同一地物目标成像时两个卫星之间的距离。在假设两轨道完全平行且 SAR 卫星在零多普勒面成像的理想条件下,两景 SAR 图像通过精配准,即可忽略对同一目标点成像的主辅卫星在方位向上的距离差,并认为它们在同一零多普勒面内,即基线矢量位于以方位向为法向量,由距离向和径向确定的零多普勒平面内。根据该几何关系,可以求解中心时刻的基线向量。在 PIE-SAR 中,点击"干涉 SAR">"去平干涉图生成">"基线计算",打开"基线计算"对话框,如图 13.37 所示,具体的参数设置如下。

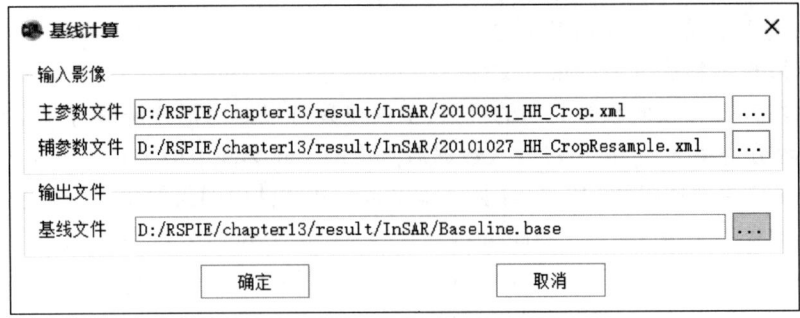

图 13.37　"基线计算"对话框设置

- 主影像:输入裁剪后的主影像文件;
- 辅影像:输入重采样后的辅影像文件;
- 基线文件:设置输出基线文件的保存路径和名称。

所有参数设置完成后,点击"确定"按钮,将进行基线计算。

（3）去除平地相位。干涉相位包括地形相位和平地相位两部分。去除平地相位功能主要用于消除无高程变化的平地由于目标位置的不同而造成的由斜距变化导致的干涉条纹,通过平地相位的消除,可以得到仅反映地形变化的干涉相位。在 PIE-SAR 中,点击"干涉 SAR">"去平干涉图生成">"去除平地相位",打开"去除平地相位"对话框,如图 13.38 所示,具体的参数设置如下。

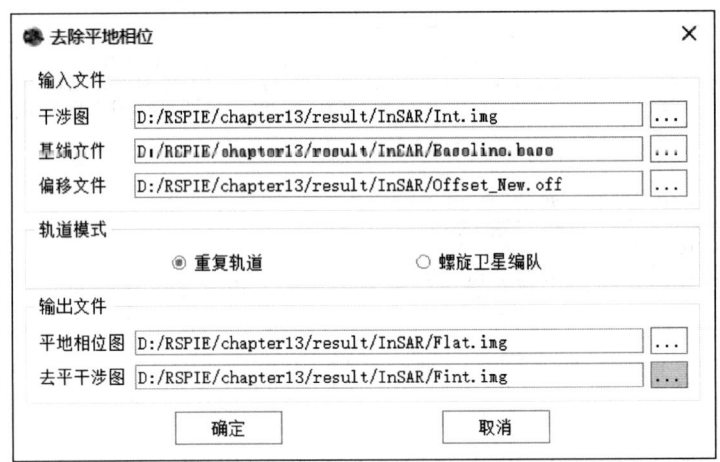

图 13.38　"去除平地相位"对话框设置

- 干涉图:输入待处理的干涉图文件;
- 基线文件:输入基线文件;
- 偏移文件:选择精配准后的偏移文件;
- 轨道模式:默认设置为"重复轨道";
- 平地相位图:设置输出去平相位图文件的保存路径和名称;

• 去平干涉图:设置输出去平干涉图文件的保存路径和名称。

所有参数设置完成后,点击"确定"按钮,开始对平地相位进行去除。

此外,还需要结合复数据转换工具来提取去平干涉图的相位信息。在 PIE-SAR 中,点击"基础 SAR">"基础工具">"复数据转换",打开"复数据转换"对话框,如图 13.39 所示,具体的参数设置如下。

图 13.39　提取去平干涉图相位信息的设置

• 输入影像:输入去平干涉图;
• 参数类型:选择"相位";
• 后缀:默认设置为"_Phase";
• 数据类型:默认设置为"ENVI IMG(∗.img)"进行输出;
• 输出目录:相位数据输出的文件夹路径。

所有参数设置完成后,点击"确定"按钮,将进行相位提取,最终获得的平地相位图以及去平干涉图的相位信息如图 13.40 所示。

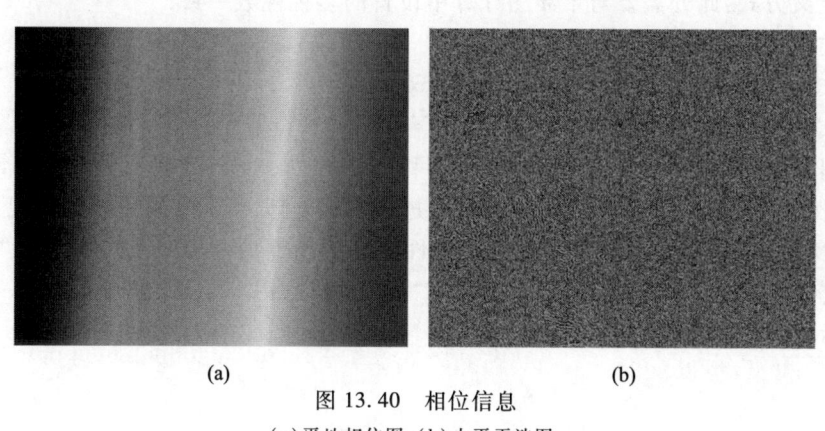

(a)　　　　　　　　　　　　　　　(b)

图 13.40　相位信息

(a)平地相位图;(b)去平干涉图。

（4）相干性计算。SAR图像在两次成像时,分辨单元内单个散射体位置和后向散射系数不变,雷达视向不变,那么分辨单元的回波将会不变,而相干性就是SAR干涉测量中衡量两景雷达复影像之间相似性程度的指标,一般用相干系数作为标准,并通过相干系数计算得到相干图。

但在计算相干性时需要主辅影像的多视复数数据作为输入,因此需要先获取多视复数数据。在PIE-SAR中,点击"基础SAR">"基础工具">"多视处理",打开"多视处理"对话框,如图13.41所示,具体的参数设置如下。

图 13.41　获取主辅影像多视复数文件的设置

- 输入影像:输入裁剪后的主影像以及重采样后的辅影像文件;
- 多视定义方式:此处需要与干涉图计算中设置的多视视数一致;
- 多视类型:选择"多视复数";
- 输出文件后缀:默认设置为"_MultiComplex";
- 输出文件类型:默认设置为"ENVI IMG(＊.img)"进行输出;
- 输出目录:设置输出文件的保存路径和名称。

所有参数设置完成后,点击"确定"按钮,将进行多视处理,生成主辅影像的多视复数文件。

在获取多视复数文件后就具备了进行相干性计算的条件,在PIE-SAR中,点击"干涉SAR">"干涉图滤波(二选一)">"Goldstein滤波">"相干性计算",打开"相干性计算"对话框,如图13.42所示,具体的参数设置如下。

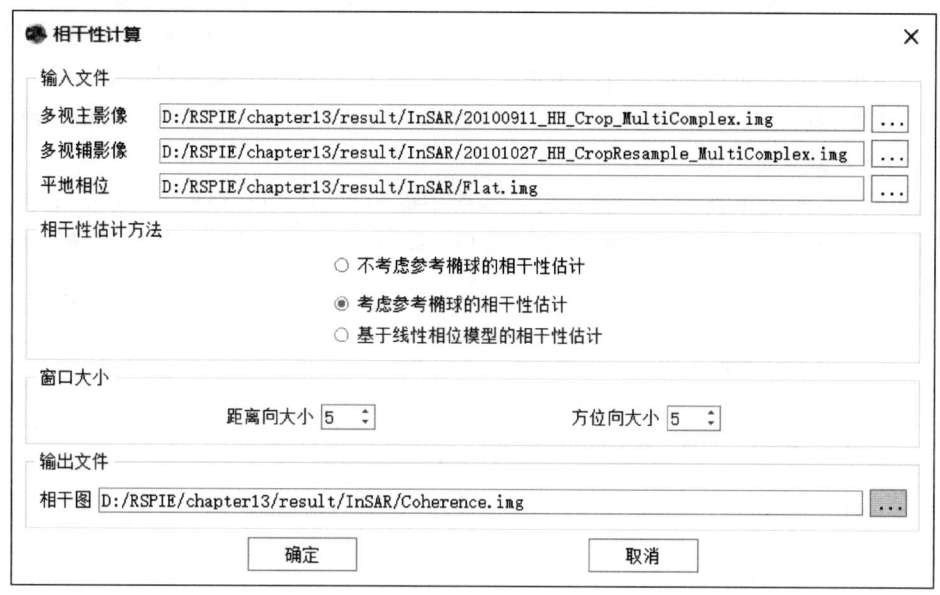

图 13.42　"相干性计算"对话框设置

- 多视主影像：输入主影像的多视复数文件；
- 多视辅影像：输入辅影像的多视复数文件；
- 平地相位：输入平地相位图；
- 相干性估计方法：默认选择"考虑参考椭球的相干性估计"；
- 窗口大小：距离向与方位向均默认设置为 5；
- 输出文件：设置输出相干图文件的保存路径和名称。

所有参数设置完成后，点击"确定"按钮，开始进行相干性计算，获得的相干图如图 13.43(a)所示。

图 13.43　相干图与 Goldstein 滤波结果

（5）干涉图滤波。多视处理抑制了干涉图中的大部分相干斑噪声，但噪声仍然存在。为了更好地反演形变，需要对干涉相位作滤波处理，以进一步抑制噪声所带来的影响。PIE-SAR 提供了两种干涉图滤波的模型:自适应频谱滤波以及 Goldstein 滤波。自适应频谱滤波对于高分辨率的数据具有较好的适用性,但是由于依据相干图来滤除干涉图中存在的噪声,因而要求两景影像间具有较高的相干性。Goldstein 滤波则是更常用的滤波方式,由于其滤波器可变,因而提高了干涉条纹的清晰度、减少了由空间基线或时间基线引起的失相干噪声,尤其对于相位平滑、变化较小的地区,滤波效果非常明显。

本案例采用 Goldstein 滤波进一步抑制干涉图中的噪声,在 PIE-SAR 中,点击"干涉 SAR">"干涉图滤波(二选一)">"Goldstein 滤波">"Goldstein 滤波",打开"干涉图滤波"对话框,如图 13.44 所示,具体的参数设置如下。

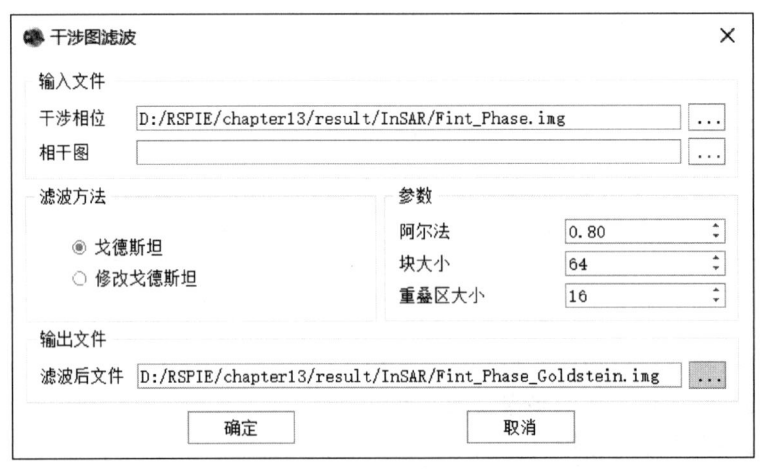

图 13.44 "干涉图滤波"对话框设置

• 干涉相位:输入去平干涉图的相位信息文件。

• 相干图:滤波方法若选择"戈德斯坦",则不需输入相干图,若选择"修改戈德斯坦",则需要输入相干图。

• 滤波方法:设置干涉图滤波的方法,默认选择"戈德斯坦"。

• 参数:

① 阿尔法:默认设置为 0.80;

② 块大小:默认设置为 64;

③ 重叠区大小:默认设置为 16。

• 滤波后文件:设置输出滤波文件的保存路径和名称。

所有参数设置完成后,点击"确定"按钮,开始对干涉图进行滤波处理,滤波结果如图 13.43(b)所示。

(6)相位解缠。从干涉图中提取的相位差值实际上只是主值,其取值范围为 $[-\pi,\pi]$,为了得到真实的相位差,必须在该范围的基础上加上或者减去 2π 值的整数倍,使之与线性变化的地形信息对应,这个过程称为相位解缠。在 PIE-SAR 中,点击"干涉 SAR">"相位解缠">"相位解缠",打开"最小统计费用流相位解缠"对话框,如图 13.45 所示,具体的参数设置如下。

图 13.45 "最小统计费用流相位解缠"对话框设置

- 干涉图：输入 Goldstein 滤波结果；
- 相干图：输入相干图；
- 掩膜文件：本案例中并不使用掩膜文件；
- 影像解缠范围：设置影像的解缠范围，分别设置距离向和方位向的起始位置和行列数；
- 解缠参考点偏移量：设置参考点的偏移量，需要分别设置距离向和方位向的偏移量；
- 分块个数：分别设置距离向和方位向的分块个数，本案例均设置为1；
- 输出文件：设置输出的解缠相位文件的保存路径和名称。

所有参数设置完成后，点击"确定"按钮，将通过最小统计费用流计算相位解缠。

（7）权重插值。为了排除相位解缠中存在的极小部分无效值，还需要对相位解缠的结果进行权重插值。在 PIE-SAR 中，点击"干涉 SAR">"相位解缠">"权重插值"，打开"权重插值"对话框，如图 13.46 所示，具体的参数设置如下。

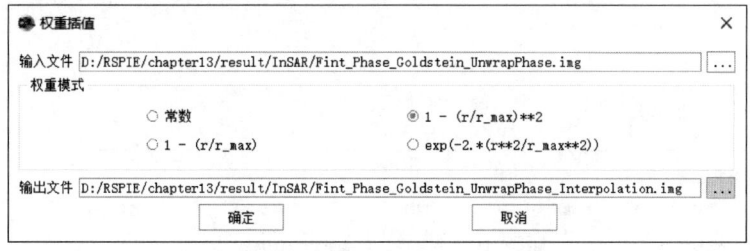

图 13.46 "权重插值"对话框设置

- 输入文件：输入相位解缠之后的文件；
- 权重模式：无效值的插值数值是由其附近的点进行加权计算得到的，软件提供了常数、线性、反比、反指数四种方式用以计算，默认选择反比模式；
- 输出文件：设置权重插值后文件的保存路径和名称。

所有参数设置完成后，点击"确定"按钮，将对相位解缠结果进行插值，最终获得的结果如图 13.47所示。

图 13.47　相位解缠与权重插值结果

13.3.3　基线最小二乘精化

（1）提取主影像多视复数文件中的幅度信息并进行地理编码。考虑到后续精化基线的步骤中需要用到主影像的查找表和雷达影像范围的 DEM 数据,因此需要首先提取主影像多视复数中的幅度图,并进行地理编码以获取这些必需数据。在 PIE-SAR 中,点击"基础 SAR">"基础工具">"复数据转换",打开"复数据转换"对话框,如图 13.48 所示,具体的参数设置如下:

图 13.48　提取多视复数中的幅度信息时的设置

- 输入影像:输入主影像的多视复数文件;
- 参数类型:本案例选择"幅度";
- 后缀:默认设置为"_Amp";

- 数据类型:默认设置为"ENVI IMG(＊.img)";
- 输出目录:设置输出的幅度图文件的保存路径和名称。

所有参数设置完成后,点击"确定"按钮,开始提取主影像多视复数文件中的幅度信息。

在 PIE-SAR 中,点击"基础 SAR">"基础工具">"地理编码",打开"地理编码"对话框,如图 13.49 所示,具体的参数设置如下。

图 13.49 "地理编码"对话框设置

- 输入影像:输入提取到的幅度图;
- DEM 文件:设置对应的 DEM 文件(编码类型为"地形校正"时必须设置);
- 地理编码类型:本案例选择"地形校正",并输入 DEM 文件的路径;
- DEM 外扩边界范围:为确保雷达影像在 DEM 数据的覆盖范围内而设置为 0.15;
- 参数设置:在地理编码类型为"地形校正"时,无须设置;
- 输出分辨率:X 方向与 Y 方向的分辨率均设置为 15 m;
- 输出坐标系:本案例选择"WGS 84";
- 重采样方法:本案例选择"双线性内插";
- 其他产品:本案例勾选模拟幅度图,用于后续的幅度配准;
- 输出文件后缀:默认设置为"_GTC_Geocode";
- 输出文件类型:本案例设置为"ENVI IMG(＊.img)";
- 输出目录:设置保存输出结果的文件夹路径。

所有参数设置完成后,点击"确定"按钮,将进行地理编码。

（2）雷达坐标 DEM。为了生成 GCP 点,利用雷达影像数据和对应范围内地理坐标下的 DEM 数据,基于查找表文件中雷达像元坐标和地理坐标的对照关系,对地理坐标的 DEM 数据通过计算转换和重采样等运算获取雷达坐标。在 PIE-SAR 中,点击"干涉 SAR">"基线最小二乘精化">"雷达坐标 DEM",打开"雷达坐标 DEM"对话框,如图 13.50 所示,具体的参数设置如下。

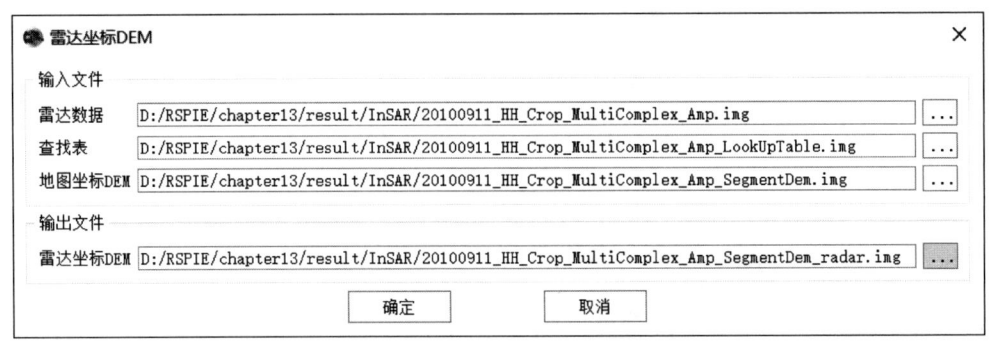

图 13.50　"雷达坐标 DEM"对话框设置

• 雷达数据:输入具有雷达坐标系的文件,如本案例输入的是在主影像多视复数文件中提取的幅度图;

• 查找表:输入与雷达数据文件对应的查找表文件,由地理编码生成;

• 地图坐标 DEM:输入待转到雷达坐标系下的地图坐标 DEM 文件;

• 雷达坐标 DEM:设置输出的雷达坐标 DEM 文件的保存路径和名称。

所有参数设置完成后,点击"确定"按钮,将进行坐标系转换。

（3）自动选择 GCP 点。GCP 控制点是后续步骤中进行基线精化的重要基础数据,PIE-SAR 提供了自动与人工两种方式选择 GCP 点,本案例采用自动的方式选择 GCP 点。在 PIE-SAR 中,点击"干涉 SAR">"基线最小二乘精化">"自动选择 GCP",打开"从雷达坐标 DEM 获取 GCP"对话框,如图 13.51 所示,具体的参数设置如下。

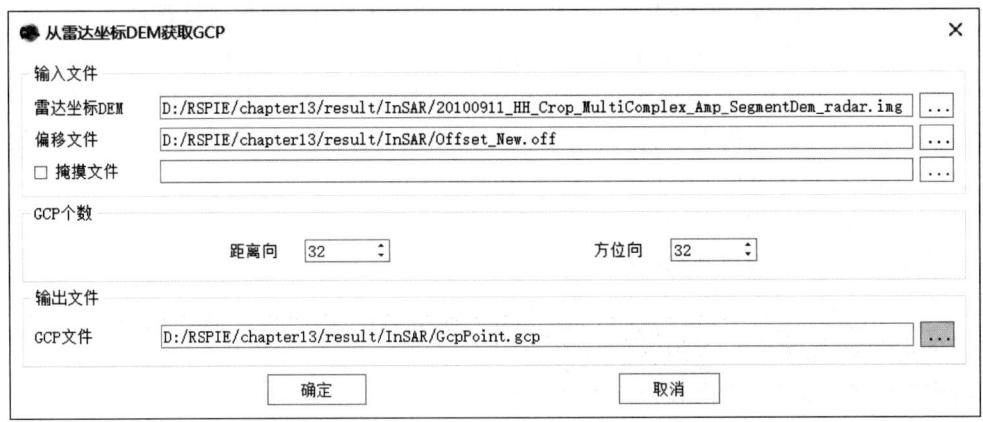

图 13.51　自动获取 GCP 控制点

- 雷达坐标 DEM:输入雷达坐标 DEM 文件;
- 偏移文件:输入精配准后的偏移文件;
- 掩摸文件:本案例不设置掩摸;
- GCP 个数:在距离向与方位向上均默认设置为 32;
- GCP 文件:设置 GCP 文件的保存路径和名称。

所有参数设置完成后,点击"确定"按钮,将自动选择 GCP 控制点。

(4) GCP 解缠相位。GCP 解缠相位功能主要是输入解缠相位文件、GCP 文件,从而获取 GCP 文件中每个点的解缠相位值,这是基线精估计的重要输入之一。在 PIE-SAR 中,点击"干涉 SAR">"基线最小二乘精化">"GCP 相位解缠",打开"GCP 相位解缠"对话框,如图 13.52 所示,具体的参数设置如下。

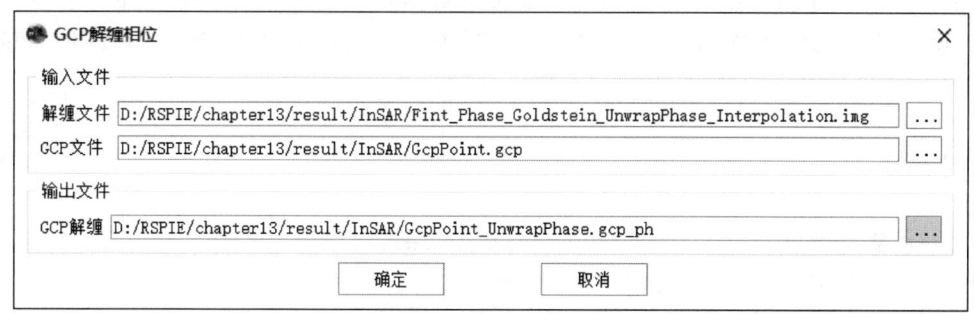

图 13.52 "GCP 解缠相位"对话框设置

- 解缠文件:输入解缠相位文件;
- GCP 文件:输入自动获取的 GCP 文件;
- GCP 解缠:设置 GCP 解缠相位文件的保存路径和名称。

所有参数设置完成后,点击"确定"按钮,将对 GCP 控制点进行相位解缠。

(5) 基线精估计。基线精估计功能主要是基于获取的 GCP 控制点文件,利用控制点和粗基线生成的干涉条纹图来进一步精化基线。在 PIE-SAR 中,点击"干涉 SAR">"基线最小二乘精化">"基线精估计",打开"基线精估计"对话框,如图 13.53 所示,具体的参数设置如下。

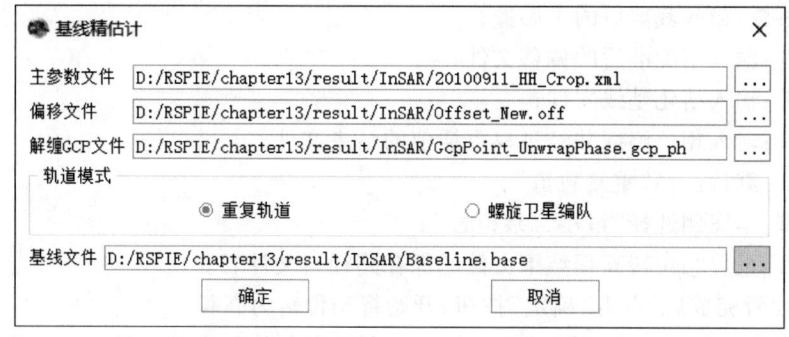

图 13.53 "基线精估计"对话框设置

- 主参数文件:输入裁剪后主影像的 xml 文件;
- 偏移文件:输入精配准后的偏移文件;
- 解缠 GCP 文件:输入相位解缠后的 GCP 控制点;
- 轨道模式:默认选择"重复轨道";
- 基线文件:设置输出的基线精估计文件的保存路径和名称。

所有参数设置完成后,点击"确定"按钮,开始进行基线精估计。

13.3.4 相位转高程

(1)相位转高程。根据雷达成像的几何关系,可将解缠相位转为高程值。在估算出基线、得到解缠相位并拟合出轨道参数后,就可以完成 DEM 的重建。在已知精确星历参数的前提下,可直接求解卫星高、侧视角、基线等参数,然后即可求解高程。在 PIE-SAR 中,点击"干涉 SAR">"相高转换">"相位转高程",打开"相位转高程"对话框,如图 13.54 所示,具体的参数设置如下。

图 13.54 "相位转高程"对话框设置

- 单视主参数:输入裁剪后的主影像;
- 偏移文件:输入精配准后的偏移文件;
- 基线文件:输入精化基线文件;
- 解缠文件:输入相位解缠并经过权重插值的结果文件;
- 轨道模式:默认选择"重复轨道";
- 基线类型:本案例选择"最小二乘拟合";
- 高程文件:设置相位转高程结果文件的保存路径与文件名。

所有参数设置完成后,点击"确定"按钮,开始将相位转为高程。

(2)高程与坐标转换。在估算过程中产生的查找表文件可将相位转高程中获得的 DEM 数据从雷达坐标系转到地理坐标系。在 PIE-SAR 中,点击"干涉 SAR">"DInSAR 模块">"坐标转换",打开"坐标转换"对话框,如图 13.55 所示,具体的参数设置如下。

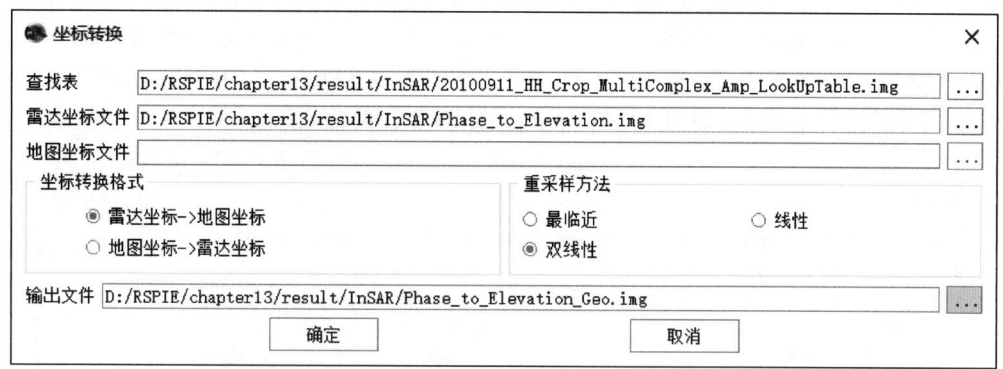

图 13.55　重建 DEM 从雷达坐标系转到 WGS 84 坐标系的设置

- 查找表:输入精化查找表文件;
- 雷达坐标文件:输入相位转高程的结果;
- 地图坐标文件:不需要输入;
- 坐标转换格式:选择"雷达坐标→地图坐标";
- 重采样方法:选择"双线性";
- 输出文件:设置坐标转换结果的保存路径与文件名。

所有参数设置完成后,点击"确定"按钮,高程图将从雷达坐标系转为 WGS 84 坐标系,最终获得的高程数据如图 13.56 所示。

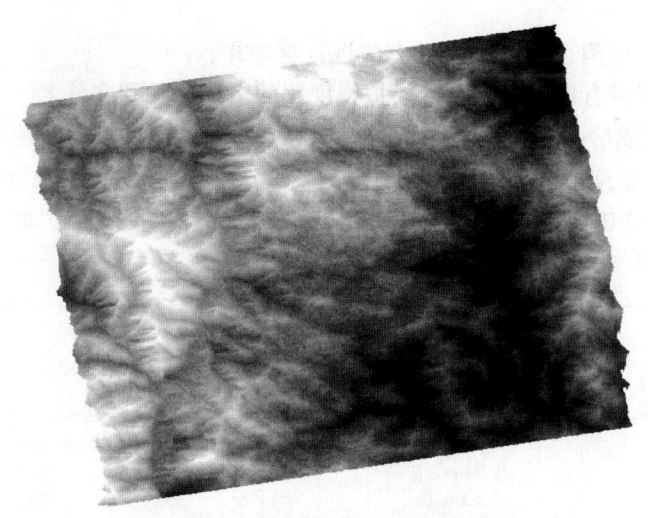

图 13.56　重建 DEM 的坐标转换结果

13.3.5　DInSAR 模块

(1) 坐标转换。坐标转换功能主要是依据查找表文件中雷达像元坐标和地理坐标的对照关系,将影像由雷达坐标系转到地理坐标系下,或者将影像由地理坐标系转到雷达坐标系下。本案例将主辅影像分别更换为 ALOS PALSAR-1 的 2008 年 7 月 21 日与 10 月 21 日在 HH 极化下的影像后,通过影像导入与配准、干涉图生成与相位解缠、基线最小二乘精化的流程后,需要将主影像模拟幅度图转到雷达坐标系下,在 PIE-SAR 中,点击"干涉 SAR">"DInSAR 模块">"坐标转换",打开"坐标转换"对话框,如图 13.57 所示,具体的参数设置如下。

图 13.57 将模拟幅度图转到雷达坐标系下

- 查找表:输入在地理编码过程中生成的查找表文件;
- 雷达坐标文件:输入带有雷达坐标系的文件,本案例输入在主影像多视复数文件中提取的幅度图;
- 地图坐标文件:地图坐标转雷达坐标时需要输入待转换的具有地图坐标系的文件;
- 坐标转换格式:软件支持由雷达坐标转向地图坐标,以及由地图坐标转向雷达坐标两种功能;
- 重采样方法:本案例选择"双线性"方法进行重采样;
- 输出文件:设置带有雷达坐标系的模拟幅度图的保存路径和文件名。

所有参数设置完成后,点击"确定"按钮,开始对主影像的模拟幅度图进行坐标系转换。

(2)幅度配准。幅度配准功能主要是将多视幅度图与模拟幅度图进行配准,生成偏移文件,用于精化查找表。在 PIE-SAR 中,点击"干涉 SAR">"DInSAR 模块">"幅度配准",打开"幅度配准"对话框,如图 13.58 所示,具体的参数设置如下。

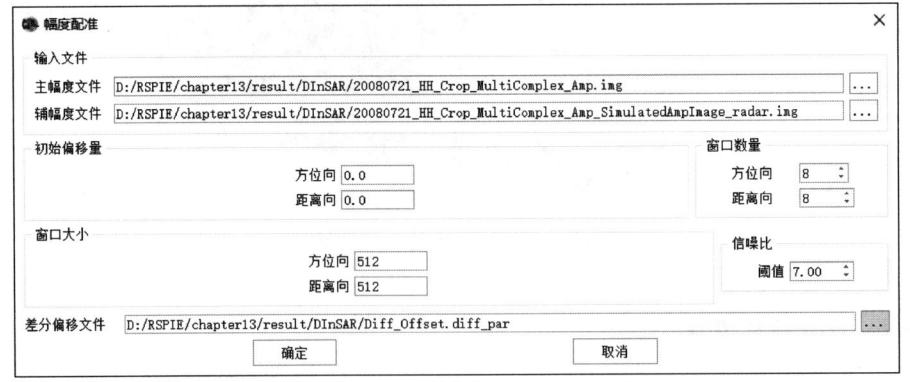

图 13.58 "幅度配准"对话框设置

- 主幅度文件：输入主影像多视复数数据中的幅度文件；
- 辅幅度文件：输入坐标转换中获得的带有雷达坐标系的模拟幅度图；
- 初始偏移量：设置方位向和距离向的初始偏移量，默认均设置为0.0；
- 窗口数量：设置方位向和距离向的窗口个数，默认均设置为8；
- 窗口大小：设置方位向和距离向的窗口大小，默认均设置为512；
- 信噪比：设置信噪比阈值，默认设置为7.00；
- 差分偏移文件：设置输出的差分偏移文件的保存路径和文件名。

所有参数设置完成后，点击"确定"按钮，开始进行幅度配准。

（3）精化查找表。查找表文件反映了雷达坐标系下像元对应的地理坐标，是影像在雷达坐标系与地理坐标系之间进行转换的重要依据。根据幅度配准功能形成的差分偏移文件可以对雷达坐标系下像元对应的地理坐标位置进行修正，实现对查找表的精化。在 PIE-SAR 中，点击"干涉 SAR">"DInSAR 模块">"精化查找表"，打开"精化查找表"对话框，如图 13.59 所示，具体的参数设置如下。

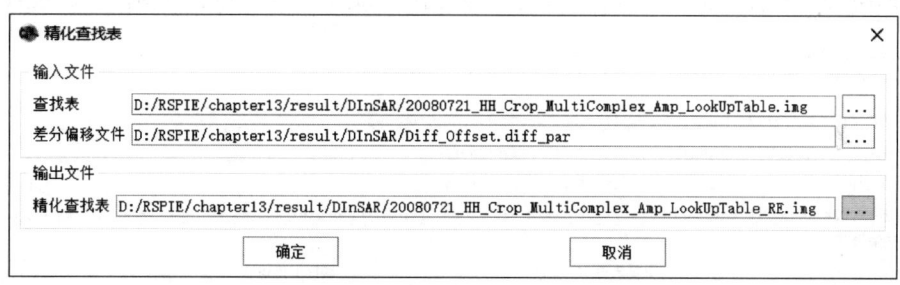

图 13.59　"精化查找表"对话框设置

- 查找表：输入查找表文件；
- 差分偏移文件：输入经幅度配准处理得到的差分偏移文件；
- 精化查找表：设置精化后查找表文件的保存路径和文件名。

所有参数设置完成后，点击"确定"按钮，开始对查找表进行精化。

（4）坐标转换。在进行相位模拟前首先需要基于精化查找表将根据主影像范围分割获得的 DEM 转换到雷达坐标系下。在 PIE-SAR 中，点击"干涉 SAR">"DInSAR 模块">"坐标转换"，打开"坐标转换"对话框，如图 13.60 所示，具体的参数设置如下。

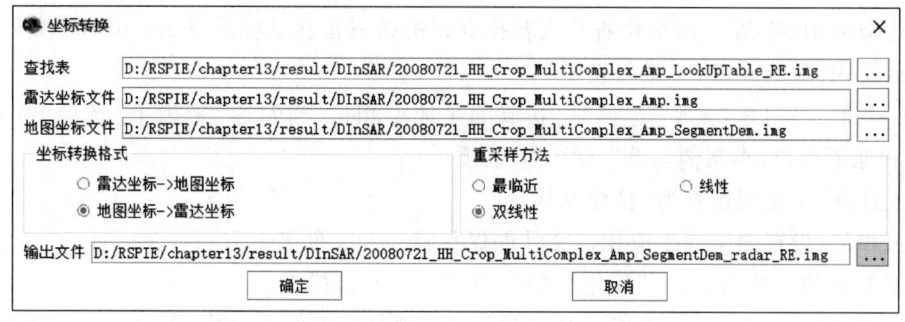

图 13.60　将 SegmentDEM 转到雷达坐标系的设置

● 查找表:输入精化后的查找表文件;

● 雷达坐标文件:输入带有雷达坐标系的文件,本案例输入在主影像多视复数文件中提取的幅度图;

● 地图坐标文件:输入待转到雷达坐标系下的 SegmentDEM 文件;

● 坐标转换格式:选择"地图坐标→雷达坐标";

● 重采样方法:本案例选择"双线性";

● 输出文件:设置用精化查找表转换获得的带有雷达坐标系 SegmentDEM 的保存路径和文件名。

所有参数设置完成后,点击"确定"按钮,将对依据主影像范围分割获得的 DEM 数据的坐标系进行转换。

（5）相位模拟。相位模拟功能主要用于模拟相位,包括干涉相位和地形相位,具体而言是利用监测区的已有 DEM 数据,根据主辅影像的偏移信息和基线信息生成地形的模拟干涉相位,从真实干涉图中减去模拟地形相位,进而获得监测区的地表形变信息。在 PIE-SAR 中,点击"干涉 SAR">"DInSAR 模块">"相位模拟",打开"相位模拟"对话框,如图 13.61 所示,具体的参数设置如下。

图 13.61 "相位模拟"对话框设置

● 主参数文件:输入裁剪后主影像的参数文件;

● 偏移文件:输入精配准后的偏移文件;

● 基线文件:输入精化基线文件;

● 雷达坐标 DEM:输入用精化查找表转换获得的带有雷达坐标系 SegmentDEM 文件;

● 轨道模式:默认设置为"重复轨道";

● 相位类型:当勾选"去平"选项时,获取的是地形相位,当勾选"未去平"选项时,获取的是平地相位和地形相位,本案例勾选"未去平"选项;

● 基线选择:本案例设置为"精化基线";

● 模拟相位:设置输出的模拟相位文件的保存路径和文件名。

所有参数设置完成后,点击"确定"按钮,开始进行相位模拟。

（6）相位相减。相位加减功能主要是对获取的地形相位作差运算,得到差分干涉相位,从而提取地面形变的相位。在 PIE-SAR 中,点击"干涉 SAR">"DInSAR 模块">"相位加减",打开"相位加减"对话框,如图 13.62 所示,具体的参数设置如下。

图 13.62 "相位加减"对话框设置

- 干涉图:输入干涉图文件;
- 偏移文件:输入幅度配准后的差分偏移文件;
- 解缠相位:输入模拟的未去平相位文件;
- 干涉类型:设置干涉类型,当输入为经过干涉图计算得到的干涉图文件时勾选"复数干涉图(复浮点型)"选项,当输入为经过相位解缠得到的干涉图文件时,勾选"解缠相位(浮点型)",本案例选择"复数干涉图(复浮点型)";
- 加减模型:本案例勾选"从干涉图中减去解缠相位"选项;
- 差分相位:设置输出的差分相位文件的保存路径和文件名。

所有参数设置完成后,点击"确定"按钮,将从干涉图中减去解缠相位。

(7)相位解缠。对提取的差分相位信息进行相位解缠,在 PIE-SAR 中,点击"干涉 SAR">"相位解缠">"最小统计费用流相位解缠",打开"最小统计费用流相位解缠"对话框,如图 13.63 所示,具体的参数设置如下。

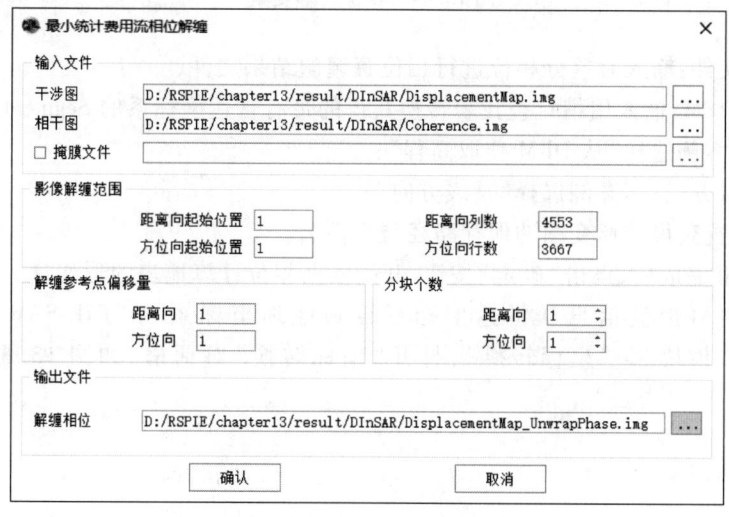

图 13.63 相位相减后进行解缠

- 干涉图:输入差分相位文件;
- 相干图:输入相干图;
- 掩膜文件:本案例不使用掩膜;
- 影像解缠范围:距离向与方位向的起始位置默认均设置为 1,距离向与方位向的列数默认分别设置为 4 553 与 3 667;
- 解缠参考点偏移量:距离向与方位向均默认设置为 1;
- 分块个数:本案例将距离向与方位向的分块个数均设置为 1;
- 解缠相位:设置解缠结果的保存路径与文件名。

所有参数设置完成后,点击"确定"按钮,将对差分相位图进行相位解缠。

（8）相位转形变量与坐标转换。将提取的形变相位转换为地表形变量,形变单位为米,正值代表抬升,负值代表沉降。在 PIE-SAR 中,点击"干涉 SAR">"DInSAR 模块">"相位转形变量",打开"解缠差分相位转形变量"对话框,如图 13.64 所示,具体的参数设置如下。

图 13.64　相位转形变量

- 解缠相位文件:输入对差分相位进行相位解缠的结果文件;
- 雷达坐标 DEM:输入用精化查找表转换获得的带有雷达坐标系的 SegmentDEM 文件;
- 高程值:本案例选择"从 DEM 获取高程";
- 输出形变量方式:本案例选择"视线方向";
- 形变图:设置获得的形变图的保存路径与文件名。

所有参数设置完成后,点击"确定"按钮,开始依据相位计算地表的形变量。

最后,还需要将形变信息从雷达坐标系转到地理坐标系,在 PIE-SAR 中,点击"干涉 SAR">"DInSAR 模块">"坐标转换",打开"坐标转换"对话框,如图 13.65 所示,具体的参数设置如下。

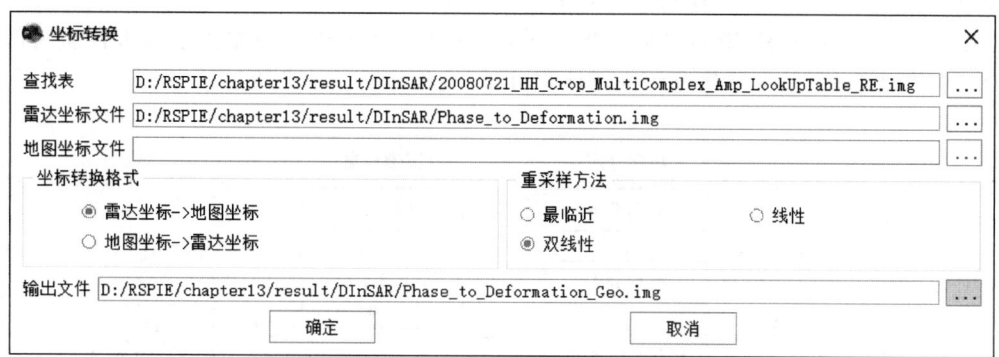

图 13.65　形变量图从雷达坐标系转到 WGS 84 坐标系的设置

- 查找表:输入精化查找表文件;
- 雷达坐标文件:输入形变量文件;
- 地图坐标文件:由于此步骤的目的为将形变量文件从雷达坐标转至地图坐标,因此不需要输入地图坐标文件;
- 坐标转换格式:选择"雷达坐标→地图坐标";
- 重采样方法:选择"双线性";
- 输出文件:设置坐标转换结果的保存路径与文件名。

所有参数设置完成后,点击"确定"按钮,地表形变图将从雷达坐标系转为 WGS 84 坐标系,最终获得的形变量数据如图 13.66 所示。

图 13.66　形变量图坐标转换结果

13.4　基于极化分解的地物分类

极化分解用于分析雷达返回信号中的不同极化特性,旨在将这些复杂的信号分解成表征不同散射机制的成分,以更好地理解雷达波在地物上的如表面散射、体散射、双回波散射、螺旋散射等不同的散射特性,这可以作为地物识别与分类的重要参考依据。然而极化分解需要 SAR 全极化数据,即包含 VV、VH、HV、HH 所有极化方式的数据产品,要求较为严苛。

本案例以 2017 年 9 月 20 日高分三号卫星在 QPSI 模式下成像的覆盖上海市青浦区部分区域的全极化影像为例,基于极化分解进行地物分类,流程如图 13.67 所示。

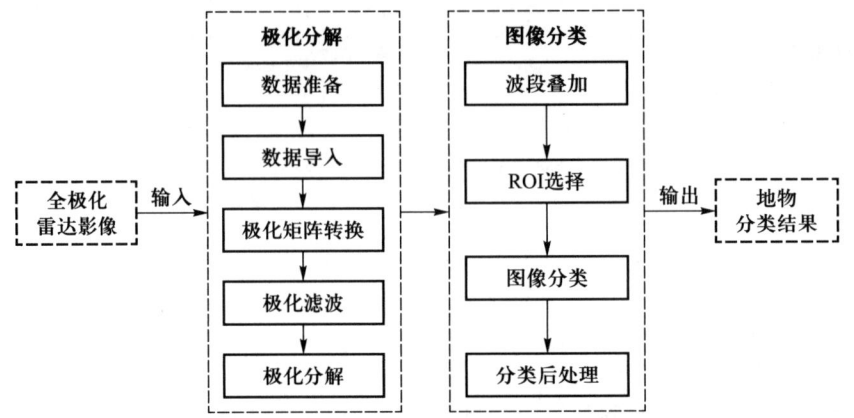

图 13.67　基于极化分解的地物分类流程图

13.4.1　极化分解

(1) 数据导入。在 PIE-SAR 中,点击"数据导入">"单景数据导入">"GF-3">"GF-3 条带",打开"GF-3/C-SAR 条带数据导入"对话框,如图 13.68 所示,具体的参数设置如下。

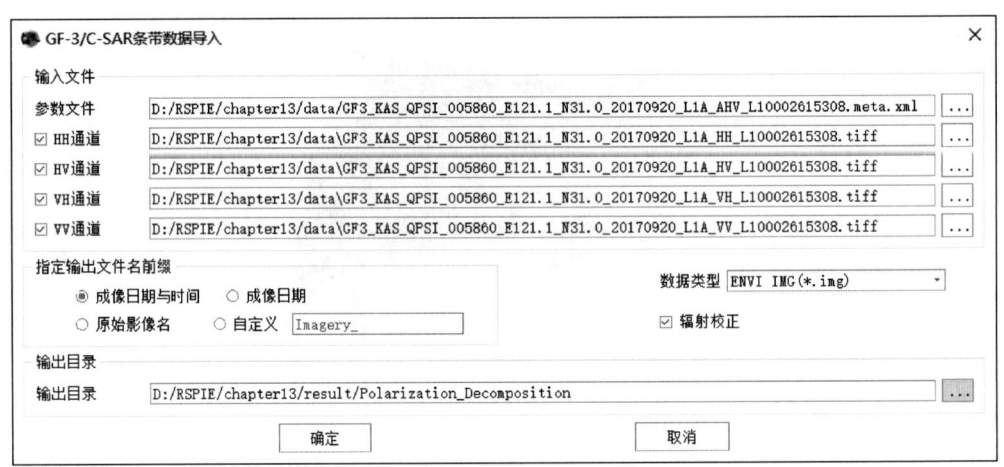

图 13.68　"GF-3/C-SAR 条带数据导入"对话框设置

• 参数文件:输入 GF-3 全极化数据文件夹中以".meta.xml"为后缀的文件,PIE-SAR 将自动加载所有的极化数据;

• 指定输出文件名前缀:可以选择用成像日期与时间、成像日期或者原始影像名作为文件名前缀,也可以选择自定义前缀,本案例选择"成像日期与时间";

• 数据类型:默认设置为"ENVI IMG(＊.img)",并默认勾选"辐射校正"选项;

• 输出目录:设置输出结果的保存路径及文件名。

所有参数设置完成后,点击"确定"按钮,开始进行高分3号影像的导入。

(2) 极化矩阵转换。单极化SAR所测量的仅仅是某一种收发极化组合下的地物散射回波信息,而全极化SAR是对4种收发组合都进行测量,从而得到4个通道的SAR数据。将这4个通道的数据按照一定的规则进行组合,即可得到极化散射矩阵 S。然而极化散射矩阵 S 只能描述相干或纯散射体,但在现实中雷达观测目标并非确定性目标,而是随着时间和空间的变化而发生动态变化的分布目标,对于分布式散射体,为减少斑点噪声影响,需要采用二阶描述子进行描述,因此要将极化散射矩阵 S 转换为极化协方差矩阵 $C3/C4$ 或极化相干矩阵 $T3/T4$。在 PIE-SAR 中,点击"极化SAR">"极化矩阵转换",打开"极化矩阵转换"对话框,如图 13.69 所示,具体的参数设置如下。

图 13.69 "极化矩阵转换"对话框设置

• 输入路径:输入包含 GF-3 全极化数据导入结果的文件夹路径,PIE-SAR 将自动加载所有的极化信息。

• 极化类型:选择"全极化"。

• 转换格式:当输入 HH/HV 或 VH/VV 的双极化数据时,可转换的格式为 C2;当输入 HH、HV、VH 和 VV 的全极化数据时,可转换的格式包括 C3、T3、C4 和 T4;如果勾选了"互易性"选项,则只能在 C3 与 T3 之间选择;如果不勾选"互易性"选项,则只能在 C4 与 T4 之间选择,本案例勾选"互易性"选项并选择"C3"。

• 输出数据格式:默认设置为"ENVI IMG(* . img)"。

• 多视参数:依据数据导入后的 xml 文件中的记录,平均入射角为 48.72°、斜距分辨率为 4.50 m、方位向分辨率为 4.99 m,因此本案例将方位向多视参数设置为6,距离向设置为5。

• 输出路径:设置输出结果的保存路径,软件会在所选路径下根据所选转换格式自动建立相应的文件夹。

所有参数设置完成后,点击"确定"按钮,将进行极化矩阵转换。

(3) 极化滤波。极化数据不仅包括各通道的功率信息,还包括其通道间的相对相位信息,但极化 SAR 相干斑噪声的存在严重降低了影像质量,进而影响后续信息提取与地物解译精度,因此对极化数据进行滤波是很有必要的。PIE-SAR 提供了精致 Lee 滤波、极化 Box 滤波、极化高斯滤波、极化白化滤波等,本案例以精致 Lee 滤波为例进行操作。在 PIE-SAR 中,点击"极化 SAR">"极化滤波">"精致 Lee 滤波",打开"精致 Lee 滤波"对话框,如图 13.70 所示,具体的参数设置如下。

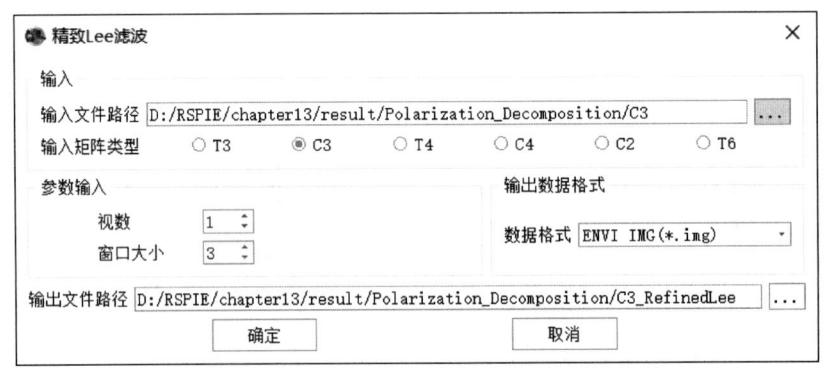

图 13.70 "精致 Lee 滤波"对话框设置

• 输入文件路径:输入包含极化矩阵转换结果文件夹的路径。

• 输入矩阵类型:与在"极化矩阵转换"中的设置保持一致,选择"C3"。

• 参数输入:

① 视数:视数表现了原始图像的噪声水平,通常设置为 1,越大表示噪声水平越高,图像滤波效果越明显;

② 窗口大小:设置滤波窗口大小,窗口越大,滤波效果越明显,但同时也会损失部分细节,默认设置为 3。

• 数据格式:默认设置为"ENVI IMG(* . img)"。

• 输出文件路径:设置输出结果的保存路径及文件名。

所有参数设置完成后,点击"确定"按钮,将进行滤波处理。

(4) 极化分解。极化分解的目的是基于切合实际的物理约束(如平均目标极化信息对极化基变换的不变性)解译目标的散射机制。充分利用极化散射矩阵揭示散射体的散射机理,可有效分离不同散射机制主导的地物类型,因而极化分解是基于目标极化特性进行信息提取和目标分类的有效手段。PIE-SAR 提供了 Freeman 分解、Pauli 分解、H/A/Alpha 分解、Yamaguchi 分解、AnYang 分解、Huynen 分解、Krogager 分解及 Cameron 分解模型,本案例以 Freeman 分解为例进行操作,在 PIE-SAR 中,点击"极化 SAR">"极化分解">"Freeman 分解",打开"Freeman 分解"对话框,见图 13.71,具体的参数设置如下。

图 13.71 "Freeman 分解"对话框设置

- 输入路径:输入包含滤波结果文件夹的路径;
- 输入格式:与在"极化矩阵转换"中的设置保持一致,选择"C3";
- 窗口大小:设置分解窗口大小,用于窗口内滤波处理,抑制噪声影响,默认设置为3×3,并勾选"拉伸"选项;
- 文件格式:默认设置为"ENVI IMG(∗ . img)";
- 输出路径:设置输出结果的保存路径及文件名。

所有参数设置完成后,点击"确定"按钮,开始进行 Freeman 极化分解,最终结果如图 13.72 所示。

图 13.72　Freeman 分解结果

13.4.2　图像分类

(1) 波段叠加。波段叠加可以将多个单波段的数据合成为一个多波段文件,便于 PIE-SAR 获取某一坐标下各个波段的信息。在 PIE-SAR 中,点击"图像分类">"监督分类">"波段叠加",打开"波段叠加"对话框,如图 13.73 所示,具体的参数设置如下。

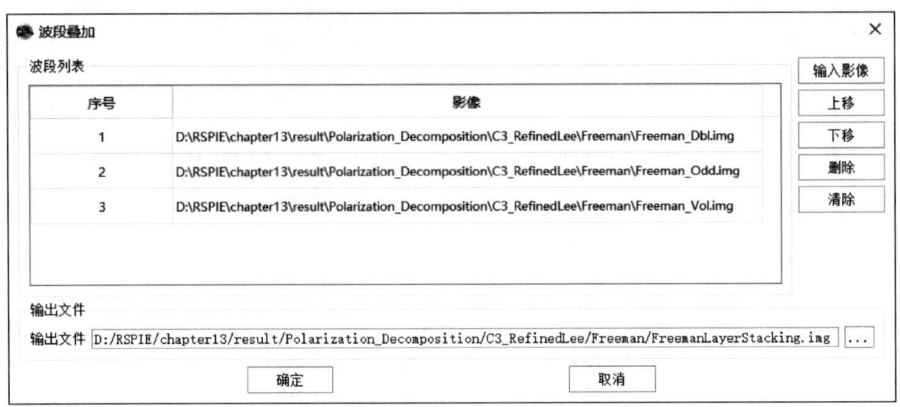

图 13.73 "波段叠加"对话框设置

- 输入影像:输入待叠加的数据;
- 上移:用于调整叠加的顺序,将选中的波段数据上移;
- 下移:用于调整叠加的顺序,将选中的波段数据下移;
- 删除:将选中的波段数据从列表中删去;
- 清除:清空波段列表;
- 输出文件:设置波段叠加结果的保存路径及文件名。

所有参数设置完成后,点击"确定"按钮,开始进行波段叠加。

(2) ROI 选择。利用 ROI 工具可以从波段叠加的影像中选择样本,从而利用各个波段的信息实现对地物的分类。在 PIE-SAR 中,点击"图像分类">"ROI 及掩膜工具">"ROI 工具",打开"ROI 工具"对话框,如图 13.74 所示,具体的参数设置如下。

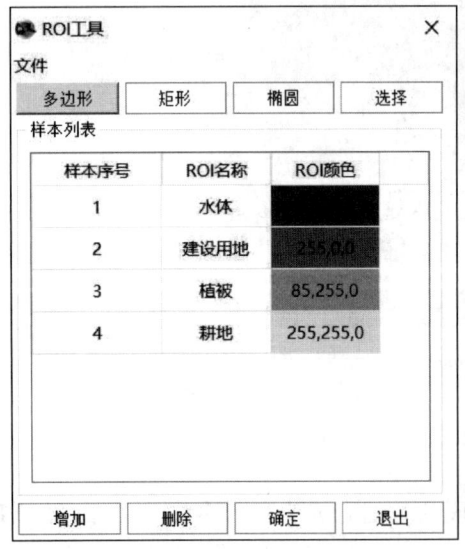

图 13.74 ROI 选取与分布

- 增加:建立一个新的样本,可以在样本列表中设置该样本的名称和颜色,点击"多边形""矩形""椭圆"后,可在波段叠加后的影像中选择样本,点击"选择"再点击某一绘制好的 ROI 图形,即可选中,可以使用键盘的"delete"实现对该 ROI 图形的删除;
- 删除:选中待删除的某类 ROI 样本,点击"删除",即可删除该类样本;
- 确定:点击"确定"按钮,即可完成 ROI 区域的选择;
- 退出:点击"退出"按钮,即可取消选择的 ROI 区域。

在设置完成后,点击"确定"按钮,将所选取的 ROI 区域合成一个 ROI 文件。

(3)图像分类。监督分类是基于训练区提供的样本,通过概率统计的方法对遥感影像进行图像分类,其优点在于可以充分利用分类地区的先验知识,预先确定分类的类别,且可控制训练样本的选择并反复检验训练样本以提高分类精度。PIE-SAR 提供了 Wishart 监督分类、距离分类、最大似然分类、支持向量机分类、随机森林分类、面向对象超像素分类等模型,本案例以最大似然分类为例进行操作。在 PIE-SAR 中,点击"图像分类">"监督分类">"最大似然分类",打开"最大似然分类"对话框,如图 13.75 所示,具体的参数设置如下。

- 导入文件:如果要进行处理的文件不在文件列表中,则需要选择波段叠加的结果数据进行导入;
- 选择区域:设置待分类处理的区域,默认全图均参与分类;
- 选择需要分类的波段,默认全部波段参与分类;
- 选择 ROI:PIE-SAR 将自动读取合成的 ROI 文件;
- 分类器:默认设置为"最大似然";
- 输出文件:设置完成分类影像的保存路径和名称。

在设置完成后,点击"确定"按钮,软件将结合所选取的 ROI 区域,采用最大似然方法对地物进行分类。

图 13.75 "最大似然分类"对话框设置

(4)分类后处理。分类后处理是对分类的结果做进一步的精细纠正,尤其针对小面积分类结果不准确的情况,可以采用类别转换的方式调整分类结果,PIE-SAR 软件提供了过滤、聚类、主/次要分析等方法来消除分类文件中被隔离的分类像元,以解决分类图像中出现的孤岛问题,本案例以主/次要分析为例进行操作。在 PIE-SAR 中,点击"图像分类">"分类后处理">"主/次要分析",打开"主/次要分析"对话框,如图 13.76 所示,具体的参数设置如下。

- 输入文件:选择待进行主/次要分析的分类结果文件;
- 选中类别:在列表中勾选需要进行主\次要分析的类别,主要分析用变换核中占主要地位(像元数最多)像元的类别代替中心像元的类别,次要分析则是用变换核中占次要地位像元的类

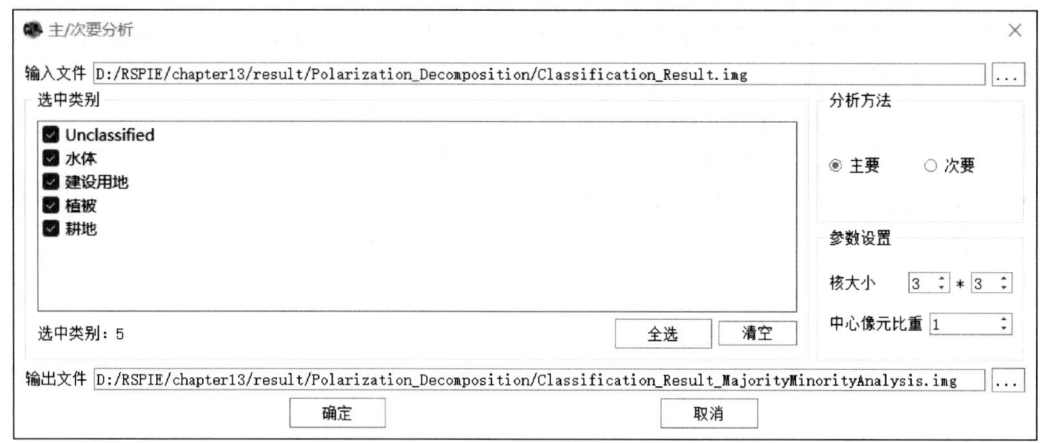

图 13.76 "主/次要分析"对话框设置

别代替中心像元的类别;

- 分析方法:设置分析方法,包括"主要"和"次要"两种,默认设置为"主要";
- 核大小:设置变换核大小,一般数值设置为奇数,设置的数值越大,分类图像越平滑,默认设置为 3×3;
- 中心像元比重:设置中心像元比重,即中心像元类别被计算的次数,默认设置为 1 次;
- 输出文件:设置输出文件的保存路径和文件名。

所有参数设置完成后,点击"确定"按钮,将进行主/次要分析,以消除被隔离的像元,最终获得的结果如图 13.77 所示。

图 13.77 分类的最终结果

14 无人机遥感影像处理

⚙ **学习目标**

通过对案例的实践操作,初步了解如何利用 PIE-UAV 软件进行无人机遥感影像处理。

⚙ **预备知识**

- 无人机影像原理

⚙ **参考资料**

朱文泉等编著的《遥感数字图像处理——原理与方法》(第二版)第 6 章"几何校正",第 12 章"遥感信息提取";PIE-UAV6.3 用户手册。

⚙ **学习要点**

- 工程管理
- 无人机影像处理
- 无人机点云数据处理
- 3D 视图工具

⚙ **测试数据**

数据目录:附带光盘下的 .. \chapter14\data\

文件名	说明
Lidar_sample_UAV. las	某地机载激光雷达点云数据

⚙ **案例背景**

无人机遥感影像是利用搭载在无人机上的传感器(如 RGB 相机、红外相机、多光谱相机等)采集航拍影像数据,然后对这些数据进行处理和分析,以获得有关地理信息的有用信息,其主要运用了图像预处理、图像分类和图像分割等技术。图像预处理技术是遥感图像处理的基础,其主要目的是通过去噪、图像增强和辐射校正等操作,提高遥感图像的质量,为后续的分析和应用打下良好的基础。传统的图像预处理技术主要包括均值滤波、中值滤波和小波变换等。图像分类技术是将遥感图像按照不同的类别进行划分的技术。其主要目的是帮助用户直观地了解研究区域各类地物在空间上的分布情况,为后续分析提供必要的数据基础。图像分割技术是将遥感图像按照不同的地物进行分割的技术。其主要目的是从遥感图像中提取出空间上具有独立性和整体性的地物对象,为后续的特征提取和分类打下基础。

14.1 工 程 管 理

14.1.1 工作界面介绍

1. PIE-UAV

PIE-UAV 是航天宏图自主研发的一款无人机影像处理工具,具备多平台、多载荷无人机影像数据的特征提取、特征匹配、影像对齐、相机优化、DEM 生成、正射校正、影像拼接、影像畸变改正、畸变转换、生成 DSM、三维建模等一系列专业处理功能。软件界面简洁,操作简单,可一键式完成大批量航空影像数据的流程化生产,广泛应用于国土、测绘、农业、林业、水利、环保等行业。界面主要由标题栏、工具栏、图层管理栏、主视图区、日志窗口、浏览窗口和状态栏七部分组成(图 14.1)。

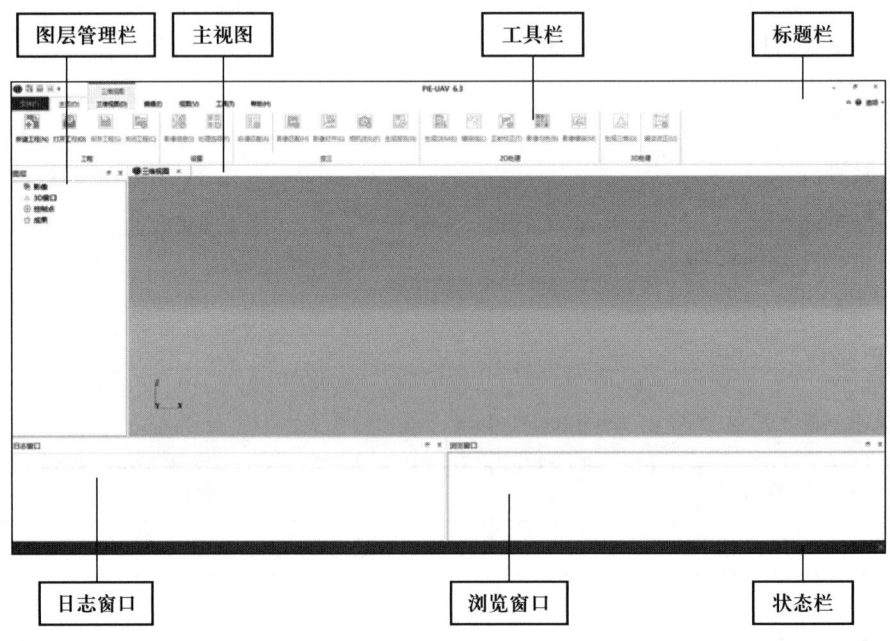

图 14.1　PIE-UAV 6.3 界面

(1)标题栏:显示工程路径、工程名称与软件名称。

(2)工具栏:显示软件的主要工程模块,包括文件、主页、三维视图、编辑、视图、工具和帮助模块,是软件的核心功能区。

(3)图层管理栏:对加载到软件中的影像进行管理,主要包括影像、3D 窗口、控制点和成果四部分。

(4)主视图区:加载出的遥感影像会显示在主视图区,对影像进行的各种处理会及时反馈在主视图区,是软件的主要交互模块。

（5）日志窗口:对图像进行的操作会以时间序列显示在日志窗口,包括操作时间、操作名称和操作结果等。

（6）浏览窗口:加载到项目中的图像会显示在浏览窗口中,可以在浏览窗口中对待处理图像进行操作。

（7）状态栏:状态栏中会显示当前软件的状态,包括正在进行的操作和操作结果等。

2. PIE-Lidar

PIE-Lidar 激光点云数据处理软件是一款面向机载、车载、固定站、SLAM 激光扫描数据的专业级激光雷达数据处理软件。软件主要功能包括海量点云可视化及编辑、基于点云和轨迹线的数据质检、矢量绘制和工程化数据分幅处理、点云自动/手动分类、点云统计分析、海量 DEM 数据生成及编辑、基于严密几何模型的航带修正、等高线/坡度/坡向等地形产品生成、快速高效 DOM 生成、激光雷达电力线、林业分析等,支持多种数据格式导出,可广泛应用于航空遥感、专题制图、灾害应急、安全执法、农林监测、水利防汛、海洋环境、工矿生产、电力巡线、科研教学等众多领域。界面主要由标题栏、工具栏、工作空间、二维视图、三维视图、剖面视图、三维控制栏、状态栏八个部分组成(图 14.2)。

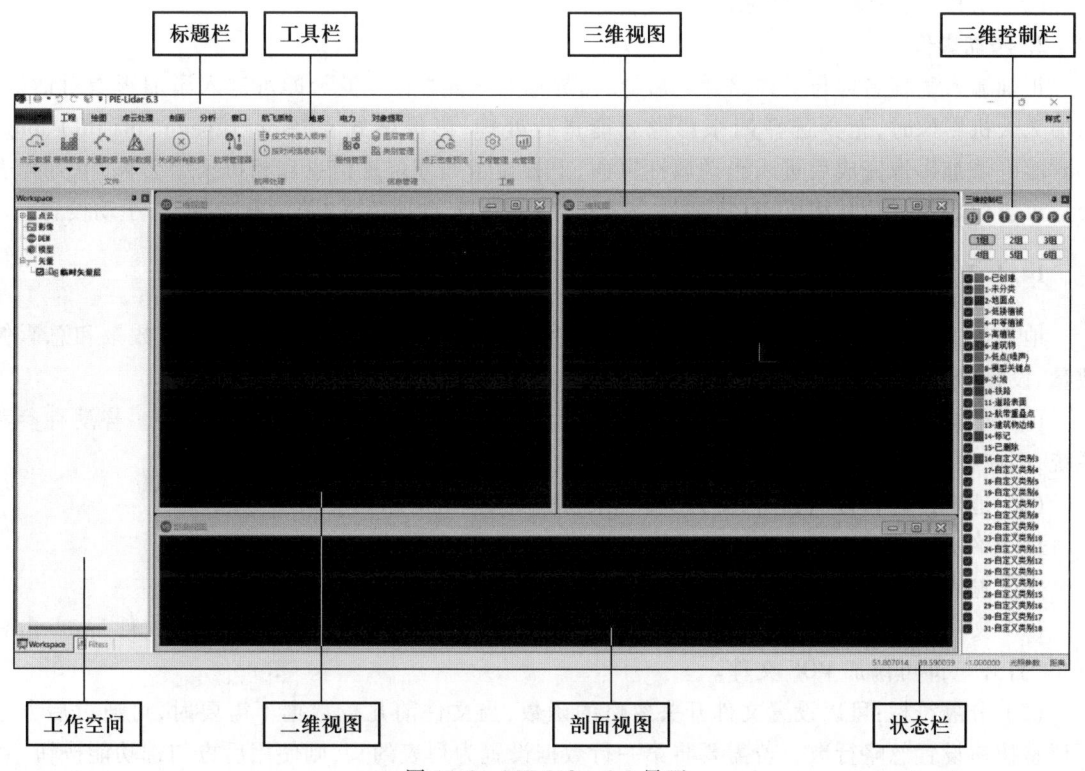

图 14.2　PIE-Lidar 6.3 界面

（1）标题栏:显示工程路径、工程名称与软件名称。

（2）工具栏:显示软件的主要功能模块,包括工程、绘图、点云处理、剖面、分析、窗口、航飞质检、地形、电力和对象提取等部分。

（3）工作空间：导入软件中的数据文件会显示在这里，可对工程中的数据文件进行统一管理，包括点云、影像、DEM、模型和矢量模块。

（4）二维视图：导入点云数据后，在此界面中将显示点云数据的二维视图。

（5）三维视图：导入点云数据后，此界面中显示点云的三维形态，可使用鼠标右键旋转角度，使用滚轮调整视图大小。

（6）剖面视图：在点云中设置剖面后，此界面中显示剖面所处位置的二维形态。

（7）三维控制栏：用于控制点云数据三维视图中的显示状态，包括更改配色、分类显示、分组显示等功能。

（8）状态栏：显示当前操作的坐标、点距离和光照参数等信息。

14.1.2　新建工程

1. 新建工程

通过向导式页面，指引用户创建一个新工程。

（1）工程名称：输入工程名称。

（2）工程位置：输入工程保存路径。

2. 添加影像

正确输入工程名称与工程路径之后，点击界面右下角"下一步"，即可进入添加影像对话框。添加无人机影像时，至少选择四张影像才能进行处理，影像格式支持 jpg(jpeg)、tif(tiff)、png、bmp 等。添加影像完成后进入影像属性页面，上方显示地理位置信息和相机模型名称，下方列表会显示影像名称、组别、相机 ID 等属性。坐标会从 EXIF 自动读入，若没有坐标，可手动设置。

14.1.3　地理位置信息

地理位置信息包含空间参考系统、地理位置和方向，显示包含有 POS 的影像数量和总影像数量、设置精度。

（1）坐标系统：编辑当前工程参考系统，若从 EXIF 自动读入，则不需要修改。若没有参考系统，则应根据用户导入的 POS 数据坐标信息设置为地理坐标系或者投影坐标系。

（2）地理位置和方向：导入影像 POS 信息和参考系统等信息。

1. 文件格式设置

定义输入 POS 文件的读取方式，包括分隔符、POS 文件路径等，参数设置如下。

（1）文件路径：输入 POS 文件存储路径，点击右上角的浏览按钮，选中 POS 文件后，点击右下角"打开"，即可添加 POS 文件。

（2）分隔符栏：可以设置文件开头忽略的函数，当文件前几行数据不需要时，可通过后方上下调整按钮设置忽略行数。若需要将第一行数据设置为列表的头，则使用后方勾选功能按钮"将一行设置为头"。分隔栏中显示了分隔数据所使用的分隔符，默认添加制表符、逗号、分号、空格。用户也可自己输入、添加或删除。"合并连续的分隔符"意为将所选择分隔符一起使用，默认为勾选状态。

（3）文件预览：文件预览列表中会显示当前选择文件内容。

（4）数据预览：展示根据分隔符栏设置后的数据。

2. **数据属性**

对导入的数据属性进行设置，包括空间参考系统、高程基准、转角系统等，如图14.3所示。

图 14.3　数据属性设置

（1）空间参考系统：用户可选择当前导入 POS 数据的坐标参考系统。默认选择为"经度，纬度，高程"WGS 84 坐标。

（2）高程基准：默认为椭球高，用户可直接点击设置为椭球高或水准高。椭球高：测量点离椭球面的高度，也就是测量点与椭球面的正交距离。水准高：在大地测量学科，大地水准面是一个重力等位面，与全球海洋面一致。大地水准高就是测量点沿着铅垂线到大地水准面上的距离。

（3）转角系统：默认为"Omega，Phi，Kappa"，用户可使用下拉按钮，选择转角系统为"Omega，Phi，Kappa"或"Yaw，Pitch，Roll"。

3. **编辑字段**

对导入的 POS 数据进行分列和定义每列的名称。

（1）选择数据预览的行：显示 POS 文件每列对应的内容。

（2）字段选择：设置 POS 文件每列对应的名称，可人工自定义设置也可从下拉框中选择对应的列名称。

（3）导出文件：将影像信息以文件的形式导出，默认格式为 CSV。

（4）设置精度：精度有"标准""低""自定义"三种选择。标准精度为水平精度 10 m，垂直精度 50 m。低精度为水平精度 100 m，垂直精度 500 m。自定义可对影像的精度逐一或多选编辑。选中需要编辑的影像，点击修改按钮即可设置水平精度和垂直精度。

14.1.4　相机模型

通常软件会根据相片属性自动从相机库中选择相机模型。当需要对相机参数进行人工编辑时,点击选择相机模型下的"编辑",弹出相机参数设置窗口,如图14.4所示。

图 14.4　相机参数窗口

1. 相机参数

（1）EXIF ID：相机模型名称。相机模型名称是自动读取的,无法对名称进行修改。

（2）相机模型：包括数据库中的相机模型与用户定义的相机模型。

（3）相机内参数：数据导入后,软件会自动读取相机模型并自动选择该模型。在相机内参数中,会展示相机的高度、宽度、像素大小及像主点等相关参数。用户可根据参数判断该相机是否合理。若当前参数用户认为不合理,用户可在相机模型下拉列表中选择其他相机模型。若用户认为在下拉列表中选取的相机模型仍然不合理,用户可自定义相机模型。点击 EXIF ID 右侧的"编辑"按钮,该界面会开放参数编辑。

2. 相机校验

（1）相机畸变：包括自检校和计算机视觉模型。自检校是根据图像信息解算得到相机内参数。计算机视觉模型无须排航带、影像旋转、畸变改正等处理,即可全自动处理。

（2）检校模型：当选择相机自检校时,需要选择检校模型,用户可在下拉栏中选取可以优化的参数。

14.2　无人机影像处理

针对无人机数据,当前主流的方法是采用从运动恢复结构重建(structure from motion,SfM)算法,实现地物三维坐标解算,生成密集点云及 DEM 数据,基于 DEM 数据实现数字正射影像的生产。无人机影像处理主要步骤包括影像匹配、影像对齐、DSM/DEM、镶嵌线、正射校正、影像匀色、影像镶嵌、编辑控制点等。

14.2.1　影像匹配

影像匹配的目的是寻找同一地物点位于不同影像上的像点坐标,为后续进行空三测量提供观测值,主要包括特征提取、邻接关系计算、特征匹配、几何验证等步骤(图 14.5)。

在无人机影像处理中,常用的特征提取算法是尺度不变特征变换(scale invariant feature transform,SIFT)算法,通过该算法可以提取影像中的关键点位置及关键点特征向量,用于后续特征匹配。

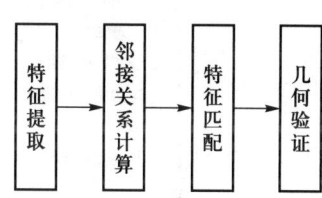

图 14.5　影像匹配流程

特征匹配实质上就是对高维向量空间最近邻搜索。特征描述符是一个高维向量,如 SIFT(128 维),要对图像中提取的大量特征点进行搜索检测,效率和准确度是特征匹配的难点。特征点是影像中一些特殊的点,它具有一些特殊的属性,相对于普通的点具有相对较多的信息量。可以使用特征点来描述影像中的关键信息。特征点的特征经常用向量来表示,如 SIFT 特征是在一个特征点周围 4×4 的方格直方图中,每一个直方图包含 8 bin 的梯度方向,得到一个 4×4×8 即 12 维的特征向量。特征匹配对各张图片中提取的特征点进行匹配,然后采用随机抽样一致(random sample consensus,RANSAS)算法剔除误匹配点对。

特征匹配采用关键点的特征信息进行特征点的相似度计算,并没有考虑关键点之间的几何约束关系,因此,特征匹配后得到的初始匹配点中存在错误匹配点。为了提升影像匹配点对的精度,为后续的影像对齐(空三测量)提供更好的观测值,需要利用不同影像间的透视几何关系进行误匹配点剔除。

点击工具栏中的"处理选项"按钮,可以查看和设置处理选项参数,选择"影像匹配",参数设置如下。

(1)特征点密度:表示每张影像提取的特征点的模式,可选值有超高、高和正常三种选项,默认为高。提取数据越"高",点个数越多。

(2)特征点个数:表示每张影像保留的最大特征点个数,参数范围 5 000~12 000,默认为8 000。

14.2.2　影像对齐

影像对齐是根据共线条件方程,利用外方位元素、内方位元素、畸变参数、加密点坐标等初始值,以及控制点坐标,求解影像外方位元素与加密点坐标的复杂流程。根据初始区域网与相邻影像的关系构建目标函数模型,并进行最小二乘迭代计算。同时在区域网平差过程中剔除误匹配点与不满足平差条件的影像。目前软件支持无控区域网平差和有控区域网平差两种模式。点击工具栏中"处理选项"按钮,可以查看和设置处理选项参数,如图14.6所示。

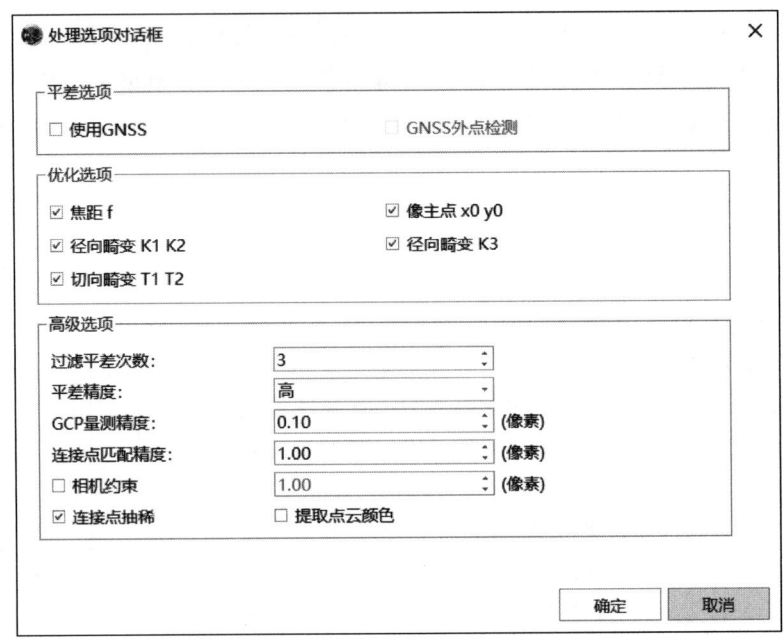

图 14.6　处理选项对话框

1. 优化选项

在影像对齐过程中,需要优化的参数,勾选为优化,不勾选为不优化。

(1)焦距 f:表示在影像对齐(或相机优化)过程中对相机的焦距 f 进行优化。

(2)像主点 x0 y0:表示在影像对齐(或相机优化)过程中对相机的像主点进行优化。

(3)径向畸变 K1 K2:表示在影像对齐(或相机优化)过程中对相机的径向畸变 K1、K2 进行优化。

(4)径向畸变 K3:表示在影像对齐(或相机优化)过程中对相机的径向畸变 K3 进行优化。通常不优化径向畸变 K3,就不勾选"径向畸变 K3"。

(5)切向畸变 T1 T2:表示在影像对齐(或相机优化)过程中对相机的切向畸变 T1、T2 进行优化。

2. 高级选项

(1)过滤平差次数:参数范围 1~3,默认为 3,值越大精度越高,处理时间越长。

(2)GCP 量测精度:参数范围 0.01~0.5,默认为 0.1,值越大表示 GCP 对应的像点坐标量测精度越高,值越小表示 GCP 对应的像点坐标量测精度越低。

(3)平差精度:设置平差精度,分为高、中、低三种精度,默认为高。

(4)连接点匹配精度:参数范围 0.5~1,默认为 1,值越大表示影像匹配得到的连接点的精度越高,值越小表示影像匹配得到的连接点的精度越低。

（5）相机约束：将"焦距 f"作为带权重的观测值参与影像对齐（或相机优化）过程中，对应的权值越大表示"焦距 f"精度越高。当相机初始"焦距 f"相对准确的情况下，勾选"相机约束"，处理结果中的相机参数不会偏离处理的相机参数太远，相机约束的权重范围为 0～10，默认为 1。

（6）提取点云颜色：勾选之后，显示的点云有 RGB 颜色，不勾选时，点云显示的颜色为白色，默认为勾选。

14.2.3 镶嵌线

在无人机图像处理中，单幅影像通常无法覆盖航摄测区范围，因此大范围 DOM 的生产需要对多幅影像进行镶嵌处理。镶嵌线的生成是影像镶嵌中的关键步骤。目前，镶嵌线生成算法主要分为基于沃罗诺伊（Voronoi）图的镶嵌线生成算法和基于影像内容的镶嵌线生成算法。其中，基于沃罗诺伊图的镶嵌线生成算法是无人机影像镶嵌处理通常采用的算法。

镶嵌线生成算法因为要考虑影像有效范围之间的重叠关系，所以采用顾及重叠面的沃罗诺伊多边形的生成算法。首先利用多边形的布尔运算计算出具有重叠的正射影像间有效范围的交集，即相交任意简单多边形；然后利用简单多边形中轴线算法，找到重叠多边形的中轴线及每两个重叠正射影像间的平分线；最后在此基础上生成各正射影像所属的沃罗诺伊多边形，形成沃罗诺伊图，以对所有正射影像的有效范围进行划分。

点击"镶嵌线（L）"按钮，弹出镶嵌线窗口。一般选择默认参数，点击"确定"，等待软件进行处理，完成镶嵌线功能。

14.2.4 正射校正

正射校正基本任务就是实现两个二维影像之间的几何变换，在正射校正过程中首先确定原始图像与校正后的图像之间的几何关系。在摄影测量中，常采用间接法对影像进行正射校正。针对无人机数据，当前主流的方法是采用 SfM 算法实现地物三维坐标解算，生成密集点云及 DEM 数据，然后基于 DEM 数据实现数字正射影像的生产。无人机影像处理主要步骤包括影像匹配、影像对齐、DEM 生成、正射校正、影像匀色、影像镶嵌、三维建模等。无人机影像处理软件主要用于生成 DEM、DOM 等产品。

正射校正相应的参数设置如下。

（1）影像分辨率：用来指定输出 DOM 影像的分辨率，自动计算时自动根据工程信息计算最佳的分辨率。下拉列表列举了常用的分辨率选项，也可以手动输入，单位为米。

（2）最大倾斜角：用来筛选进行正射校正的数据，倾斜角度小于给定值的影像才对其进行正射校正，参数范围：10°～25°，默认为 15°。

（3）使用镶嵌线掩膜：用于指定是否使用镶嵌线来裁剪，如果选择"是"则只对镶嵌线内的数据进行正射校正，选择"否"则对全图进行正射校正；选择"是"可以提高处理速度和效率。

（4）外扩像素数：用来指定使用镶嵌线掩膜时外扩的像素个数，参数范围为 10～500，默认为 10。

（5）参考系统：用来显示正射影像输出的空间参考系统，不可修改，但可以在工程信息中进行修改。

14.2.5 影像匀色

相比于卫星遥感影像,无人机影像具有数量大、分辨率高、重叠度高、获取时相一致、云雾干扰较小等特点,其数据集的整体色调一致性较高,可以直接采用全局匀色的方法平滑影像间的色差。对于相邻影像之间存在明显地物不一致的情况(在低空无人机影像处理中较为常见),需要综合使用局部匀色方法,并采用局部匀色下采样等手段减小地物差异的影响。实际工程化应用中,采用分块并行技术,以及全局－局部匀色策略来提高匀色效率与质量。针对无人机影像数据,匀色策略包括以下几种。

1. 全局匀色

全局匀色即马斯克匀光法,它不仅可以保证不减小整张相片的总体反差,而且还可以使相片中大反差减小,小反差增大,得到反差基本一致、相邻细部反差增大的相片。因此,对于光学影像的晒印,该方法可以有效地消除不均匀光照现象,在实际相片晒印过程中得到了广泛的应用。

2. 局部匀色

首先,生成全局范围的目标背景模板(其像元值为位于该像元范围内的所有影像的像元值的均值),并对原始影像进行均值法降采样得到其原始背景模板;其次,对目标背景模板(reference mean map)和原始背景模板(local mean map)分别进行双线性插值使其具有原始影像的分辨率,并求得 γ 校正参数模板;最后对原始影像各像元进行 γ 校正。

局部匀色主要针对相邻影像重叠区域的局部色调差异,能够保证从影像到重叠区再到另一张影像在色调上平滑过渡,而未对影像进行整体调整,因此影像非重叠区将保留其原始色调。当原始影像的整体一致性较差且重叠区面积比例较小时,局部匀色生成的全局目标背景模板可能具有较差的色调一致性,从而导致调整后影像整体色调一致性较差。

3. 全局－局部匀色

当原始影像的整体一致性较差而不存在参考影像可以作为全局目标背景模板时,可以采用全局－局部匀色策略,将全局匀色平差得到的线性拉伸系数用于局部匀色的原始影像,在生成模板及 γ 校正的各个步骤对原始影像先进行线性拉伸。全局匀色能够对影像进行整体色调拉伸从而保证全局色调一致性,而局部匀色能够保证影像重叠区域色调平滑过渡,结合二者则可得到整体、局部均具有较高一致性的结果。

软件中影像匀色相应的参数设置如下。

(1)最小重叠像素数参数:用于判断相邻影像是否重叠,若两幅影像重叠区域内的像素数量小于该参数,则认为这两幅影像不重叠。设置范围为 10~999,默认值为 100。

(2)使用双倍权重:用于控制匀色结果的色调一致性强度,若设为"是"则平差时对权重进行加倍,进一步增强结果影像的一致性。有效选项为"是"或"否",默认选项为"是"。

14.2.6 影像镶嵌

影像镶嵌是在一定的数学基础控制下,将多幅影像拼接成一幅大范围、无缝影像的过程。本软件支持海量数据的影像镶嵌,同时可指定是否使用镶嵌线、是否羽化等处理,自动将多张正射影像快速拼接为一幅影像。

用于设置影像镶嵌的相应参数如下。

（1）重采样方法：包括最近邻域法、双线性插值法和三次卷积法。

（2）羽化像素：用于设置镶嵌时羽化像素个数，范围为 10～100，默认为 10。

（3）压缩：用于设置输出镶嵌影像时是否采用压缩格式，选择"是"时可以减小输出 DOM 的大小。

14.2.7 编辑控制点

在编辑控制点前，用户必须保证镶嵌线流程已完成，否则导入的控制点将没有预测位置，视点可见影像将为空。若选取全部影像进行像点量测，也无法计算对应残差。点击工具栏中"GCP 编辑"按钮可以对控制点进行编辑，参数设置如下。

1. 菜单栏

主要控制控制点导入、导出、保存、退出。

点击界面左上角"文件"按钮，导入标准控制点文件。标准控制点格式为：控制点名称+指定 X+指定 Y+指定椭球高。点击界面右下角"打开"即可导入控制点。若导入控制点文件不是标准格式，软件会提示用户"加载控制点失败"。若导入的控制点名称与已存在的控制点名称重复，软件会提示用户"控制点已存在"。

（1）导入 GCP 向导：导入标准格式控制点文件。点击"导入 GCP 向导"按钮，弹出对话框，如图 14.7 所示。

图 14.7　控制点导入向导

在文件路径中添加非标准格式的控制点文件,控制点文件内容会在文件预览栏和数据预览栏中显示出来。点击"下一步",进入数据属性对话框,开始设置控制点文件的空间参考系统和高程基准。设置完成后,点击"下一步",进入编辑字段对话框,对导入的控制点文件各列指定名称。

在进行字段选择时,可选择软件内置的固定字段,也可以在列表的"设置列名"中人工自定义每列字段名称。字段名称设置完成后,点击"完成"结束非标准格式的控制导入工作。若用户导入的控制点名已存在,软件会给予用户提示,询问用户是否进行替换:点"是"覆盖已有的控制点并添加不存在的控制点;点"否"放弃添加同名控制点并添加不存在的控制点。

（2）保存:保存控制点界面操作。

（3）导出:导出标准控制点文件。点击"导出"按钮,输入文件名后,点击界面右下角"保存"即可保存控制点文件。

2. 控制点栏

控制点栏显示的信息包含控制点参考系统、控制点名称、控制点类型、经度、纬度、高程、水平精度、垂直精度、预测点经度、预测点纬度、预测点椭球高、均方根误差、到射线距离均方根、3D 误差、水平误差和垂直误差。

（1）误差均方根:该控制点中像点误差的均方根。像点误差是预测点和刺点像素坐标的误差。

（2）到射线距离均方根:该控制点中像点到射线距离的均方根。像点到射线的距离是实际地物点到相机镜头与影像上该点所成连线的距离。

（3）3D 误差:指定坐标和计算坐标 3D 误差。

（4）水平误差:指定坐标和计算坐标在水平方向的误差。

（5）垂直误差:指定坐标和计算坐标在垂直方向上的误差。

（6）导出控制点信息;以 csv 为后缀导出控制点误差。

（7）控制点中五个功能按钮功能如下。

① 点击"存档"按钮,在弹出的对话框中输入名称,选择对应位置后保存即可。

② 点击"控制点"按钮,弹出控制点、检查点统计界面。

③ 点击"修改"按钮,修改控制点对应的水平精度及垂直精度。通过选取"水平精度［米］"和"垂直精度［米］"左侧的控制按钮,可以选择修改水平精度或垂直精度。水平精度与垂直精度默认值是当前选中控制点中的最小值。输入对应精度后点击"确定"按钮,即可修改精度。

④ 点击"增加控制点"按钮,新增控制点,弹出界面如图 14.8 所示。

⑤ 点击"删除控制点"按钮,即可删除控制点。

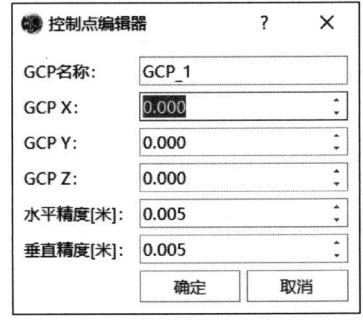

图 14.8　控制点编辑器

3. 测量栏

测量栏主要显示刺点影像的相关信息,包括影像名、X、Y、投影像素差、视线距离。测量栏中只有一个删除测量点的按钮,操作参考删除控制点按钮。

4. 相片栏

相片栏包含过滤器、显示相片、显示点、显示提示等菜单。

（1）过滤器：通过输入字符串筛选影像。

（2）显示相片：设置显示全部影像或视点可见。

（3）显示点：设置显示所有点、选中点、含有像点信息的点。

（4）显示提示：设置显示预测点。

（5）相片左侧：相片左侧为影像快视图列表，相片中间显示原始影像窗口。操作方式：鼠标滚轮放大缩小图片，Shift+鼠标左键刺点，鼠标中键长按+鼠标左键拖拽影像，键盘"+"号放大图片，键盘"-"号缩小图片，键盘"0"键缩放图片到最小。

（6）相片右侧：① 控制点略图，可添加所有控制点的图像，并显示；② 控制点详图，可添加控制点位置详图，并显示。

相片右侧展示图片详图和略图可通过长按 Ctrl 切换，详略图均可旋转。按 F5 图片逆时针旋转 30°，按 F6 图片顺时针旋转 30°。

技巧：在进行有控制点的无人机数据处理时，需要进行 GCP 编辑，注意需要根据实际情况选择相应的空间参考系统。如果控制点坐标为大地坐标系，则空间参考系统选择"X,Y,Z 大地坐标系"。若控制点坐标为经纬度，可将其转为十进制经纬度后，空间参考坐标系选择"经度、纬度、高程"。

14.3 3D 视图工具

14.3.1 图层

图层窗可控制在三维窗口中是否显示稀疏点云、滤波点云、点云包围盒、初始影像位置和优化影像位置等。点击名称前方框即可设置勾选状态，勾选则在三维窗口中显示，不勾选则在三维窗口中不显示。若未含有该数据则名称为灰色不可选取状态。

14.3.2 标签

在标签栏中可控制主窗口是否显示初始影像名、优化影像名、控制点名。点击名称前方框即可设置勾选状态，勾选则在三维窗口中显示，不勾选则在三维窗口中不显示。

14.3.3 视图

视图窗控制主窗口显示。重置视图可使主窗口的视图回到初始状态。视图窗可控制相机的缩放（快捷键为 Ctrl+滚轮）、点云的缩放（快捷键为 Shift+滚轮）、字体的缩放（快捷键为 Alt+滚轮）。

（1）重置视图：将主窗口显示的三维视图返回到初始状态。

（2）相机缩小：点击相机缩小，视图窗口中相机图标变小。

（3）相机放大：点击相机放大，视图窗口中相机图标放大。

（4）点云缩小：点击点云缩小，视图窗口中单个点云形状变小。

（5）点云放大：点击点云放大，视图窗口中单个点云形状放大。

（6）字体缩小：点击字体缩小，视图窗口中显示的字体图标变小。

（7）字体放大：点击字体放大，视图窗口中显示的字体图标放大。

14.3.4 选择

在选择窗中可控制鼠标拾取的对象，点击后可在主窗口进行拾取，目前支持拾取的对象有相机、点云和控制点三种。

（1）不选：使用鼠标左键对主窗口中显示内容进行任意角度的旋转查看。

（2）选择相机：在主窗口中选择相机模型。点击要查看的相机模型，相机模型放大显示，红色区域为正射后的相片范围，黄色的点位为相机曝光点。软件属性窗口中显示相片的原始位置信息和优化后的位置信息。

（3）选择点云：在主窗口中选择生成的点云文件，点击要查看的单个点云，主视图中会用直线指示出与该点相关的相片，并在属性窗口中显示相片名称。

（4）选择GCP：在主窗口中选择人工添加的控制点文件。点击要查看的单个控制点，主视图中会用直线指示出与该控制点相关的相片，并在属性窗口中显示相片名称和控制点信息。

14.3.5 点云编辑

点云编辑可对主窗口中的点云进行操作，参数设置如下。

（1）开始编辑：用户可选择需要编辑的图层名称，选择之后即进入对应图层的编辑状态。进入编辑状态后可在主窗口框选想要编辑的对象，目前仅稀疏点云和滤波点云支持编辑状态。点击"开始编辑"并在下拉列表中选择稀疏点云，选好后可在主窗口中进行点云框选。框选点云后即可使用"删除"按钮，删除当前框选点云。

（2）删除：删除主窗口中框选的点云对象，快捷键为Delete。

（3）撤销：撤销按钮将会撤销用户的上一次操作，可以多次使用，快捷键为Ctrl+Z，但保存并确认后，之前的操作不可撤销。

（4）重做：重做按钮将会重做用户最后一个撤销了的命令，可以多次使用，快捷键为Ctrl+Y，但是在用户进行了新的操作后，将不可执行重做功能。

（5）保存：保存按钮将会保存用户对图层进行的编辑操作。

14.4 无人机点云数据处理

通过倾斜摄影测量或激光雷达方式产生的三维点云数据被广泛用于地学分析、三维建模等应用场景。

14.4.1 点云滤波器

点云滤波器是用于处理三维点云数据的计算工具，旨在降低噪声、减小数据密度、去除异常点或分离不同地物类别。这些滤波器的主要作用是清理原始点云数据，使其更适合后续的三维建模、地理信息分析或其他应用。本软件使用的点云滤波算法是基于渐进三角网加密的滤波算法。

1. 导入点云

点击"工程">"点云数据">"导入点云",根据数据量选择是否抽稀,点击"确定"后,等待数据加载到软件并在窗口中显示,如图 14.9 所示。

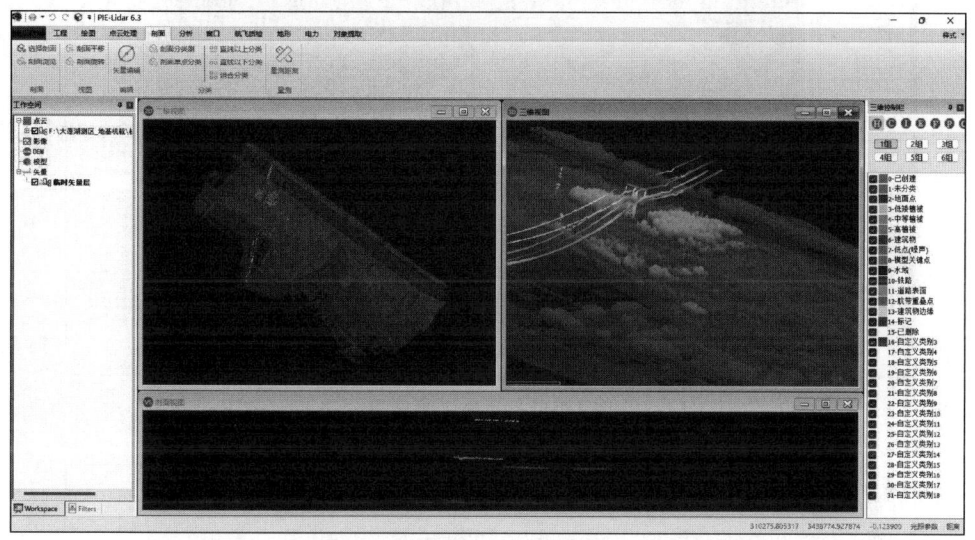

图 14.9 点云加载

2. 数据预处理

(1)类别转换:检查原数据分类情况,点击"点云滤波器">"Classify by Class">"类别分类",将任意类转换为未分类,点击"确认"开始处理,如图 14.10。

(2)去除低点:过滤地面噪声点,将低于地面的点分离至低噪点,点击"点云滤波器">"Filter Out low Pls">"确定",可使用少量数据多次尝试,选择最优参数设置。

(3)去除高点:过滤高空噪声,点击"点云滤波器">"Filter Out Air Pls.">"确定"开始处理,可使用少量数据多次尝试,选择最优参数设置。

(4)去除孤立点:过滤孤立噪声点,点击"点云滤波器">"Filter Out Isolated Pls">"确定"开始处理,可使用少量数据多次尝试,选择最优参数设置。

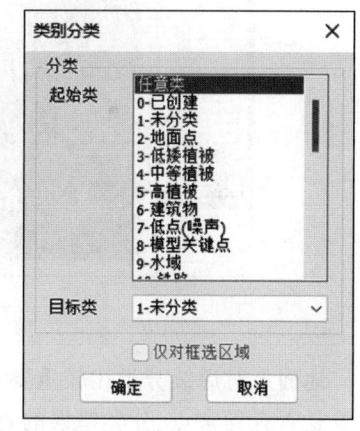

图 14.10 类别转换处理

(5)去除离群点:过滤离群噪声点,点击"点云滤波器">"Filter Out Outlier">"确定"开始处理,可使用少量数据多次尝试,选择最优参数设置。

滤波结果如图 14.11,在三维视角下长按鼠标右键移动,可以调节视角查看滤波情况。

3. 数据分类处理

(1)地面点滤波:点击"点云滤波器">"Ground(Tin Filter)">"确定",点云地面点滤波,过滤出地面点,点击"确定"开始处理,可使用少量数据多次尝试,选择最优参数设置;通过"剖面",

可以量测建筑宽度;处理完成后显示如图 14.12,深色为过滤出的地面点。

图 14.11 滤波去噪结果

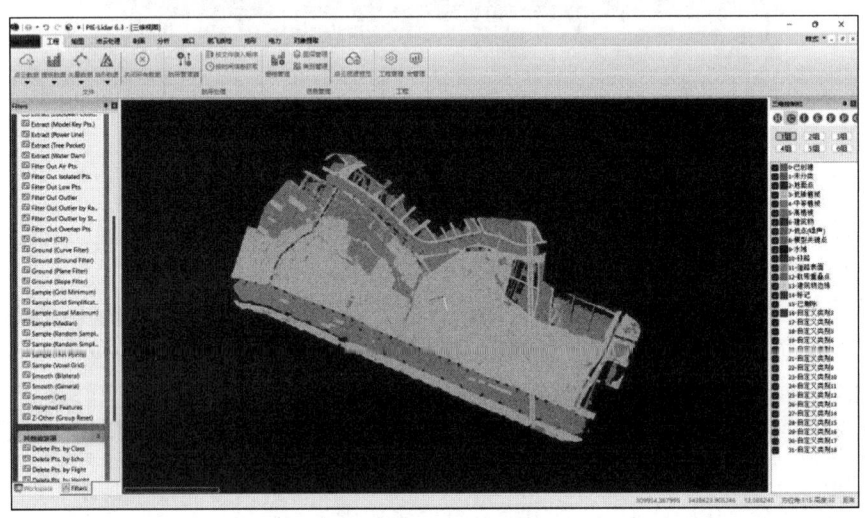

图 14.12 地面点滤波结果

地面点对后续分类比较重要,所以可采用人机交互的方式进行检查编辑,地面一般应平滑,查看是否有异常点、分类错误的点、高程凸起异常点等。

(2) 植被滤波:点击"点云滤波器">"Classify by Height Above Ground">"确定",将点云按离地高度分类滤波,过滤出高植被。以图 14.12 为例,以地面点为初始,以高度分类将超出 1 m 的点分类为高植被,然后再从高植被中分离出建筑。

(3) 建筑滤波:点击"点云滤波器">"Extract(building)",起始类别为高植被,设置参数房屋最小边长、距离地面最小高度,点击"确定"开始滤波。结果如图 14.13,红色为建筑,绿色为植被。

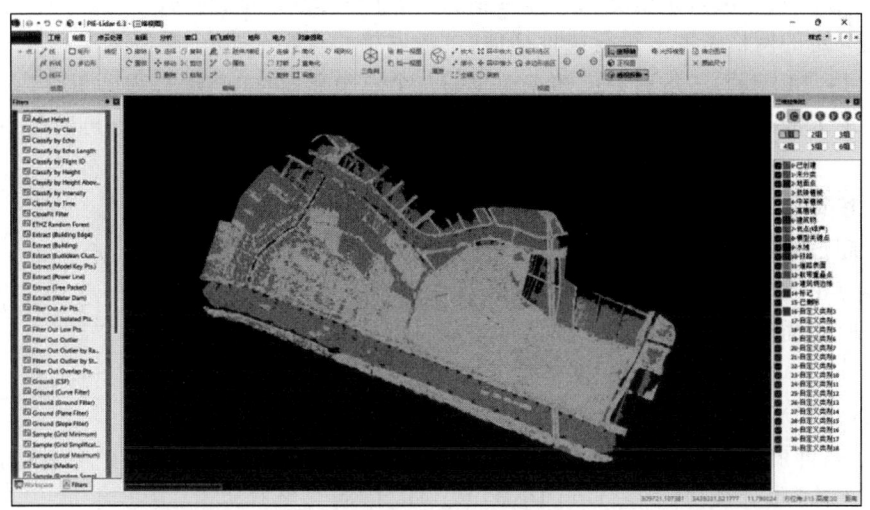

图 14.13 分类滤波结果

在进行自动分类时,存在部分分类错误的点,这时可以使用分类刷、快速分类工具或剖面编辑工具,对错误点进行人机交互式编辑,使最终结果满足要求。

14.4.2 数据 DEM 生产

DEM 主要以空三测量解算的连接点三维坐标为输入,通过点云滤波和点云栅格化两个步骤来生成。

1. 点云滤波

点云滤波基于渐进三角网加密的滤波方法,采用了区域生长的思想,最早由 Axelsson 提出,后来由不同研究者进行探索改进,发展为较成熟的滤波算法。该方法首先基于已知的地形种子点构建不规则三角网,其次对落在每个三角形范围内的三维点进行排序,并通过生长条件来对三角网进行加密,不断扩充地面点集合,获得具有越来越丰富的地形细节的三角网。基于渐进三角网加密的方法能够克服地形不连续带来的困难,但其精度在极大程度上依赖初始地面点(即已知地形种子点)的准确性及空间分布;初始地面点中若包含地物点,可能在三角网加密时引入不可消除的累积误差。提取种子点较为简单的方法是采用点云栅格化生成规则格网点,但其结果受格网尺寸及插值方法的影响较大,对地形的表达不一定准确且充分。另外有学者对规则格网点进行优化或者将形态学滤波结果作为种子点,以提高渐进三角网加密滤波的精度。

2. 点云栅格化

点云栅格化使用空间插值算法来完成。空间插值算法是通过探寻已知空间点数据规律,外推或内插得到整个研究区域数据的方法,即由区域已知点值得到面值的方法。本软件使用的空间插值算法是三角网插值算法。三角网插值有时也称为线性插值。算法的基本原理及过程可以分为以下两个方面。

一是基于已知数据点进行三角剖分,构建覆盖所有数据点的三角网。三角形的三个顶点为已知数据点,在三角形的每条边上均认为两顶点间数值的变化是线性的。

二是在一定的网格密度下进行线性插值,生成网格化(栅格面)。插值算法一般采用双线性插值。如图 14.14 所示,三角形为已知点构建的一个三角形面片(A、B、C 为已知点),P 点为待插值点。为了求 P 点值,可先在三角形的两条边 AB、AC 上分别求 D、E 两点值;再通过 D、E 求得 P 点值。

根据上述算法流程描述可知,三角网法采用的是线性内插,插值结果不会超过原始数据的取值范围,能很好地忠实于原始数据模型。在采样点密度较大且分布均匀时,插值效果较好。然而,在数据较为稀疏时对插值结果影响较大,插值结果能见到明显的三角网格控制趋势。

参考上一部分,在 PIE-Lidar 上,建立工程并分类、处理出高精度的地面点后,即可进行数据 DEM 生产。

点击主界面"批处理功能">"Grid DEM"或"Tin DEM",选择点云分类,设置格网大小、文件格式、投影信息、存储位置,点击"确定",如图 14.15 所示。

DEM 构建完成后,如图 14.16 所示。

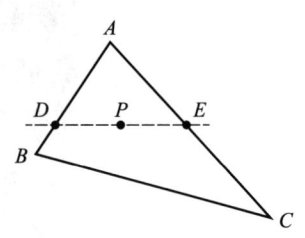

图 14.14 三角网插值示意图

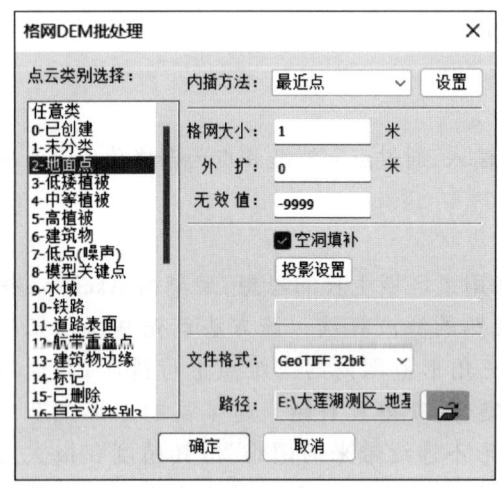

图 14.15 DEM 批处理

图 14.16 DEM 结果示例

15 遥感制图表达

学习目标

通过对图像分类结果进行遥感制图操作，系统掌握运用 PIE-Basic 实现对遥感影像进行制图表达的流程。

预备知识

- 遥感制图的基本要求
- 制图流程

参考资料

朱文泉等编著的《遥感数字图像处理——原理与方法》（第 2 版）第 13 章“遥感制图表达”；PIE-Basic 6.3 用户手册。

学习要点

- PIE-Basic 6.3 的制专题图
- 栅格渲染
- 图像整饰

测试数据

数据目录：附带光盘下的..\chapter15\data\

文件名	说明
GF6_polygon_classification.img	上海市某地分类后的影像，存储格式为 img
GF6_polygon_classification.hdr	上海市某地分类后的影像头文件

案例背景

遥感制图表达是将遥感数据中的部分或全部信息，按照一定的比例和规则在平面上展现出来。遥感制图得到的图件具有信息负载、信息传输和图像数据再现与认知的功能，它不仅是研究成果的一种表现方式，也是分析研究的一种重要手段。本章节以第 11 章“图像分类”的结果为数据源，介绍图像分类结果制图表达的流程。

15.1　栅　格　渲　染

在主菜单中,点击"数据管理">"通用数据加载">"栅格数据",选择"GF6_polygon_classification.img",点击"打开"则成功加载数据(图15.1)。此时的影像以波段值进行分类渲染,难以突出其专题信息。

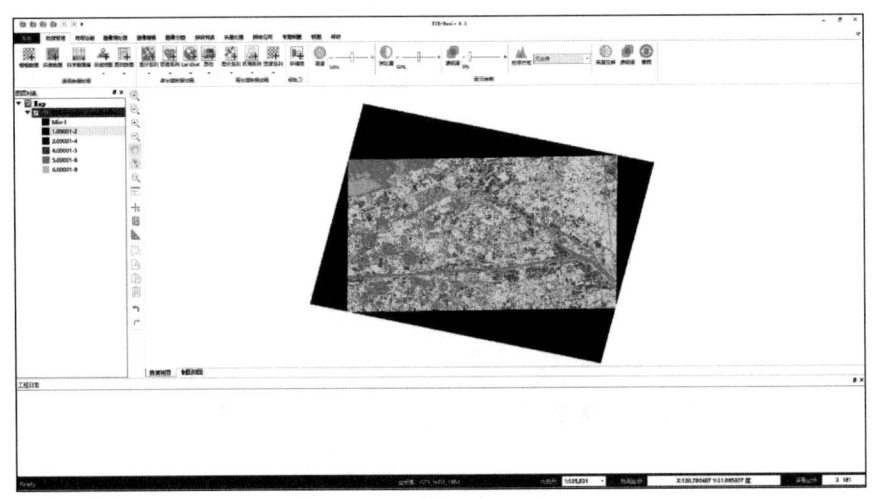

图15.1　分类渲染显示结果

在"图层列表"中右击图层,打开"属性"对话框,切换到"栅格渲染"标签页(图15.2),使用"色彩映射表"显示方式,将分类结果以不同符号样式与标注进行显示。

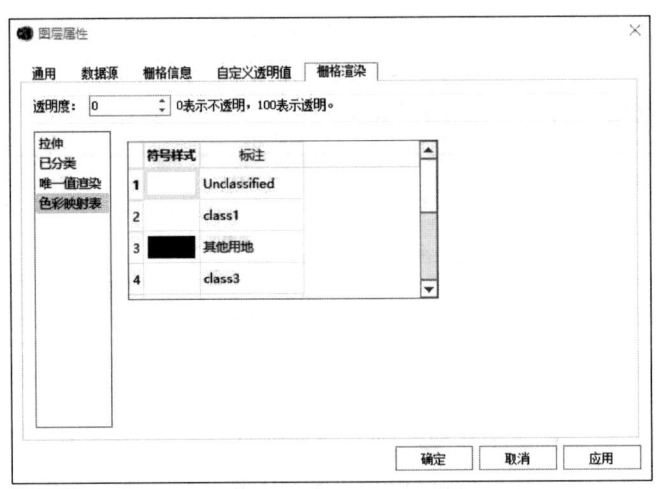

图15.2　图层属性对话框栅格渲染标签页

双击"符号样式"下的色块,弹出"选择颜色"对话框(图15.3),可对不同类别地块进行颜色选择。这里将"其他用地"RGB设置为:255、255、255;将"林地"RGB设置为:0、170、0;将"水体"

RGB 设置为:0、85、255;将"裸地"RGB 设置为:176、176、176;将"耕地"RGB 设置为:255、255、127;将"建筑用地"RGB 设置为:214、71、214。背景以及其余类别可设为 255、255、255。

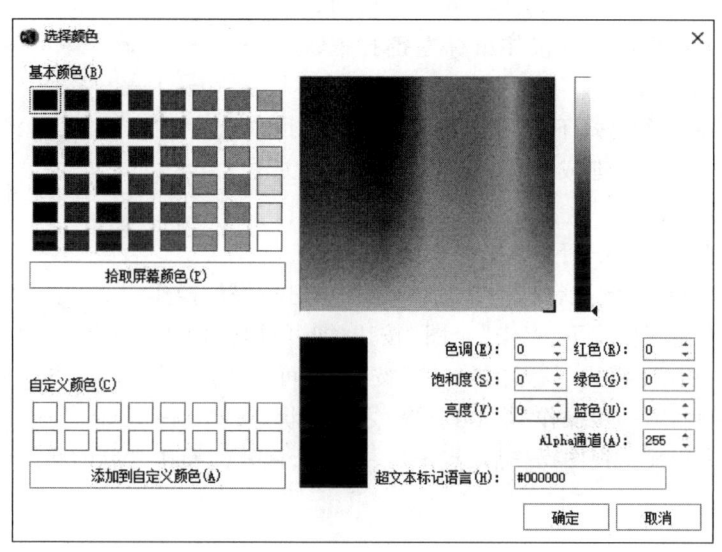

图 15.3　选择颜色对话框

点击"确认"按钮,完成以"色彩映射表"进行栅格渲染,渲染结果如图 15.4 所示。

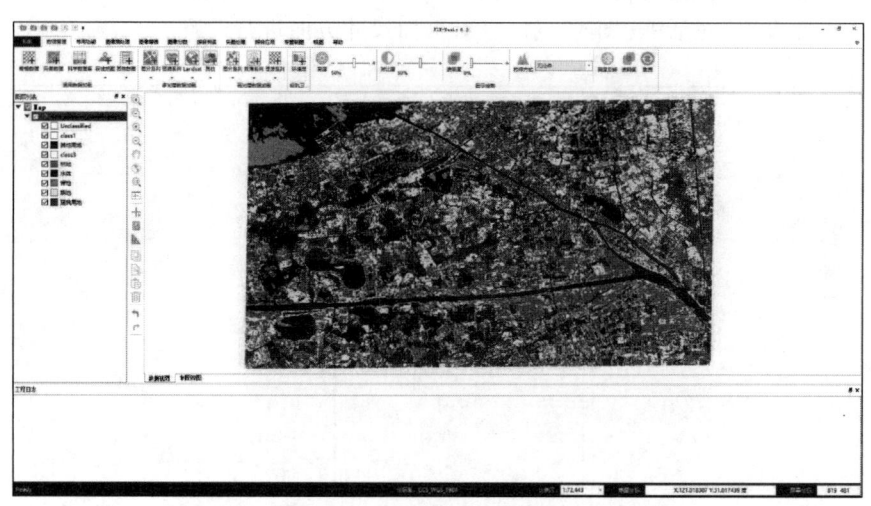

图 15.4　色彩映射表栅格渲染结果

15.2　制图视图及浏览

点击主界面下方的"制图视图",即可对渲染结果进行专题图的制作。在制图视图下,可以选择"专题制图"工具,进行视图浏览、地图整饰及专题图输出等操作。

视图操作是对整个视图界面进行调整,包括放大、缩小、漫游、全图显示、1:1显示、前一视图、后一视图(图15.5)。

● 拉框放大:在制图模式下,点击"放大"按钮,在视图范围内单击鼠标左键或按住鼠标左键拉框,即可对制图框进行放大;

● 拉框缩小:在制图模式下,点击"缩小"按钮,在视图范围内单击鼠标左键或按住鼠标左键拉框,即可对制图框进行缩小;

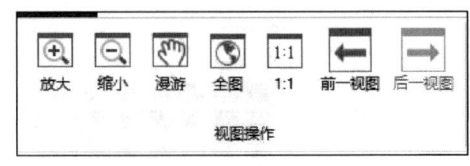

图15.5 视图操作工具栏

● 漫游浏览:在制图模式下,点击"漫游"按钮,在视图范围内按住鼠标左键进行拖动,即可对制图框进行漫游操作;

● 全图显示:在制图模式下,点击"全图"按钮,即可对制图框以全图方式显示;

● 1:1显示:在制图模式下,点击"1:1"按钮,即可对制图框以1:1方式显示;

● 前一视图:撤回上一步操作,恢复到操作之前的状态;

● 后一视图:进行前一视图操作后,点击后一视图,恢复到操作之后的状态(通常和前一视图配合使用)。

15.3 页面设置

进入"制图视图",页面默认设置为纵向(图15.6),点击"专题制图">"专题图输出">"页面设置",弹出"页面设置"对话框(图15.7),可对页面尺寸方向进行设置。

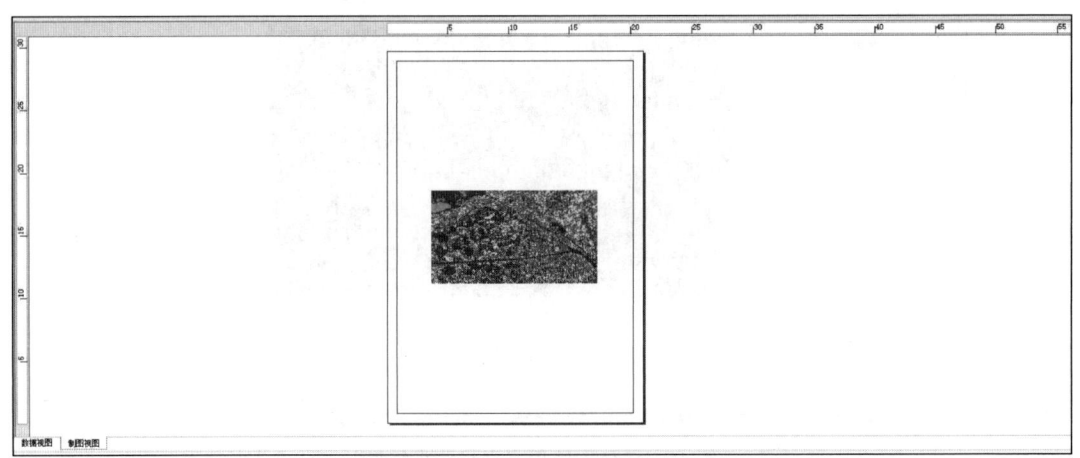

图15.6 纵向页面制图视图显示

● 纸张:设置纸张的大小,支持标准纸张大小和自定义纸张大小这两种方式,这里选用A4大小;

● 宽度:显示选择纸张的宽度,可以自定义设置;

● 高度:显示选择纸张的高度,可以自定义设置;

● 方向:设置纸张的方向,这里修改为横向。

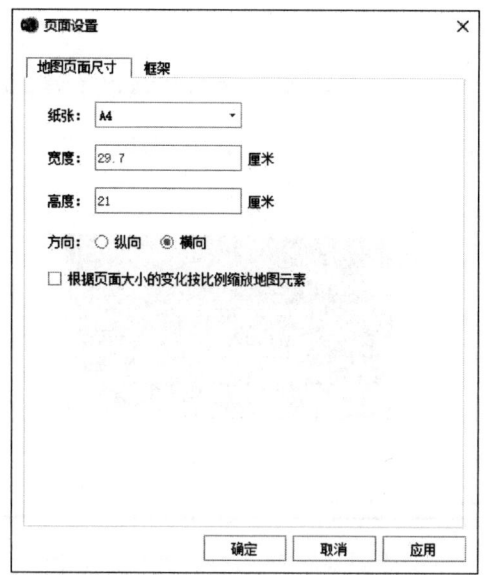

图 15.7 页面设置对话框

点击"确定"按钮,完成页面设置,横向页面方向结果如图 15.8 所示。

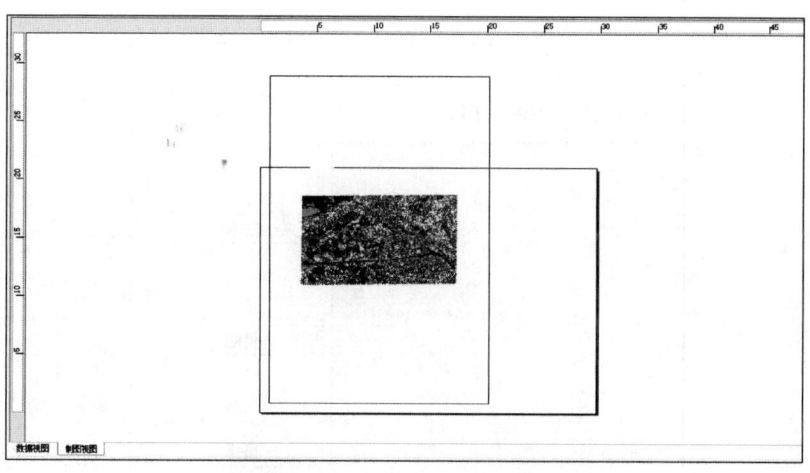

图 15.8 横向页面制图视图显示

15.4 数据框操作

数据框是一种图层管理方式,可将需要在一起显示的一系列图层组织起来。每张地图上至少有一个数据框。可以在地图上添加其他数据框,比较两个相邻的地区,显示全图或详图。在制图视图中,可以看到地图上所有的数据框。在制图视图中可以修改数据框在页面上的形状和位置,添加其他地图元素,如比例尺和图例等。

左击数据框选中,拖拽可以对数据框进行移动。将鼠标放在选中的数据框边上的绿色方框处,可调整数据框的大小(图 15.9)。

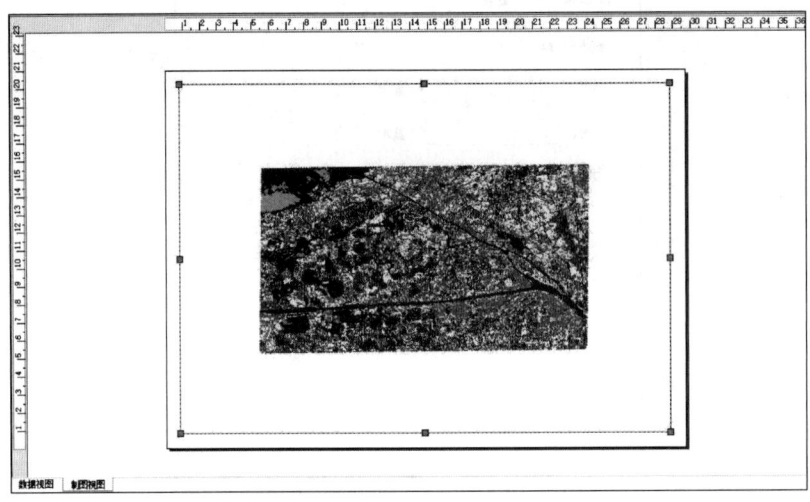

图 15.9　选中数据框结果

　　在数据框处于选中时,右击视图的空白处,点击"属性",进入数据框"属性"对话框,选择"格网"标签页,对数据框进行格网设置(图 15.10)。

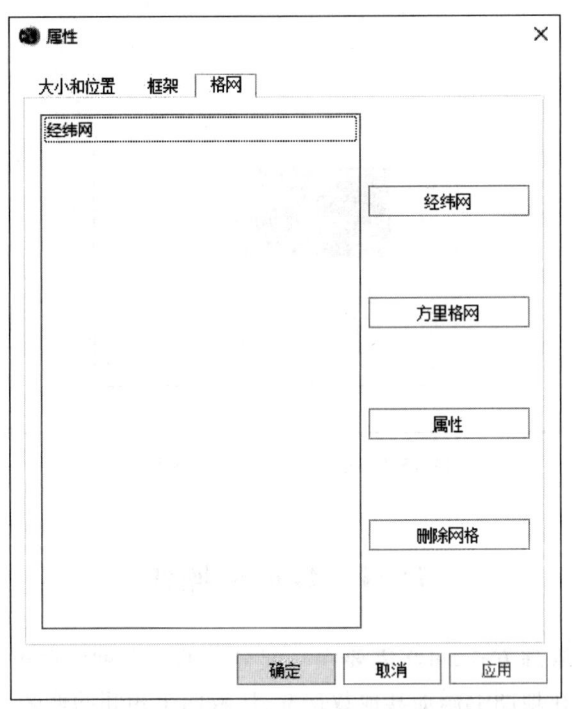

图 15.10　数据框属性对话框格网标签页

　　点击"经纬网"即可在左侧列表添加经纬网,点击"属性",弹出经纬网"属性"对话框

（图 15.11），可对经纬网符号显示进行设置。点击"确定"按钮，完成添加数据框格网（图 15.12）。

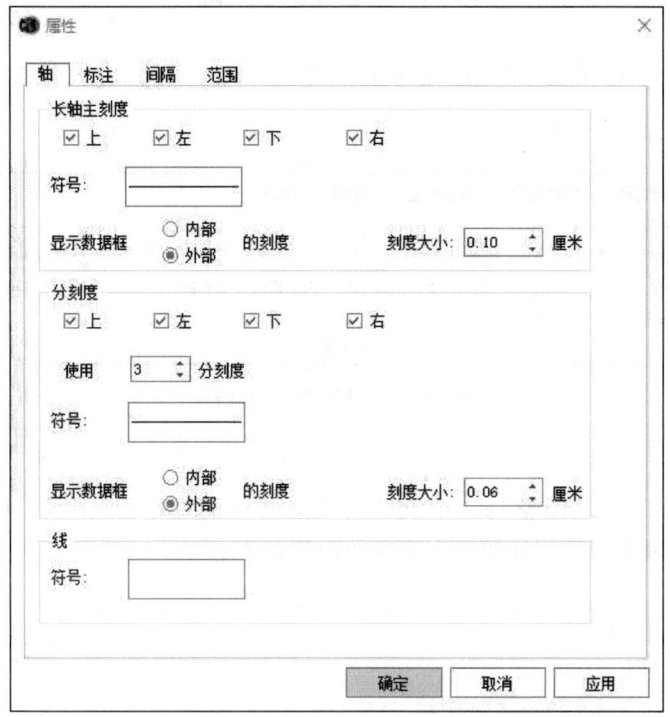

图 15.11　格网属性对话框

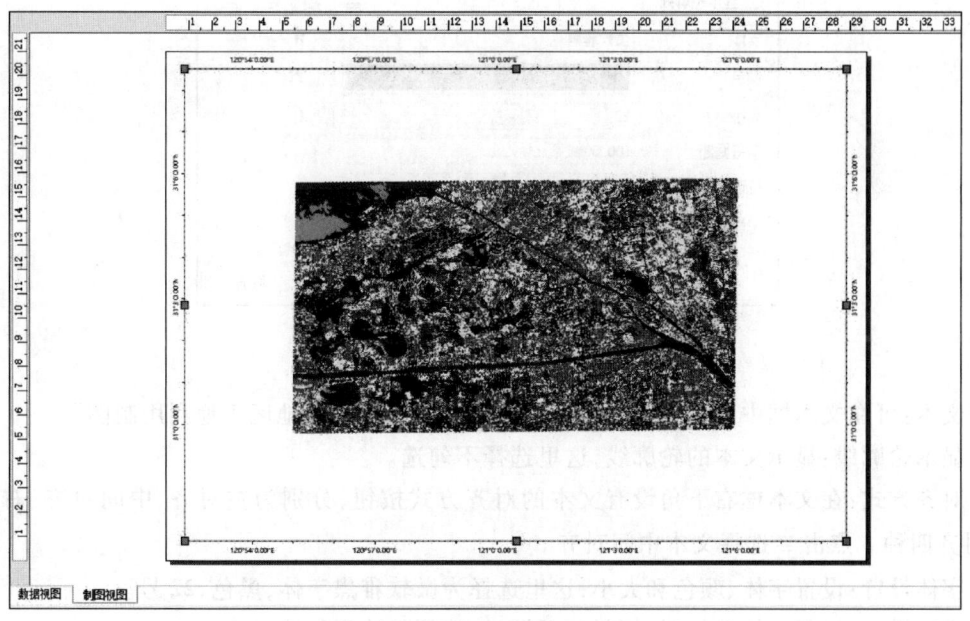

图 15.12　添加数据框格网结果

15.5 地图整饰

PIE-Basic 提供了"地图整饰"工具,包括标注标绘、文本、图片、内图廓线、指北针、比例尺、图例、格网(图 15.13)。

图 15.13 地图整饰工具栏

1. 文本

选择"专题制图">"地图整饰">"文本"下拉框中的"文本"工具,弹出"文本"对话框(图 15.14),可为两幅地图添加标题。主要参数设置如下。

图 15.14 文本属性对话框

- 文本:可在文本框中编辑并添加文本内容,输入"上海市某地区土地利用制图"。
- 显示轮廓线:显示文本的轮廓线,这里选择不勾选。
- 对齐方式:在文本框右下角设有文本的对齐方式按钮,分别为左对齐、中间对齐、右对齐、两端对齐四种。点击 ☰ 选择文本中间对齐。
- 字体设置:设置字体、颜色和大小,这里选择为微软雅黑字体,黑色,22 号。
- 字形设计:设置字体的加粗、倾斜和下划线,选择默认不勾选。
- 字符间距:对注释文字的字符间距进行设置,这里选择默认 100%。

• 轮廓线设置：在显示文本的轮廓线的状态下可对轮廓线的宽度和颜色进行设置，这里选择默认参数。

完成文本编辑后点击"确定"，添加专题图文本（图 15.15）。

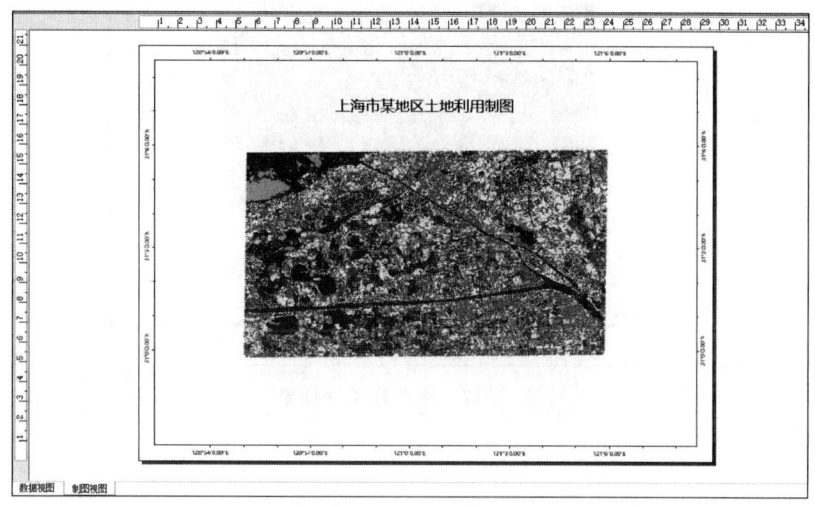

图 15.15　文本添加结果

2. 指北针

指北针是指专题图上用以指示方向的符号，指针尖所指方向即为北方。

单击"专题制图">"地图整饰">"指北针"，弹出"指北针"对话框（图 15.16），可更改指北针的样式，在选择样式中点击需要的指北针，选中的指北针将在预览窗口中放大显示。所有设置完成后，点击"确定"按钮，指北针即可以成功添加（图 15.17）。

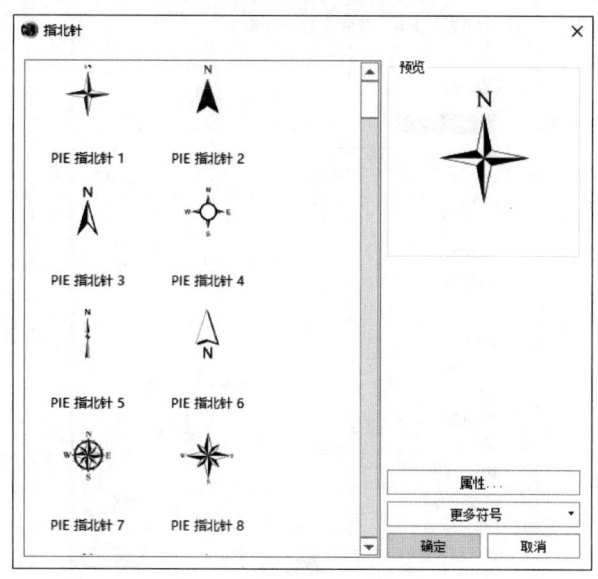

图 15.16　指北针对话框

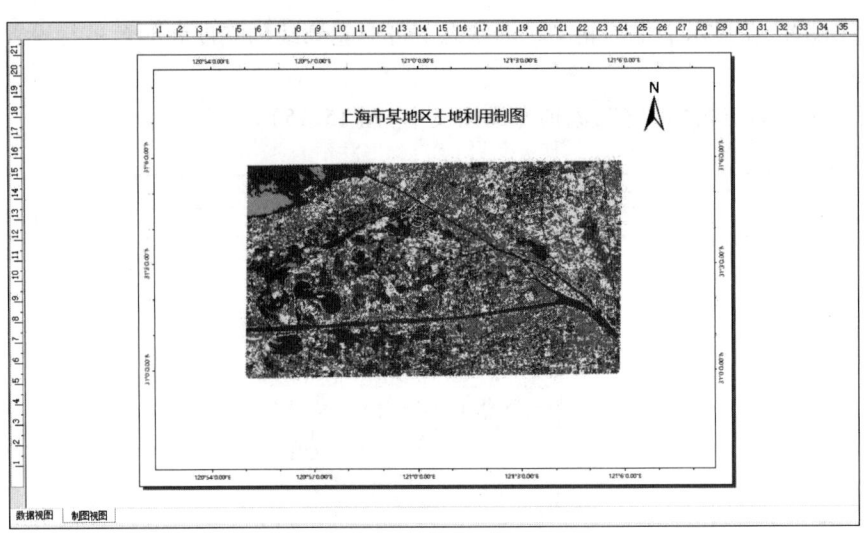

图 15.17　指北针添加结果

3. 比例尺

比例尺是地图必须标识的符号,提供给读者确定距离的信息。地图比例尺是一个比值,它表示地图上的一个距离单位代表的实际距离。一个格度所标识的距离即为地图上相同距离所代表的实际地面距离。

在制图模式下,点击"专题制图">"地图整饰">"比例尺"按钮,即可在视图上即显示比例尺。在显示的比例尺上双击鼠标左键,弹出"比例尺"对话框(图 15.18),可更改比例尺的样式和属性,主要参数如下。

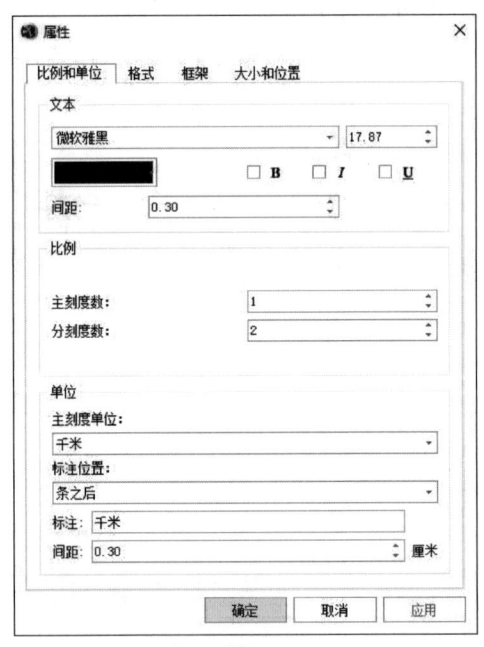

图 15.18　比例尺对话框

• 文本:设置比例尺上文字的字体属性及间隔距离,其中间隔距离调整的是注记与刻度线的垂直距离,选择参数如图15.18所示;

• 比例:设置刻度的主刻度和分刻度的划分数目,这里主刻度数选为1,分刻度数选为2;

• 单位:设置刻度的单位、间距和标注的精度,其中间隔指的是单位与数字之间的水平间距,数字的精度位数指的是有效数字,而不是小数位数,主刻度单位设为千米,标注位置选为条之后,标注为千米,间距为0.30 cm。

所有设置完成后,点击"确定"按钮,比例尺的比例和单位设置成功(图15.19)。

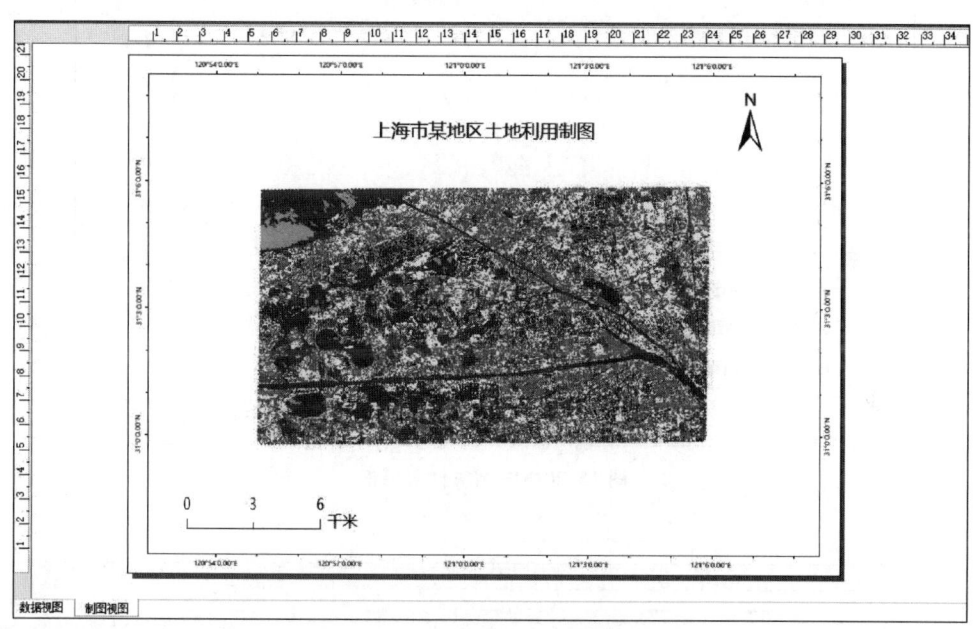

图15.19 比例尺添加结果

4. 图例

在地图上表示地理环境各要素,比如山脉、河流、城市、铁路等所用的符号叫作图例。它是集中于地图一角或一侧的,地图上各种符号和颜色所代表内容与指标的说明。

在制图模式下,点击"专题制图">"地图整饰">"图例"按钮,即可在视图上显示图例。在显示的图例上双击鼠标左键弹出"图例"对话框(图15.20),即可更改图例的样式。主要参数含义如下。

• 常规:对显示的标题文字样式、指定图例项、连接地图进行设置;

• 项目:对图例显示样式进行设置,案例将项目的列计数调整为3;

• 布局:设置图例的整体布局及大小、文件图画间距等;

• 框架:设置图例的边框背景信息;

• 大小和位置:设置图例的位置、大小、锚点和标注信息。

所有设置完成后,点击"确定"按钮,图例即可以成功添加,右击图例,选择"转化为图形"并点击"取消分组"可更加便捷地调整图例大小及位置,结果如图15.21所示。

图 15.20 图例属性对话框

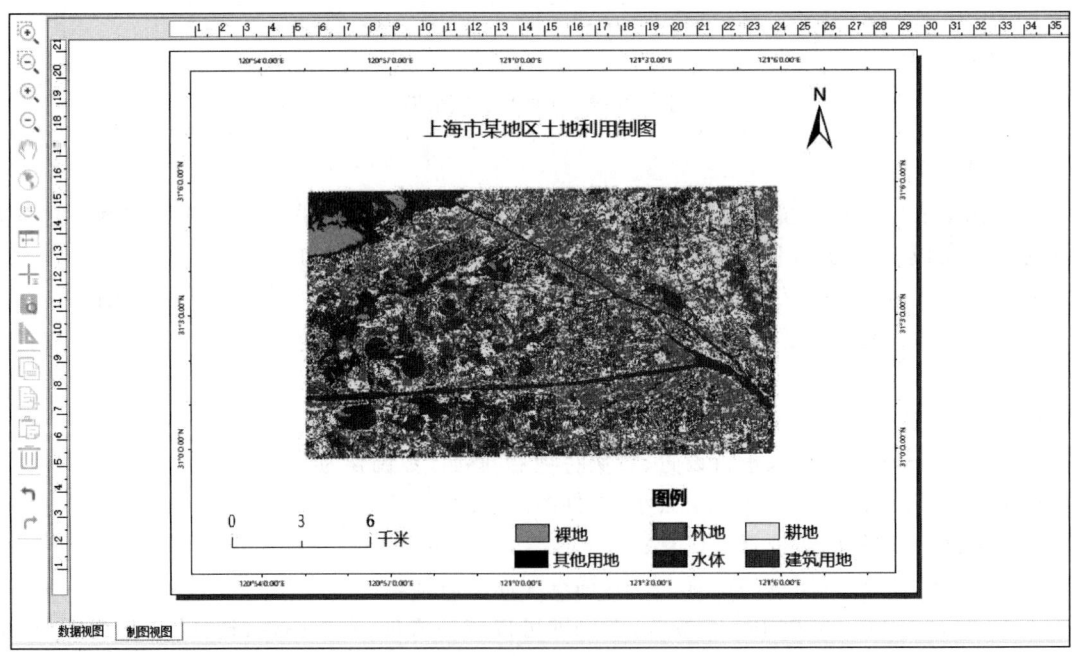

图 15.21 图例添加结果

　　　　　　　　　15　遥感制图表达

15.6 专题图输出

在制图模式下,点击"专题制图">"专题地图输出">"导出地图"按钮,弹出"导出地图"对话框(图 15.22),可将当前制图保存为图片格式输出。主要参数含义如下。

• 输出路径:设置导出图片的保存路径、名称、保存类型,支持的图片格式有 TIFF、JPG、BMP、PNG 四种,这里保存为 JPG 格式;

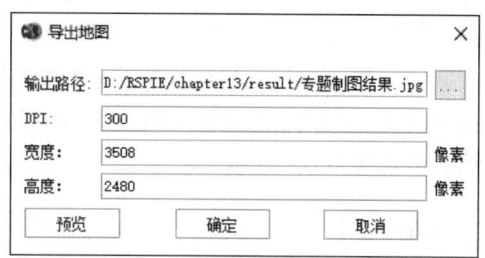

• DPI:设置导出地图的分辨率,这里设置为 300;

• 宽度:可以根据设置的导出地图的分辨率,自动显示输出地图的宽度,单位为像素;

• 高度:可以根据设置的导出地图的分辨率,自动显示输出地图的高度,单位为像素。

图 15.22　导出地图对话框

所有参数设置完成后,点击"确定"按钮,即可导出专题地图(图 15.23)。

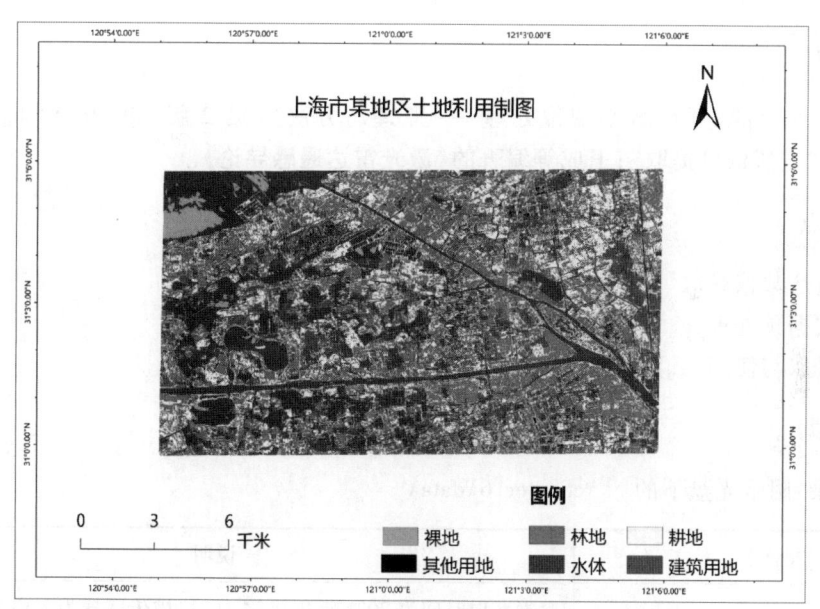

图 15.23　专题制图结果

16 基于无人机 LiDAR 数据的生物量估算案例

通过对综合案例开展实践操作,系统掌握如何利用点云数据处理软件实现对原始点云数据进行预处理、分类、信息提取和样地生物量计算等整个技术流程,培养读者在点云数据处理方面的综合应用能力。

🌸 【预备知识】

- 激光雷达遥感原理
- 激光雷达数据获取
- 点云数据处理
- 特征提取与选择

🌸 【参考资料】

朱文泉等编著的《遥感数字图像处理——原理与方法》(第 2 版)第 10 章"特征提取与选择",第 12 章"遥感信息提取";王成等编著的《激光雷达遥感导论》。

🌸 【学习要点】

- 激光雷达数据获取
- 点云数据预处理
- 信息提取与使用

🌸 【测试数据】

数据目录:附带光盘下的 . . \chapter16\data\

文件名	说明
Forest_sample-UAV. las	数据获取时间为 2021 年 7 月 14 日,扫描传感器为大疆禅思 L1,无人机起飞三架次,共扫描 0.64 km^2,点云密度为 153 个/平方米,采用 WGS84 坐标系。
Forest_sample-terra. laz	地面激光数据获取时间为 2021 年 7 月 16 日,共扫描 24 337 m^2,点云密度为 21 653 个/平方米,采用 WGS84 坐标系。

长三角生态绿色一体化发展示范区横跨沪苏浙,毗邻淀山湖,位于上海青浦、江苏吴江、浙江嘉善三地,面积接近 2 300 km²。其中,青浦 676 km²,吴江 1 092 km²,嘉善 506 km²。示范区内拥有广袤的森林与湖泊资源,及时掌握区域内的生物量信息,量化森林生态系统的生产力和碳汇能力,是生物多样性保护、功能维持和森林持续经营的关键。

本案例利用上海市某地区 2021 年 7 月 14 日机载激光雷达点云数据与 2021 年 7 月 16 日地基激光雷达点云数据,通过结合机载和地基激光数据,克服了机载激光无法获取冠层下信息的缺陷,获取了准确性较高的森林结构信息,并采用了相容性生物量模型对樟树样地进行了估算,旨在增强读者对 LiDAR 相关技术的了解与使用。

16.1　点云数据处理软件

激光雷达作为三维空间信息获取重要手段,与成像光谱和成像雷达并列为对地观测领域的三大前沿技术,已广泛应用于基础测绘、林业调查、数字城市、高精度地图、电网运行等行业,为国民经济和社会发展提供了极为重要的信息支撑。激光雷达硬件技术的迅速提升使得点云数据获取更加便捷。

随之而来的爆炸式增长的海量点云数据对数据处理和应用提出了新的挑战,多种点云数据处理与应用软件应运而生。目前,国内主流的点云处理软件有 LiDAR-DP、LiDAR 360、点云魔方、点云催化剂、优立三维数据平台等,国外主要有 FME、ArcGIS、RiALITY 等。

本章节点云数据分析相关步骤使用了点云魔方 PWM V2.0,点云魔方由中国科学院空天信息创新研究院王成研究员带领团队设计开发,实现了从算法设计、软件构架到代码实现均具有完全自主权的突破。具有数据显示与统计、点云滤波、机器学习分类、电力巡检、林业参数提取及土方量计算等功能,满足多行业需求。

16.2　数据预处理

16.2.1　点云数据导入

本节实验中所使用的点云数据来自在上海某地区采集的机载和地基激光雷达数据。机载数据获取时间为 2021 年 7 月 14 日,扫描传感器为大疆禅思 L1,点云密度为 153 个/平方米,地物类型为植被、建筑与河流。采用 WGS84 坐标系。地面激光数据获取时间为 2021 年 7 月 16 日,点云密度为 21 653 个/平方米。样地面积约 1.5 hm²,主要地物类型为樟树。数据包中提供了 .las(机载)与 .laz(地基)文件格式的点云数据,在 PCM 中均可直接打开。实验中我们先处理机载点云数据。

在主菜单中,点击"文件">"添加文件",选择 Forest_sample-UAV.las 文件,界面显示正在组织文件,组织成功后即可打开数据。除此之外,PCM 可与 las 文件建立关联,右击数据文件,打开方式选择 PCM 也能够导入点云数据文件(图 16.1)。

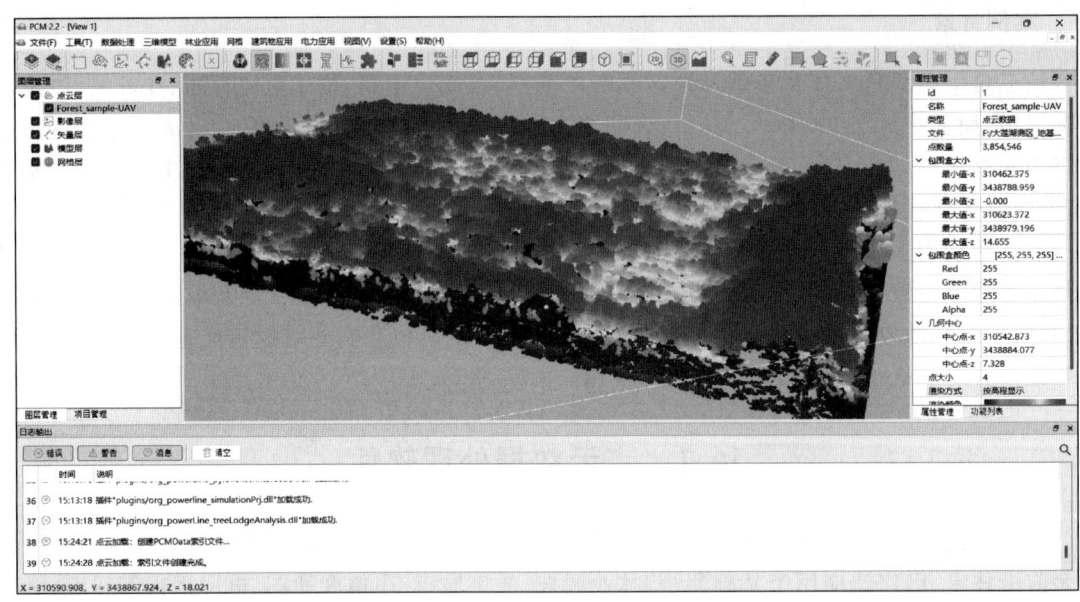

图 16.1 导入点云数据

点云数据加载完成后,在右侧"属性管理"一栏中可以查看点云的相关属性,包括点数量、包围盒大小、包围盒颜色等,点击"渲染方式">"按高程显示",即可将点云显示方式更改为按高程显示。

16.2.2 重采样

在对点云数据进行处理时,重采样是常见的操作之一。点云数据可能会因为采集设备或者采集过程的原因导致密度不均匀。通过重采样,可以调整点云数据的密度,使其在空间上更加均匀,便于后续处理和分析。同时某些分析任务并不需要如此高的分辨率。通过重采样,可以减少数据量,降低计算成本,提高处理效率。

点击菜单中"工具">"点云工具">"采样",点云文件选择 Forest_sample-UAV. las,采样方式选择随机采样,采样比例设置为 70(图 16.2)。除了随机采样,采样方式还包括距离采样、八叉树采样,针对点云文件不

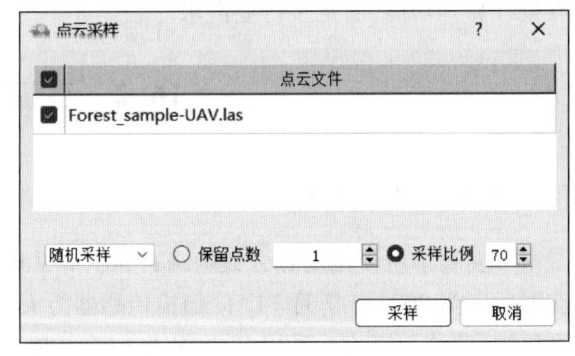

图 16.2 设置采样参数

同的用途,可以采用不同的采样方式,以获得更有利于后期处理的点云信息。

在采样完成后,PCM 会生成以 PCMData 格式保存的采样后的样例文件 Forest_sample-UAV_sample. PCMData,在后续步骤的预处理中,每一步处理后都会生成一个新的样例文件,因而在处理文件的选择上,读者应注意选择正确的样例文件(图 16.3)。

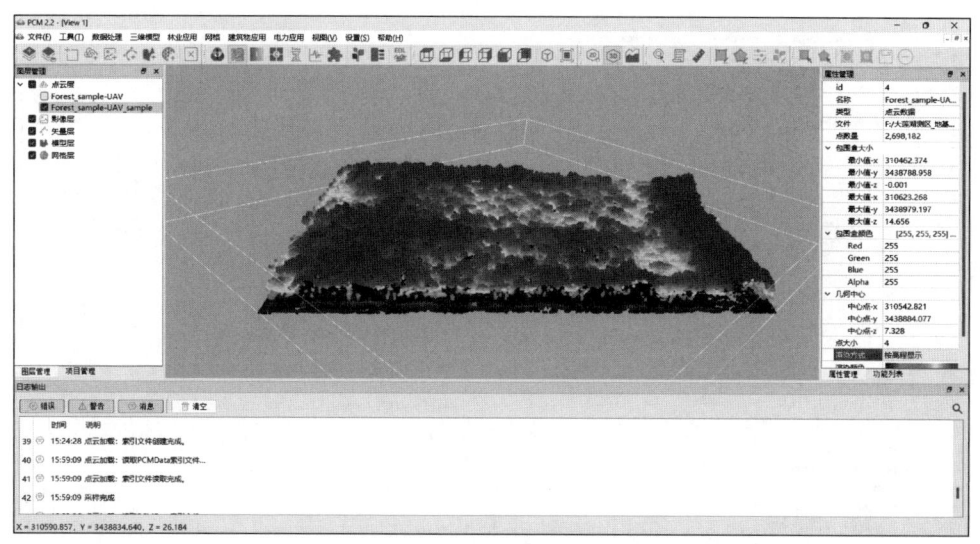

图 16.3　重采样结果

16.2.3　去噪

在采集点云数据时通常会受到多种因素的影响,如传感器噪声、环境干扰等,导致数据中存在噪点。去除这些噪点可以显著提高数据的质量,使得数据更加准确可靠。噪点也会影响点云数据的可视化效果,使得结果呈现不清晰或不美观。去除噪点可以改善点云数据的可视化效果,使得结果更加清晰易读,提高后续处理效率。

点击菜单中"工具">"点云工具">"去噪",去噪属于滤波器的功能之一,根据数据和使用要求设置滤波器参数,可以使数据更加准确,方便后续使用。滤波类型选择统计滤波,邻域点数设置为6,标准方差倍数设置为1.0,设置完成后点击去噪(图16.4)。

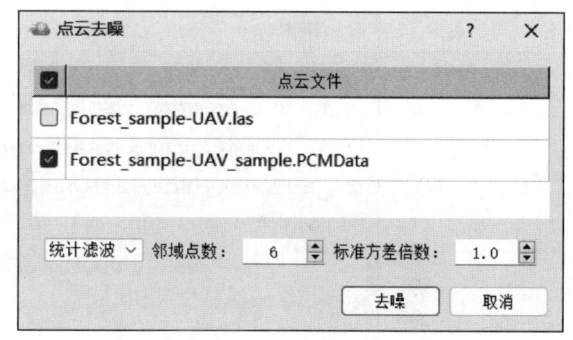

图 16.4　去噪参数设置

滤波完成后,点云数量降低至 2 369 293 个(图 16.5),此时可目视点云检查是否有遗漏噪点或处理不理想区域,可对数据集进行多次处理,直至滤波效果达到预期。

16.2.4　分离地面点

本节我们要从场景中分离出树木参数,通过分离地面点,可以将地面特征与其他物体或场景中的点分开,有助于对地形进行更精确的分析和建模。这在地图制作、地形测量和地形变化监测等领域具有重要意义。可以有效地将场景分割成不同的部分,如我们需要的树木结构,为后续的目标识别和分析提供基础。

图 16.5　去噪处理结果

　　点击菜单中"数据处理">"点云滤波">"三角网滤波",选择去噪后的文件,类别选择全选,目标类别为地面。参数部分,格网大小设置为 5.0 m,重复因子设置为 0.2,迭代距离设置为 1.0 m,迭代角度为 0.6°(图 16.6)。

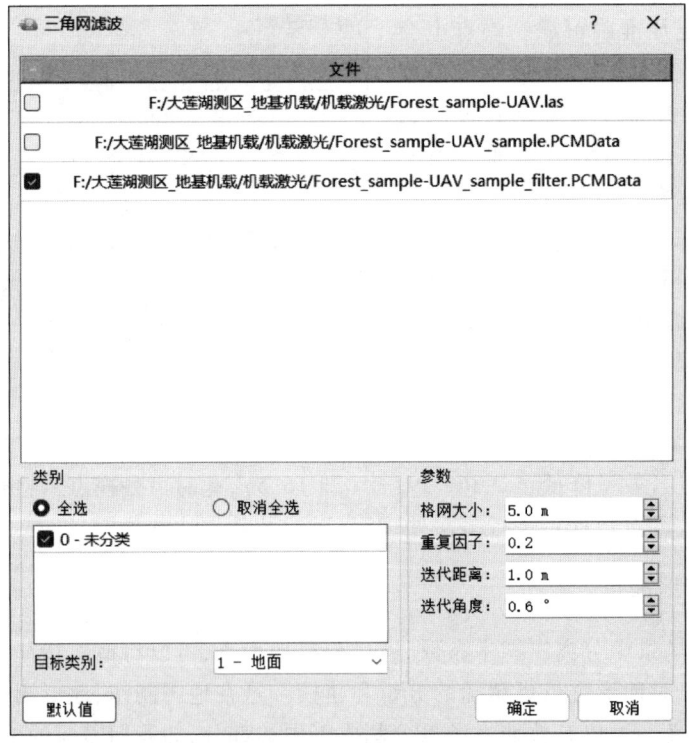

图 16.6　地面点滤波设置

滤波完成后,右击图层管理栏中"点云层">"Forest_sample-UAV_sample_filter">"渲染方式">"按类别显示",可更改地面点颜色,点选只显示地面点,即可查看地面点提取结果(图 16.7)。目视检查滤波效果,根据分类情况可选择再次滤波,直至分类情况理想。

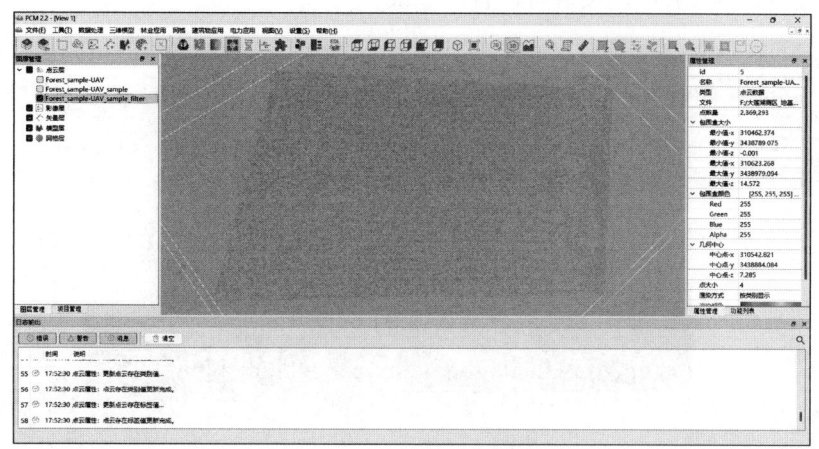

图 16.7　分离地面点结果

16.2.5　归一化

归一化工具可去除地形起伏对点云数据高程值的影响,在此前我们已经对数据进行了地面点分类的操作。基于地面点归一化,实际上是对于每一个点的高程值 Z 减去找到的最近地面点高程值。

点击菜单中"数据处理">"基于地面点归一化",选择之前操作中分类完成的数据,操作类别全选,地面类别选择地面,邻域半径设置为 3.0 m。保存路径可设置为特定文件夹,若没有设置保存路径,处理结果将保存到与处理文件相同的路径下,这里我们不设置保存路径(图 16.8)。

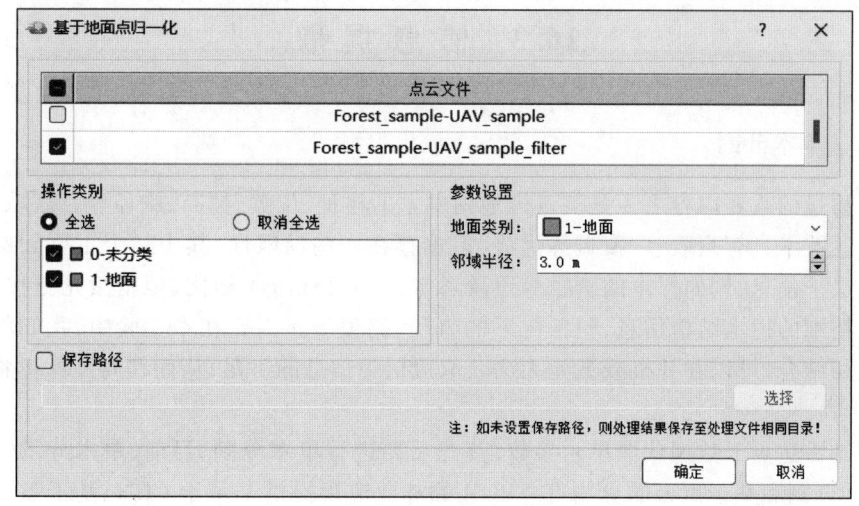

图 16.8　归一化参数设置

归一化完成后,目视检查滤波情况(图16.9),可能会存在部分低于地面的噪点,可以使用去噪功能去除地面,直至滤波效果理想。除了基于地面点归一化,还有其他可以选择的归一化工具,如基于高程归一化,高程归一化需要先计算出数字高程模型DEM,由于算法原理不同,高程归一化更适合连续的地物环境,读者可以自由尝试。

图16.9 归一化结果

至此,我们对点云数据的预处理结束。预处理步骤对于点云计算工程必不可少,一方面滤除了噪点,消除了点云数据中不同数据源或者采集设备之间的尺度差异。这对于将不同来源的数据进行比较和融合是至关重要的,尤其在多源数据融合或者联合处理时,提高了数据的准确性。另一方面,处理后的点云数据突出了重要的信息特征,具有了更简单的结构和更小的尺度范围,降低后续处理步骤的计算复杂度和资源消耗,提高了处理效率。

16.3 信息提取

16.3.1 单木分割

计算生物量的重要内容之一是测量样地内单木的树种、位置、树高、胸径等。获取这些参数,机载激光雷达技术具有高效、广覆盖等优势,但也存在一些局限性,其中一个主要问题是无法获取足够的冠层下信息,例如树木的胸径等重要参数。与机载激光相比,地基激光更接近树木,从而获取更为精细的树木结构信息,包括树干的直径、高度等。因而在本实验中,我们将机载激光与地基激光相结合,可以弥补机载激光无法获取冠层下信息的不足,从而提高计算生物量的精度和准确性。

基于激光雷达点云数据获取单木参数,首先需要进行单木分割,目前,单木分割方法可分为基于CHM的分割和基于点云的分割等。PCM的林业应用提供了基于CHM、基于点云和基于树冠边界的单木分割算法。本实验中,我们选择基于点云分割单木。

1. 计算数字高程模型 DEM

数字高程模型(digital elevation model),简称 DEM,是通过有限的地形高程数据实现对地面地形的数字化模拟(即地形表面形态的数字化表达),它是用一组有序数值阵列形式表示地面高程的一种实体地面模型,在本实验中,DEM 帮助我们获取森林的冠层信息,包括树高、冠幅等。

点击菜单中"数据处理">"数字高程模型",点云文件勾选已完成归一化的数据文件,操作类别选择全选,插值方法选择不规则三角网,网格分辨率设置为 1.00 m,点击确定(图 16.10、图 16.11)。

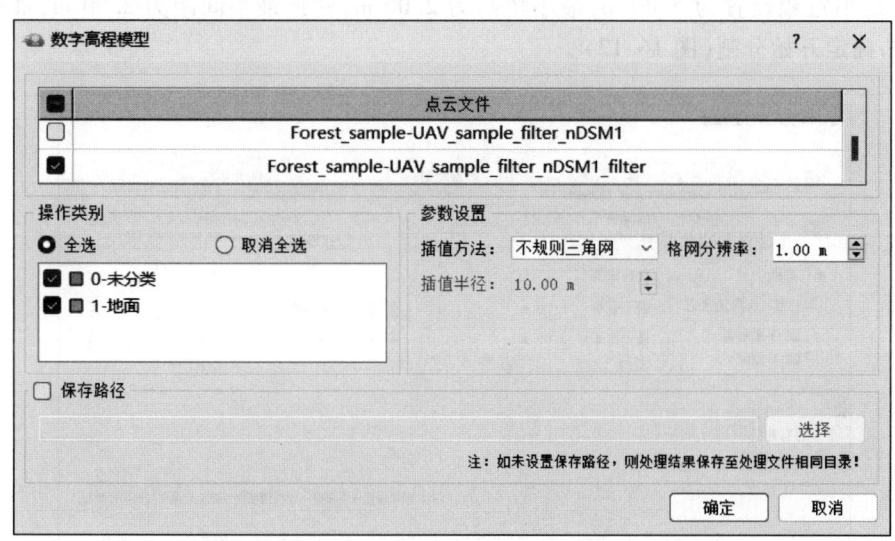

图 16.10　计算 DEM 参数设置

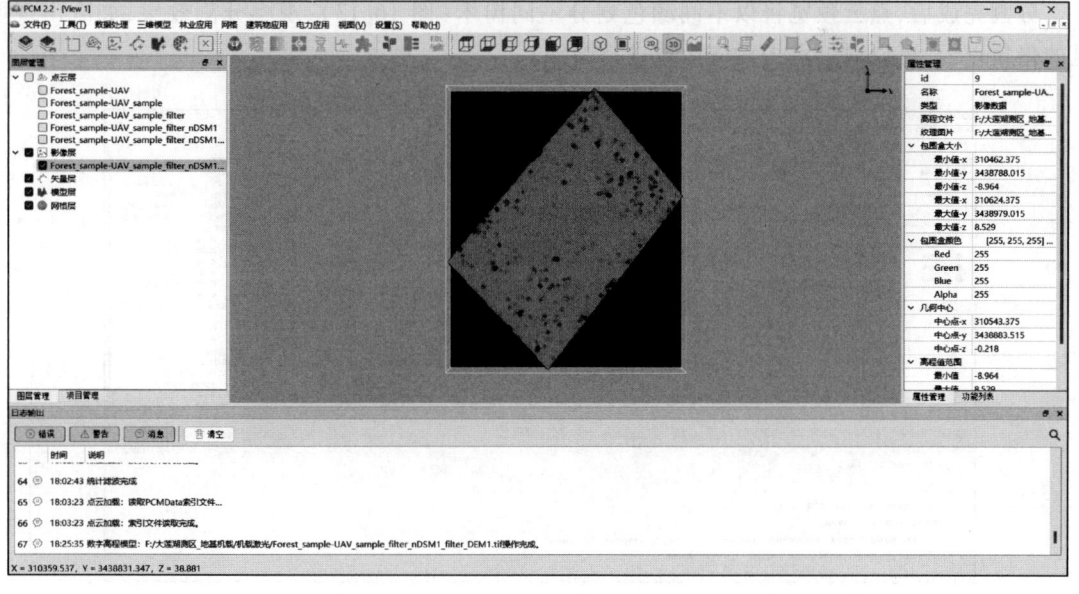

图 16.11　DEM 计算结果

不规则三角网是用不规则的三角网表示的 DEM,通常称 TIN(triangulated irregular network),由于构成 TIN 的每个点都是原始数据,避免了内插精度损失,所以 TIN 能较好地估计地貌的特征点、线,表示复杂地形比矩形格网精确。但是 TIN 的数据量较大,除存储其三维坐标外还要设网点连线的拓扑关系,一般应用于较大范围测量方式获取的数据,比较适合本实验背景。

2. 基于点云分割单木

点击菜单中"林业应用">"基于点云分割单木",点云文件勾选归一化后的点云文件,数据类型为 nDSM 点云,点击 DEM 文件一栏处的空白,添加上个步骤中计算出的 DEM 文件,操作类别选择全选,最小冠幅设置为 5.00 m,最小树高为 2.00 m,树顶最小间距为 2.00 m,最小点数为10 pts,点击确定开始分割(图 16.12)。

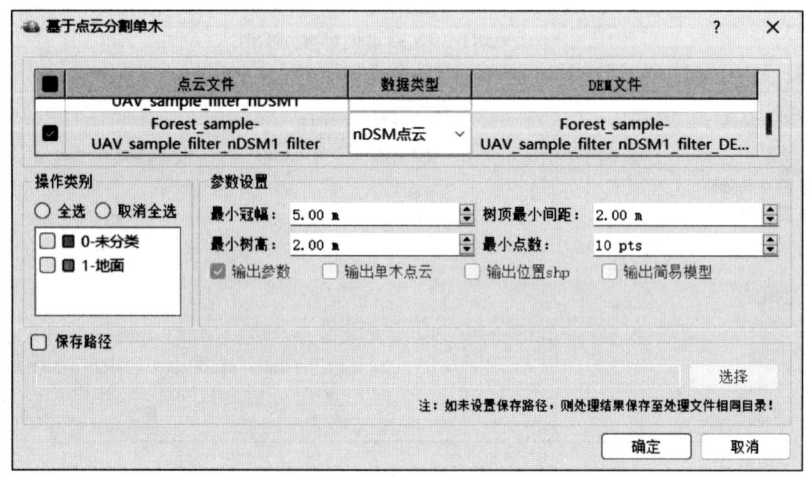

图 16.12　分割单木参数设置

分割完成后,点云预览将以不同颜色划分不同树木(图 16.13),观察分割效果,如有出现明显的聚集点云,可以通过点击对应区域进行微调。

图 16.13　分割完成示意图

16.3.2 获取单木参数

点击菜单中"林业应用">"提取单木结构参数",点云文件勾选完成单木分割的点云数据,点击 DEM 文件一栏的空白处,添加 DEM 文件。操作类别选择全选,参数输出勾选树顶位置、单木树高、单木冠幅、冠层面积,点击确定输出单木结构参数(图 16.14)。

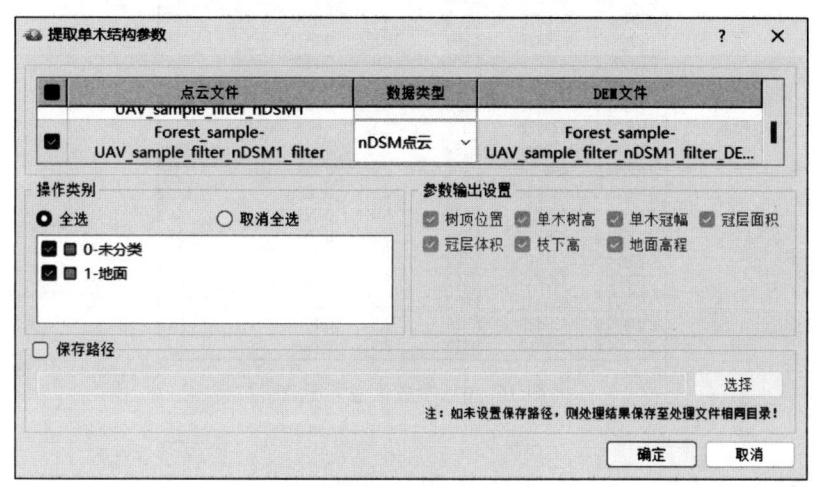

图 16.14 提取单木参数

完成后我们就获得了包含单木参数的 .csv 文件(图 16.15),但从机载点云数据中无法获取单木的胸径参数,胸径是计算森林生物量必不可少的一项,因此我们需要从地基点云数据中获取该项参数。

图 16.15 单木参数数据示意图

导入 Forest_sample-terra. laz 文件后,重复上述步骤,即可获得包含胸径的单木参数文件。我们提取出机载点云数据中的树高和冠幅参数,提取出地基点云数据中的胸径参数,注意需要确认两者单木位置相同,即可开始计算样地生物量(图 16.16)。

树方位X	树方位Y	树方位Z	树高(米)	胸径(米)	冠幅面积(平方米)
310506.5	3438834	1.3	10.3	0.179	12
310488.9	3438834	1.3	2.2	0.185	0.6
310508.3	3438830	1.303	10.1	0.148	12.1
310493.9	3438837	1.306	12.4	0.133	55.2
310507.5	3438838	1.304	11.2	0.096	7.4
310494.7	3438828	1.306	2.3	0.225	0.3
310495.5	3438839	1.3	6.8	0.074	9.7
310511	3438827	1.296	10.2	0.107	9.4
310507.2	3438828	1.304	9.4	0.192	13.7
310512.9	3438823	1.306	10.3	0.204	25
310501.9	3438841	1.299	8.8	0.153	16.4
310508.1	3438831	1.301	11.1	0.113	13.4
310491.7	3438831	1.289	11	0.227	31.3
310504.8	3438838	1.302	9.7	0.165	15
310511.8	3438834	1.298	10.6	0.188	14.1
310504.7	3438825	1.296	14	0.093	74.7
310514.2	3438837	1.351	10.2	0.105	8.6
310488.6	3438842	1.302	8	0.094	14.7
310502.3	3438835	1.302	9.4	0.127	8.9
310507.2	3438841	1.302	9.5	0.168	17.7
310499.5	3438822	1.319	2.5	0.105	0
310504.6	3438818	1.313	3.3	0.351	0.3

图 16.16　参数汇总示意图

16.4　生物量计算

研究区内主要作物为樟树,生物量模型采用相容性生物量模型,利用非线性联立方程组法以总量直接控制和分级联合控制计算各组分生物量,即先保持一个组分单独估计不变,再层层平差,以保持最后结果与总量相兼容。利用这种方法可以很好地解决生物量模型的不相容问题。异速生长方程结构较为简单、参数较为稳定,所以文中选用常用的非线性异速生长方程来构建树枝、树叶、干材、干皮和地上部分的生物量模型,分别得到各组分独立方程,利用非线性联合估计的方法,拟合参数的估计值,得到树枝、树叶、干材、干皮与地上部分相容的生物量模型。

1. 生物量模型

由非线性异速生长方程来构建树枝、树叶、干材、干皮和地上部分的生物量模型,分别得到各组分独立方程:

$$W_1 = 0.023 D^{2.262} H^{-0.465} W_{MC}^{1.060}$$

$$W_2 = 0.055 D^{1.950} H^{-0.969} W_{MC}^{0.726}$$

$$W_3 = 0.018 D^{1.946} H^{0.998}$$

$$W_4 = 0.006 D^{1.773} H^{0.952}$$

$$W_5 = 0.063 D^{1.932} H^{0.413} W_{MC}^{0.521}$$

式中:W_1、W_2、W_3、W_4、W_5 分别是树枝、树叶、干材、干皮和地上部分的生物量(kg)。在本实验中我们计算样地内地上生物量总和,选用 W_5,其中 D 为冠幅,H 为树高,W 为胸径。使用 Excel 来处理。

2. 总生物量计算

在内容栏输入"=0.063 * (D^1.932) * (H^0.413) * (W^0.521)",得到单木地上生物量,将所有识别到的单木生物量相加,即可获得样地内的生物量总和。

这里给出计算参考值,1.5 hm² 样地中,共有 1 594 棵樟树,计算得出样地总地上生物量为 258.97 t。由于预处理精度及处理环境等原因,计算出的总生物量数值在 240~280 t 波动均为正常。

郑重声明

高等教育出版社依法对本书享有专有出版权。任何未经许可的复制、销售行为均违反《中华人民共和国著作权法》,其行为人将承担相应的民事责任和行政责任;构成犯罪的,将被依法追究刑事责任。为了维护市场秩序,保护读者的合法权益,避免读者误用盗版书造成不良后果,我社将配合行政执法部门和司法机关对违法犯罪的单位和个人进行严厉打击。社会各界人士如发现上述侵权行为,希望及时举报,我社将奖励举报有功人员。

反盗版举报电话　(010)58581999　58582371

反盗版举报邮箱　dd@hep.com.cn

通信地址　北京市西城区德外大街4号
　　　　　高等教育出版社知识产权与法律事务部

邮政编码　100120

读者意见反馈

为收集对教材的意见建议,进一步完善教材编写并做好服务工作,读者可将对本教材的意见建议通过如下渠道反馈至我社。

咨询电话　400-810-0598

反馈邮箱　hepsci@pub.hep.cn

通信地址　北京市朝阳区惠新东街4号富盛大厦1座
　　　　　高等教育出版社理科事业部

邮政编码　100029

防伪查询说明

用户购书后刮开封底防伪涂层,使用手机微信等软件扫描二维码,会跳转至防伪查询网页,获得所购图书详细信息。

防伪客服电话　(010)58582300